Hartmut Menzer, Ingo Althöfer
Zahlentheorie und Zahlenspiele

Weitere empfehlenswerte Titel

Aufgaben zur Höheren Mathematik
Für Ingenieure, Physiker und Mathematiker
Norbert Herrmann, 2. Aufl., 2013
ISBN: 978-3-486-74910-6, e-ISBN: 978-3-486-85816-7

Algebra leicht(er) gemacht
Lösungsvorschläge zu Aufgaben des Ersten Staatsexamens
für das Lehramt an Gymnasien
Martina Kraupner, 2. Aufl., 2014
ISBN: 978-3-486-74911-3, e-ISBN: 978-3-486-85818-1

Berühmte Aufgaben der Stochastik
Von den Anfängen bis heute
Rudolf Haller, Friedrich Barth, 2014
ISBN: 978-3-486-72832-3, e-ISBN: 978-3-486-74714-0

Analysis
International mathematical journal of analysis and its
applications
Editor-in-Chief: Friedmar Schulz
ISSN: 2196-6753

Statistics & Risk Modeling
with Applications in Finance and Insurance
ISSN: 2196-7040

www.degruyter.com

Hartmut Menzer, Ingo Althöfer

Zahlentheorie und Zahlenspiele

Sieben ausgewählte Themenstellungen

2., aktualisierte und erweiterte Auflage

DE GRUYTER

Mathematics Subject Classification 2010
primary: 91A46; 97A20; 11A05; 11A15; 11A25; 11A55; 11J72; 11J81; 11N37
secondary: 11D04; 11J70; 11M06; 11B68; 11P21; 52C20

Autoren

PD Dr. Hartmut Menzer
Friedrich-Schiller-Universität Jena
Fakultät für Mathematik und
Informatik
Institut für Mathematik
Ernst-Abbe-Platz 2
07743 Jena
E-Mail: hartmut.menzer@uni-jena.de

Prof. Dr. Ingo Althöfer
Friedrich-Schiller-Universität Jena
Fakultät für Mathematik und
Informatik
Institut für Mathematik
Ernst-Abbe-Platz 2
07743 Jena
E-Mail: ingo.althoefer@uni-jena.de

ISBN   978-3-486-72030-3
e-ISBN   978-3-486-72031-0

Bibliografische Information der Deutschen Nationalbibliothek
Die Deutsche Nationalbibliothek verzeichnet diese Publikation in der Deutschen Nationalbibliografie; detaillierte bibliografische Daten sind im Internet über http://dnb.dnb.de abrufbar

Library of Congress Cataloging-in-Publication Data
A CIP catalog record for this book has been applied for at the Library of Congress.

© 2014 Oldenbourg Wissenschaftsverlag GmbH
Rosenheimer Straße 143, 81671 München, Deutschland
www.degruyter.com
Ein Unternehmen von De Gruyter

Lektorat: Kristin Berber-Nerlinger
Herstellung: Tina Bonertz
Grafik:Thyrsus/iStock/Thinkstock
Druck und Bindung: CPI buch bücher.de GmbH, Birkach

Gedruckt in Deutschland
Dieses Papier ist alterungsbeständig nach DIN/ISO 9706.

Vorwort

Die ausgewählten Themen und Inhalte sowie die verwendete Literatur bilden das „Fundament" auf dem ein „Bauwerk" Lehrbuch errichtet werden sollte.

Mein Bauwerk Zahlentheorie soll aber nicht zu hoch sein, denn solche Häuser mag ich nicht und ich möchte auch nicht darin wohnen. Stattdessen werde ich ein kleines aber dafür individuelles Haus bauen. Aus diesem Grunde werden hier nur einige ausgewählte Themen aus der Zahlentheorie behandelt.

Es gibt viele Lehrbücher und Monografien zur Zahlentheorie, denn die Zahlentheorie ist neben der Geometrie die zweite klassische Säule der Mathematik. Gerade deshalb habe ich den Versuch gestartet ein weiteres Lehrbuch zur Zahlentheorie zu präsentieren, da mich auch meine Studenten zu diesem Schritt angeregt haben.

Das vorliegende Buch ist aus Vorlesungen entstanden, die ich mehrfach an der Friedrich-Schiller Universität Jena, vor allem für Lehramtsstudenten, gehalten habe.

Es hat sehr lange gedauert bis das Buch fertiggestellt worden ist. Viele Studenten, Mitarbeiter und auch meine Familie mussten geduldig warten ehe das Buch endlich in der druckreifen Version vorlag.

Danksagen möchte ich vor allem meinen ehemaligen Studenten Tobias Berg, Bianca Glade, Richard Horlbeck, Marcus Lilienthal, Michael Müller, Kai Rodeck und Robert Zalys, meiner Sekretärin Frau Ines Spilling sowie Frau Kathrin Mönch vom Oldenbourg-Verlag, die mich alle bei der schreibtechnischen Umsetzung des Manuskripts und der Gestaltung des Buches unterstützt haben.

Des Weiteren möchte ich auch meinen Kollegen Klaus Haberland, Burkhard Külshammer, Hans-Gerd Leopold, Gerhard Lischke, Jürgen Müller, Olaf Neumann, Hans-Jürgen Schmeißer und Kinga Szücs danken, die Teile des Manuskripts kritisch durchgesehen und einige Veränderungsvorschläge eingebracht haben.

Bezüglich der Darbietung des Stoffes in den einzelnen Kapiteln habe ich den folgenden Weg gewählt.

Die ersten beiden Kapitel sind relativ einfach zu verstehen und beinhalten grundlegende Inhalte der elementaren Zahlentheorie, die schrittweise vermittelt werden. In den Kapiteln 3, 4 und 5 wurden einige Vertiefungen vorgenommen und eine Auswahl von Gebieten aus der höheren Zahlentheorie angesprochen. Allen Kapiteln wurden Übungsaufgaben unterschiedlichen Schwierigkeitsgrades mit Lösungen bzw. Lösungshinweisen beigegeben.

Außerdem möchte ich noch auf eine Besonderheit dieses Lehrbuchs hinweisen. Es sind bewusst keine Fußnoten auf den einzelnen Seiten zu finden, da ich der Meinung bin, dass man nur mit dem Buch und der angegebenen Literatur sowie im Selbststudium den dargestellten Stoff verstehen und festigen kann.

Dieses Buch besitzt auch eine eigene Emailadresse:
`hartmut.menzer@uni-jena.de`
Hier kann der Leser mir alle seine Bemerkungen, Ergänzungen, Korrekturen, Verbesserungen und Wünsche mitteilen.

Jena, September 2009
Hartmut Menzer

Vorwort zur 2.Auflage

In der zweiten Auflage der „Zahlentheorie und Zahlenspiele" sind neue Kapitel hinzugekommen. Mein Kollege Ingo Althöfer hat sich freundlicherweise bereit erklärt, zwei Kapitel über einige Zahlenspiele zu schreiben. Diese sind im Buch in den Kapiteln 6 und 7 zu finden und ergänzen die Ausführungen zur anwendbaren Zahlentheorie. Des Weiteren wurde diese Auflage auf den neuesten Stand gebracht, indem zu den mersenneschen Zahlen und zum dirichletschen Teilerproblem die derzeit aktuellen Rekorde angegeben werden. Ausserdem wurde im Kapitel 3 der Abschnitt 3.6 durch Ausführungen über sogenannte hurwitzsche Kettenbrüche erweitert und durch einen neuen Abschnitt 3.8 mit einem Transzendenzbeweis für e ergänzt. Auch waren einige kleine Inkorrektheiten und Druckfehler zu beseitigen, worauf ich insbesondere durch die Kollegen Peter Bundschuh, Köln und E.-Wilhelm Zink, Berlin hingewiesen wurde. Schließlich erfolgte noch eine Ergänzung und Überarbeitung des Literaturverzeichnisses. Danksagen möchten wir vor allem unseren Kollegen Matthias Beckmann, Marcus Oehme, René Reichenbach und Christopher Schneider, sowie Frau Nicole Karbe vom DeGruyter-Verlag, die uns bei der schreibtechnischen Umsetzung des Manuskripts und der Gestaltung des Buches unterstützt haben.

Die Kollegen Achim Flammenkamp, Matthias Löwe, Alexander Mehlmann, Karl Scherer, Roland Voigt und Reinhold Wittig verdienen Dank für Ihr intensives Durchschauen der Kapitel 6 und 7 und für viele hilfreiche Anmerkungen.

Das Buch besitzt auch eigene Email-Adressen :

`hartmut.menzer@uni-jena.de` (zu den Kapiteln 1 bis 5) und

`ingo.althoefer@uni-jena.de` (zu den Kapiteln 6 und 7)

Hier können uns die Leser Ihre Bemerkungen, Ergänzungen, Fragen und Probleme mitteilen.

Jena, Dezember 2013
Hartmut Menzer und Ingo Althöfer

Inhaltsverzeichnis

Einleitung

Wie schon in dem Vorwort erwähnt, besteht dieses Lehrbuch aus 7 Kapiteln und beinhaltet zwei im Zusammenhang stehende Themenkomplexe. Während in den ersten fünf Kapiteln eine Einführung in die „elementare" und „höhere" Zahlentheorie gegeben wird beschäftigen sich die Kapitel 6 und 7 mit Ausführungen zu einigen Subtraktionsspielen und drei neu entwickelten Spielen. Elementare Zahlentheorie bedeutet hierbei, dass wir uns vor allem mit den Zahlen aus $\mathbb{Z}$ und $\mathbb{Q}$ beschäftigen und diese mit elementaren Methoden aus der linearen Algebra, der Euklidischen Geometrie und der reellen Analysis untersuchen werden. Im Unterschied zur elementaren Zahlentheorie verwendet die höhere Zahlentheorie vor allem Ergebnisse und Verfahren aus der Algebra, der gesamten Analysis und anderen Gebieten der Mathematik. Wir gelangen somit zur algebraischen und zur analytischen Zahlentheorie sowie zu Spezialisierungsrichtungen der höheren Zahlentheorie.

Was in diesem Buch im Einzelnen behandelt wird, lässt sich natürlich grob aus dem Inhaltsverzeichnis erkennen. Weiterführende Erläuterungen findet man jeweils in den Einleitungen der einzelnen Kapitel. Trotzdem möchten wir noch einige Bemerkungen zum Inhalt und Aufbau des Lehrbuches machen und damit gleichzeitig mögliche Herangehensweisen zur Beschäftigung mit dem Buch vorstellen.

Wir beginnen nun damit zu den einzelnen Kapiteln genauere Informationen zum Inhalt zu geben.

Im Kapitel 1 werden wichtige und grundlegende Eigenschaften zu diesen Zahlbereichen zusammengestellt und teilweise auch bewiesen. Die gewählte Darstellungsform deutet dabei eine axiomatische Charakterisierung dieser Zahlen nur an, denn deren Axiomatisierung ist nicht die Aufgabe der Zahlentheorie, sondern das Rechnen mit diesen Zahlen steht im Vordergrund. Von großer Bedeutung für den multiplikativen Aufbau der Zahlentheorie ist der Begriff der Teilbarkeit. Aus diesem Grund werden im Abschnitt 1.3 erste Ausführungen hierzu gemacht, die eine wesentliche Basis für die gesamte Zahlentheorie darstellt.

Das im Vergleich zu Kapitel 1 umfangreiche Kapitel 2 beinhaltet vor allem eine

Weiterentwicklung und einen Ausbau der Teilbarkeitslehre. Im Mittelpunkt dieses Kapitels steht dabei der Fundamentalsatz der Zahlentheorie in dem wir zeigen werden, dass jede natürliche Zahl $n > 1$ eine, bis auf die Reihenfolge der Faktoren, eindeutige Darstellung als Produkt von Primzahlen besitzt. Der Anfänger, der sich mit der Zahlentheorie noch nicht intensiv genug auseinandergesetzt hat, wird die Bedeutung dieses Satzes nicht in vollem Maße erkennen können, denn im Schulunterricht wird dieser Satz immer wieder verwendet aber nicht bewiesen. Wir bemerken in diesem Zusammenhang noch, dass es viele allgemeinere Zahlbereiche und spezielle Zahlenmengen gibt, in denen der Fundamentalsatz der Zahlentheorie keine Gültigkeit besitzt. Im Rahmen dieses Buches wird aber diese Problematik nicht weiter verfolgt und wir verweisen auf die Literatur.

Nach diesen in den Kapiteln 1 und 2 dargestellten Ergebnissen zur elementaren Zahlentheorie werden in den Kapiteln 3, 4 und 5 diese Untersuchungen weiter fortgesetzt und einige Elemente aus der höheren Zahlentheorie dargestellt. Zunächst werden am Anfang des Kapitels 3 die reellen, komplexen, algebraischen und transzendenten Zahlen definiert und charakterisiert. Hierbei sind die in den Abschnitten 3.1 und 3.2 aufgeführten Eigenschaften über die reellen und komplexen Zahlen vor allem für weitere zahlentheoretische Untersuchungen von Bedeutung. Des Weiteren werden im Abschnitt 3.3 einige Aspekte der algebraischen Zahlentheorie aufgezeigt. Die hier dargestellten Ergebnisse über algebraische Zahlen werden in den Abschnitten 3.4 und 3.7 weiter präzisiert und spezialisiert. Schließlich behandeln wir in den Abschnitten 3.5 und 3.6 zwei verschiedene Darstellungsformen für reelle Zahlen, wovon die Darstellung durch k-adische Brüche aus dem Schulunterricht für k=10 und teilweise auch für k=2 bekannt ist. Die im Abschnitt 3.6 besprochenen Eigenschaften über Kettenbrüche sind für den Anfänger in der Zahlentheorie neu und bieten viele interessante Fakten zur genaueren Typisierung von reellen Zahlen. Außerdem wird im neuen Abschnitt 3.8 noch ein Transzendenzbeweis für die Zahl e dargestellt.

Im gesamten Kapitel 4 wird eine allgemeine Theorie über zahlentheoretische Funktionen entwickelt und aufgebaut. Zu Beginn werden in den Abschnitten 4.1 und 4.2 verschiedene Klassen von zahlentheoretischen Funktionen vorgestellt und diese dann am Beispiel der Teilerfunktionen erläutert. Die Abschnitte 4.3, 4.4, 4.5, 4.6 und 4.7 beinhalten grundlegende Elemente aus der analytischen Zahlentheorie, die einerseits von selbstständiger Bedeutung sind aber andererseits zur Bestimmung von Mittelwerten und Größenordnungen spezieller zahlentheoretischer Funktionen im Abschnitt 4.8 genutzt werden können.

Hauptgegenstand des Kapitels 5 sind Untersuchungen zur Lösbarkeit und zu den Lösungen von quadratischen und höheren Kongruenzen. Hierbei werden auch das Legendre Symbol und das Jacobi Symbol definiert, mit deren Eigenschaften man alle Fragen zur Lösbarkeit von speziellen quadratischen Kongruenzen entscheiden kann. Im Mittelpunkt dieses Kapitels steht dabei das quadratische Reziprozitätsgesetz für das Legendre Symbol mit einem Beweis von C.F. Gauß. Wir bemerken in diesem Zusammenhang dass man dieses Gesetz durchaus als eines der „schönsten" Gesetze der Zahlentheorie bezeichnen kann.

Waren in der Geschichte der Menschheit die Zahlen oder die Denkspiele zuerst da? Wir wissen es nicht. Unter den mathematisch analysierten Spielen gehören auf jeden Fall solche mit Zahlen zu den ältesten. Es sind die Additions-Spiele, über die Claude de Méziriac schon 1612 geschrieben hat. Wir diskutieren in Kapitel 6 einige Zahlenspiele. In Abschnitt 6.1 geht es um Subtraktions-Spiele: Zwei Spieler nehmen abwechselnd Körner von einem Haufen. Sieger ist, wer den Haufen leer macht. Diese Spiele lassen sich mit Rückwärts-Analysen komplett durchrechnen. In 6.2 geht es um das Nim-Spiel und Boutons geniale Gewinn-Strategie. Wer diese auch in Kneipenatmosphäre beherrscht, kann Nichtmathematiker nachhaltig beeindrucken. In Abschnitt 6.3 kehren wir zu den Subtraktions-Spielen zurück, wobei jetzt die beiden Spieler aber nicht mehr strikt abwechselnd am Zug sind.

Der Ausgangspunkt für Kapitel 7 ist das moderne Spiel „EinStein würfelt nicht". Bei dem kommen die Zahlen von 1 bis 6 sowohl als Nummern auf den Spielsteinen wie auch als Augenzahlen auf dem Würfel vor. In zwei Stufen läßt sich die Abhängigkeit von den Zahlen ablegen, ohne dass das EinStein-Spiel seinen besonderen Charakter verliert. Bei „Karls Rennen" gibt es noch einen Würfel, aber keine Nummern mehr auf den Steinen. Und bei dem puristischen Spiel „Letzter Mann voran" ist auch der Würfel verschwunden. Kapitel 7 besteht aus nichts anderem als den Regelwerken für die drei Spiele und je einer kommentierten Musterpartie. Beim Lesen wird auch klar, warum die Spiele nicht in der Reihenfolge ihrer Entstehung vorgestellt sind, sondern mit dem „Letzten Mann voran" zuerst 7.1.

Danach werden im Anhang in den ersten drei Abschnitten einige grundlegende Definitionen aus der Mengenlehre, der Algebra und der Analysis in Kurzform dargestellt, die dem Leser von Nutzen sein können. Des Weiteren wird im vierten Abschnitt noch ein sehr bedeutsames Verfahren zur „Geheimen Nachrichtenübermittlung", der sogenannte RSA-Algorithmus vorgestellt, der heute aus keinem Buch der Zahlentheorie mehr wegzudenken ist.

Schließlich werden am Ende des Buches noch Lösungen und Lösungshinweise zu den einzelnen Übungsaufgaben gegeben.

Das vorgelegte Lehrbuch wendet sich an einen breiten Leserkreis, die Interesse an der Mathematik und insbesondere an der Zahlentheorie sowie an Zahlenspielen haben. Vor allem richtet sich das Buch an die Adresse von Lehramtsstudenten, die Mathematik, Informatik und Physik studieren. An Vorkenntnissen für das Studium des Buches werden die Lehrveranstaltungen Analysis 1 und Lineare Algebra 1 vorausgesetzt.

Natürlich sind auch alle anderen Studenten von Hochschulen angesprochen, die über die „Theorie der Zahlen" und „Zahlenspiele" mehr erfahren wollen. Auch Schüler von Gymnasien können große Teile des Buches verstehen.

Als mögliche Herangehensweisen zur Beschäftigung mit dem Buch werden folgende drei Varianten vorgeschlagen:

Variante 1: für „Anfänger" in der Zahlentheorie:

Es wird folgende Reihenfolge empfohlen: Abschnitt 1.3, Kapitel 2, Abschnitte 3.5, 3.6 und 3.7, Abschnitte 4.1 und 4.2, Abschnitt 5.3 und danach die anderen Abschnitte des Buches.

Variante 2: für „Fortgeschrittene" in der Zahlentheorie:

Es wird empfohlen die Kapitel 3, 4 und 5 in dieser Reihenfolge oder auch in einer beliebig anderen Reihenfolge zu studieren.

Variante 3: für spielbegeisterte Zahlenfreunde:

Jedes der beiden Kapitel 6 und 7 läßt sich ganz unabhängig vom Rest des Buches lesen. Man kann also zum Beispiel direkt am Buchende mit dem „letzten Mann" und „EinStein würfelt nicht" beginnen.

Zum Schluss dieser Einleitung erwähnen wir noch, dass sämtliche im Buch dargestellten und verwendeten Definitionen, Sätze, Korollare, Lemmata und Bemerkungen kapitelweise und abschnittsweise durchnummeriert sind.

1 Die Zahlbereiche $\mathbb{N}, \mathbb{Z}$ und $\mathbb{Q}$

Gegenstand der elementaren Zahlentheorie sind vor allem Eigenschaften von den natürlichen Zahlen, den ganzen Zahlen und den rationalen Zahlen. Die genetische bzw. axiomatische Charakterisierung dieser Zahlbereiche ist jedoch nicht das Anliegen der Zahlentheorie. Wir wollen also – wie in der Zahlentheorie üblich – die Existenz und den Aufbau bereits als vollzogen ansehen. Das heißt, wir können mit diesen Zahlen rechnen und sie auch auf der Zahlengeraden anordnen, so wie wir es aus dem Schulunterricht kennen. Aus diesem Grund werden wir in diesem ersten Kapitel nur eine Auswahl von Definitionen, Sätzen und Prinzipien nennen und formulieren.

Den Schwerpunkt dieses Kapitels bildet der Abschnitt 1.3, in dem wichtige Eigenschaften zur Teilbarkeitslehre vorgestellt werden, die für die elementare Zahlentheorie aber auch für die höhere Zahlentheorie von großer Bedeutung sind.

1.1 Natürliche Zahlen

Der Gegenstand der Zahlentheorie sind in erster Linie die Zahlen, mit denen wir Dinge beliebiger Art zählen können:

$$1, 2, 3, 4, 5, \ldots$$

und die zugehörigen Rechenoperationen **Addition** und **Multiplikation**. Die Eigenschaften dieser Operationen setzen wir als bekannt voraus. Es ist zweckmäßig, die Zahl 0 hinzuzufügen, weil wir dann die Rechenregel

$$a + 0 = 0 + a = a$$

zur Verfügung haben. Wir sagen: 0 verhält sich **neutral** bei der Addition. Die Zahlen

$$0, 1, 2, 3, 4, 5, \ldots$$

nennen wir **natürliche Zahlen**. Die Symbole $\mathbb{N}$ und $\mathbb{N}_+$ bezeichnen die Menge der natürlichen bzw. der positiven natürlichen Zahlen:

$$\mathbb{N} := \{0, 1, 2, 3, 4, 5, \ldots\},$$
$$\mathbb{N}_+ := \{1, 2, 3, 4, 5, \ldots\} = \mathbb{N} \setminus \{0\}.$$

Die natürlichen Zahlen sind **geordnet** oder **angeordnet**, was sich durch die „kleiner-gleich"-Beziehung (ausführlich: „kleiner als oder gleich") $\leq$ ausdrückt. Die grundlegenden Eigenschaften dieser Relation sind für beliebige $a, b, c \in \mathbb{N}$ die nachfolgend aufgeführten Rechenregeln:

$R1$) Aus $a \leq b$ und $b \leq c$ folgt $a \leq c$ (Transitivität).

$R2$) Aus $a \leq b$ und $b \leq a$ folgt $a = b$ (Antisymmetrie).

$R3$) Aus $a \leq b$ folgt $a + c \leq b + c$ (Monotonie der Addition).

Wie üblich ist die Bezeichnung $a \geq b$ nach Definition äquivalent mit $b \leq a$ und $a < b$ bedeutet, dass $a \neq b$ und $a \leq b$. Die Eigenschaften der Relation $<$ ergeben sich sehr leicht aus den Eigenschaften von $\leq$. Im Einzelnen gelten:

$R4$) Es gilt stets entweder $a = b$ oder $a < b$ oder $b < a$ (Vergleichbarkeit, Konnexität oder Linearität).

$R5$) Aus $a < b$ und $0 < c$ folgt $ac < bc$ (Monotonie der Multiplikation).

$R6$) Aus $a < b$ folgt $a + 1 = b$ oder $a + 1 < b$.

Bemerkung 1.1.1. *Für viele Existenzbeweise in der Zahlentheorie sind die beiden nachfolgend genannten Prinzipien von Wichtigkeit.*

Satz 1.1.1 (Prinzip der vollständigen Induktion).

Es sei M eine Menge von natürlichen Zahlen mit den folgenden Eigenschaften:

1. $0 \in M$.

2. Für alle $m \in \mathbb{N}$ gilt: Wenn $m \in M$, so auch $(m + 1) \in M$.

Dann ist $M = \mathbb{N}$.

Bemerkung 1.1.2. *Das Prinzip der vollständigen Induktion kann man sich durch das Umfallen von senkrecht hintereinander aufgestellten Dominosteinen veranschaulichen. Wenn man den ersten Stein umstößt, dann fallen alle Steine nacheinander um.*

Satz 1.1.2 (Prinzip der kleinsten Zahl). *Jede nichtleere Menge M von natürlichen Zahlen besitzt eine kleinste Zahl, das heißt es gibt genau eine Zahl*

$m_0 \in M$, *so dass gilt:*
$$m_0 \leq m \quad \text{für alle } m \in M.$$

Beweis. Es seien $\mathbb{N}$ die Menge der natürlichen Zahlen und M eine Teilmenge von $\mathbb{N}$, also $M \subseteq \mathbb{N}$. Wenn $0 \in M$ so ist 0 die kleinste Zahl.

Wir wollen jetzt die Beweismethode der Kontraposition verwenden und werden Folgendes zeigen:

Wenn M kein kleinstes Element hat, dann muss M die leere Menge sein, d. h. es gilt $M = \emptyset$.

Wir betrachten nunmehr eine Menge K von natürlichen Zahlen, die durch

$$K := \{n : n \in \mathbb{N} \wedge \forall k(k \leq n \Rightarrow k \notin M)\}$$

definiert wird. Dann lassen sich über K leicht folgende Eigenschaften beweisen:

a) $0 \in K$ (weil sonst 0 kleinstes Element von M ist).

b) Wenn $n \in K$, dann muss dies auch für den Nachfolger $n' = n + 1$ gelten, weil sonst n' kleinstes Element von M ist, also $n' \in K$.

c) $K \subseteq \mathbb{N}$ (auf Grund der Definition).

Das bedeutet aber nach Satz 1.1.1, dass die Menge K mit der Menge $\mathbb{N}$ übereinstimmen muss, d. h. wir haben $K = \mathbb{N}$ und deshalb (wegen $K \subseteq \overline{M}$) ist $M = \emptyset$, was wir zeigen wollten.

$\square$

Bemerkung 1.1.3. *Man kann sogar zeigen, dass die beiden genannten Prinzipien zueinander logisch äquivalent sind. Hier in diesem Buch haben wir im Beweis von Satz 1.1.2 den Satz 1.1.1 benutzt, also eine Richtung der Äquivalenz gezeigt.*

Jetzt sind wir schon in der Lage, Folgendes zu beweisen:

Satz 1.1.3 (Archimedisches Axiom). *Zu beliebigen positiven natürlichen Zahlen a, b gibt es mindestens eine natürliche Zahl n mit $n \cdot a > b$.*

Beweis. Es seien $a, b \in \mathbb{N}_+$. Dann betrachten wir die Menge

$$M := \{b - n \cdot a \; : \; n \in \mathbb{N} \text{ und } b - n \cdot a > 0\}.$$

Diese Teilmenge von $\mathbb{N}$ ist nicht leer, weil $b - 0 \cdot a = b > 0$. Also enthält M eine kleinste Zahl, etwa $b - n_0 \cdot a$. Angenommen, es ist $b - n_0 \cdot a > a$. Deshalb ist auch $b - n_0 \cdot a > b - (n_0 + 1) \cdot a > 0$ im Widerspruch zur Minimalität von $b - n_0 \cdot a$. Also ist $b - n_0 \cdot a \leq a$, somit $b \leq (n_0 + 1) \cdot a$ und damit auch $b < (n_0 + 2) \cdot a$.

$\square$

Ein Gegenstück zum Prinzip der kleinsten Zahl formulieren wir wie folgt:

Satz 1.1.4. *Jede nach oben beschränkte nichtleere Menge M natürlicher Zahlen besitzt genau ein größtes Element, das heißt wenn es ein $a \in \mathbb{N}$ mit $m \leq a$ für alle $m \in M$ gibt, dann gibt es genau ein $m_0 \in M$, so dass gilt:*

$$m \leq m_0 \quad \textit{für alle } m \in M.$$

Beweis. Wir betrachten die Menge S aller natürlichen Zahlen s mit $(a - s) \in M$:

$$S := \{s : s \in \mathbb{N} \wedge \exists m \, (m \in M \Rightarrow m + s = a)\}.$$

Wegen Satz 1.1.2 ist S nicht leer, besitzt also ein kleinstes Element s_0 mit $m_0 + s_0 = a$ für ein $m_0 \in M$. Aus der Minimalität und Eindeutigkeit von s_0 folgt nun sofort die Maximalität und Eindeutigkeit von m_0. $\qquad\square$

Die bisher geführten Beweise sollen den Leser hauptsächlich davon überzeugen, dass die Eigenschaften der Anordnung, das Induktionsprinzip und das Prinzip der kleinsten Zahl für die Beschreibung der natürlichen Zahlen sehr wichtig sind. Man kann sogar zeigen, dass die algebraischen Strukturen $(\mathbb{N}, +, \leq)$ und $(\mathbb{N}_+, \cdot, \leq)$ archimedisch angeordnete Halbgruppen sind.

Für bestimmte Abzählprozesse ist das nachfolgend beschriebene Schubfachprinzip nützlich:

Satz 1.1.5 (Dirichletsches Schubfachprinzip). *Es seien n Objekte („Dinge") in m Kategorien („Schubfächer") mit $m < n$ verteilt. Dann gibt es mindestens eine Kategorie, die mindestens zwei Objekte enthält (Abbildung 1.1).*

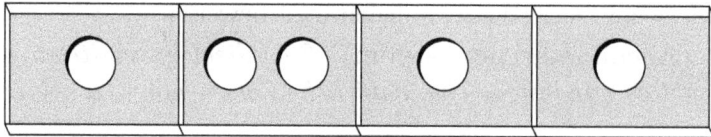

Abbildung 1.1: $n = 5$ Objekte in $m = 4$ Kategorien verteilt

Beweis. Wir führen den Beweis indirekt und nehmen an, dass jede der m Kategorien höchstens ein Objekt enthält. Dann folgt sofort, dass es höchstens m Objekte gibt, was einen Widerspruch zur Voraussetzung – über die Anzahl der Objekte – liefert. $\qquad\square$

Übungsaufgabe 1.1. Man zeige, dass in einer Millionenstadt mindestens 100.000 Menschen leben, von denen jeder mit mindestens einem anderen im gleichen Jahr, am gleichen Tag und zur gleichen Stunde geboren worden ist.

1.2 Ganze Zahlen

Schon im Schulunterricht erweitert man den Zahlbereich $\mathbb{N}$ zum neuen Bereich $\mathbb{Z}$ der **ganzen** oder **ganzrationalen** Zahlen:

$$\mathbb{Z} := \{0, +1, -1, +2, -2, +3, -3, +4, -4, \ldots\},$$

um eine neue Operation, die **Subtraktion ohne Ausnahme**, ausführbar zu machen. Gleichzeitig gelingt es, die als bekannt vorrausgesetzten Operationen „Addition" und „Multiplikation" auf den neuen Bereich $\mathbb{Z}$ **ohne Ausnahme** zu erweitern. Die Rechengesetze für beide Operationen setzen wir als bekannt voraus. Auch die **Anordnung** der natürlichen Zahlen lässt sich auf die ganzen Zahlen ausdehnen. Wir erhalten dann eine nach beiden Seiten unbegrenzt fortschreitende Anordnung. Diese Anordnung legt es nahe, sich die ganzen Zahlen als Punkte auf einer Geraden vorzustellen, die in gleichbleibenden Abständen aufeinander folgen (Abbildung 1.2).

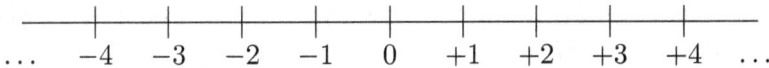

Abbildung 1.2: Anordnung ganzer Zahlen auf einer Geraden

Man kann jetzt über den Bereich $\mathbb{Z}$ viel mehr als über $\mathbb{N}$ zeigen. Es gilt, dass die algebraische Struktur $(\mathbb{Z}, +, \cdot, \leq)$ ein archimedisch angeordneter kommutativer Ring mit Einselement ist.

Jeder ganzen Zahl a wird ihr **absoluter Betrag** $|a|$ zugeordnet,

$$|a| := \left\{ \begin{array}{ll} a & \text{für } a \geq 0 \\ -a & \text{für } a < 0 \end{array} \right. .$$

$|a|$ ist also stets eine natürliche Zahl. Grundlegend ist die sogenannte Dreiecks-Ungleichung:

Satz 1.2.1. *Für alle $a, b \in \mathbb{Z}$ ist*

$$|a + b| \leq |a| + |b|.$$

Beweis. Der Beweis erfolgt durch Fallunterscheidungen entsprechend der Definition und bleibt dem Leser überlassen.

$\square$

Übungsaufgabe 1.2. Man beweise für beliebige $a, b \in \mathbb{Z}$:

a) $|a \cdot b| = |a| \cdot |b|$ und $|-a| = |a|$.

b) In der Dreiecks-Ungleichung $|a + b| \le |a| + |b|$ steht das Gleichheitszeichen genau dann, wenn $a \cdot b \ge 0$.

c) $||a| - |b|| \le |a - b|$.

Die Anordnung der ganzen Zahlen lässt sich offensichtlich folgendermaßen beschreiben:

$$a \le b \Leftrightarrow \text{Es gibt eine natürliche Zahl } n \text{ mit } a + n = b.$$
$$\Leftrightarrow b - a \in \mathbb{N}$$

für beliebige $a, b \in \mathbb{Z}$.

Dies erlaubt es, die Existenzaussagen über kleinste bzw. größte natürliche Zahlen auf ganze Zahlen zu verallgemeinern.

Satz 1.2.2. *Jede nach unten (bzw. nach oben) beschränkte nichtleere Menge M von ganzen Zahlen besitzt ein kleinstes (bzw. ein größtes) Element. Das heißt, wenn es eine ganze Zahl a mit $a \le m$ (bzw. $m \le a$) für alle $m \in M$ gibt, dann gibt es eine Zahl $m_0 \in M$, so dass $m_0 \le m$ (bzw. $m \ge m_0$) für alle $m \in M$ (Abbildung 1.3).*

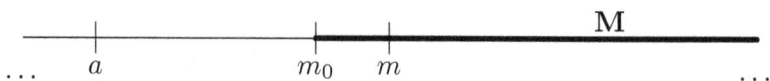

Abbildung 1.3: Darstellung der kleinsten Zahl m_0 einer nach unten beschränkten Menge M

Beweis. Ohne Einschränkung der Allgemeinheit behandeln wir nur den Fall, dass M nach unten beschränkt ist. Dann liegt die Menge

$$M_a := \{m - a : m \in M\} \text{ (die um } -a \text{ „verschobene" Menge } M),$$

in $\mathbb{N}$, da $m - a \ge 0$ für alle $m \in M$. Als Teilmenge von $\mathbb{N}$ besitzt M_a nach dem Prinzip der kleinsten Zahl von Satz 1.1.2 genau eine kleinste Zahl $n_0 = m_0 - a$ mit $m_0 \in M$. Die Zahl m_0 ist dann die kleinste Zahl in M.

$\square$

Wir werden die allgemeinen Definitionen von Relationen sowie von algebraischen Strukturen im Anhang 7.4 geben.

1.3 Teilbarkeit in $\mathbb{Z}$

Nachdem wir in $\mathbb{N}$ und $\mathbb{Z}$ die $\leq$- sowie die $<$-Relation kennengelernt haben, kommen wir nunmehr auf den für die in $\mathbb{Z}$ anstehenden zahlentheoretischen Untersuchungen grundlegenden Begriff, den der Teilbarkeit, zu sprechen.

Es gibt gute Gründe dafür, den Teilbarkeitsbegriff sogleich in $\mathbb{Z}$ und nicht erst in $\mathbb{N}$ einzuführen. Im Hinblick auf spätere Verallgemeinerungen des Zahlbegriffs erweist sich eine allgemeinere Definition als sinnvoll.

Definition 1.3.1. *Eine Zahl $d \in \mathbb{Z}$ heißt **Teiler** der Zahl $a \in \mathbb{Z}$, in Zeichen $d \mid a$, wenn es eine Zahl $t \in \mathbb{Z}$ gibt, so dass $a = d \cdot t$ gilt.*

Bemerkung 1.3.1. *Man sagt dann auch: d teilt a, a ist ein **Vielfaches** von d oder a ist durch d teilbar.*

1) *Jedes $a \in \mathbb{Z}$ hat die **trivialen Teiler** $+1, -1$ und $+a, -a$. Gilt $d \mid a$, so heißt d ein **wesentlicher Teiler** von a, wenn $d \neq \pm 1$ ist, und ein **echter Teiler** von a, wenn $d \neq \pm a$ ist.*

2) *Man sieht unmittelbar, dass positive Teiler immer paarweise auftreten, denn wenn d ein Teiler von a $(a \neq 0)$ ist, so ist auch $t = \frac{a}{d}$ ein Teiler von a. Der Teiler t wird als **Komplementärteiler** bezüglich d bezeichnet.*

3) *Ist die Voraussetzung der Definition nicht erfüllt, so ist d kein Teiler von a und man schreibt $d \nmid a$.*

Wir werden in diesem Buch die Schreibweise $\pm$ verwenden und meinen damit, dass sowohl $+$ als auch $-$ gelten.

Beispiele.

a) Es sind $\pm 1 \mid 6, \pm 2 \mid 6, \pm 3 \mid 6$ und $\pm 6 \mid 6$.

b) Es sind $\pm 4 \nmid 6$ und $\pm 5 \nmid 6$.

Wir haben die nachfolgend genannten **Rechenregeln für die Teilbarkeit**:

Satz 1.3.1. *Es seien $a, b, c, d \in \mathbb{Z}$. Dann gelten:*

R1) $a \mid a$ (Reflexivität).

R2) Aus $a \mid b$ und $b \mid c$ folgt $a \mid c$ (Transitivität).

R3) Aus $a \mid b$ und $a \mid c$ folgt $a \mid (x \cdot b + y \cdot c)$ für alle $x, y \in \mathbb{Z}$.

R4) Aus $a \mid b$ und $c \mid d$ folgt $(a \cdot c) \mid (b \cdot d)$.

R5) Aus $a \mid b$ und $b \mid a$ folgt $|a| = |b|$ (Antisymmetrie).

R6) Aus $d \mid a$ und $a \neq 0$ folgt $1 \leq |d| \leq |a|$.

Beweis.

R1) Trivial, da $a = a \cdot 1$.

R2) Mit $b = a \cdot t$ und $c = b \cdot u$ ist $c = a \cdot (t \cdot u)$ für $t, u \in \mathbb{Z}$.

R3) Mit $b = a \cdot t$ und $c = a \cdot u$ ist $x \cdot b + y \cdot c = a \cdot (x \cdot t + y \cdot u)$ für alle $x, y \in \mathbb{Z}$.

R4) Mit $b = a \cdot t$ und $d = c \cdot u$ ist $b \cdot d = a \cdot c \cdot (t \cdot u)$.

R5) Mit $b = a \cdot t$ und $a = b \cdot u$ ist $t \cdot u = 1$ und somit $t = u = \pm 1$.

R6) Mit $a = d \cdot t$ und $t = \pm 1$ ist $|d| = |a| \neq 0$ und somit $1 \leq |d| \leq |a|$. Für $t \neq \pm 1$ ist dann aber $|d| < |a|$ und somit $1 \leq |d| \leq |a|$.

$\square$

Es ist offensichtlich, dass die Zahl 0 von jeder Zahl $d \in \mathbb{Z}$ geteilt wird, da $0 = d \cdot 0$ gilt. Weiterhin kann man sofort zeigen, dass die beiden Zahlen ± 1 die einzigen trivialen Teiler der Zahl 1 sind. Allgemein bezeichnet man solche Elemente E mit der Eigenschaft $E \cdot E^{-1} = 1$ als **Einheiten** in einem sogenannten Ring, das heißt die ganzen Zahlen ± 1 sind somit die einzigen Einheiten in $\mathbb{Z}$.

Wir werden die allgemeine Definition eines Ringes im Anhang geben. Insgesamt erhält man aus Reflexivität, Transitivität und Antisymmetrie die Aussage, dass die **Teilbarkeit** eine **Halbordnungsrelation** oder auch eine **teilweise Ordnungsrelation** in $\mathbb{N}$ ist.

Im Gegensatz zur $\leq$-Relation ist die Teilbarkeitsrelation keine totale oder vollständige Ordnung, da es unvergleichbare Elemente gibt. So gilt zum Beispiel weder $5 \mid 6$ noch $6 \mid 5$. Wegen der Definitionen von $\leq$ und $\mid$ kann man jedoch davon sprechen, dass die Teilbarkeitsrelation das multiplikative Analogon zur $\leq$-Relation ist. Auf Grund der Rechenregel *R6)* ist die Teilbarkeitsrelation jedoch nur eine Teilrelation der $\leq$-Relation, da die $\leq$-Relation im Allgemeinen mehr geordnete Paare besitzt.

Übungsaufgabe 1.3. Es seien $d \neq 0$ und $t = \dfrac{a}{d}$ Teiler von $a \in \mathbb{Z}$. Man zeige, dass dann $|d| \leq \sqrt{|a|}$ oder $|t| \leq \sqrt{|a|}$ gilt.

1.4 Brüche und Rationale Zahlen

Die bildliche Darstellung der ganzen Zahlen als Punkte auf einer Geraden legt es nahe, die Intervalle zwischen den ganzen Zahlen in gleiche Abstände zu unterteilen und die Teilpunkte als neue Zahlen zu betrachten (Abbildung 1.4).

Abbildung 1.4: Anordnung von einigen Brüchen auf einer Geraden

Diese Teilpunkte können wir in einfacher Weise mit Zirkel und Lineal konstruieren. Auf diese Weise erhält man **Brüche**, etwa

$$1 + \frac{2}{3} = \frac{3}{3} + \frac{2}{3} = \frac{5}{3}.$$

Jeder Bruch hat die Gestalt $\frac{a}{b}$ mit $a, b \in \mathbb{Z}$ und $b \neq 0$.

Definition 1.4.1. *Zwei Brüche $\frac{a}{b}$ und $\frac{a'}{b'}$ mit $a, b, a', b' \in \mathbb{Z}$ heißen quotienten-gleich (kurz: gleich) genau dann, wenn*

$$a \cdot b' - b \cdot a' = 0.$$

Satz 1.4.1. *Die soeben eingeführte Gleichheitsrelation ist eine Äquivalenzrelation auf der Menge aller Brüche.*

Beweis. Reflexivität und Symmetrie sind offensichtlich. Die Transitivität ergibt sich so: Wir multiplizieren die Gleichung $a \cdot b' = b \cdot a'$ mit b'' und ersetzen in der sich so ergebenden Gleichung $a' \cdot b''$ durch $a'' \cdot b'$. Danach dividieren wir durch b'. Es ergibt sich

$$a \cdot b'' = b \cdot a''.$$

$\square$

Definition 1.4.2. *Die Äquivalenzklassen bezüglich dieser Äquivalenzrelation auf der Menge aller Brüche bezeichnen wir als rationale Zahlen oder kurz auch als Brüche (wenn die Bedeutung klar ist). Die Menge aller denkbaren Brüche bezeichnen wir mit $\mathbb{Q}$:*

$$\mathbb{Q} := \left\{ \frac{a}{b} \ : \ a, b \in \mathbb{Z} \ und \ b \neq 0 \right\}.$$

Das Rechnen mit den Brüchen setzen wir als bekannt voraus. Man kann über den Bereich $\mathbb{Q}$ viel mehr als über $\mathbb{Z}$ zeigen. Es gilt, dass die algebraische Struktur $(\mathbb{Q}, +, \cdot, \leq)$ ein archimedisch angeordneter Körper mit der Charakteristik $k = 0$ ist.

Die natürlichen bzw. ganzen Zahlen identifizieren wir mit den Brüchen mit dem Nenner $b = 1$:

$$a = \frac{a}{1} \quad \text{für alle } a \in \mathbb{Z}.$$

Für zwei rationale Zahlen lässt sich ebenso wie für die ganzen Zahlen der absolute **Betrag** definieren:

$$\left| \frac{a}{b} \right| := \frac{|a|}{|b|}.$$

Man prüft sehr leicht nach, dass diese Definition korrekt ist, das heißt aus

$$\frac{a}{b} = \frac{a'}{b'}$$

folgt die Gleichung

$$\left| \frac{a}{b} \right| = \left| \frac{a'}{b'} \right|$$

und der absolute Betrag rationaler Zahlen hat die gleichen Eigenschaften wie der absolute Betrag ganzer Zahlen.

Satz 1.4.2. *Ein Bruch $\frac{a}{b}$ stellt eine ganze Zahl, $z \in \mathbb{Z}$ genau dann dar, wenn b ein Teiler von a ist.*

Beweis. Ist der Bruch $\frac{a}{b}$ eine ganzrationale Zahl, so muss nach obigen Ausführungen $a \in \mathbb{Z}$ und $b = 1$ sein. Nach Bemerkung 1.3.1 ist 1 Teiler jeder ganzen Zahl. Ist andererseits $b \mid a$, so existiert nach Definition 1.3.1 ein $t \in \mathbb{Z}$, so dass $a = b \cdot t$. Daraus ergibt sich nun unmittelbar

$$\frac{a}{b} = \frac{b \cdot t}{b} = \frac{t}{1} = t,$$

wenn wir, wie bereits angemerkt, das Rechnen mit Brüchen (hier genauer: das Kürzen von Brüchen) als bekannt voraussetzen.

$\square$

1.5 Division mit Rest

Wenn wir den Teilpunkten eines Intervalls zwischen zwei benachbarten ganzen Zahlen bestimmte Brüche zuordnen, dann ergibt sich die Frage, ob wir auf diese Weise tatsächlich **alle** möglichen, denkbaren Brüche $\frac{a}{b}$ erhalten.

Die Antwort auf diese Frage lautet „Ja" und beruht auf einer grundlegenden Tatsache der elementaren Zahlentheorie.

Satz 1.5.1 (Division mit Rest). *Zu beliebigen ganzen Zahlen a, b mit $b \neq 0$ gibt es eindeutig bestimmte ganze Zahlen q, r mit den Eigenschaften*

$$a = q \cdot b + r \quad und \quad 0 \leq r < |b|.$$

Beweis. Wir unterscheiden zwei Fälle:
1. Fall: $b > 0$. Dann ist $|b| = b$. Nun ist die Idee des Beweises anschaulich klar: Wir multiplizieren alle ganzen Zahlen mit der festen natürlichen Zahl b (Abbildung 1.5). Deshalb muss a in genau einem der nach rechts offenen Intervalle

$$[q \cdot b, (q+1) \cdot b] := \{z \in \mathbb{Z} \ : \ q \cdot b \leq z < (q+1) \cdot b\}$$

liegen. Mit anderen Worten: Es gibt genau ein $q \in \mathbb{Z}$ mit

$$a = q \cdot b + r \quad und \ q \cdot b \leq a < (q+1) \cdot b$$

und

$$r = a - q \cdot b \quad und \ 0 \leq r < b = |b|.$$

Damit ist der erste Fall erledigt.
2. Fall: $b < 0$. Dann ist $|b| = -b$. Entsprechend dem ersten Fall gibt es ganze Zahlen q', r' mit

$$a = q' \cdot (-b) + r' \quad mit \ 0 \leq r' < |-b| = -b.$$

Wir können auch schreiben:

$$a = (-q') \cdot b + r' \quad mit \ 0 \leq r' < |b|.$$

Die Zahlen $q := -q'$ und $r := r'$ leisten nun das Verlangte.
Die Eindeutigkeit von q, r ergibt sich folgendermaßen:
Für $a = q_1 \cdot b + r_1 = q_2 \cdot b + r_2$ mit $0 \leq r_1, r_2 < |b|$ dürfen wir ohne Einschränkung der Allgemeinheit $r_1 \leq r_2$ voraussetzen. Dann ist

$$0 = (q_2 \cdot b + r_2) - (q_1 \cdot b + r_1)$$
$$= (q_2 - q_1) \cdot b + (r_2 - r_1),$$

also weiter

$$0 \le |q_2 - q_1| \cdot |b|$$
$$= |(q_2 - q_1) \cdot b|$$
$$= |r_2 - r_1|$$
$$= r_2 - r_1$$
$$< |b|$$

und damit

$$|q_2 - q_1| < 1.$$

Dies bedeutet $q_2 = q_1$ wegen $q_1, q_2 \in \mathbb{Z}$, also auch $r_1 = r_2$.

$\square$

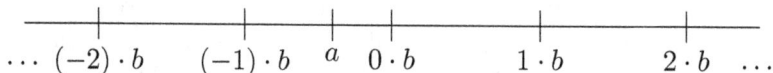

Abbildung 1.5: Multiplikation von einigen ganzen Zahlen auf einer Geraden

Beispiele.

1) $a = -19, b = 31$. Es ist $-19 = (-1) \cdot 31 + 12$ und deshalb $q = -1$ und $r = 12$.

2) $a = -7, b = -5$. Es ist $-7 = 2 \cdot (-5) + 3$ und deshalb $q = 2$ und $r = 3$.

Definition 1.5.1. *Die Darstellung* $a = q \cdot b + r$ *heißt* **Division** *von a durch b mit* **Rest** *r. Die Zahl q wird durch* $\left[\frac{a}{b}\right]$ *bezeichnet und* **größtes Ganzes unterhalb** *der rationalen Zahl* $\frac{a}{b}$ *genannt.*

Bemerkung 1.5.1. $\left[\frac{a}{b}\right]$ *wird auch durch* $\left\lfloor\frac{a}{b}\right\rfloor$ *bezeichnet.*

Korollar 1.5.1. *Jeder Bruch* $\frac{a}{b}$ *entspricht genau einem Teilpunkt eines Intervalls* $[q, q+1]$ *mit* $q \in \mathbb{Z}$ *bei einer geeignet gewählten Unterteilung dieses Intervalls.*

Beweis. Wegen $\frac{-a}{-b} = \frac{a}{b}$ setzen wir ohne Einschränkung $b > 0$ voraus (ansonsten ersetzen wir b durch $-b$). Die Division mit Rest ergibt

$$a = q \cdot b + r \quad \text{mit } 0 \le r < b.$$

Daraus folgt

$$\frac{a}{b} = q + \frac{r}{b} \quad \text{mit } 0 \le \frac{r}{b} < 1.$$

Der Bruch entspricht also dem Teilpunkt mit der Nummer r bei der Unterteilung von $[q, q+1]$ in b gleiche Teile (Abbildung 1.6).

$\square$

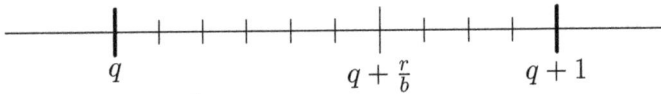

Abbildung 1.6: Anordnung von einigen Brüchen auf einer Geraden

Dies ist die Antwort auf die eingangs gestellte Frage, ob jedem denkbaren Bruch auch ein Punkt auf der Geraden entspricht.

Das Bild der Geraden legt eine weitere Variante der Division mit Rest nahe. Ist $r > 0$, dann können wir anstelle von q mit gleichem Recht auch $q + 1$ als eine gute ganzzahlige Annäherung an $\frac{a}{b}$ ansehen. Wir haben somit

$$a = (q + 1) \cdot b + (r - b) \quad \text{mit } 0 < |r - b| < |b|.$$

Die Zahl $r - b$ ist dann ebenfalls als ein Rest von a bei Division durch b anzusehen, und zwar als ein **negativer** Rest, dessen Betrag $< |b|$ ist. Zusammenfassend stellen wir fest:

Satz 1.5.2. *Zu beliebigen ganzen Zahlen a, b und $b \neq 0$ gibt es mindestens ein und höchstens zwei Paare $(q, r) \in \mathbb{Z}^2$ mit*

$$a = q \cdot b + r \quad \text{mit } 0 \leq |r| < |b|.$$

Für mindestens ein Paar ist $|r| \leq \frac{1}{2}|b|$.

Beweis. Für $r = 0$, $a = q \cdot b$ erfüllt nur das Paar $(q, 0)$ die gestellten Forderungen. Für $r > 0$ haben wir die Paare (q, r) und $(q + 1, r - |b|)$. Wegen

$$r + (|b| - r) = |b|$$

muss eine der Zahlen r, $|b| - r = |r - |b||$ kleiner oder gleich $\frac{1}{2}|b|$ sein.   □

Definition 1.5.2. *Für die beiden möglichen Reste r_1, r_2 mit $0 \leq |r_1|, |r_2| < |b|$ sei durch passende Nummerierung $|r_1| \leq |r_2|$. Dann heißt r_1 ein **absolut kleinster Rest** von a bei Division durch b. Ist dabei $|r_1| = |r_2| = \frac{|b|}{2}$, dann wähle man $r_1 = \frac{|b|}{2}$.*

Beispiel. Für $a = 23, b = 6$ ist $23 = 3 \cdot 6 + 5 = 4 \cdot 6 + (-1)$. Dann ist unter den beiden Zahlen $r_1 = -1$ und $r_2 = 5$ der absolut kleinste Rest $r_1 = -1$.

Übungsaufgabe 1.4. Es seien a, b ganze Zahlen mit $b \neq 0$. Man zeige dass es Zahlen $q, r \in \mathbb{Z}$ mit

$$a = q \cdot b + r \quad \text{mit } -\frac{1}{2}|b| < r \leq \frac{1}{2}|b| \text{ gibt.}$$

r ist hierbei der absolut kleinste Rest *(siehe [Scho])*.

1.6 Gekürzte Brüche

Wir wollen jetzt klären, wie man alle möglichen Bruchdarstellungen $\frac{a'}{b'}$ einer rationalen Zahl $\frac{a}{b}$ überblicken kann. Mit anderen Worten heißt das: Wie kann man alle Lösungspaare (a', b') der Gleichung $a'b = ab'$ darstellen?

Ohne Einschränkung der Allgemeinheit setzen wir $a' \geq 0$ und $b' > 0$ wegen $\frac{-a'}{-b'} = \frac{a'}{b'}$ und $\frac{-a'}{b'} = -\frac{a'}{b'}$ voraus. (Wir wählen aus b' und $(-b')$ die positive Zahl aus und bezeichnen diese mit b'.)

Satz 1.6.1. *Es sei (a_0, b_0) mit $b_0 > 0$ das Lösungspaar von $a \cdot b_0 = a_0 \cdot b$ mit dem kleinstmöglichen b_0. Dann haben alle Lösungen (a', b') von $a \cdot b' = a' \cdot b$ die Gestalt*

$$a' = q \cdot a_0, \ b' = q \cdot b_0 \quad mit \ q \in \mathbb{Z}, q \neq 0.$$

Wir haben somit: $\frac{a}{b} = \frac{q \cdot a_0}{q \cdot b_0}$.

Beweis. Aus $a \cdot b_0 = a_0 \cdot b$ und $a \cdot b' = a' \cdot b$ folgt $a \cdot b_0 \cdot b' = a_0 \cdot b \cdot b' = a' \cdot b_0 \cdot b$, also $a_0 \cdot b' = a' \cdot b_0$. Durch Division mit Rest folgt

$$a_0 \cdot b' = a' \cdot b_0 = q \cdot a_0 \cdot b_0 + r \quad mit \ 0 \leq r < a_0 \cdot b_0.$$

Damit ergibt sich

$$a_0 \left(b' - q \cdot b_0 \right) = r = b_0 \left(a' - q \cdot a_0 \right).$$

Wir setzen

$$s := a' - q \cdot a_0 \quad , \quad t := b' - q \cdot b_0,$$

und nehmen $r \neq 0$ an. Aus

$$r = a_0 \cdot t = b_0 \cdot s$$

folgt $0 < t < b_0$ und

$$\frac{a_0}{b_0} = \frac{s}{t}.$$

Dies widerspricht jedoch der Minimalität von b_0. Deshalb ist $r = 0$,

$$a_0 \cdot b' = a' \cdot b_0 = q \cdot a_0 \cdot b_0,$$

und wir haben deshalb

$$a' = q \cdot a_0, b' = q \cdot b_0.$$

$\square$

Definition 1.6.1. *Der Bruch $\frac{a_0}{b_0}$ heißt* **gekürzter** *oder* **reduzierter** *Bruch .*

Die Bezeichnung „gekürzt" ist dadurch gerechtfertigt, dass sich alle Bruchdarstellungen der rationalen Zahl $\frac{a}{b}$ durch Erweitern von $\frac{a_0}{b_0}$ ergeben.

Beispiel. Für $a = 156, b = 30$ ist $a_0 = 26, b_0 = 5$. Also ist $\frac{156}{30} = \frac{26q}{5q}$.

Grundsätzlich kann man zu $\frac{a}{b}$ den gekürzten Bruch finden, indem man als mögliche Nenner alle Zahlen $< |b|$ „durchprobiert". Wir werden im nächsten Kapitel eine weitaus wirksamere Methode kennenlernen.

Eine anschauliche Deutung der gekürzten Brüche erhalten wir in folgender Weise: Wir stellen alle quotientengleichen Brüche $\frac{a}{b}$ in der Ebene durch Punkte (a, b) dar. Dann liegen diese Brüche auf einer Geraden durch den Ursprung $(0, 0)$ (Abbildung 1.7).

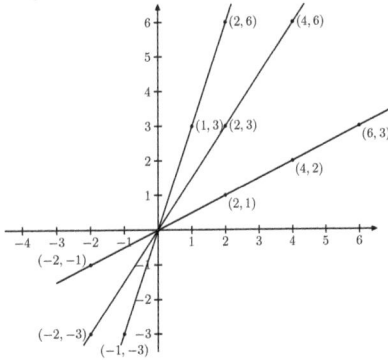

Abbildung 1.7: Anordnung von einigen Brüchen als Zahlenpaare

Der gekürzte Bruch $\frac{a_0}{b_0}$ wird durch den Punkt in der oberen Halbebene dargestellt, der am nächsten bei $(0, 0)$ liegt.

1.7 Vollständige Induktion

Satz 1.7.1 (Prinzip der ordnungstheoretischen Induktion). *Es seien n_0 eine beliebige ganze Zahl und M eine Menge von ganzen Zahlen mit der folgenden Eigenschaft:*

Für alle $m \in \mathbb{Z}$ gilt: Wenn alle $y \in \mathbb{Z}$ mit $n_0 \le y < m$ sich in M befinden, dann ist auch $m \in M$.

Dann ist $\{m : m \in \mathbb{Z} \land m \ge n_0\} \subseteq M$.

Beweis. Wir nehmen an, es existiert ein $z \in \mathbb{Z}$ mit $z \geq n_0$ und $z \notin M$. Dann gibt es nach dem Prinzip der kleinsten Zahl eine **kleinste** Zahl mit dieser Eigenschaft, die wir z_0 nennen (Abbildung 1.8). Alle $y \in \mathbb{Z}$ mit $n_0 \leq y < z_0$ liegen also in M. Nach Voraussetzung ist dann auch z_0 in M. Widerspruch! $\square$

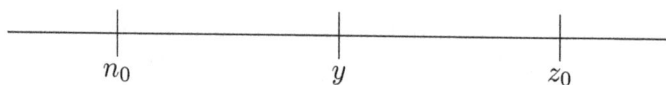

Abbildung 1.8: Prinzip der ordnungstheoretischen Induktion

Aus rein formal-logischen Gründen ist hier der Anfangsschritt „Beweis von $n_0 \in M$" überflüssig: Man setze $m = n_0$. Dann gibt es **keine** y mit $n_0 \leq y < n_0$. Von nicht existierenden Objekten darf man alle denkbaren Aussagen behaupten. Die Prämisse „alle y mit $n_0 \leq y < n_0$ liegen in M" ist wahr, deshalb gilt auch die Konklusion „n_0 liegt in M". Wer sich bei dieser Schlussweise nicht wohlfühlt, möge zuerst $n_0 \in M$ gesondert beweisen.

Aus dem Prinzip der vollständigen Induktion ergibt sich eine bestimmte Methode, mit der man oft mathematische Aussagen beweisen kann, der **Beweis durch vollständige Induktion**:

Es sei n_0 eine beliebige ganze Zahl. Für jede ganze Zahl n mit $n \geq n_0$ sei $A(n)$ eine sinnvoll formulierte Aussage (die wahr oder falsch sein kann). Wenn bewiesen ist, dass

1) **Induktionsanfang**: $A(n_0)$ ist wahr und

2) **Induktionsschritt**: für beliebiges n mit $n \geq n_0$ folgt aus der Wahrheit von $A(n)$ die Wahrheit von $A(n+1)$; $A(n)$ heißt in diesem Zusammenhang die **Induktionsvoraussetzung**,

dann ist $A(n)$ wahr für alle n mit $n \geq n_0$.

Man spricht auch von „Induktion über alle n mit $n \geq n_0$". Dieses Beweisprinzip können wir aus dem Prinzip der kleinsten Zahl **ableiten.**

Ohne Einschränkung der Allgemeingültigkeit nehmen wir an, es existiert ein $n \in \mathbb{N}_+$ mit $n \geq n_0$ derart, dass $A(n)$ falsch ist. Dann gibt es eine kleinste Zahl dieser Art, etwa n_1. Dies heißt, $A(n_1)$ ist falsch und für alle n mit $n_0 \leq n < n_1$ ist $A(n)$ wahr. Wenn $n_1 = n_0$ ist, dann haben wir einen Widerspruch, weil $A(n_0)$ nach Voraussetzung wahr ist. Also ist $n_0 < n_1$, und $A(n_1 - 1)$ ist wahr wegen der Minimal-Eigenschaft von n_1. Nach dem Induktionsschritt ist dann auch $A(n_1)$ wahr. Widerspruch! Also kann es kein solches n_1 geben.

Aus dem Prinzip der ordnungstheoretischen Induktion ergeben sich die **Beweise durch ordnungstheoretische Induktion** (oder manchmal auch **Beweise mit erweiterter Induktionsvoraussetzung** genannt):
Es sei n_0 eine beliebige ganze Zahl. Für jede ganze Zahl n mit $n \geq n_0$ sei $A(n)$ eine sinnvoll formulierte Aussage (die wahr oder falsch sein kann). Wenn bewiesen ist, dass

für beliebiges n mit $n \geq n_0$ aus der Wahrheit von $A(k)$ für alle k mit $n_0 \leq k < n$ die Wahrheit von $A(n)$ folgt,

dann ist $A(n)$ wahr für alle n mit $n \geq n_0$ (Abbildung 1.9).

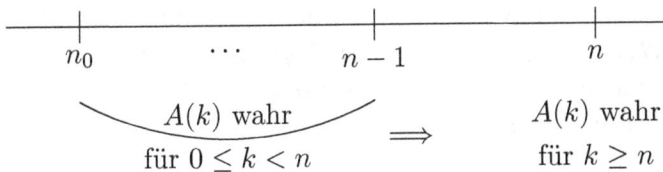

Abbildung 1.9: Methode der ordnungstheoretischen Induktion mit $n_0 = 0$

Die Begründung ergibt sich wieder aus dem Prinzip der kleinsten Zahl. Dies möge der Leser in allen Einzelheiten ausführen.

Wir geben nun ein ausführliches Beispiel für einen Beweis durch vollständige Induktion.

Satz 1.7.2. *Die Summe aller natürlichen Zahlen von 1 bis n ist gleich $\frac{(n+1)n}{2}$.*

Beweis. Wir verwenden die Methode der Induktion über alle n mit $n \geq 1$. In den oben benutzten Bezeichnungen ist also $n_0 = 1$.
Induktionsanfang: Für $n_0 = 1$ ist Summe der in Frage kommenden Zahlen gleich 1, und andererseits ist $\frac{(n_0+1)n_0}{2} = \frac{2 \cdot 1}{2} = 1$. Damit ist die Behauptung für den Anfangsschritt $n = n_0$ bewiesen.
Induktionsschritt: Es sei n eine beliebige natürliche Zahl ≥ 1. Es wird als bewiesen vorausgesetzt, dass die Summe aller natürlichen Zahlen zwischen 1 und n gleich $\frac{(n+1)n}{2}$ ist (Induktionsvoraussetzung). Es ist zu zeigen: Die Summe aller natürlichen Zahlen zwischen 1 und $(n+1)$ ist gleich $\frac{(n+2)(n+1)}{2}$ (Induktionsbehauptung). Offensichtlich ist

$$\sum_{k=1}^{n+1} k = \sum_{k=1}^{n} k + (n+1),$$

weil zu den Zahlen zwischen 1 und n genau die Zahl $(n + 1)$ hinzukommt. Dann ist

$$\sum_{k=1}^{n+1} k = \frac{(n+1)n}{2} + n + 1 = \frac{(n+2)(n+1)}{2}.$$

$\square$

Übungsaufgabe 1.5. Man zeige durch vollständige Induktion über n: Die Summe der Quadrate aller natürlichen Zahlen von 1 bis n ist gleich $\frac{1}{6}(2n + 1)(n + 1)n$.

Die **Definitionen durch vollständige Induktion** oder **induktive Definitionen** treten den Beweisen durch vollständige Induktion an die Seite.

Definition 1.7.1. *Es seien n_0 eine beliebige ganze Zahl und M eine beliebige Menge. Dann sagen wir, für jedes n mit $n \geq n_0$ ist ein Element $f(n)$ von M induktiv definiert, wenn*

(i) $f(n_0)$ definiert ist und

(ii) für jedes n das Element $f(n)$ durch eine eindeutige Vorschrift mit Hilfe der Elemente $f(k)$ für $n_0 \leq k < n$ bestimmt ist.

Beispiel. Für alle natürlichen Zahlen n ist der Wert $n!$ der sogenannten **Fakultät** wie folgt induktiv definiert:

$$0! := 1$$

und

$$n! := (n - 1)! \cdot n \quad \text{für } n \geq 1.$$

Mit den oben eingeführten Bezeichnungen ist hier $n_0 = 0$ und $M = \{0!, 1!, 2!, 3!, \ldots, n!\} \subset \mathbb{N}$.

Übungsaufgabe 1.6. Man zeige durch vollständige Induktion über n, dass die Beziehung $\sum_{k=0}^{n}(k \cdot k!) = (n + 1)! - 1$ gilt!

Beispiel. Es sei a eine feste rationale Zahl. Für alle natürlichen Zahlen n wird eine n-te **Potenz** a^n von a induktiv definiert:

$$a^0 := 1$$

und

$$a^n := a^{n-1} \cdot a \quad \text{für } n \geq 1.$$

In diesem Fall ist $n_0 = 0$ und $M = \{a^n : n \in \mathbb{N}\} \subset \mathbb{Q}$.

Diese Definition enthält die paradox anmutende, jedoch zweckmäßige Definition $0^0 := 1$. Der Ausdruck a^n heißt die n-te Potenz von a. Die Zahl a heißt die **Basis**, die Zahl n der **Exponent**.

Wir beweisen noch

Satz 1.7.3. *Für alle $a \in \mathbb{N}_+$ und alle Exponenten $n \in \mathbb{N}$, $n \geq 2$ ist*

$$(a+1)^n > a^n + n.$$

Beweis. Wir führen den Beweis durch Induktion über n.
Induktionsanfang: $(n = 2)$

$$(a+1)^2 = a^2 + 2a + 1 > a^2 + 2$$

wegen $a \geq 1$.
Induktionsschritt: Wir zeigen nunmehr, dass aus der Gültigkeit der Ungleichung
für ein beliebiges $n \geq 2$ die für $n+1$ folgt:

$$
\begin{aligned}
(a+1)^{n+1} &= (a+1)^n \cdot (a+1) \\
&> (a^n + n) \cdot (a+1) \\
&= a^{n+1} + a^n + n \cdot a + 1 \\
&> a^{n+1} + (n+1)
\end{aligned}
$$

wegen der Induktionsvoraussetzung $(a+1)^n > a^n + n$ und $a \geq 1$. $\square$

Daraus ergibt sich

Korollar 1.7.1. *Zu jedem Exponenten $n \geq 2$ gibt es unendlich viele natürliche Zahlen, die nicht n-te Potenzen sind.*

Beweis. Zwischen a^n und $(a+1)^n$ liegen für jedes $a \in \mathbb{N}_+$ mindestens n weitere ganze Zahlen. $\square$

1.8 Die vollständige Ganz-Abgeschlossenheit von $\mathbb{Z}$

Lemma 1.8.1. *Wenn $\frac{a}{b}$ ein gekürzter Bruch ist, dann ist $\frac{a^n}{b^n} = \left(\frac{a}{b}\right)^n$ für alle Exponenten $n \geq 1$ ein gekürzter Bruch.*

Beweis. Wir führen den Beweis mit der Methode der vollständige Induktion über n durch, indem wir die in Abschnitt 1.7 dargestellte ordnungstheoretische Induktion verwenden.
1) Induktionsanfang: Für $n = 1$ ist das Lemma trivialerweise erfüllt, da $\frac{a}{b}$ nach Voraussetzung ein gekürzter Bruch ist.

2) Induktionsschritt: Die Induktionsvorraussetzung wird durch das Lemma 1.8.1 beschrieben. Dann führen wir den Induktionsschluss von n auf $n+1$ durch: Aus $a^{n+1} \cdot x = b^{n+1} \cdot y$ folgt $x = b^{n+1} \cdot q$ und $y = a^{n+1} \cdot q$ mit $q \in \mathbb{Z}$ und $q \neq 0$. Weiterhin bekommt man aus $a^{n+1} \cdot x = b^{n+1} \cdot y$ sofort $\frac{a^n}{b^n} = \frac{by}{ax}$. Nach Induktionsvoraussetzung ist $\frac{a^n}{b^n}$ gekürzt, also

$$by = a^n \cdot s, \quad ax = b^n \cdot s \quad \text{mit } s \in \mathbb{Z}, s \neq 0.$$

Aus den Gleichungen erhält man daher

$$\frac{y}{b^{n-1} \cdot s} = \frac{a^n}{b^n},$$

und nach Induktionsvoraussetzung folgt

$$y = a^n \cdot t.$$

Analog folgt aus den Gleichungen

$$x = b^n \cdot u.$$

Durch Einsetzen ergibt sich

$$b \cdot a^n \cdot t = a^n \cdot s, a \cdot b^n \cdot u = b^n \cdot s$$

und deshalb

$$b \cdot t = a \cdot u = s$$

also

$$t = a \cdot q, \quad u = b \cdot q,$$

weil $\frac{a}{b}$ ein gekürzter Bruch ist. Insgesamt erhalten wir

$$x = b^n \cdot u = b^{n+1} \cdot q, \quad y = a^n \cdot t = a^{n+1} \cdot q.$$

$\square$

Satz 1.8.1. *Wenn es für eine rationale Zahl $x = \frac{a}{b}$ eine ganze Zahl $c \neq 0$ derart gibt, dass*

$$c \cdot x^n \in \mathbb{Z}$$

für alle Exponenten $n \geq 1$, dann ist x eine ganze Zahl.

Beweis. Ohne Einschränkung nehmen wir an, dass $\frac{a}{b}$ ein gekürzter Bruch ist. Dann sind nach Lemma 1.8.1 alle Brüche $\frac{a^n}{b^n}$ gekürzt. Nach Voraussetzung ist

$$c \cdot \frac{a^n}{b^n} = d_n \in \mathbb{Z} \quad \text{für } n \geq 1,$$

also $\frac{a^n}{b^n} = \frac{d_n}{c}$ und deshalb $c = b^n \cdot t_n$ mit $t_n \in \mathbb{Z}$ für alle $n \geq 1$. Dies ist aber ausgeschlossen, wenn $|b| > 1$ ist, weil dann $|c|$ beliebig groß sein müsste. Deshalb bleibt nur die Möglichkeit $|b| = 1$, also $x \in \mathbb{Z}$.

$\square$

Wegen der in Satz 1.6.1 ausgedrückten Eigenschaft heißt $\mathbb{Z}$ **vollständig ganz-abgeschlossen** in $\mathbb{Q}$.

Man kann auch sagen: Wenn alle Potenzen einer rationalen Zahl beschränkte Nenner haben, dann ist diese Zahl ganz.

Eine damit verwandte und in Wirklichkeit etwas schwächere wichtige Eigenschaft von $\mathbb{Z}$ ist die **Ganz-Abgeschlossenheit** von $\mathbb{Z}$.

Satz 1.8.2. *Wenn die rationale Zahl* $x = \frac{a}{b}$ *mit* $a, b \in \mathbb{Z}$ *und* $b \neq 0$ *einer Gleichung*

$$x^n + c_1 x^{n-1} + \ldots + c_n = 0$$

mit $c_1, \ldots, c_n \in \mathbb{Z}$ *genügt, dann ist* x *eine ganze Zahl.*

Beweis. **1. Variante**: Ohne Einschränkung sei $\frac{a}{b}$ ein gekürzter Bruch mit $b > 0$. Aus der gegebenen Gleichung folgt durch Multiplikation mit b^n

$$a^n = -b \cdot \left(c_1 a^{n-1} + c_2 a^{n-2} \cdot b + \ldots + c_n \cdot b^{n-1} \right)$$
$$= b \cdot d \text{ mit } d \in \mathbb{Z}.$$

Dann ist $\frac{a}{b} = \frac{d}{a^{n-1}}$. Wegen Satz 1.8.1 existiert ein $q_1 \in \mathbb{Z}$ mit $a^{n-1} = b \cdot q_1$. Daraus folgt weiter $\frac{a}{b} = \frac{q_1}{a^{n-2}}$. Nach dem gleichen Satz gibt es ein $q_2 \in \mathbb{Z}$ mit $a^{n-2} = b \cdot q_2$. Wenn wir diesen Schluss endlich oft wiederholen, erhalten wir schließlich $a = b \cdot q_{n-1}$ mit $q_{n-1} \in \mathbb{Z}$, also $\frac{a}{b} = q_{n-1}$. Da $\frac{a}{b}$ gekürzt ist, muss deshalb $b = 1$ und somit $x \in \mathbb{Z}$ sein.

2. Variante: Wir beweisen den Satz aus der vollständigen Ganz-Abgeschlossenheit von $\mathbb{Z}$. Es ist offensichtlich, dass es eine ganze Zahl $c \neq 0$ mit

$$c \cdot x, c \cdot x^2, \ldots, c \cdot x^{n-1} \in \mathbb{Z}$$

gibt. Man kann bespielsweise für c das Produkt aller gekürzten Nenner von x, $x^2, \ldots, x^{n-1}$ wählen. Wegen der Gleichung

$$x^n = -c_1 \cdot x^{n-1} - \ldots - c_n$$

ergibt sich weiter

$$c \cdot x^n, c \cdot x^{n+1}, \ldots \in \mathbb{Z},$$

also kurz: $c \cdot x^t \in \mathbb{Z}$ für alle natürlichen $t \geq 1$. Aus Satz 1.8.1 folgt dann $x \in \mathbb{Z}$.

$\square$

Die in Satz 1.8.1 angesprochene Eigenschaft von $\mathbb{Z}$ wird auch so ausgedrückt: $\mathbb{Z}$ ist **ganz-abgeschlossen** in $\mathbb{Q}$.

Übungsaufgabe 1.7. Es sei $x = \frac{a}{b}$ ein gekürzter Bruch. Man zeige, dass dann für alle Exponenten $l, m \geq 1$ der Bruch $\frac{a^l}{b^m}$ gekürzt ist! Hinweis: Man benutze das Beweisprinzip der Methode der vollständigen Induktion über die Zahl $n = \max\{l, m\}$.

2 Primzahlen

In Kapitel 1 haben wir die Zahlbereiche $\mathbb{N}$, $\mathbb{Z}$ und $\mathbb{Q}$ betrachtet und sowohl Gemeinsamkeiten als auch Unterschiede besprochen. Wir werden nun in diesem Kapitel die im Abschnitt 1.3 dargestellte Teilbarkeitslehre weiter entwickeln. Zu Beginn wollen wir im Abschnitt 2.1 grundlegenden Eigenschaften von Primzahlen nennen und werden im Abschnitt 2.2 den Fundamentalsatz der Zahlentheorie vorstellen und dazu 2 Beweisvarianten angeben. Gegenstand von Abschnitt 2.3 ist der **euklidischer Algorithmus** und Ausführungen zum größten gemeinsamen Teiler und kleinsten gemeinsamen Vielfachen. In den Abschnitten 2.4 und 2.5 werden lineare Kongruenzen und lineare diophantische Gleichungen auf Lösbarkeit untersucht und mit Hilfe verschiedener Verfahren gelöst. Schließlich sind wichtige Eigenschaften über **fermatsche und mersennesche Zahlen** Inhalt des Abschnittes 2.6 und im Abschnitt 2.7 werden die sogenannten **vollkommenenen Zahlen** untersucht.

Zunächst erinnern wir uns noch einmal an den Fakt, dass in $\mathbb{Q}$ die Division ihrer Elemente, mit Ausnahme der Division durch 0, uneingeschränkt ausführbar ist. Für die Zahlbereiche $\mathbb{N}$ und $\mathbb{Z}$ ist dies nicht mehr der Fall, da $\mathbb{N}$ und $\mathbb{Z}$ bezüglich der Multiplikation nur sogenannte Halbgruppen bilden. Die Konsequenzen dieses Sachverhaltes sind der Hauptgegenstand der Zahlentheorie in $\mathbb{N}$ und $\mathbb{Z}$.

Wir werden die allgemeine Definition einer Halbgruppe im Anhang 7.4 geben. Wann eine natürliche bzw. ganze Zahl durch eine andere ganze Zahl teilbar ist, ist eine der Urfragen der Zahlentheorie. Es ist bekannt, dass man sich bereits in der Antike relativ umfangreich und tiefgründig mit Teilbarkeitsuntersuchungen beschäftigt hat. In diesem Zusammenhang sind vor allem **Euklid (etwa 365–300 v.u.Z.)** und **Diophant (um 250 u.Z.)** zu nennen, die sich mit vielen zahlentheoretischen Fragestellungen auseinandergesetzt haben.

Eine zweite Urfrage der Zahlentheorie betrifft die Problematik der Anzahl und Summe der Teiler einer natürlichen Zahl. Es sei erwähnt, dass in diesem Zusammenhang einerseits der Begriff der Primzahl und andererseits der der vollkommenen Zahl entstanden ist.

In diesen einleitenden Bemerkungen seien noch eine dritte und vierte Urfrage der Zahlentheorie genannt:

Gibt es endlich oder unendlich viele Primzahlen?

Gibt es endlich oder unendlich viele vollkommene Zahlen?

Obwohl wir die Begriffe Primzahl und vollkommene Zahl in diesem Buch erst an späterer Stelle definieren werden, wollen wir jedoch bereits hier darauf hinweisen, dass die dritte Urfrage von den Mathematikern des Altertums selbst beantwortet wurde. Wir erwähnen, dass in **Euklids „Elementen", Buch IX, Satz 20** *(siehe [Euk])* die Unendlichkeit der Menge der Primzahlen folgendermaßen beschrieben wurde: „Die Menge der Primzahlen ist größer als jede gegebene Menge derselben."

Bezüglich der Beantwortung der als vierte Urfrage der Zahlentheorie formulierten Problemstellung konnte bis in die heutige Zeit auch unter Verwendung modernster Rechentechnik noch keine Lösung gefunden werden. Es ist nicht einmal bekannt, ob überhaupt eine einzige ungerade vollkommene Zahl existiert.

2.1 Primzahlen

Wie bereits erwähnt, werden wir nunmehr die in Abschnitt 1.3 dargestellte Teilbarkeitslehre weiter ausbauen. Hierzu ist der Begriff der **Primzahl** von grundlegender Wichtigkeit.

Bevor wir für diesen Begriff zwei verschiedene, in $\mathbb{Z}$ jedoch äquivalente Definitionen angeben, wollen wir mit Hilfe einer einfachen Aufgabenstellung den Primzahlbegriff „vorbereiten".

Die Aufgabe besteht darin, eine gegebene natürliche Zahl $a > 1$ in ein Produkt mit möglichst vielen Faktoren zu zerlegen, wobei wir die trivialen Teiler $t = 1$ und $t = a$ selbst ausschließen wollen. Dann ist zum Beispiel

$$8778 = 2 \cdot 4389$$
$$= 2 \cdot 3 \cdot 1463$$
$$\vdots$$
$$= 2 \cdot 3 \cdot 7 \cdot 11 \cdot 19$$

Diese vorgenommene **Faktorisierung** der Zahl 8778 besteht letztendlich nur noch aus Zahlen, die sich nicht weiter multiplikativ zerlegen lassen. Es sind „unzerlegbare" Zahlen.

Definition 2.1.1. *Eine natürliche Zahl $p > 1$ heißt **Primzahl**, wenn 1 und p ihre einzigen positiven Teiler sind.*

Bemerkung 2.1.1.

1) *Die Übereinkunft, die natürliche Zahl 1 nicht zu den Primzahlen zu zählen, erweist sich für die Formulierung von vielen zahlentheoretischen Gesetzmäßigkeiten als sinnvoll, insbesondere wäre dann die Primfaktorzerlegung nicht eindeutig.*

2) *Die Menge der Primzahlen wird mit $\mathbb{P}$ bezeichnet.*

3) *Eine natürliche Zahl $n > 1$ die keine Primzahl ist, nennt man eine **zusammengesetzte Zahl**.*

Im obigen Beispiel haben wir bereits gesehen, dass es Primzahlen gibt. Weiterhin können wir leicht zeigen, dass es unterhalb der natürlichen Zahl $a = 20$ genau 8 Primzahlen gibt und dies die Zahlen $2, 3, 5, 7, 11, 13, 17$ und 19 sind. Es ist offensichtlich, dass die Zahl 2 die einzige gerade Primzahl ist und alle anderen Primzahlen ungerade Zahlen sind.

Bemerkung 2.1.2. *Eine zu Definition 2.1.1 äquivalente Definition ist die der Unzerlegbarkeit oder **Irreduzibilität**: Eine natürliche Zahl $p > 1$ heißt Primzahl, wenn p keine trivialen Teiler besitzt.*

Da wir bisher nur durch Angabe von Beispielen die Existenz von Primzahlen sichergestellt haben, ergibt sich unmittelbar die Frage, ob das Vorhandensein von Primzahlen formal festgestellt werden kann. Eine Antwort darauf gibt

Satz 2.1.1 (Existenzsatz). *Jede natürliche Zahl $n > 1$ besitzt mindestens einen Primteiler, das heißt es existiert eine Primzahl p mit $p \mid n$.*

Beweis. Wir betrachten die Menge

$$T := \{t \ : \ t \in \mathbb{N}, t > 1 \text{ und } t \mid n\}.$$

Wegen $t \mid t$ ist T nicht leer und enthält nach Satz 1.1.2 ein kleinstes positives Element $t_0 = p$. Diese Zahl p ist eine Primzahl. Wir nehmen an, dass p keine Primzahl ist. Dann gibt es einen Teiler $t_1 = q$ von t_0 mit $1 < t_1 < t_0$. Aus $t_1 \mid t_0$ und $t_0 \mid t$ folgt wegen der Transitivität der Teilbarkeitsrelation, dass $t_1 \mid t$. Wegen $t_1 > 1$ ist dann t_1 ein Element von T. Da weiterhin $t_1 < t_0$ vorausgesetzt wurde, haben wir einen Widerspruch zur minimalen Wahl von t_0. Also ist p eine Primzahl.

$\square$

Durch den Existenzsatz wird über die anfangs formulierte dritte Urfrage, ob es endlich oder unendlich viele Primzahlen gibt, noch nichts ausgesagt. Theoretisch wäre es denkbar, dass es nur endlich viele Primzahlen gibt. Es ist nämlich leicht möglich, aus endlich vielen Primzahlen unendlich viele natürliche Zahlen zu erzeugen. Bereits mit einer Primzahl $p \in \mathbb{P}$ kann man unendlich viele natürliche Zahlen konstruieren, indem man zum Beispiel die Folge

$$p, p^2, p^3, \ldots$$

bildet.

Satz 2.1.2 (Euklid). *Es gibt unendlich viele Primzahlen.*

Beweis. Wir führen den Beweis indirekt und nehmen im Gegensatz zur Behauptung an, dass es nur endlich viele Primzahlen $p_1, p_2, \ldots, p_n$ gibt. Dann ist die natürliche Zahl $N := p_1 \cdot \ldots \cdot p_n + 1$ echt größer als 2. Nach Satz 2.1.1 existiert somit eine Primzahl q mit $q \mid N$. Da die Menge der Primzahlen endlich ist, gilt $q \in \{p_1, \ldots, p_n\}$. Dann ist insbesondere $q \mid (p_1 \cdot \ldots \cdot p_n)$. Nach Satz 1.3.1 ist die Teilbarkeitsrelation distributiv, das heißt, es ist $q \mid (N - p_1 \cdot \ldots \cdot p_n)$, also $q \mid 1$. Deshalb kann q keine Primzahl sein. Widerspruch, also gibt es unendlich viele Primzahlen.

$$\square$$

Wir bemerken, dass der Beweis von **Euklid** *(siehe [Euk])* außerordentlich scharfsinnig und inhaltsreich ist und immer wieder Bewunderung nicht nur unter den Mathematikern hervorgerufen hat. Der Hauptgrund ist wohl vor allem darin zu sehen, dass man bereits bei Kenntnis einer beliebigen Primzahl p_1 mit Hilfe des **euklidischen Beweises** sofort wenigstens eine weitere Primzahl erhält.

Der **euklidische Beweis** liefert somit gleichzeitig ein Verfahren, um neue Primzahlen zu erzeugen. Andererseits erhält man mit diesem Verfahren **nicht** alle Primzahlen, was man sich sofort klar machen kann. Nicht einmal beim naheliegenden Versuch, mit den ersten bekannten Primzahlen $p_1, p_2, \ldots, p_n$ schrittweise die nächste Primzahl p_{n+1} zu bestimmen, hat man Erfolg.

Wir werden jetzt für die ersten sechs Spezialfälle das **euklidische Beweisverfahren** zur Gewinnung neuer Primzahlen benutzen. Ausgehend von $p_1 = 2$ erhält man im ersten Spezialfall sofort $N = 2 + 1$ und damit $p_2 = 3$ Im zweiten Spezialfall ergibt sich $N = 2 \cdot 3 + 1 = 7$ und damit p_4 und nicht p_3. Der dritte Spezialfall liefert $N = 2 \cdot 3 \cdot 5 + 1 = 31$ und somit nicht p_4. Schließlich erhalten wir in den Spezialfällen $k = 4$ und $k = 5$ die Primzahlen $p_{47} = 211$ und $p_{344} = 2311$ die „weit" von den Primzahlen $p_5 = 11$ und $p_6 = 13$ entfernt liegen. Erst im sechsten Spezialfall ergibt sich die zusammengesetzte Zahl $N = 30031$ mit den Primteilern $p_{17} = 59$ und $p_{97} = 509$.

Übungsaufgabe 2.1. Man erzeuge weitere Primzahlen mit den in den Spezialfällen zwei bis sechs gewonnenen neuen Primzahlen N durch sukzessive Anwendung des Euklidischen Verfahrens.

Bereits aus diesen wenigen Beispielen wird sichtbar, dass die Frage der Verteilung der Primzahlen eine relativ schwierige Problemstellung in der Zahlentheorie ist.

Zusammenfassend kann man sagen, dass der Verdienst von **Euklid** vor allem darin bestand, dass er durch eine äußerst kunstvolle und kurze Beweisführung glänzte, indem er die mangelnde Kenntnis der Verteilung der Primzahlen geschickt ausklammerte. „Gerade dies ist ein Zeichen genauen Taktgefühls des griechischen Mathematikers, dass er hier so weise Beschränkung übt und dadurch den Weg über die abstrusen Tücken der Primzahlreihe hinweg findet" *(siehe [Rad]).*

Abschließend erwähnen wir noch, dass wir aus dem **euklidischen Beweis** sofort die nachfolgend als Übungsaufgabe formulierte Abschätzung für die k-te Primzahl erhalten können.

Übungsaufgabe 2.2. Man zeige für die k-te Primzahl die Abschätzung

$$p_k \leq 2^{2^{k-1}}.$$

Hinweis: Man verwende die Methode der vollständigen Induktion.

2.2 Fundamentalsatz der elementaren Zahlentheorie

Wir werden in diesem Abschnitt einen der grundlegenden Sätze der Teilbarkeitslehre bezüglich der Menge der natürlichen Zahlen vorstellen. Es handelt sich hierbei um den Fundamentalsatz der elementaren Zahlentheorie, den wir etwas später im Satz 2.2.1 formulieren und dazu zwei Beweisvarianten vorstellen werden.

Wir gehen in diesem Abschnitt in ähnlicher Weise wie im Abschnitt 2.1 vor und untersuchen und diskutieren zunächst zwei Beispiele. Im ersten Beispiel hatten wir im Kapitel 2.1 die natürliche Zahl 8778 durch Probieren in „Primfaktoren" zerlegt. Die Reihenfolge in der Bestimmung der Primfaktoren war hierbei nebensächlich, man sagt dazu auch, dass der Weg der Primfaktorzerlegung einer natürlichen

Zahl nicht kanonisch ist. Wir machen uns diesen Sachverhalt am Beispiel der Zahl $N = 8778$ deutlich. Man kann dabei in der Regel wie folgt vorgehen:

$$8778 = 6 \cdot 1463 = 2 \cdot 3 \cdot 11 \cdot 7 \cdot 19$$
$$= 3 \cdot 2926 = 3 \cdot 2 \cdot 7 \cdot 19 \cdot 11$$
$$= 2 \cdot 4389 = 2 \cdot 3 \cdot 19 \cdot 11 \cdot 7.$$

Wir sehen (Abbildung 2.1), dass wir in allen drei Fällen dieselben Primfakto-

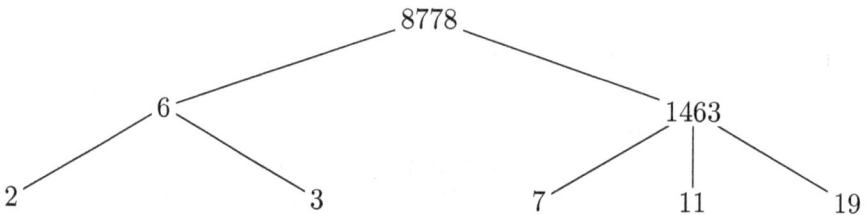

Abbildung 2.1: Primfaktorzerlegung der Zahl 8778

ren $2, 3, 7, 11$ und 19 erhalten haben. Der einzige Unterschied ist die von uns willkürlich festgelegte Reihenfolge der Primfaktoren. Da die Reihenfolge der Anordnung von Faktoren in allen Zahlbereichen von $\mathbb{N}$ bis $\mathbb{C}$ auf Grund der Gültigkeit des Kommutativgesetzes und Assoziativgesetzes bedeutungslos ist, kann man vermuten, dass jede natürliche Zahl – wie groß sie auch sein möge – als letzte unzerlegbare Faktoren dieselben Primfaktoren haben muss. Man spricht in diesem Zusammenhang auch davon, dass die Primfaktoren die multiplikativen Bausteine der natürlichen Zahlen sind.

Dass es mitunter schwierig werden kann, von relativ großen Zahlen ohne Zuhilfenahme von Rechentechnik die Primfaktoren zu bestimmen, wollen wir an der Zahl $510511 = 30030 \cdot 17 + 1$ verdeutlichen. Als mögliche Primfaktoren kommen zunächst alle Primzahlen p mit $2 \le p \le \sqrt{510511} \le 715$ in Betracht. Aus einer Primzahltafel erkennt man, dass unterhalb der Zahl 715 genau 127 Primzahlen liegen. Wir müssen nun theoretisch alle 127 Primzahlen in einer beliebigen Reihenfolge daraufhin untersuchen, ob sie Teiler von 510511 sind, und darauf hoffen, dass wir mit etwas Glück möglichst schnell die entsprechenden Primfaktoren finden. Mit Hilfe einer Primzahltafel erhält man schließlich für die Zahl 510511 die Primfaktorzerlegung $510511 = 19 \cdot 97 \cdot 277$.

Theoretisch könnte es natürlich sein, dass die Zahl 510511 noch andere Primfaktoren außer den Zahlen $19, 97$ und 277 besitzt, da wir nicht alle 127 Primzahlen betrachtet haben. Bereits bei der Zahl 510511 und erst recht bei größeren Zahlen verschwindet immer mehr das Gefühl der Sicherheit, ob die vorliegende Primfaktorzerlegung die „einzige" ist. Es stellt sich somit neben der anscheinend immer vorhandenen Existenz die Frage nach der Eindeutigkeit der Primfaktorzerlegung einer natürlichen Zahl.

Der folgende – für die Zahlentheorie fundamentale – Satz beantwortet diese Frage.

Satz 2.2.1 (Fundamentalsatz der elementaren Zahlentheorie). *Jede natürliche Zahl $n > 1$ lässt sich als Produkt von Primfaktoren darstellen, wobei diese Darstellung bis auf die Reihenfolge der Faktoren eindeutig ist.*

Bemerkung 2.2.1. *Es ist bekannt, dass sich bereits die griechischen Mathematiker mit dem Fundamentalsatz der elementaren Zahlentheorie beschäftigt haben und **Euklid** sogar einen korrekten Beweis angab. Aus heutiger Sicht existieren natürlich relativ viele Beweisvarianten für diesen Satz, die sich mitunter nur durch „Kleinigkeiten" voneinander unterscheiden.*

*Aus diesem Grund werden wir in diesem Buch zwei Beweisvarianten vorstellen. Bei der 1. Beweisvariante handelt es sich um einen Existenzbeweis nach **E. Zermelo (1871–1953)** und einen Eindeutigkeitsbeweis nach **G. Klappauf** (siehe [Scho]). Die 2. Beweisvariante stellt einen Beweis von **I. Surányi** (siehe [Krä1]) aus dem Jahre 1962 dar.*

1. Beweisvariante: Wir beweisen Existenz und Eindeutigkeit der Primfaktorzerlegung einer natürlichen Zahl gesondert.

a) **Existenz (Zermelo):** Wir schließen induktiv. Die Zahl $n = 2$ ist eine Primzahl und besitzt somit die Faktorisierung $n = p_1 = 2$. Wir nehmen nun an, dass jede natürliche Zahl k mit $2 \leq k \leq n$ eine Primfaktorzerlegung besitzt. Nach Satz 2.1.1 besitzt $n + 1$ einen kleinsten Primteiler q, das heißt es existiert ein $q \in \mathbb{P}$ mit $q \mid (n + 1)$. Deshalb ist

$$n + 1 = q \cdot m \quad \text{mit } 1 \leq m < n + 1 \text{ und } 1 < q \leq n + 1.$$

Im Fall $m = 1$ gilt $n + 1 = q \in \mathbb{P}$. Für $m \geq 2$ benutzen wir die Induktionsvoraussetzung und verwenden für m die Primfaktorzerlegung

$$m = p_2 \cdot \ldots \cdot p_r.$$

Setzt man abschließend $p_1 := q$, so erhält man für $n + 1$ die Primfaktorzerlegung $n + 1 = p_1 \cdot \ldots \cdot p_r$.

b) **Eindeutigkeit (Klappauf):** Der Beweis wird indirekt geführt und verwendet die Methode der Division ganzer Zahlen mit Rest. Wir nehmen an, dass es eine kleinste Zahl $n \in \mathbb{N}$ mit $n > 1$ gibt, die keine eindeutige Primfaktorzerlegung besitzt, das heißt es ist

$$n = p_1 \cdot \ldots \cdot p_r$$
$$= q_1 \cdot \ldots \cdot q_s$$

mit den Primzahlen $p_1, \ldots, p_r$ und $q_1, \ldots, q_s$. Klar ist, dass $p_i \neq q_j$ für $i = 1, \ldots, r$ und $j = 1, \ldots, s$. Denn wäre $p_i = q_j$ für gewisse $1 \leq i \leq r$ und $1 \leq j \leq s$, so würde $\frac{n}{p_i}$ mit $\frac{n}{p_i} < n$ keine eindeutige Primfaktorzerlegung besitzen, was im Widerspruch zur Minimalität von n steht.

Ohne Beschränkung der Allgemeinheit sei q_1 die kleinste aller Primzahlen $p_1, \ldots, p_r, q_1, \ldots, q_s$. Wir führen nun für alle p_i mit $i = 1, \ldots, r$ die Division mit q_1 aus und erhalten somit für n die Darstellung

$$n = (q_1 \cdot Q_1 + R_1) \cdot (q_1 \cdot Q_2 + R_2) \cdot \ldots \cdot (q_1 \cdot Q_r + R_r),$$

mit den positiven ganzen Zahlen Q_i und $0 \leq R_i < q_1$ für $i = 1, \ldots, r$. Nach Ausmultiplikation erhält man

$$n = q_1 \cdot Q + R \quad \text{mit } Q \in \mathbb{N}_+ \text{ und } R = R_1 \cdot \ldots \cdot R_r.$$

Wegen $0 < R < n$ und $q_1 \mid R$ ist nun aber auch $q_1 \mid (R_1 \cdot \ldots \cdot R_r)$. Andererseits besitzt R eine Zerlegung in Faktoren, die alle kleiner q_1 sind. Diese Zerlegung führt deshalb zu einer Primfaktordarstellung in der q_1 nicht vorkommt. Daher haben wir für R zwei verschiedene Primfaktorzerlegungen erhalten. Dies widerspricht aber der Annahme, dass n die kleinste aller natürlichen Zahlen ohne eine eindeutige Primfaktorzerlegung ist. Also ist die Primfaktorzerlegung für alle natürlichen Zahlen $n > 1$ eindeutig.

$\square$

2. Beweisvariante:(Surányi).

Die Existenz kann wie folgt gezeigt werden:
Da der Satz für die Primzahl 2 und jede weitere Primzahl gilt, sei n eine zusammengesetzte Zahl und wir nehmen die Richtigkeit des Satzes für alle natürlichen Zahlen kleiner als n an.

Dann gibt es natürliche Zahlen a, b mit $n = a \cdot b$ und $1 < a \leq b < n$.
Da der Satz für a und b gilt, geben die Primfaktorzerlegungen von a und b eine Primfaktorzerlegung von n an.

Nun gilt es noch die Eindeutigkeit der Primfaktorzerlegung von n nachzuweisen. Der kleinste Teiler $p > 1$ von n ist natürlich eine Primzahl. Wenn wir zeigen können, dass p unter den Primfaktoren von a oder b vorkommt, dann ist auch die Eindeutigkeit der Primfaktorzerlegung von n bewiesen, denn nach Induktionsannahme hat die Zahl $n' = n/p$ wegen $n' < n$ eine eindeutige Primfaktorzerlegung.

Es gilt $p \leq a$, da p als kleinster Teiler von n angenommen wird.
Für $p = a$ folgt die Behauptung sofort.
Für $p < a$ bilden wir mit $a' = a - p$ die Zahl $n'' = a'b = (a-p)b = n - pb$. Damit ist $p \mid n''$, $0 < n'' < n$ und n'' besitzt eine eindeutige Primfaktorzerlegung, die aus den Zerlegungen von a' und b resultiert. Folglich muss p unter den Primfaktoren von a' und b vorkommen. Ist p in b enthalten, so ist der Beweis beendet. Ist a' durch p teilbar, so auch $a = a' + p$. Somit haben wir auch in diesem Fall die Eindeutigkeit der Primfaktorzerlegung gezeigt.

$\square$

Der Existenzbeweis des Fundamentalsatzes der Zahlentheorie liefert gleichzeitig ein Verfahren, eine Primfaktorzerlegung für beliebige natürliche Zahlen $n > 1$ zu gewinnen.

Entweder ist $n = p$ selbst Primzahl, womit eine Primfaktorzerlegung mit einem Primfaktor gegeben ist, oder n besitzt eine Zerlegung $n = p_1 \cdot m_1$ mit dem kleinsten Primteiler p_1 von n und $m_1 < n$. Nun spalten wir von m_1 wieder den kleinsten Primteiler p_2 ab und erhalten die Zerlegung $m_1 = p_2 \cdot m_2$ mit $m_2 < m_1$. Dieses Verfahren wiederholen wir so lange, bis zuletzt nur noch die Zerlegung $m_r = p_r$ möglich ist, was nach dem Prinzip der kleinsten Zahl von Satz 1.1.2 stets sichergestellt werden kann. Folglich ergibt sich eine Zerlegung der Art

$$n = p_1 \cdot p_2 \cdot \ldots \cdot p_r \quad \text{mit } p_1 \leq p_2 \leq \ldots \leq p_r.$$

Indem wir in dieser Zerlegung noch gleiche Primzahlen zu Potenzen von Primzahlen zusammenfassen, erhalten wir die sogenannte **kanonische Primfaktorzerlegung** oder auch **kanonische Darstellung**

$$n = p_1^{e_1} \cdot p_2^{e_2} \cdot \ldots \cdot p_k^{e_k} \quad \text{mit } p_1 < p_2 < \ldots < p_k \text{ und } e_1, \ldots, e_k \in \mathbb{N}_+.$$

Aus dem Fundamentalsatz der Zahlentheorie ergibt sich unmittelbar

Korollar 2.2.1. *Ist p eine Primzahl und gilt $p \mid (a \cdot b)$ für $a, b \in \mathbb{Z}$, so ist $p \mid a$ oder $p \mid b$.*

Bemerkung 2.2.2.

1) *Aus Korollar 2.2.1 kann man ebenso den Fundamentalsatz der Zahlentheorie herleiten.*

2) Ein weiterer Beweis für Korollar 2.2.1, der sich nicht auf den Fundamentalsatz der Zahlentheorie stützt, wird im Abschnitt 2.3 gegeben werden.

Die im Korollar 2.2.1 charakterisierende Eigenschaft der Primzahlen kann auch als Definition für den Begriff der Primzahl genutzt werden. Dies beruht dann nicht mehr auf der Irreduzibilität solcherart Zahlen, sondern auf der Primeigenschaft dieser Zahlen. Wir zeigen nun, dass in $\mathbb{Z}$ beide Definitionen einer Primzahl äquivalent sind. Es gilt

Satz 2.2.2. *Folgende Aussagen über Primzahlen $p > 1$ sind äquivalent:*

(1) p ist irreduzibel, das heißt 1 und p sind die einzigen positiven Teiler von p.

(2) Aus $p \mid (a \cdot b)$ mit $a, b \in \mathbb{Z}$, folgt $p \mid a$ oder $p \mid b$.

Beweis. Wir gliedern den Beweis in 2 Teile und zeigen, dass sich die beiden Aussagen wechselseitig implizieren.

$(1) \Rightarrow (2)$: Wir setzen vorraus, dass p irreduzibel ist und für $a, b \in \mathbb{Z}$ mit $p \mid (a \cdot b)$ gilt $p \nmid a$ und $p \nmid b$. Ohne Beschränkung der Allgemeingültigkeit seien $a = p_1 \cdot \ldots \cdot p_r$ und $b = q_1 \cdot \ldots \cdot q_s$. Also ist $p \mid (p_1 \cdot \ldots \cdot p_r \cdot q_1 \cdot \ldots \cdot q_s)$. Da p irreduzibel ist, gilt $p = p_i$ oder $p = q_j$ für $1 \leq i \leq r$ oder $1 \leq j \leq s$. Dann ist aber $p \mid a$ oder $p \mid b$, was im Widerspruch zur Vorraussetzung $p \nmid a$ und $p \nmid b$ steht!

$(2) \Rightarrow (1)$: Wir nehmen an, dass wenn für alle $a, b \in \mathbb{Z}$ aus $p \mid (a \cdot b)$ stets $p \mid a$ oder $p \mid b$ gilt, aber p nicht irreduzibel ist. Deshalb besitzt p eine Darstellung $p = n \cdot m$ mit $1 < m, n < p$. Nun gilt $p \mid (n \cdot m)$ und nach Voraussetzung $p \mid n$ oder $p \mid m$. Ohne Beschränkung der Allgemeingültigkeit sei $p \mid n$. Da $p = n \cdot m$ gilt, ist aber auch $n \mid p$ und auf Grund der Antisymmetrie der Teilbarkeitsrelation folgt deshalb $n = p$ im Widerspruch zu $n < p$. Also ist p irreduzibel.

$\square$

2.3 Euklidischer Algorithmus

Wir erinnern uns daran, dass wir im Abschnitt 2.1 die Zahl 8778 sowie im Abschnitt 2.2 die Zahl 510511 in Primfaktoren zerlegt hatten. Beim Vergleich der Primfaktorzerlegungen

$$8778 = 2 \cdot 3 \cdot 7 \cdot 11 \cdot 19$$
$$510511 = 19 \cdot 97 \cdot 277$$

kann man leicht erkennen, dass nur der Primfaktor 19 sowohl als Teiler von 8778 als auch als Teiler von 510511 auftritt, die Zahl 19 ist ein **gemeinsamer Teiler** von $a = 8778$ und $b = 510511$. Allgemein bezeichnet man jede Zahl $t \in \mathbb{Z}$, welche Teiler zweier ganzen Zahlen a und b ist als gemeinsamen Teiler von a und b.

Es ist klar, dass für beliebige ganze Zahlen a, b zwei Fälle eintreten können: Entweder gibt es keine oder mindestens einen gemeinsamen Primteiler. Unter allen gemeinsamen Teilern zweier ganzer Zahlen a, b zeichnen wir einen Teiler gesondert aus.

Definition 2.3.1. *Die ganze Zahl d heißt **größter gemeinsamer Teiler** von $a, b \in \mathbb{Z}$, wenn gilt:*

(i) $d \geq 0$.

(ii) $d \mid a$ und $d \mid b$.

(iii) Für jeden gemeinsamen Teiler $t \in \mathbb{Z}$ von a und b ist $t \mid d$.

Bemerkung 2.3.1. *Der größte gemeinsame Teiler zweier Zahlen $a, b \in \mathbb{Z}$ wird mit $\mathrm{ggT}(a, b)$ oder auch kurz mit (a, b) bezeichnet.*

Es ergibt sich nun unmittelbar die Frage nach der Existenz und Eindeutigkeit des größten gemeinsamen Teilers.

Satz 2.3.1. *Zwei Zahlen $a, b \in \mathbb{Z}$ haben höchstens einen größten gemeinsamen Teiler.*

Beweis. Wir führen den Beweis indirekt und nehmen an, dass es für $a, b \in \mathbb{Z}$ zwei größte gemeinsame Teiler $d_1 = \mathrm{ggT}(a, b)$ und $d_2 = \mathrm{ggT}(a, b)$ mit $d_1 \neq d_2$ gibt. Dann ist aber $d_1 \mid d_2$ und $d_2 \mid d_1$. Mit der Antisymmetrie der Teilbarkeitsrelation folgt nun unmittelbar $d_1 = d_2$. Widerspruch! Also haben zwei Zahlen $a, b \in \mathbb{Z}$ höchstens einen größten gemeinsamen Teiler.

$\square$

Satz 2.3.2. *Zwei Zahlen $a, b \in \mathbb{Z}$ haben stets einen größten gemeinsamen Teiler d. Für $|a| = p_1^{e_1} \cdot \ldots \cdot p_s^{e_s} \neq 0$ und $|b| = p_1^{f_1} \cdot \ldots \cdot p_s^{f_s} \neq 0$ mit $p_1 < \ldots < p_s$ und $e_i, f_i \geq 0$ für $i = 1, \ldots, s$ ist*

$$d = \mathrm{ggT}(a, b) = p_1^{g_1} \cdot \ldots \cdot p_s^{g_s} \quad \text{mit } g_i = \min\{e_i, f_i\} \text{ für } i = 1, \ldots, s.$$

Für $a = 0$ bzw. $b = 0$ ist $\mathrm{ggT}(a, b) = |a|$ bzw. $\mathrm{ggT}(a, b) = |b|$.

Beweis. Wir müssen für $d = \mathrm{ggT}(a,b)$ die Eigenschaften aus Definition 2.3.1 überprüfen. Trivialerweise ist $d > 0$ und nach Konstruktion $d \mid a$ und $d \mid b$. Alle möglichen gemeinsamen Teiler t von a und b haben die Darstellung

$$t = p_1^{h_1} \cdot \ldots \cdot p_s^{h_s} \quad \text{mit } 0 \le h_i \le g_i \text{ für } i = 1, \ldots, s.$$

Dann ist aber unmittelbar $t \mid d$.

$\square$

Beispiele.

a) $a = 60 = 2^2 \cdot 3 \cdot 5$ und $b = 90 = 2 \cdot 3^2 \cdot 5$. Dann ist $d = \mathrm{ggT}(a,b) = 2 \cdot 3 \cdot 5 = 30$.

b) $a = 2002 = 2 \cdot 7 \cdot 11 \cdot 13$ und $b = 1014 = 2 \cdot 3 \cdot 13^2$. Dann ist $d = \mathrm{ggT}(a,b) = 2 \cdot 13 = 26$.

c) $a = 30031 = 59 \cdot 509$ und $b = -510511 = (-1) \cdot 19 \cdot 97 \cdot 277$. Dann ist $d = \mathrm{ggT}(a,b) = 1$.

Es gelten die folgenden **Rechenregeln für den größten gemeinsamen Teiler**:

Satz 2.3.3. *Es seien $a, b, c \in \mathbb{Z}$. Dann gelten:*

R1) $\mathrm{ggT}(a,b) = \mathrm{ggT}(b,a)$.

R2) $\mathrm{ggT}(a, \mathrm{ggT}(b,c)) = \mathrm{ggT}(\mathrm{ggT}(a,b), c)$.

R3) $\mathrm{ggT}(|a|, |b|) = \mathrm{ggT}(a,b)$.

R4) $\mathrm{ggT}(c \cdot a, c \cdot b) = |c| \cdot \mathrm{ggT}(a,b)$.

R5) $\mathrm{ggT}\left(\dfrac{a}{c}, \dfrac{b}{c}\right) = \dfrac{\mathrm{ggT}(a,b)}{|c|}$, *falls $c \ne 0, c \mid a$ und $c \mid b$.*

R6) $c \mid a \Leftrightarrow \mathrm{ggT}(c,a) = c$.

R7) $\mathrm{ggT}(a,a) = a$.

Beweis. Die Rechenregeln *R1)*, *R3)*, *R6)* und *R7)* sind unter Berücksichtigung von Satz 2.3.2 trivialerweise erfüllt. Da weiterhin *R5)* aus *R4)* folgt genügt es, die Richtigkeit von *R2)* und *R4)* zu zeigen. Ohne Beschränkung der Allgemeingültigkeit seien $a, b, c \in \mathbb{N}_+$ mit

$$a = p_1^{e_1} \cdot \ldots \cdot p_s^{e_s},$$
$$b = p_1^{f_1} \cdot \ldots \cdot p_s^{f_s} \text{ und}$$
$$c = p_1^{g_1} \cdot \ldots \cdot p_s^{g_s}$$

mit $e_i, f_i, g_i \geq 0$ für $i = 1, \ldots, s$. Weiterhin seien $d_1 = \mathrm{ggT}(b, c)$ und $d_2 = \mathrm{ggT}(a, b)$. Dann sind nach Satz 2.3.2

$$d_1 = p_1^{h_1} \cdot \ldots \cdot p_s^{h_s} \quad \text{mit } h_i = \min\{f_i, g_i\} \text{ für } i = 1, \ldots, s$$

und

$$d_2 = p_1^{k_1} \cdot \ldots \cdot p_s^{k_s} \quad \text{mit } k_i = \min\{e_i, f_i\} \text{ für } i = 1, \ldots, s.$$

Nun gilt aber wiederum nach Satz 2.3.2

$$\mathrm{ggT}(a, d_1) = p_1^{l_1} \cdot \ldots \cdot p_s^{l_s} \text{ und}$$
$$\mathrm{ggT}(d_2, c) = p_1^{m_1} \cdot \ldots \cdot p_s^{m_s}$$

mit $l_i = \min\{e_i, h_i\}$ und $m_i = \min\{k_i, g_i\}$ für $i = 1, \ldots, s$. Dies bedeutet aber, dass $\mathrm{ggT}(a, d_1) = \mathrm{ggT}(d_2, c)$, denn es ist

$$
\begin{aligned}
l_i &= \min\{e_i, h_i\} \\
&= \min\{e_i, \min\{f_i, g_i\}\} \\
&= \min\{\min\{e_i, f_i\}, g_i\} \\
&= \min\{k_i, g_i\} \\
&= m_i
\end{aligned}
$$

für $i = 1, \ldots, s$. Analog ergibt sich nun die Rechenregel R4). Erneut seien ohne Beschränkung der Allgemeingültigkeit $a, b, c \in \mathbb{N}_+$ mit

$$
\begin{aligned}
a &= p_1^{e_1} \cdot \ldots \cdot p_s^{e_s}, \\
b &= p_1^{f_1} \cdot \ldots \cdot p_s^{f_s} \text{ und} \\
c &= p_1^{g_1} \cdot \ldots \cdot p_s^{g_s}
\end{aligned}
$$

mit $e_i, f_i, g_i \geq 0$ für $i = 1, \ldots, s$. Dann sind

$$
\begin{aligned}
c \cdot a &= p_1^{g_1 + e_1} \cdot \ldots \cdot p_s^{g_s + e_s} \text{ und} \\
c \cdot b &= p_1^{g_1 + f_1} \cdot \ldots \cdot p_s^{g_s + f_s}.
\end{aligned}
$$

Nun gilt nach Satz 2.3.2

$$\mathrm{ggT}(c \cdot a, c \cdot b) = p_1^{h_1} \cdot \ldots \cdot p_s^{h_s} \quad \text{mit } h_i = \min\{g_i + e_i, g_i + f_i\} \text{ für } i = 1, \ldots, s.$$

Dies bedeutet aber, dass $\mathrm{ggT}(c \cdot a, c \cdot b) = c \cdot \mathrm{ggT}(a, b)$, denn es ist

$$
\begin{aligned}
h_i &= \min\{g_i + e_i, g_i + f_i\} \\
&= g_i + \min\{e_i, f_i\} \\
&= g_i + k_i
\end{aligned}
$$

mit $k_i = \min\{e_i, f_i\}$ für $i = 1, \ldots, s$. Also ist

$$\begin{aligned}
\mathrm{ggT}(c \cdot a, c \cdot b) &= p_1^{h_1} \cdot \ldots \cdot p_s^{h_s} \\
&= p_1^{g_1+k_1} \cdot \ldots \cdot p_s^{g_s+k_s} \\
&= p_1^{g_1} \cdot p_1^{k_1} \cdot \ldots \cdot p_s^{g_s} \cdot p_s^{k_s} \\
&= c \cdot p_1^{k_1} \cdot \ldots \cdot p_s^{k_s} \\
&= c \cdot \mathrm{ggT}(a, b)
\end{aligned}$$

mit $k_i = \min\{e_i, f_i\}$ für $i = 1, \ldots, s$. $\qquad\square$

Definition 2.3.2. *Zwei ganze Zahlen a, b heißen **teilerfremd** oder **relativ prim**, wenn $\mathrm{ggT}(a, b) = 1$ ist. Man sagt auch, dass die ganzen Zahlen a und b keinen ggT größer als 1 haben.*

Am Beispiel der Zahlen $a = 30031$ und $b = 510511$ haben wir bereits gesehen, dass die Bestimmung des größten gemeinsamen Teilers von a, b unter Zuhilfenahme der Primfaktorzerlegung relativ aufwändig sein kann.

Es ergibt sich deshalb die Frage, ob die Bestimmung des größten gemeinsamen Teilers auch ohne Primfaktorzerlegung erfolgen kann. Die Antwort darauf gibt ein Rechenverfahren, das sich bereits in **Euklids Elementen** *(siehe [Euk], Buch VII, Satz 2)* findet und ihm zu Ehren als **euklidischer Algorithmus** bezeichnet wird. Der wesentliche Inhalt dieses Algorithmus besteht darin, dass wir eine fortlaufende Division von ganzen Zahlen mit Rest so lange ausführen, bis wir einen Rest 0 erhalten. Man spricht in diesem Zusammenhang auch häufig von Kettendivision.

Satz 2.3.4 (Euklidischer Algorithmus). *Es seien $a, b \in \mathbb{N}_+$ mit $a \geq b$. Man setze $a_0 := a, a_1 := b$ und führe sukzessive die nachfolgend aufgeführte Kette von Divisionen mit Rest durch:*

$$a_0 = q_1 \cdot a_1 + a_2,$$
$$a_1 = q_2 \cdot |a_2| + a_3,$$
$$\vdots$$
$$|a_{n-2}| = q_{n-1} \cdot |a_{n-1}| + a_n \ \text{sowie}$$
$$|a_{n-1}| = q_n \cdot |a_n|,$$

wobei die Quotienten $q_1, \ldots, q_n \in \mathbb{N}_+$ sowie $a_2, \ldots, a_n \in \mathbb{Z}$ die betragsmäßig kleinsten Reste sind mit

$$-\frac{|a_{i-1}|}{2} < a_i \leq \frac{|a_{i-1}|}{2} \quad \text{für } i = 2, \ldots, n.$$

Dabei sind $q_1, q_2, \ldots, q_n$ die Quotienten und $a_2, a_3, \ldots, a_n$ die betragsmäßig kleinsten Reste.

Dann gibt es einen ersten Index k mit $1 \leq k \leq n$, so dass $|a_k| > 0$ und $a_{k+1} = 0$ gilt. Die Zahl $|a_k|$ ist dann der größte gemeinsame Teiler von a und b, das heißt es ist $\mathrm{ggT}(a,b) = |a_k|$.

Beweis.
1. Teil: Wir beweisen zunächst, dass der Divisionsalgorithmus nach endlich vielen Schritten seinen Abschluss findet. Wegen

$$b = a_1 > |a_2| > |a_3| > \ldots |a_k| > a_{k+1} = 0$$

ist $a_1, |a_2|, |a_3|, \ldots, |a_k|, a_{k+1}$ eine streng monoton fallende Folge nichtnegativer ganzer Zahlen. Dann gibt es aber nach dem Prinzip der kleinsten Zahl von Satz 1.1.2 einen Index k, so dass $a_{k+1} = 0$ ist.

2. Teil: Als Nächstes zeigen wir, dass $|a_k|$ der größte gemeinsame Teiler von $a_0 = a$ und $a_1 = b$ ist, das heißt es ist $\mathrm{ggT}(a_0, a_1) = |a_k|$. Durchläuft man die Gleichungskette von unten nach oben, so erkennt man unmittelbar die folgende Teilbarkeitssequenz:

$$a_k \mid a_{k-1} \Rightarrow a_k \mid a_{k-2} \Rightarrow \ldots \Rightarrow a_k \mid a_1 \Rightarrow a_k \mid a_0.$$

Damit sind die ersten beiden Eigenschaften des größten gemeinsamen Teilers aus Definition 2.3.1 erfüllt. Zur Überprüfung der dritten Eigenschaft nehmen wir an, dass t ein beliebiger Teiler von a_0 und a_1 sei. Dann ergibt sich beim Durchlaufen der Gleichungskette von oben nach unten die Teilbarkeitssequenz

$$t \mid a_0 \wedge t \mid a_1 \Rightarrow t \mid a_2 \Rightarrow \ldots t \mid a_{k-1} \Rightarrow t \mid a_k$$

und damit die dritte Eigenschaft.

$\square$

Bemerkung 2.3.2. *In diesem Buch haben wir den **euklidischen Algorithmus** in der Form dargestellt, dass die Reste $a_i(i = 2, \ldots, n)$ auch negative ganze Zahlen sein können. Selbstverständlich funktioniert das Verfahren auch für $a_i \in \mathbb{N}$, jedoch ist die Rechenzeit i. A. länger.*

Beispiele. Es soll ggT$(267, 156)$ mit Hilfe des **euklidischen Algorithmus** bestimmt werden. Mit $a_0 = 267$ und $a_1 = 156$ ist

$$267 = 2 \cdot 156 + (-45),$$
$$156 = 3 \cdot 45 + 21,$$
$$45 = 2 \cdot 21 + 3 \text{ sowie}$$
$$21 = 7 \cdot 3 + 0.$$

Also ist ggT$(267, 156) = a_4 = 3$.

Aus dem **euklidischen Algorithmus** folgt unter anderem die bemerkenswerte Eigenschaft, dass der größte gemeinsame Teiler d zweier Zahlen $a, b \in \mathbb{N}_+$ sich stets aus a, b linear kombinieren lässt. Wir verdeutlichen diese Eigenschaft zunächst am obigen Beispiel:

$$\begin{aligned}
3 &= 45 - 2 \cdot 21 \\
&= 45 - 2 \cdot (156 - 3 \cdot 45) \\
&= 7 \cdot 45 - 2 \cdot 156 \\
&= 7 \cdot (2 \cdot 156 - 267) - 2 \cdot 156 \\
&= 12 \cdot 156 - 7 \cdot 267.
\end{aligned}$$

Wir erhalten also $3 = \text{ggT}(267, 156) = (-7) \cdot 267 + 12 \cdot 156$.

Satz 2.3.5. *Zu den Zahlen $a, b \in \mathbb{Z}$ gibt es ganze Zahlen x, y, so dass*

$$d = \text{ggT}(a, b) = a \cdot x + b \cdot y.$$

*Die Darstellung $d = \text{ggT}(a, b) = a \cdot x + b \cdot y$ mit $x, y \in \mathbb{Z}$ heißt **Vielfachsumme** oder auch **Linearkombination**. Man kann sich leicht klar machen, dass diese Darstellung jedoch nicht eindeutig ist, indem man x durch $x + k \cdot b$ und y durch $y - k \cdot a$ für beliebiges $k \in \mathbb{Z}$ ersetzt. (Man kann somit den $\text{ggT}(a, b)$ sogar beliebig oft als Vielfachsumme von a und b darstellen.)*

Beweis. Wir benutzen den Euklidischen Algorithmus und setzen ohne Beschränkung der Allgemeingültigkeit $a_0 := a, a_1 := b$ und $|a_k| := d$. Aus

$$|a_{n-2}| = q_{n-1} \cdot |a_{n-1}| + a_n$$

folgt mit $n := k$ zunächst, dass

$$|a_k| = |a_{k-2}| - q_{k-1} \cdot |a_{k-1}|.$$

Es ist offensichtlich, dass diese Gleichung auch für alle $k \geq 2$ erfüllt ist. Deshalb können wir $|a_k|$ als Vielfachsumme von $|a_{k-2}|$ und $|a_{k-1}|$ darstellen. Wir wiederholen diese Vorgehensweise endlich oft und können schließlich $|a_k|$ als Linearkombination von a_0 und a_1 darstellen.

$\square$

Wir führen nun nach dem größten gemeinsamen Teiler noch einen zweiten, zum ggT komplementären, Begriff ein. Zunächst bezeichnet man jede Zahl $v \in \mathbb{Z}$ mit der Eigenschaft, dass a und b Teiler von v sind, als ein gemeinsames Vielfaches von $a, b \in \mathbb{Z}$. Unter allen gemeinsamen Vielfachen von a und b zeichnen wir das **kleinste gemeinsame Vielfache** gesondert aus:

Definition 2.3.3. *Die ganze Zahl v heißt kleinstes gemeinsames Vielfaches der Zahlen $a, b \in \mathbb{Z}$, wenn gilt:*

(i) $v \geq 0$.

(ii) $a \mid v$ und $b \mid v$.

(iii) Für jedes gemeinsame Vielfache $c \in \mathbb{Z}$ von a und b ist $v \mid c$.

Bemerkung 2.3.3. *Das kleinste gemeinsame Vielfache zweier Zahlen $a, b \in \mathbb{Z}$ wird mit $\mathrm{kgV}[a, b]$ oder auch kurz mit $[a, b]$ bezeichnet.*

Wir werden jetzt in analoger Weise wie in den Ausführungen zum größten gemeinsamen Teiler wichtige Eigenschaften des kleinsten gemeinsamen Vielfachen vorstellen und beweisen.

Satz 2.3.6. *Zwei Zahlen $a, b \in \mathbb{Z}$ haben höchstens ein kleinstes gemeinsames Vielfaches.*

Beweis. Wir nehmen an, dass es zwei kleinste gemeinsame Vielfache v_1 und v_2 von $a, b \in \mathbb{Z}$ gibt. Dann ist aber $v_1 \mid v_2$ und $v_2 \mid v_1$. Mit der Antisymmetrie der Teilbarkeitsrelation folgt sofort $v_1 = v_2$.

$\square$

Satz 2.3.7. *Zwei Zahlen $a, b \in \mathbb{Z}$ haben stets ein kleinstes gemeinsames Vielfaches. Für $|a| = p_1^{e_1} \cdot \ldots \cdot p_s^{e_s} \neq 0$ und $|b| = p_1^{f_1} \cdot \ldots \cdot p_s^{f_s} \neq 0$ mit $p_1 < p_2 < \ldots < p_s$ und $e_i, f_i \geq 0$ für $i = 1, \ldots, s$ ist*

$$\mathrm{kgV}[a, b] = p_1^{g_1} \cdot \ldots \cdot p_s^{g_s} \quad \text{mit } g_i = \max\{e_i, f_i\} \text{ für } i = 1, \ldots, s.$$

Für $a = 0$ oder $b = 0$ ist $\mathrm{kgV}[a, b] = 0$.

Beweis. Wir müssen für $v = \text{kgV}[a,b]$ die Eigenschaften aus Definition 2.3.3 überprüfen. Trivialerweise ist $v > 0$ und es gilt $a \mid v$ und $b \mid v$. Alle möglichen Vielfachen c von a und b haben die Darstellung

$$c = p_1^{h_1} \cdot \ldots \cdot p_s^{h_s} \cdot d \quad \text{mit } g_i \leq h_i \text{ für } i = 1, \ldots, s \text{ und } d \in \mathbb{Z}.$$

Daraus ergibt sich sofort $v \mid c$.

$\square$

Beispiele.

a) $a = 60 = 2^2 \cdot 3 \cdot 5$ und $b = 90 = 2 \cdot 3^2 \cdot 5$. Dann ist $\text{kgV}[a,b] = 2^2 \cdot 3^2 \cdot 5 = 180$.

b) $a = 2002 = 2 \cdot 7 \cdot 11 \cdot 13$ und $b = 1014 = 2 \cdot 3 \cdot 13^2$. Dann ist
   $v = \text{kgV}[a,b] = 2 \cdot 3 \cdot 7 \cdot 11 \cdot 13^2 = 78078$.

c) $a = 30031 = 59 \cdot 509$ und $b = -510511 = (-1) \cdot 19 \cdot 97 \cdot 277$. Dann ist
   $\text{kgV}[a,b] = 19 \cdot 59 \cdot 97 \cdot 277 \cdot 509 = 15331155841$.

Übungsaufgabe 2.3. Man formuliere und beweise einige Rechenregeln für das kleinste gemeinsame Vielfache zweier ganzer Zahlen. Hinweis: Man übertrage die Rechenregeln des größten gemeinsamen Teilers von Satz 2.3.3.

Im nachfolgend aufgeführten Satz kommt der Zusammenhang zwischen dem ggT und dem kgV zweier ganzer Zahlen a, b als zueinander komplementäre Teiler bezüglich des Produktes $a \cdot b$ zum Ausdruck (Diese Beziehung konnte bereits aus den vorangegangenen Zahlenbeispielen vermutet werden.):

Satz 2.3.8. *Für alle Zahlen $a, b \in \mathbb{Z}$ ist*

$$\text{ggT}(a,b) \cdot \text{kgV}[a,b] = |a \cdot b|.$$

Beweis. Ohne Beschränkung der Allgemeinheit können wir

$$a = p_1^{e_1} \cdot \ldots \cdot p_s^{e_s} \text{ und}$$
$$b = p_1^{f_1} \cdot \ldots \cdot p_s^{f_s}$$

voraussetzen. Wir erhalten dann

$$\text{ggT}(a,b) \cdot \text{kgV}[a,b] = \prod_{i=1}^{s} p_i^{\min\{e_i,f_i\}} \cdot \prod_{i=1}^{s} p_i^{\max\{e_i,f_i\}}$$
$$= \prod_{i=1}^{s} p_i^{\min\{e_i,f_i\}+\max\{e_i,f_i\}}$$
$$= a \cdot b.$$

$\square$

Es ist relativ einfach, die bisher für den ggT und das kgV zweier ganzer Zahlen entwickelte Theorie auf endlich viele Zahlen $a_1, \ldots, a_n \in \mathbb{Z}$ mit $n \geq 3$ und sogar auf **unendlich viele** ganze Zahlen zu verallgemeinern.

Definition 2.3.4. *Die ganze Zahl d heißt größter gemeinsamer Teiler von* $a_1, \ldots, a_n \in \mathbb{Z}$, *wenn gilt:*

(i) $d \geq 0$.

(ii) $d \mid a_1, \ldots, d \mid a_n$.

(iii) Für jeden gemeinsamen Teiler $t \in \mathbb{Z}$ *von* $a_1, \ldots, a_n$ *ist* $t \mid d$.

Definition 2.3.5. *Die ganze Zahl v heißt kleinstes gemeinsames Vielfaches der Zahlen* $a_1, \ldots, a_n \in \mathbb{Z}$, *wenn gilt:*

(i) $v \geq 0$.

(ii) $a_1 \mid v, \ldots, a_n \mid v$.

(iii) Für jedes gemeinsame Vielfache $c \in \mathbb{Z}$ *von* $a_1, \ldots, a_n$ *ist* $v \mid c$.

Es gelten die folgenden **Rechenregeln**, deren Beweis dem Leser überlassen sei:

Satz 2.3.9. *Es seien* $a_1, \ldots, a_n, c \in \mathbb{Z}$. *Dann gelten :*

R1) $\mathrm{ggT}(a_1, \ldots, a_n) = \mathrm{ggT}\,(\mathrm{ggT}(a_1, \ldots, a_{n-1}), a_n)$,
$\mathrm{kgV}[a_1, \ldots, a_n] = \mathrm{kgV}\,[\mathrm{kgV}[a_1, \ldots, a_{n-1}], a_n]$.

R2) $\mathrm{ggT}(c \cdot a_1, \ldots, c \cdot a_n) = |c| \cdot \mathrm{ggT}(a_1, \ldots, a_n)$,
$\mathrm{kgV}[c \cdot a_1, \ldots, c \cdot a_n] = |c| \cdot \mathrm{kgV}[a_1, \ldots, a_n]$.

R3) $\mathrm{ggT}(a_1, \ldots, a_n) \mid \mathrm{ggT}(a_1, \ldots, a_{n-1})$,
$\mathrm{kgV}[a_1, \ldots, a_{n-1}] \mid \mathrm{kgV}[a_1, \ldots, a_n]$.

R4) $\mathrm{ggT}(a_1, \ldots, a_n, 1) = 1$ *und* $\mathrm{ggT}(a_1, \ldots, a_n, 0) = \mathrm{ggT}(a_1, \ldots, a_n)$,
$\mathrm{kgV}[a_1, \ldots, a_n, 1] = \mathrm{kgV}[a_1, \ldots, a_n]$.

R5) $\mathrm{ggT}\left(\dfrac{a_1}{c}, \ldots, \dfrac{a_n}{c}\right) = \dfrac{1}{|c|} \cdot \mathrm{ggT}(a_1, \ldots, a_n)$.

Satz 2.3.10. *Für alle Zahlen* $a_1, \ldots, a_n \in \mathbb{Z}$ *gelten:*

1) $\mathrm{ggT}(a_1, \ldots, a_n) \cdot \mathrm{kgV}[A_1, \ldots, A_n] = |a_1 \cdot \ldots \cdot a_n|$.

2) $\mathrm{ggT}(A_1, \ldots, A_n) \cdot \mathrm{kgV}[a_1, \ldots, a_n] = |a_1 \cdot \ldots \cdot a_n|$.

Hierbei ist $A_i = \dfrac{a_1 \cdot \ldots \cdot a_n}{a_i}$ *für* $i = 1, \ldots, n$.

Auch dieser Beweis sei dem Leser überlassen.

Hinweis: Man benutze zweckmäßigerweise die Methode der vollständigen Induktion.

2.4 Lineare Kongruenzen und Eulersche φ-Funktion

In diesem Abschnitt werden wir die in 1.3 bis 2.3 entwickelte Teilbarkeitslehre weiter ausbauen, indem wir den von **Gauß** im Jahre 1801 in den **Disquisitiones arithmeticae** *(siehe [Gau])*eingeführten Kongruenzbegriff – häufig auch Kongruenzmethode genannt – nutzen wollen. Aus heutiger Sicht kann man sagen, dass diese Methode einerseits auf einer relativ einfachen Idee basiert, sie jedoch andererseits eine große technische Bedeutung bei der Behandlung von vielen zahlentheoretischen Problemstellungen besitzt. Die Kongruenzmethode ist zu einem unentbehrlichen Werkzeug in der Zahlentheorie selbst, aber auch in der anwendbaren Zahlentheorie geworden. Die wesentliche Bedeutung dieser Methode liegt vor allem in der Verkürzung und Veranschaulichung von Rechenschritten in Beweisen.

Wir beginnen mit einem einfachen Resultat über den Zusammenhang von drei ganzen Zahlen.

Satz 2.4.1. *Gegeben seien die Zahlen $a, b, m \in \mathbb{Z}$ mit $m > 0$. Dann sind die folgenden beiden Aussagen äquivalent:*

(1) a und b haben bei der Division durch m denselben Rest r.

(2) Die Differenz $a - b$ ist durch m teilbar.

Beweis.

(1) $\Rightarrow$ (2) a und b haben die Darstellungen $a = km + r$ und $b = lm + r$ mit $0 \leq r < m$. Es folgt dann sofort $m \mid (a - b)$.

(2) $\Rightarrow$ (1) a und b mögen die Darstellungen $a = km + r_1$ und $b = lm + r_2$ mit $0 \leq r_i < m$ für $i = 1, 2$ und $r_1 \neq r_2$ besitzen. Man erhält dann unmittelbar $m \nmid (a - b)$. $\qquad\square$

Wir notieren nun die von **Gauß** *(siehe [Gau])* eingeführte Schreibweise für die Kongruenz von ganzen Zahlen.

Definition 2.4.1 (Gauß). *Gegeben seien die Zahlen $a, b, m \in \mathbb{Z}$ mit $m > 0$. Dann heißt a kongruent b modulo m, in Zeichen*

$$a \equiv b \bmod m \ \text{oder kürzer} \ a \equiv b \ (m),$$

wenn m ein Teiler der Differenz $a - b$ ist, das heißt $m \mid (a - b)$.

Bemerkung 2.4.1. *Wenn a nicht kongruent oder inkongruent b modulo m ist, schreiben wir $a \not\equiv b \bmod m$.*

Beispiele.

$$1 \equiv 9 \ (8), \qquad\qquad 1 \not\equiv 7 \ (8),$$
$$2 \equiv 2006 \ (4), \qquad\qquad 2 \not\equiv 2008 \ (4).$$

Übungsaufgabe 2.4. Man bestimme alle $a \in \mathbb{Z}$ bzw. $a' \in \mathbb{Z}$ die zu $b = 7$ modulo $m = 8$ kongruent bzw. inkongruent sind.

Es gelten nun die folgenden grundlegenden **Rechenregeln für die Kongruenz von Zahlen** :

Satz 2.4.2. *Es seien die Zahlen $a_1, a_2, b_1, b_2, c \in \mathbb{Z}$ sowie $m, n \in \mathbb{Z}$ mit $m \geq 1$ und $n \geq 0$ gegeben, wobei $a_1 \equiv b_1 \ (m)$ sowie $a_2 \equiv b_2 \ (m)$. Dann gelten:*

R1) *Ist $d \mid a_1$ und $d \mid m$, dann folgt $d \mid b_1$.*

R2) *Ist $d \mid b_1$ und $d \mid m$, dann folgt $d \mid a_1$.*

R3) *Ist $d = \mathrm{ggT}(a_1, m)$ und $d' = \mathrm{ggT}(b_1, m)$, dann folgt $d = d'$.*

R4) $a_1 + a_2 \equiv b_1 + b_2 \ (m)$.

R5) $a_1 \cdot c \equiv b_1 \cdot c \ (m)$.

R6) $a_1 \cdot a_2 \equiv b_1 \cdot b_2 \ (m)$.

R7) $a_1^n \equiv b_1^n \ (m)$.

Beweis.

R1) Wegen $d \cdot a_1' = a_1$ und $d \cdot m' = m$ ergibt sich die Kongruenz $d \cdot a_1' \equiv b_1 \ (d \cdot m')$. Nach Satz 2.4.1 ist somit $(d \cdot m') \mid (d \cdot a_1' - b_1)$, das heißt b_1 besitzt die Zerlegung $b_1 = b_1' \cdot d$.

R2) Die Behauptung folgt unmittelbar aus $R1)$ durch Vertauschen von a_1 und b_1.

R3) Wegen $d \mid a_1$ und $d \mid m$ folgt nach $R1$) sofort $d \mid b_1$ und mit $d \mid m$ ist auch $d \mid d'$. Andererseits erhalten wir aus $d' \mid b_1$ und $d' \mid m$ nach $R1$) auch $d' \mid a_1$ und mit $d' \mid m$ ist deshalb $d' \mid d$. Da die Teilbarkeitsrelation antisymmetrisch in $\mathbb{N}_+$ ist, gilt insgesamt $d = d'$.

R4) Da $m \mid (a_1 - b_1)$ und $m \mid (a_2 - b_2)$ gelten, ist auch für die Summe $m \mid (a_1 - b_1 + a_2 - b_2)$, das heißt es ist $m \mid (a_1 + a_2 - (b_1 + b_2))$.

R5) Diese Regel ist nach Definition 2.4.1 trivialerweise erfüllt.

R6) Wegen $a_1 = b_1 + k \cdot m$ und $a_2 = b_2 + l \cdot m$ ergibt sich sofort $a_1 \cdot a_2 = b_1 \cdot b_2 + (b_1 \cdot l + b_2 \cdot k + m \cdot k \cdot l) \cdot m$.

R7) Wir beweisen diese Regel mit Hilfe der Methode der vollständigen Induktion über n. Für $n = 0$ und $n = 1$ ist nichts zu zeigen. Der Induktionsschluss lässt sich folgendermaßen begründen: Aus $a_1^k \equiv b_1^k \ (m)$ folgt $a_1^{k+1} \equiv b_1^k \cdot a_1 \ (m)$ und wegen $a_1 \equiv b_1 \ (m)$ ist mit der Transitivität der Kongruenzrelation deshalb $a_1^{k+1} \equiv b_1^{k+1} \ (m)$.

$\square$

Satz 2.4.3. *Die Kongruenz von Zahlen ist eine Äquivalenzrelation auf $\mathbb{Z}$. Genauer gilt, dass die Relation R_m mit*

$$R_m := \{(a,b) \in \mathbb{Z}^2 \ : \ a \equiv b \ (m)\} \ \text{für jedes } m \geq 1$$

eine Äquivalenzrelation definiert.

Beweis. Es müssen auf einer Menge, die Gültigkeit der drei Eigenschaften Reflexivität, Symmetrie und Transitivität gezeigt werden, siehe Anhang A.1.3. Die Relation R_m ist trivialerweise reflexiv auf $\mathbb{Z}$, das heißt es ist $a \equiv a \ (m)$, denn $m \mid (a - a)$. Gleiches gilt für die Symmetrie von R_m, denn ist $a \equiv b \ (m)$, so ist nach Definition 2.4.1 $m \mid (b - a)$. Daher ist aber auch $m \mid (-(-b + a))$ und somit gilt $m \mid (a - b)$, das heißt es folgt $b \equiv a \ (m)$. Seien nun $a \equiv b \ (m)$ und $b \equiv c \ (m)$, das heißt es sind $m \mid (b - a)$ und $m \mid (c - b)$. Dann ist aber nach Satz 1.3.1 auch $m \mid ((b - a) + (c - b))$ und deshalb gilt $m \mid (c - a)$, das heißt es sind $a \equiv c \ (m)$ und deshalb ist R_m transitiv.

$\square$

Bemerkung 2.4.2.

1) *Auf Grund eines fundamentalen Satzes der linearen Algebra wissen wir, dass jede Äquivalenzrelation auf einer Menge M eine Klasseneinteilung von M bewirkt. Folglich haben wir mit dieser definierten Kongruenzrelation eine Einteilung von $\mathbb{Z}$ in disjunkte Äquivalenzklassen erhalten.*

2) Die Äquivalenzklassen von $\mathbb{Z}$ modulo m nennt man Restklassen modulo m.

Es ist offensichtlich, dass man für jeden Modul $m > 1$ genau m Restklassen erhält, wobei jede Restklasse „a modulo m" oder kurz a mod m aus unendlich vielen ganzen Zahlen besteht, welche die Eigenschaft haben, dass sie denselben Rest wie a haben, wenn sie durch m dividiert werden.

Bemerkung 2.4.3. *Statt „a modulo m" schreiben wir $\bar{a}_m$ oder kürzer $\bar{a}$, wenn aus dem Zusammenhang eindeutig hervorgeht, welcher Modul m gemeint ist. Damit haben wir*

$$\bar{a} := \bar{a}_m = \{x \ : \ x \in \mathbb{Z} \text{ und } x \equiv a \ (m)\} .$$

Auf Grund der Äquivalenz der Aussagen $\bar{a} = \bar{b}$ und $a \equiv b \ (m)$ ergibt sich sofort die Eigenschaft, dass unendlich viele Repräsentanten für die Angabe einer Restklasse in Frage kommen. In der Regel wählt man die kleinsten, nichtnegativen Repräsentanten der entsprechenden Klasse aus und schreibt $\bar{0}, \bar{1}, \dots, \overline{m-1}$.

Bemerkung 2.4.4. *Die Menge der Restklassen $\{\bar{0}, \bar{1}, \dots, \overline{m-1}\}$ bezeichnet man als vollständiges Restsystem modulo m. Man verwendet hierfür i. A. die beiden Schreibweisen*

$$\mathbb{Z}/m\mathbb{Z} := \{\bar{0}, \bar{1}, \dots, \overline{m-1}\} \ \text{ und } \mathbb{Z}/R_m := \mathbb{Z}/m\mathbb{Z} .$$

Wir wollen nun in Analogie zu $\mathbb{Z}$ zeigen, dass sich $\mathbb{Z}/m\mathbb{Z}$ mit geeignet ausgewählten Operationen zu einem Ring ausbauen lässt. Als zweckmäßig erweist es sich, die Addition bzw. Multiplikation zweier Restklassen $\bar{a}$ und $\bar{b}$ modulo m durch

$$\bar{c} := \bar{a} + \bar{b} := \overline{a + b},$$

$$\bar{d} := \bar{a} \cdot \bar{b} := \overline{a \cdot b}$$

zu definieren.

Wir weisen in diesem Zusammenhang darauf hin, dass die in beiden Gleichungen aufgeführten Operationszeichen unterschiedliche Bedeutungen haben. Auf der linken Seite bezieht sich die Operation auf das Rechnen in Restklassen, wohingegen auf der rechten Seite im Ring der ganzen Zahlen gerechnet wird.

Für die soeben definierten Restklassenoperationen ist nun noch die Repräsentantenunabhängigkeit zu zeigen, das heißt die Operationen führen bei einer beliebigen Auswahl von Vertretern der Restklassen stets zum gleichen Ergebnis.

Dies folgt jedoch für $a, a' \in \mathbb{Z}$ und $b, b' \in \mathbb{Z}$ mit $a \equiv a' \ (m)$ und $b \equiv b' \ (m)$ unmittelbar aus den Rechenregeln für Kongruenzen, denn es ist

$$a + b \equiv a' + b \equiv a' + b' \ (m),$$
$$a \cdot b \equiv a' \cdot b \equiv a' \cdot b' \ (m).$$

Nunmehr ergibt sich

Satz 2.4.4. *Die Menge der Restklassen*

$$\mathbb{Z}/m\mathbb{Z} = \left\{ \overline{0}, \overline{1}, \ldots, \overline{m-1} \right\}.$$

bildet einen kommutativen Ring mit Einselement, den sogenannten Restklassenring modulo m. Kurz: Die Struktur $(\mathbb{Z}/m\mathbb{Z}, +, \cdot)$ ist ein Ring.

Wir werden die allgemeine Definition eines Ringes im Anhang geben.

Beweis. Auf Grund der oben erfolgten Darlegungen kann man leicht zeigen, dass $\overline{0}$ das neutrale Element bezüglich der Operation „+" ist. Wir erbringen nun den Nachweis, dass $\mathbb{Z}/m\mathbb{Z}$ bezüglich der Operation „+" eine abelsche Gruppe ist, indem wir zweckmäßigerweise eine Strukturtafel nutzen.

$+$	$\overline{0}$	$\overline{1}$	$\overline{2}$	$\ldots$	$\overline{m-1}$
$\overline{0}$	$\overline{0}$	$\overline{1}$	$\overline{2}$	$\ldots$	$\overline{m-1}$
$\overline{1}$	$\overline{1}$	$\overline{2}$	$\overline{3}$	$\ldots$	$\overline{0}$
$\overline{2}$	$\overline{2}$	$\overline{3}$	$\overline{4}$	$\ldots$	$\overline{1}$
$\vdots$	$\vdots$	$\vdots$	$\vdots$		$\vdots$
$\overline{m-1}$	$\overline{m-1}$	$\overline{0}$	$\overline{1}$	$\ldots$	$\overline{m-2}$

Aus dieser Strukturtafel folgt nunmehr sofort die Eigenschaft, dass $\mathbb{Z}/m\mathbb{Z}$ bezüglich der Addition abgeschlossen ist und dass zu jedem Element $\overline{a} \in \mathbb{Z}/m\mathbb{Z}$ ein eindeutig definiertes inverses Element $\overline{a}^{-1} \in \mathbb{Z}/m\mathbb{Z}$, $\overline{a}^{-1} = \overline{m-a}$ mit $\overline{a} + \overline{a}^{-1} = \overline{0}$ existiert. Wir müssen jetzt noch die Gültigkeit der Assoziativgesetze bezüglich „+" und „·", des Kommutativgesetzes bezüglich „·" und die Distributivgesetze überprüfen. Da wir jedoch das Rechnen mit Restklassen auf das Rechnen in $\mathbb{Z}$ zurückgeführt haben, ergeben sich diese trivialerweise.

□

Als nächstes untersuchen wir die Fragestellung, ob und für welche Elemente des Restklassenrings $\mathbb{Z}/m\mathbb{Z}$ die Division ausgeführt werden kann. Wir betrachten zunächst das Beispiel $\mathbb{Z}/6\mathbb{Z}$ und stellen hierfür die Strukturtafel bezüglich „+" bzw. für $\mathbb{Z}/6\mathbb{Z} \setminus \{\overline{0}\}$ bezüglich „·" auf.

+	$\overline{0}$	$\overline{1}$	$\overline{2}$	$\overline{3}$	$\overline{4}$	$\overline{5}$
$\overline{0}$	$\overline{0}$	$\overline{1}$	$\overline{2}$	$\overline{3}$	$\overline{4}$	$\overline{5}$
$\overline{1}$	$\overline{1}$	$\overline{2}$	$\overline{3}$	$\overline{4}$	$\overline{5}$	$\overline{0}$
$\overline{2}$	$\overline{2}$	$\overline{3}$	$\overline{4}$	$\overline{5}$	$\overline{0}$	$\overline{1}$
$\overline{3}$	$\overline{3}$	$\overline{4}$	$\overline{5}$	$\overline{0}$	$\overline{1}$	$\overline{2}$
$\overline{4}$	$\overline{4}$	$\overline{5}$	$\overline{0}$	$\overline{1}$	$\overline{2}$	$\overline{3}$
$\overline{5}$	$\overline{5}$	$\overline{0}$	$\overline{1}$	$\overline{2}$	$\overline{3}$	$\overline{4}$

$\cdot$	$\overline{1}$	$\overline{2}$	$\overline{3}$	$\overline{4}$	$\overline{5}$
$\overline{1}$	$\overline{1}$	$\overline{2}$	$\overline{3}$	$\overline{4}$	$\overline{5}$
$\overline{2}$	$\overline{2}$	$\overline{4}$	$\overline{0}$	$\overline{2}$	$\overline{4}$
$\overline{3}$	$\overline{3}$	$\overline{0}$	$\overline{3}$	$\overline{0}$	$\overline{3}$
$\overline{4}$	$\overline{4}$	$\overline{2}$	$\overline{0}$	$\overline{4}$	$\overline{2}$
$\overline{5}$	$\overline{5}$	$\overline{4}$	$\overline{3}$	$\overline{2}$	$\overline{1}$

Man sieht sofort, dass die Division $\overline{a} \cdot \overline{x} = \overline{b}$ nur für $\overline{a} = \overline{1}, \overline{5}$ oder $\overline{b} = \overline{1}, \overline{5}$ eindeutig ausführbar ist und für die anderen Restklassen mehrdeutig oder überhaupt nicht ausführbar ist. Außerdem besitzt der Ring $\mathbb{Z}/6\mathbb{Z}$ die Nullteiler $\overline{2}$ und $\overline{3}$ sowie $\overline{3}$ und $\overline{4}$, da $\overline{2} \cdot \overline{3} = \overline{0}$ und $\overline{3} \cdot \overline{4} = \overline{0}$ gelten. Eine völlig andere Situation ergibt sich zum Beispiel in dem Restklassenring $\mathbb{Z}/7\mathbb{Z}$. Auch hier wollen wir die Strukturtafeln bezüglich der Addition und Multiplikation aufstellen.

+	$\overline{0}$	$\overline{1}$	$\overline{2}$	$\overline{3}$	$\overline{4}$	$\overline{5}$	$\overline{6}$
$\overline{0}$	$\overline{0}$	$\overline{1}$	$\overline{2}$	$\overline{3}$	$\overline{4}$	$\overline{5}$	$\overline{6}$
$\overline{1}$	$\overline{1}$	$\overline{2}$	$\overline{3}$	$\overline{4}$	$\overline{5}$	$\overline{6}$	$\overline{0}$
$\overline{2}$	$\overline{2}$	$\overline{3}$	$\overline{4}$	$\overline{5}$	$\overline{6}$	$\overline{0}$	$\overline{1}$
$\overline{3}$	$\overline{3}$	$\overline{4}$	$\overline{5}$	$\overline{6}$	$\overline{0}$	$\overline{1}$	$\overline{2}$
$\overline{4}$	$\overline{4}$	$\overline{5}$	$\overline{6}$	$\overline{0}$	$\overline{1}$	$\overline{2}$	$\overline{3}$
$\overline{5}$	$\overline{5}$	$\overline{6}$	$\overline{0}$	$\overline{1}$	$\overline{2}$	$\overline{3}$	$\overline{4}$
$\overline{6}$	$\overline{6}$	$\overline{0}$	$\overline{1}$	$\overline{2}$	$\overline{3}$	$\overline{4}$	$\overline{5}$

$\cdot$	$\overline{1}$	$\overline{2}$	$\overline{3}$	$\overline{4}$	$\overline{5}$	$\overline{6}$
$\overline{1}$	$\overline{1}$	$\overline{2}$	$\overline{3}$	$\overline{4}$	$\overline{5}$	$\overline{6}$
$\overline{2}$	$\overline{2}$	$\overline{4}$	$\overline{6}$	$\overline{1}$	$\overline{3}$	$\overline{5}$
$\overline{3}$	$\overline{3}$	$\overline{6}$	$\overline{2}$	$\overline{5}$	$\overline{1}$	$\overline{4}$
$\overline{4}$	$\overline{4}$	$\overline{1}$	$\overline{5}$	$\overline{2}$	$\overline{6}$	$\overline{3}$
$\overline{5}$	$\overline{5}$	$\overline{3}$	$\overline{1}$	$\overline{6}$	$\overline{4}$	$\overline{2}$
$\overline{6}$	$\overline{6}$	$\overline{5}$	$\overline{4}$	$\overline{3}$	$\overline{2}$	$\overline{1}$

Man kann leicht erkennen, dass in $\mathbb{Z}/7\mathbb{Z} \setminus \{\overline{0}\}$ die Divisionsaufgabe $\overline{a} \cdot \overline{x} = \overline{b}$ für alle $\overline{a}, \overline{b} \in \mathbb{Z}/7\mathbb{Z}$ ausführbar ist und es hier keine Nullteiler geben kann. Durch Verallgemeinerung des zuletzt geschilderten Beispiels erhält man den

Satz 2.4.5. *Der Restklassenring $\mathbb{Z}/m\mathbb{Z}$ ist für $m = p \in \mathbb{P}$ ein endlicher Körper mit der Charakteristik p. Kurz: Die Struktur $\mathbb{Z}/p\mathbb{Z}$ ist ein endlicher Körper.*

Beweis. Durch Verallgemeinerung des Beispiels $\mathbb{Z}/7\mathbb{Z}$ kann man einfach zeigen, dass die Menge $\mathbb{Z}/p\mathbb{Z} \setminus \{\overline{0}\}$ für $p \in \mathbb{P}$ bezüglich „$\cdot$" nicht nur eine abelsche Halbgruppe sondern sogar eine abelsche Gruppe ist. Deshalb ist die Struktur $(\mathbb{Z}/p\mathbb{Z}, +, \cdot)$ ein Körper, weil die Gültigkeit der Distributivgesetze bereits im Satz 2.4.4 gezeigt wurde. Da weiterhin $p \cdot \overline{a} = \overline{p \cdot a} = \overline{0}$ gilt, handelt es sich um einen endlichen Körper mit der Charakteristik p.

□

Wir werden die allgemeine Definition eines Körpers mit der Charakteristik k im Anhang geben. Wir können damit zunächst feststellen, dass wir in allen vollständigen Restklassen $\mathbb{Z}/p\mathbb{Z}$ mit $p \in \mathbb{P}$ alle Divisionsaufgaben $\overline{a} \cdot \overline{x} = \overline{b}$ für alle vorgegebenen $\overline{a}$ und $\overline{b}$ mit Ausnahme von $\overline{a} = \overline{0}$ in eindeutiger Weise lösen können.

Wir geben uns aber mit diesem Ergebnis nicht zufrieden und verfolgen weiterhin die Fragestellung der Division in $\mathbb{Z}/m\mathbb{Z}$ für $m \notin \mathbb{P}$, das heißt für welche $\overline{a}$ und $\overline{b}$ mit $\overline{a} \neq \overline{0}$ kann die Gleichung $\overline{a} \cdot \overline{x} = \overline{b}$ für $m \notin \mathbb{P}$ gelöst werden. Am obigen Beispiel $\mathbb{Z}/6\mathbb{Z}$ haben wir gesehen, dass es für $\overline{a} = \overline{1}, \overline{5}$ und $\overline{b} = \overline{1}, \overline{5}$ der Fall ist.

Da wir bereits wissen, dass wir Gleichungen mit Restklassen äquivalent in Kongruenzschreibweise umformen können, sind $\overline{a} \cdot \overline{x} = \overline{b}$ und $ax \equiv b\ (m)$ gleichwertig.

Definition 2.4.2. *Es seien a, b und $m > 1$ ganze Zahlen. Dann bezeichnet man*

$$ax \equiv b\ (m)$$

*als **lineare Kongruenz** mit der Variablen x.*

Satz 2.4.6. *Die lineare Kongruenz $ax \equiv b\ (m)$ ist genau dann lösbar, wenn $\mathrm{ggT}(a, m) \mid b$. Sie besitzt dann genau $d := \mathrm{ggT}(a, m)$ modulo m inkongruente Restklassen als Lösungsmannigfaltigkeit. Ist ferner x_0 eine Lösung modulo m, so werden die restlichen Lösungen modulo m durch*

$$x_0 + m', \ldots, x_0 + (d-1)\,m' \quad mit \quad m' := \frac{m}{d}$$

angegeben.

Beweis.
1. Teil: Wir zeigen zuerst die Notwendigkeit der Bedingung. Es sei also $ax \equiv b\ (m)$ lösbar und $d = \mathrm{ggT}(a, m)$. Nach Definition 2.4.1 ist dann

$$m \mid (b - a \cdot x),$$

das heißt es gibt eine ganze Zahl k mit

$$k \cdot m = b - a \cdot x.$$

Wegen $d = \mathrm{ggT}(a, m)$ und $a = a' \cdot d$, $m = m' \cdot d$ erhalten wir

$$k \cdot m' \cdot d = b - a' \cdot d \cdot x$$

und deshalb ist

$$b = k \cdot m' \cdot d + a' \cdot d \cdot x = d \cdot \left(k \cdot m' + a' \cdot x \right).$$

Dann ist aber $d \mid b$.

2. Teil: Sei nun andererseits $d = \text{ggT}(a, m)$ und $d \mid b$. Wir unterscheiden zwei Fälle:

1. Fall: $d = 1$. Nach Satz 2.3.5 gibt es ganze Zahlen u, v mit

$$a \cdot u + m \cdot v = 1.$$

Also haben wir auch ganze Zahlen x, y mit

$$a \cdot x + m \cdot y = b.$$

Wir reduzieren die Gleichung modulo m, dann erhalten wir die Kongruenz

$$ax \equiv b \ (m),$$

deren Lösung in dem Sinne eindeutig bestimmt ist, dass alle Lösungen x und x' mit

$$ax \equiv b \ (m)$$

und

$$ax' \equiv b \ (m)$$

zur selben Restklasse gehören. Denn aus den beiden Kongruenzen folgt unmittelbar

$$a(x - x') \equiv 0 \ (m)$$

und wegen $d = 1$

$$x \equiv x' \ (m).$$

2. Fall: $d > 1$. Wir können diesen Fall in einfacher Weise auf den ersten Fall zurückführen. Setzen wir in

$$a \cdot x = b + k \cdot m$$

$a = a' \cdot d, b = b' \cdot d$ und $m = m' \cdot d$, so entsteht nach Division durch d modulo m' die Kongruenz

$$a'x \equiv b' \ (m').$$

Nach dem ersten Fall besitzt diese Kongruenz die eindeutig bestimmte Lösungsklasse

$$x \equiv x_0 \ (m').$$

Hieraus ergeben sich modulo m die d Lösungen

$$x \equiv x_0, x_0 + m', \ldots, x_0 + (d - 1) \cdot m' \ (m). \qquad \square$$

Wir werden nun unsere Untersuchungen über $\mathbb{Z}/m\mathbb{Z}$ fortsetzen, indem wir die einzelnen Restklassen bezüglich der Teilbarkeit durch m studieren. Es ist unmittelbar klar, dass für die Restklassen dabei zwei Hauptfälle auftreten können. Zum einen gibt es Restklassen, die mit dem Modul einen größten gemeinsamen Teiler besitzen, der maximal m sein kann. Andererseits gibt es Restklassen, die zum Modul relativ prim sind. Solche Restklassen werden gesondert bezeichnet.

Definition 2.4.3. *Eine Restklasse $\bar{a}$ aus dem vollständigen Restsystem $\mathbb{Z}/m\mathbb{Z}$ heißt* **prime Restklasse modulo** *m, wenn $\mathrm{ggT}(a,m) = 1$ gilt. Die Menge dieser primen Restklassen modulo m wird als* **reduziertes Restsystem** *oder auch als* **primes Restsystem modulo** *m bezeichnet. Wir verwenden in diesem Buch hierfür das Symbol $\mathbb{P}_m$ und schreiben*

$$\mathbb{P}_m := \{\bar{a} \in \mathbb{Z}/m\mathbb{Z} \ : \ \mathrm{ggT}(a,m) = 1\}.$$

Bemerkung 2.4.5. *Wir erwähnen noch, dass in der Literatur für das prime Restsystem auch die Bezeichnungen $\mathbb{Z}^*/m\mathbb{Z}$ und $(\mathbb{Z}/m\mathbb{Z})^*$ verwendet werden.*

Von besonderer Bedeutung ist nun die Kardinalität von $\mathbb{P}_m$.

Definition 2.4.4. *Als* **eulersche φ-Funktion** *wird die Abbildung $\varphi : \mathbb{N}_+ \to \mathbb{N}_+$ mit*

$$\varphi(m) := \sum_{\substack{1 \leq a \leq m \\ \mathrm{ggT}(a,m)=1}} 1$$

bezeichnet.

Beispiele. Es sind $\varphi(1) = 1, \varphi(2) = 1, \varphi(4) = 2, \varphi(6) = 2, \varphi(8) = 4, \varphi(9) = 6$ und $\varphi(p) = p - 1$ für $p \in \mathbb{P}$.

Übungsaufgabe 2.5. Man zeige, dass für $p \in \mathbb{P}$ und $k \in \mathbb{N}_+$ die Beziehung

$$\varphi\left(p^k\right) = p^k - p^{k-1}$$

gilt.

Lemma 2.4.1. *Es seien m, m' zwei teilerfremde natürliche Zahlen, d.h. $(m, m') = 1$. Durchlaufen a und a' ein vollständiges Restsystem modulo m bzw. m', dann durchläuft $a' \cdot m + a \cdot m'$ auch ein vollständiges Restsystem und zwar modulo $m \cdot m'$.*

Beweis. Die Anzahl der Zahlen $a' \cdot m + a \cdot m'$ ist offensichtlich $m \cdot m'$. Aus

$$a_1' \cdot m + a_1 \cdot m' \equiv a_2' \cdot m + a_2 \cdot m' \ (m \cdot m')$$

folgt

$$a_1 \cdot m' \equiv a_2 \cdot m' \ (m)$$
$$a_1' \cdot m \equiv a_2' \cdot m \ (m')$$

und wegen $\mathrm{ggT}(m, m') = 1$

$$a_1 \equiv a_2 \ (m)$$
$$a_1' \equiv a_2' \ (m').$$

Deshalb sind alle Zahlen $a' \cdot m + a \cdot m'$ untereinander inkongruent.

$\square$

Satz 2.4.7. *Es seien m, m' natürliche Zahlen mit $\mathrm{ggT}(m, m') = 1$, dann gilt*

$$\varphi\left(m \cdot m'\right) = \varphi\left(m\right) \cdot \varphi\left(m'\right).$$

Beweis. Nach Lemma 2.4.1 durchläuft $a' \cdot m + a \cdot m'$ unter der Voraussetzung $\mathrm{ggT}(m, m') = 1$ ein vollständiges Restsystem modulo $m \cdot m'$, wenn a und a' eine solches modulo m bzw. m' durchlaufen. Dabei ist

$$\mathrm{ggT}\left(a' \cdot m + a \cdot m', m \cdot m'\right) = 1$$

genau dann, wenn

$$\mathrm{ggT}\left(a' \cdot m + a \cdot m', m\right) = 1$$

und

$$\mathrm{ggT}\left(a' \cdot m + a \cdot m', m'\right) = 1$$

sind. Dies wiederum ist genau dann der Fall, wenn die Beziehungen

$$\mathrm{ggT}\left(a \cdot m', m\right) = 1$$

als auch

$$\mathrm{ggT}\left(a' \cdot m, m'\right) = 1$$

gelten. Abschließend stellen wir fest, dass dazu

$$\mathrm{ggT}\left(a, m\right) = 1 \text{ und } \mathrm{ggT}\left(a', m'\right) = 1$$

sowohl notwendige als auch hinreichende Bedingungen sind. Damit sind die $\varphi\left(m \cdot m'\right)$ zu $m \cdot m'$ teilerfremden Zahlen unterhalb $m \cdot m'$ die kleinsten positiven Reste der $\varphi(m) \cdot \varphi\left(m'\right)$ Zahlen $a' \cdot m + a \cdot m'$ mit $\mathrm{ggT}(a, m) = 1$ und $\mathrm{ggT}(a', m') = 1$. Damit ist unsere Behauptung bewiesen.

$\square$

Die Eigenschaft der Eulerschen φ-Funktion aus Satz 2.4.7 bezeichnet man als Multiplikativität. Wir werden darauf in Kapitel 4 noch ausführlich zu sprechen kommen.

Satz 2.4.8. *Es sei m eine ganze Zahl mit $m > 0$. Dann gilt*

$$\varphi(m) = \operatorname{card} \mathbb{P}_m.$$

Beweis. Für festes $m > 0$ entsteht nach Bemerkung 2.4.4 das vollständige Restsystem $\mathbb{Z}/m\mathbb{Z} = \{\overline{0}, \overline{1}, \ldots, \overline{m-1}\}$. Ohne Beschränkung der Allgemeingültigkeit schreiben wir hier $\overline{m} = \overline{0}$ und erhalten die äquivalente Schreibweise

$$\mathbb{Z}/m\mathbb{Z} = \{\overline{1}, \overline{2}, \ldots, \overline{m}\}.$$

Wir definieren die Menge A_m durch

$$A_m := \{a \ : \ 1 \le a \le m \text{ und } \operatorname{ggT}(a, m) = 1\}.$$

Dann gilt nach Definition 2.4.4 trivialerweise die Gleichheit $\varphi(m) = \operatorname{card} A_m$. Wir geben nun eine bijektive Abbildung f von $\mathbb{P}_m$ auf A_m an. Die Zuordnung

$$f(\overline{a}) := a \text{ für } \overline{a} \in \mathbb{P}_m$$

ist offensichtlich eine Funktion, denn jedem Element $\overline{a}$ des primen Restsystems modulo m wird eindeutig eine ganze Zahl $1 \le a \le m$ zugeordnet und da $\overline{a}$ genau dann Element von $\mathbb{P}_m$ ist, wenn $\operatorname{ggT}(a, m) = 1$, ist wegen der Analogie zur Definition von A_m überdies $a \in A_m$. Es sei $\overline{a_1}, \overline{a_2} \in \mathbb{P}_m$ mit $\overline{a_1} \ne \overline{a_2}$. Das heißt aber, dass $1 \le a_1, a_2 \le m$ mit $a_1 \ne a_2$ und wegen $\operatorname{ggT}(a_1, m) = \operatorname{ggT}(a_2, m) = 1$ sind $a_1, a_2 \in A_m$, also ist f deshalb injektiv. Die Surjektivität von f, das heißt, dass A_m auf $\mathbb{P}_m$ abgebildet wird, ergibt sich durch eine analoge Schlussweise. $\square$

Übungsaufgabe 2.6. Man zeige, dass die im Beweis von Satz 2.4.8 definierte Abbildung f surjektiv ist.

Satz 2.4.9. *Es gilt*

$$\sum_{t \mid n} \varphi(t) = n.$$

Beispiel.

$$\sum_{t \mid 12} \varphi(t) = \varphi(1) + \varphi(2) + \varphi(3) + \varphi(4) + \varphi(6) + \varphi(12) = 1+1+2+2+2+4 = 12$$

Beweis. Es bezeichne $\varphi_d(n)$ die Anzahl aller natürlichen Zahlen k mit $k \leq n$ und $\mathrm{ggT}(k, n) = d$. Dann ist offensichtlich

$$\sum_{d \mid n} \varphi_d(n) = n.$$

Wir setzen nun $k = k' \cdot d$ und $n = n' \cdot d$. Wegen $\mathrm{ggT}(k', n') = 1$ folgt daraus sofort, dass

$$\varphi_d(n) = \varphi\left(n'\right)$$

gilt. Mit $n' = \frac{n}{d}$ ist deshalb

$$\begin{aligned} n &= \sum_{d \mid n} \varphi_d(n) \\ &= \sum_{d \mid n} \varphi\left(\frac{n}{d}\right) \\ &= \sum_{t \mid n} \varphi(t). \end{aligned}$$

$\square$

Satz 2.4.10. *Die Menge $\mathbb{P}_m$ der primen Restklassen modulo m bildet bezüglich der Multiplikation eine abelsche Gruppe der Ordnung $\varphi(m)$. Kurz: Die Struktur $(\mathbb{P}_m, \cdot)$ ist eine abelsche Gruppe.*

Beweis. Die Aussage über die Ordnung der Gruppe folgt unmittelbar aus Satz 2.4.8. Wir zeigen nun, dass $\mathbb{P}_m$ bezüglich der Multiplikation $\cdot$ die Eigenschaften einer abelschen Gruppe besitzt. Trivialerweise ist $\overline{1}$ das neutrale Element bezüglich der Multiplikation, denn für beliebiges $\overline{a} \in \mathbb{P}_m$ ist

$$\overline{1} \cdot \overline{a} = \overline{a} \cdot \overline{1} = \overline{a \cdot 1} = \overline{1 \cdot a} = \overline{a}.$$

Des Weiteren können wir wegen Satz 2.4.4 sofort die Gültigkeit der Gesetze der Assoziativität und Kommutativität zeigen. Wir müssen somit nur noch nachweisen, dass $\mathbb{P}_m$ bezüglich der Multiplikation abgeschlossen ist und das für jedes $\overline{a} \in \mathbb{P}_m$ ein eindeutig definiertes inverses Element $\overline{a}^{-1} \in \mathbb{P}_m$ mit $\overline{a} \cdot \overline{a}^{-1} = \overline{1}$ existiert.

Es seien $\overline{a}, \overline{b} \in \mathbb{P}_m$ beliebig. Dann sind $\overline{a}, \overline{b} \in \mathbb{Z}/m\mathbb{Z}$ und nach Satz 2.4.4 ist nun $\overline{a} \cdot \overline{b} \in \mathbb{Z}/m\mathbb{Z}$. Weiterhin gilt wegen $\mathrm{ggT}(a, m) = \mathrm{ggT}(b, m) = 1$ auch $\mathrm{ggT}(a \cdot b, m) = 1$ und somit ist $\overline{a} \cdot \overline{b} \in \mathbb{P}_m$. Die Existenz von eindeutig definierten inversen Elementen folgt unmittelbar aus dem Satz 2.4.6.

$\square$

Beispiele.

1) $\mathbb{P}_3 = \{\overline{1}, \overline{2}\}$.

2) $\mathbb{P}_5 = \{\overline{1}, \overline{2}, \overline{3}, \overline{4}\}$.

3) $\mathbb{P}_8 = \{\overline{1}, \overline{3}, \overline{5}, \overline{7}\}$.

4) $\mathbb{P}_{13} = \{\overline{1}, \overline{2}, \overline{3}, \overline{4}, \overline{5}, \overline{6}, \overline{7}, \overline{8}, \overline{9}, \overline{10}, \overline{11}, \overline{12}\}$.

Übungsaufgabe 2.7. Man bestimme die primen Restklassengruppen modulo $4, 6, 10, 12$ und 15.

Bemerkung 2.4.6. *Unter Benutzung einer Strukturtafel kann man leicht erkennen, dass von den obigen Beispielen nur die primen Restklassengruppen bezüglich der Moduln $m = 3, 4, 5, 6, 10, 13$ zyklisch sind, das heißt, dass jeweils ein Element $\overline{a}$ existiert, so dass durch*

$$\overline{a}^k = \underbrace{\overline{a} \cdot \ldots \cdot \overline{a}}_{k\text{-}mal}$$

mit entsprechend gewähltem k, $1 \leq k \leq \varphi(m)$, jedes Gruppenelement erzeugt werden kann.

Die Antwort auf die Frage, für welche $m \in \mathbb{N}$ mit $m > 0$ prime Restklassengruppen zyklisch sind, werden wir in Kapitel 5 geben.

Wir kommen nunmehr auf einen der wichtigsten Sätze zu sprechen, der auch in der anwendbaren Zahlentheorie eine große Rolle spielt.

Satz 2.4.11 (Fermat-Euler). *Es seien $a, m \in \mathbb{N}_+$ und $\mathrm{ggT}(a, m) = 1$. Dann gilt:*

$$a^{\varphi(m)} \equiv 1 \ (m).$$

Beweis. Ohne Einschränkung der Allgemeingültigkeit (der Fall $m = 1$ ist trivial) können wir $m > 1$ voraussetzen. Wir bestimmen die prime Restklassengruppe $(\mathbb{P}_m, \cdot)$ modulo m. Nach Satz 2.4.10 besitzt $\mathbb{P}_m$ genau $\varphi(m)$ Elemente. Wir bilden das Produkt dieser Elemente und definieren

$$P := \overline{a_1} \cdot \overline{a_2} \cdot \ldots \cdot \overline{a_{\varphi(m)}}.$$

Es sei nun $\overline{a} \in \mathbb{P}_m$ beliebig gewählt. Da $(\mathbb{P}_m, \cdot)$ nach Satz 2.4.10 eine Gruppe ist, gilt insbesondere $\overline{a} \cdot \overline{a_i} \in \mathbb{P}_m$ für alle $i = 1, \ldots, \varphi(m)$. Somit existiert für jedes $1 \leq i \leq \varphi(m)$ ein Index $1 \leq j \leq \varphi(m)$, so dass $\overline{a_i} = \overline{a_j} \cdot \overline{a}$. Folglich ist also

$$P = \overline{a_1} \cdot \overline{a} \cdot \overline{a_2} \cdot \overline{a} \cdot \ldots \cdot \overline{a_{\varphi(m)}} \cdot \overline{a}.$$

Daher gilt die Gleichheit

$$\overline{a_1} \cdot \overline{a} \cdot \overline{a_2} \cdot \overline{a} \cdot \ldots \cdot \overline{a_{\varphi(m)}} \cdot \overline{a} = \overline{a_1} \cdot \overline{a_2} \cdot \ldots \cdot \overline{a_{\varphi(m)}}$$

und nach Division der Gleichung durch $\overline{a_1} \cdot \overline{a_2} \cdot \ldots \cdot \overline{a_{\varphi(m)}}$ erhalten wir unmittelbar

$$\overline{a}^{\varphi(m)} = \overline{1}.$$

$\square$

Beispiel. Es sei $m = 10$. Dann ist $\varphi(10) = \varphi(2) \cdot \varphi(5) = 1 \cdot 4 = 4$ und es sind

$$3^4 \equiv 1 \ (10),$$
$$7^4 \equiv 1 \ (10),$$
$$9^4 \equiv 1 \ (10).$$

Ein Spezialfall von Satz 2.4.11 ist das folgende Korollar, den man auch als den **kleinen fermatschen Satz** bezeichnet:

Korollar 2.4.1. *Es seien $a \in \mathbb{N}_+$ und p eine Primzahl mit $\mathrm{ggT}(a, p) = 1$. Dann gilt stets die Kongruenz*

$$a^{p-1} \equiv 1 \ (p).$$

Beweis. Gilt $a^p \equiv a \ (p)$, so ist nach der Multiplikation von $a^p \equiv a \ (p)$ mit a^{-1} dann insbesondere $a^{p-1} \equiv 1 \ (p)$. Somit genügt zu zeigen, dass $a^p \equiv a \ (p)$. Wir wenden die Methode der vollständigen Induktion über a an.
Für $a = 1$ gilt offensichtlich

$$1^p \equiv 1 \ (p).$$

Es sei nun also a fest gewählt und es gelte die Beziehung $a^p \equiv a \ (p)$. Dann ist nach Voraussetzung

$$(a+1)^p \equiv \binom{p}{0} \cdot a^p + \binom{p}{1} \cdot a^{p-1} + \cdots + \binom{p}{p-1} \cdot a^1 + \binom{p}{p} \cdot 1 \ (p)$$

und deshalb gilt

$$(a+1)^p \equiv a + 1 \ (p).$$

$\square$

Bemerkung 2.4.7. *Der Satz von **Fermat-Euler** und der **kleine fermatsche Satz** haben eine große Bedeutung sowohl in der elementaren Zahlentheorie als auch in der anwendbaren Zahlentheorie. Wir verweisen auf den Anhang.*

Satz 2.4.12. *Es seien $a, m \in \mathbb{N}_+$ teilerfremd und t die kleinste natürliche Zahl mit $a^t \equiv 1\ (m)$. Dann ist*

$$t \mid \varphi(m).$$

Beweis. Es seien d und $r \in \mathbb{N}$ derart, dass $0 \le r < t$ und $\varphi(m) = d \cdot t + r$. Dann ist

$$a^{\varphi(m)} \equiv a^{d \cdot t + r} \equiv a^{d \cdot t} \cdot a^r \equiv (a^t)^d \cdot a^r \equiv a^r \equiv 1\ (m).$$

Nach Voraussetzung ist t die kleinste natürliche Zahl mit $a^t \equiv 1\ (m)$. Für $r < t$ folgt nun unmittelbar, dass $r = 0$ ist und deshalb gilt $t \mid \varphi(m)$.

$\square$

Beispiel. Es sei $m = 12$. Dann ist $\varphi(12) = \varphi(3) \cdot \varphi(2^2) = 2 \cdot 2 = 4$ und es sind

$$1^4 \equiv 1\ (12), \qquad 7^4 \equiv 1\ (12),$$
$$5^4 \equiv 1\ (12), \qquad 11^4 \equiv 1\ (12),$$

und außerdem gelten

$$1^2 \equiv 1\ (12), \qquad 7^2 \equiv 1\ (12),$$
$$5^2 \equiv 1\ (12), \qquad 11^2 \equiv 1\ (12).$$

Satz 2.4.13. *Es seien $a, b, m \in \mathbb{N}_+$ mit $\operatorname{ggT}(a, m) = 1$ und die lineare Kongruenz $a \cdot x \equiv b\ (m)$ gegeben. Dann ist die Lösung durch*

$$x \equiv a^{\varphi(m)-1} \cdot b\ (m)$$

in eindeutiger Weise bestimmt.

Beweis. Wir multiplizieren die lineare Kongruenz $a \cdot x \equiv b\ (m)$ mit $a^{\varphi(m)-1}$ und erhalten

$$a \cdot a^{\varphi(m)-1} \cdot x \equiv a^{\varphi(m)} \cdot x \equiv 1 \cdot x \equiv x \equiv a^{\varphi(m)-1} \cdot b\ (m).$$

$\square$

Übungsaufgabe 2.8. Man berechne den Divisionsrest der Zahl 3^{2006} bei Division durch 7 und bei Division durch 13.

Übungsaufgabe 2.9. Man berechne den Divisionsrest der Zahl $a \in \mathbb{N}$ bei Division durch 97. Hinweis: Für natürliches a sind die Zahlen $a^{200} - 61$ und $a^{201} - 47$ durch 97 teilbar.

2.5 Lineare diophantische Gleichungen

Eine Grundaufgabe aus der linearen Algebra besteht darin, die lineare Gleichung

$$a \cdot x + b \cdot y = c \quad \text{mit } a, b, c \in \mathbb{R}$$

bzw. allgemeiner die lineare Gleichung

$$a_1 \cdot x_1 + a_2 \cdot x_2 + \cdots + a_n \cdot x_n = c \quad \text{mit } a_1, \ldots, a_n, c \in \mathbb{R}$$

im Bereich der reellen Zahlen $\mathbb{R}$ zu lösen. Es ist bekannt, dass es unendlich viele Paare $(x, y) \in \mathbb{R}^2$ bzw. n-Tupel $(x_1, x_2, \ldots, x_n) \in \mathbb{R}^n$ als Lösungen der obigen Gleichungen gibt.

In der Zahlentheorie interessiert man sich bereits seit der Antike für die Bestimmung von ganzzahligen und rationalen Lösungen von linearen Gleichungen und sogar von linearen Gleichungssystemen. Relativ umfangreich hat sich mit solchen Fragestellungen bereits **Diophant (250 u.Z.)** beschäftigt. In seinem Werk „Arithmetica" hat **Diophant** bereits zahlreiche Beispiele dieser Art diskutiert und ausführlich untersucht. Zu Ehren **Diophants** bezeichnen wir heute solche Gleichungen als **diophantische Gleichungen**, wenn wir uns nur für ganzzahlige Lösungen interessieren. In diesem Abschnitt werden wir uns ausschließlich mit linearen diophantischen Gleichungen beschäftigen, die wir nachfolgend definieren:

Definition 2.5.1 (Diophant). *Eine lineare Gleichung mit den Variablen x, y*

$$a \cdot x + b \cdot y = c \quad \text{mit } a, b, c \in \mathbb{Z}$$

heißt diophantische Gleichung, wenn man als Lösungen nur Paare $(x, y) \in \mathbb{Z}^2$ zulässt.

An dieser Stelle soll auch der allgemeine Fall begrifflich gefasst werden:

Definition 2.5.2. *Eine lineare Gleichung mit den Variablen $x_1, \ldots, x_n$*

$$a_1 \cdot x_1 + a_2 \cdot x_2 + \cdots + a_n \cdot x_n = c \quad \text{mit } a_1, \ldots, a_n, c \in \mathbb{Z}$$

heißt diophantische Gleichung, wenn man als Lösungen nur n-Tupel $(x_1, \ldots, x_n) \in \mathbb{Z}^n$ zulässt.

Bemerkung 2.5.1. *Aus der analytischen Geometrie ist bekannt, dass man die Gleichung $a \cdot x + b \cdot y = c$ bzw. $a_1 \cdot x_1 + a_2 \cdot x_2 + \cdots + a_n \cdot x_n = c$ als Geradengleichung bzw. als Gleichung einer n-dimensionalen Hyperebene interpretieren kann. Die Forderung nach der Ganzzahligkeit der Lösungen können wir nun so verstehen,* *dass wir auf der Geraden bzw. auf der Hyperebene nach Punkten mit ganzzahligen Koordinaten suchen. Solche Punkte nennen wir* **Gitterpunkte**. *Anschaulich ist klar, dass es Geraden bzw. Hyperebenen geben kann, die nicht durch Gitterpunkte hindurchführen. Mit anderen Worten: Nicht jede diophantische Gleichung muss lösbar sein. Bevor wir also diophantische Gleichungen lösen werden, müssen wir deshalb noch die Frage der Lösbarkeit entscheiden. Die Antwort auf diese Fragestellung wird in den beiden folgenden Sätzen gegeben werden.*

Satz 2.5.1. *Es seien $a, b, c \in \mathbb{Z}$ und $d = \mathrm{ggT}(a, b)$. Die lineare diophantische Gleichung*

$$a \cdot x + b \cdot y = c$$

ist genau dann lösbar, wenn $d \mid c$.

Beweis. Wir zeigen zuerst die Notwendigkeit der Bedingung $d \mid c$. Es seien $a \cdot x + b \cdot y = c$ lösbar und $d = \mathrm{ggT}(a, b)$. Unter Berücksichtigung von $a = a' \cdot d$ und $b = b' \cdot d$ mit $a', b' \in \mathbb{Z}$ ergibt sich

$$c = a \cdot x + b \cdot y$$
$$= d \cdot \left(a' \cdot x + b' \cdot y \right)$$

und daraus folgt $d \mid c$. Nunmehr erbringen wir noch den Nachweis, dass $d \mid c$ auch hinreichend für die Lösbarkeit ist. Es sei also $d \mid c$, das heißt $c = c' \cdot d$ mit $c' \in \mathbb{Z}$. Als Folgerung aus dem Euklidischen Algorithmus nach Satz 2.3.4 wissen wir bereits, dass d sich aus a und b linear kombinieren lässt:

$$d = x_1 \cdot a + y_1 \cdot b \quad \text{mit } x_1, y_1 \in \mathbb{Z}.$$

Deshalb haben wir

$$c = x_1 \cdot c' \cdot a + y_1 \cdot c' \cdot b$$

und wir erhalten folglich für die diophantische Gleichung $a \cdot x + b \cdot y = c$ als Lösungen alle Paare $(x, y) \in \mathbb{Z}^2$ mit $x = x_1 \cdot c'$ und $y = y_1 \cdot c'$

□

Satz 2.5.2. *Es seien $a_1, \ldots, a_n \in \mathbb{Z}$ und $d = \mathrm{ggT}(a_1, \ldots, a_n)$. Die lineare diophantische Gleichung*

$$a_1 \cdot x_1 + a_2 \cdot x_2 + \cdots + a_n \cdot x_n = c$$

ist genau dann lösbar, wenn $d \mid c$.

Beweis. Der Beweis erfolgt analog zum Beweis von Satz 2.5.1 und sei dem Leser überlassen.

□

Beispiel. Wir wollen überprüfen, ob der echte Bruch $\frac{59}{60}$ sich als Summe von echten Brüchen mit den Nennern $4, 5$ und 6 darstellen lässt, dass heißt, ob es Zahlentripel $(x, y, z) \in \mathbb{Z}^3$ mit

$$\frac{x}{4} + \frac{y}{5} + \frac{z}{6} = \frac{59}{60}.$$

gibt. Nach Multiplikation der Gleichung mit dem Hauptnenner 60 erhalten wir die diophantische Gleichung

$$15 \cdot x + 12 \cdot y + 10 \cdot z = 59.$$

Wegen $\text{ggT}(15, 12, 10) = 1$ und $1 \mid 59$ ist die diophantische Gleichung lösbar und es existieren somit Zahlentripel $(x, y, z) \in \mathbb{Z}^3$ der gesuchten Art. Durch Probieren können wir natürlich sofort Zahlentripel $(x, y, z) \in \mathbb{Z}^3$ finden, die die diophantische Gleichung $15 \cdot x + 12 \cdot y + 10 \cdot z = 59$ lösen und damit die gesuchten Brüche in der Gleichung $\frac{x}{4} + \frac{y}{5} + \frac{z}{6} = \frac{59}{60}$ liefern.

Übungsaufgabe 2.10. Man bestimme 2 Lösungstripel für die diophantische Gleichung $15 \cdot x + 12 \cdot y + 10 \cdot z = 59$.

Nachdem wir in den Sätzen 2.5.1 und 2.5.2 die Frage nach der Lösbarkeit diophantischer Gleichungen beantwortet haben, stehen wir immer noch vor dem Problem, lineare diophantische Gleichungen möglichst effektiv zu lösen. Wir werden nunmehr Methoden zur Lösung von diophantischen Gleichungen vorstellen. Zuerst betrachten wir in diesem Abschnitt die lineare diophantische Gleichung mit zwei Variablen

$$a \cdot x + b \cdot y = c$$

und werden 3 Verfahren zur Lösungsgewinnung behandeln.

In diesem Zusammenhang weisen wir darauf hin, dass es noch eine weitere Methode zur Lösung von linearen diophantischen Gleichungen mit zwei Variablen gibt, welche die Theorie der Kettenbrüche aus Kapitel 3.6 benutzt. Wir verweisen den Leser auf Winogradow *(siehe[Win])*.

1. Methode – Das Eulersche Reduktionsverfahren

Wir erarbeiten uns den Lösungsalgorithmus am Beispiel der diophantischen Gleichung $3 \cdot x - 5 \cdot y = 7$. Wir suchen alle Paare ganzer Zahlen (x, y), die der Gleichung $3 \cdot x - 5 \cdot y = 7$ genügen. Offensichtlich ist die diophantische Gleichung lösbar, denn $\text{ggT}(3, -5) = \text{ggT}(3, 5) = 1$ und $1 \mid 7$.

1. Schritt: Wir stellen die Gleichung $3 \cdot x - 5 \cdot y = 7$ nach einer Variablen um (aus rechentechnischen Gründen nach derjenigen mit dem betragsmäßig kleinstem Koeffizienten).

$$x = \frac{5 \cdot y + 7}{3}$$

2. Schritt: Wir führen die Division so weit wie möglich aus.

$$x = y + 2 + \frac{2 \cdot y + 1}{3}$$

3. Schritt: Da beide Variable x, y ganzzahlig sind, muss der verbleibende Bruch ebenfalls ganzzahlig sein. Wir führen dafür eine neue ganzzahlige Variable z ein.

$$z = \frac{2 \cdot y + 1}{3}$$

Hieraus folgt die neue diophantische Gleichung

$$3 \cdot z - 2 \cdot y = 1$$

Das Ergebnis dieser 3 Schritte besteht nun darin, dass wir die diophantische Gleichung $3 \cdot x - 5 \cdot y = 7$ in die diophantische Gleichung $3 \cdot z - 2 \cdot y = 1$ umgeformt haben. Auf diese neu gewonnene diophantische Gleichung wenden wir das Verfahren abermals an und wiederholen es solange, bis sich eine Gleichung ergibt, in der eine Variable den Koeffizienten 1 hat. (Dieser Fall wird stets erreicht, da die Koeffizienten sukzessive betragsmäßig kleiner werden.)

1. Schritt:

$$y = \frac{3 \cdot z - 1}{2}$$

2. Schritt:

$$y = z + \frac{z - 1}{2}$$

3. Schritt:

$$u = \frac{z - 1}{2}$$

Hieraus folgt die diophantische Gleichung

$$z = 2 \cdot u + 1.$$

Damit ist der Algorithmus beendet. Um die Lösungspaare (x, y) zu erhalten, müssen wir nur noch $z = 2 \cdot u + 1$ in $y = \frac{3 \cdot z - 1}{2}$ einsetzen. Wir erhalten

$$y = 3 \cdot u + 1.$$

Einsetzen von $y = 3 \cdot u + 1$ in $x = \frac{5 \cdot y + 7}{3}$ liefert

$$x = 5 \cdot u + 4.$$

Somit lauten die Lösungen der diophantischen Gleichung $3 \cdot x - 5 \cdot y = 7$

$$x = 5 \cdot u + 4$$
$$y = 3 \cdot u + 1$$

mit beliebigem ganzzahligem u.

2. Methode – Verfahren mittels einer partikulären Lösung

Satz 2.5.3. *Die Lösungspaare $(x, y) \in \mathbb{Z}^2$ der diophantischen Gleichung $a \cdot x + b \cdot y = c$ mit $d = \mathrm{ggT}(a, b)$ und $d \mid c$ erhält man aus einem bekannten Lösungspaar $(x_0, y_0) \in \mathbb{Z}^2$ vermöge der Darstellungen:*

$$x = x_0 + \frac{b}{d} \cdot u$$
$$y = y_0 - \frac{a}{d} \cdot u \quad \text{mit } u \in \mathbb{Z}.$$

Beweis. Auf Grund der Gültigkeit von $a \cdot x_0 + b \cdot y_0 = c$ für ein spezielles Lösungspaar $(x_0, y_0) \in \mathbb{Z}^2$ gilt für jedes beliebige Lösungspaar $(x, y) \in \mathbb{Z}^2$ offensichtlich die Gleichung

$$a \cdot (x - x_0) + b \cdot (y - y_0) = 0.$$

Wegen $a = a' \cdot d$ und $b = b' \cdot d$ sowie $\mathrm{ggT}(a', b') = 1$ ergibt sich damit sofort

$$a' \cdot (x - x_0) + b' \cdot (y - y_0) = 0$$

und deshalb haben wir die Beziehungen

$$x - x_0 = b' \cdot u$$
$$y - y_0 = -a' \cdot u \quad \text{mit } u \in \mathbb{Z},$$

woraus unmittelbar die Behauptung des Satzes folgt.

$\square$

Beispiel. Wir betrachten die diophantische Gleichung $3 \cdot x - 5 \cdot y = 7$ mit der speziellen Lösung $(x_0, y_0) = (4, 1)$. Dann sind alle Paare $(x, y) \in \mathbb{Z}^2$ mit

$$x = 4 - 5 \cdot u$$
$$y = 1 - 3 \cdot u$$

und $u \in \mathbb{Z}$ Lösung der diophantischen Gleichung $3 \cdot x - 5 \cdot y = 7$.

3. Methode – Verfahren mittels linearer Kongruenzen

An einem Beispiel wollen wir jetzt zeigen, wie wir eine lineare diophantische Gleichung $a \cdot x + b \cdot y = c$ mit Hilfe der Kongruenzmethode lösen können. Auch hier diskutieren wir nochmals die Gleichung $3 \cdot x - 5 \cdot y = 7$.

1. Schritt: Wir formen die diophantische Gleichung $3 \cdot x - 5 \cdot y = 7$ in eine lineare Kongruenz um. Als Modul wählen wir dabei einen der Koeffizienten der Variablen.

$$3 \cdot x - 5 \cdot y \equiv 7 \ (5)$$

   Da $-5 \cdot y \equiv 0 \ (5)$ und $5 \cdot y \equiv 0 \ (5)$ sind, folgt durch Subtraktion

$$3 \cdot x \equiv 2 \ (5).$$

2. Schritt: Wir versuchen, auf der linken Seite der Kongruenz den Koeffizienten 1 zu erzeugen (dies ist unter der Voraussetzung $\text{ggT}(a, b) = 1$ stets möglich). Nach Multiplikation der Kongruenz mit 2 erhalten wir

$$6 \cdot x \equiv 4 \ (5).$$

   Damit ergibt sich unmittelbar

$$x \equiv 4 \ (5).$$

3. Schritt: Wir schreiben die soeben ermittelte Restklasse in einfacher Weise um.

$$x = 4 + 5 \cdot u \quad \text{mit } u \in \mathbb{Z}$$

   Nach Einsetzen der Lösung für x in die Ausgangsgleichung $3 \cdot x - 5 \cdot y = 7$ erhalten wir die Lösung für y:

$$y = 1 + 3 \cdot u \quad \text{mit } u \in \mathbb{Z}.$$

Grundlegend für das Verfahren mittels linearer Kongruenzen ist dabei

Satz 2.5.4. *Die Lösungspaare* $(x, y) \in \mathbb{Z}^2$ *der diophantischen Gleichung* $a \cdot x + b \cdot y = c$ *mit* $\mathrm{ggT}(a, b) = 1$ *und* $b > 0$ *ergeben sich durch*

$$x = c \cdot a^{\varphi(b)-1} + b \cdot u$$

$$y = c \cdot \frac{1 - a^{\varphi(b)}}{b} - a \cdot u \quad \textit{mit } u \in \mathbb{Z}.$$

Beweis. Wir formen die diophantische Gleichung $a \cdot x + b \cdot y = c$ in eine lineare Kongruenz bezüglich des Moduls b um und erhalten

$$a \cdot x \equiv c \ (b).$$

Nach Satz 2.4.11 wissen wir, dass

$$a^{\varphi(b)} \equiv 1 \ (b) \quad \text{gilt.}$$

Deshalb können wir schreiben

$$c \equiv c \cdot 1 \equiv c \cdot a^{\varphi(b)} \ (b).$$

Wegen $\mathrm{ggT}(a, b) = 1$ können wir die Kongruenz durch a dividieren und wir erhalten

$$x \equiv c \cdot a^{\varphi(b)-1} \ (b).$$

Schreiben wir nun die Kongruenz als Gleichung, so ergibt sich

$$x = c \cdot a^{\varphi(b)-1} + b \cdot u \quad \text{mit } u \in \mathbb{Z}$$

als Lösung für die Variable x. Durch Einsetzen erhalten wir unmittelbar

$$y = c \cdot \frac{1 - a^{\varphi(b)}}{b} - a \cdot u \quad \text{mit } u \in \mathbb{Z}$$

als Lösung für die Variable y. $\qquad\square$

Übungsaufgabe 2.11. Man löse die diophantischen Gleichungen:
a) $83 \cdot x + 255 \cdot y = 202$ und
b) $1743 \cdot x + 137952 \cdot y = 415612$.
Übungsaufgabe 2.12. Man bestimme alle Darstellungen der rationalen Zahl $\frac{16}{21}$ als Summe echter Brüche mit den Nennern 3 und 7.

Wir werden jetzt dazu übergehen, die für die diophantische Gleichung $a \cdot x + b \cdot y = c$ geschilderten 3 Lösungsverfahren auf die diophantische Gleichung

$$a_1 \cdot x_1 + a_2 \cdot x_2 + \ldots + a_n \cdot x_n = c$$

zu verallgemeinern. Im Voraus bemerken wir bereits, dass sich eine Verallgemeinerung aller 3 Verfahren natürlich ausführen lässt, jedoch wird deutlich werden, dass sich die Angabe aller Lösungen für wachsendes n sukzessive aufwändiger aber nicht schwieriger gestalten wird. Aus diesem Grund behandeln wir sowohl das Eulersche Reduktionsverfahren als auch das Verfahren mittels einer partikulären Lösung nur für den Fall einer linearen diophantischen Gleichung mit 3 Variablen x_1, x_2, x_3, also

$$a_1 \cdot x_1 + a_2 \cdot x_2 + a_3 \cdot x_3 = c,$$

wobei wir aus schreibtechnischen Gründen die Variablen mit x, y, z bezeichnen wollen. Die Aufgabe besteht nun darin, alle möglichen Zahlentripel $(x, y, z) \in \mathbb{Z}^3$, die der Gleichung

$$a_1 \cdot x + a_2 \cdot y + a_3 \cdot z = c \quad \text{mit } a_1, a_2, a_3, c \in \mathbb{Z}$$

genügen, zu bestimmen.

1. Methode – Das eulersche Reduktionsverfahren

Auch hier erarbeiten wir uns den Lösungsalgorithmus am Beispiel einer diophantischen Gleichung. Wir suchen alle Tripel ganzer Zahlen (x, y, z), die der Gleichung $15 \cdot x + 57 \cdot y + 39 \cdot z = 21$ genügen. Offensichtlich ist die diophantische Gleichung lösbar, denn $\mathrm{ggT}(15, 57, 39) = 3$ und $3 \mid 21$. Wir kürzen die Gleichung mit 3 und erhalten

$$5 \cdot x + 19 \cdot y + 13 \cdot z = 7.$$

1. Schritt:
$$x = \frac{7 - 19 \cdot y - 13 \cdot z}{5}$$

2. Schritt:
$$x = 1 - 3 \cdot y - 2 \cdot z + \frac{2 - 4 \cdot y - 3 \cdot z}{5}$$

3. Schritt:
$$u = \frac{2 - 4 \cdot y - 3 \cdot z}{5}$$

1. Schritt:
$$z = \frac{2 - 5 \cdot u - 4 \cdot y}{3}$$

2. Schritt:
$$z = -u - y + \frac{2 - 2 \cdot u - y}{3}$$

3. Schritt:
$$v = \frac{2 - 2 \cdot u - y}{3}.$$

Hieraus folgt nun die Gleichung

$$y = 2 - 2 \cdot u - 3 \cdot v.$$

Deshalb ist der Algorithmus beendet. Um nun die Lösungstripel (x, y, z) zu erhalten, müssen wir y in $5 \cdot u + 4 \cdot y + 3 \cdot z = 2$ und anschließend noch

$$z = -2 + u + 4 \cdot v$$

einsetzen. Wir erhalten

$$x = -1 + 5 \cdot u + v.$$

Somit lauten die Lösungen der diophantischen Gleichung
$5 \cdot x + 19 \cdot y + 13 \cdot z = 7$

$$x = -1 + 5 \cdot u + v$$
$$y = 2 - 2 \cdot u - 3 \cdot v$$
$$z = -2 + u + 4 \cdot v \quad \text{mit } u, v \in \mathbb{Z}.$$

2. Methode – Verfahren mittels partikulärer Lösungen

Satz 2.5.5. *Die Lösungstripel $(x, y, z) \in \mathbb{Z}^3$ der diophantischen Gleichung $a_1 \cdot x + a_2 \cdot y + a_3 \cdot z = c$ mit $d = \mathrm{ggT}(a_1, a_2, a_3) = 1$ erhält man mittels drei bekannten Lösungstripeln , die nicht auf einer Geraden liegen, $(x_0, y_0, z_0) \in \mathbb{Z}^3$, $(x_1, y_1, z_1) \in \mathbb{Z}^3$ und $(x_2, y_2, z_2) \in \mathbb{Z}^3$ vermöge der Darstellungen:*

$$x = x_0 + (x_1 - x_0) \cdot u + (x_2 - x_0) \cdot v$$
$$y = y_0 + (y_1 - y_0) \cdot u + (y_2 - y_0) \cdot v$$
$$z = z_0 + (z_1 - z_0) \cdot u + (z_2 - z_0) \cdot v \quad \text{mit } u, v \in \mathbb{Z}.$$

Beweis. Der Beweis erfolgt unter Benutzung der Ebenengleichung durch drei Punkte.

$\square$

Übungsaufgabe 2.13. Man löse die diophantische Gleichung $15 \cdot x + 57 \cdot y + 39 \cdot z = 21$ unter Verwendung des Verfahrens mittels partikulärer Lösungen. Hinweis: Man benutze Satz 2.5.3 und Satz 2.5.5 mit $n = 3$.

3. Methode – Verfahren mittels linearer Kongruenzen

Wir suchen alle Lösungstupel $(x_1, \ldots, x_n) \in \mathbb{Z}^n$ der linearen diophantischen Gleichung

$$a_1 \cdot x_1 + a_2 \cdot x_2 + \ldots + a_n \cdot x_n = c.$$

Es bezeichne $d_k = \mathrm{ggT}(a_1, \ldots, a_k)$ den größten gemeinsamen Teiler der ersten k Koeffizienten der diophantischen Gleichung. Voraussetzung für die Lösbarkeit ist auch hier die Teilerfremdheit der Koeffizienten, das heißt wir betrachten die Gleichung $a_1 \cdot x_1 + a_2 \cdot x_2 + \ldots + a_n \cdot x_n = c$ unter der Voraussetzung $d_n = 1$. Wir schreiben die diophantische Gleichung in der Gestalt

$$a_1 \cdot x_1 + a_2 \cdot x_2 + \ldots + a_{n-1} \cdot x_{n-1} = c - a_n \cdot x_n,$$

so ergibt sich unmittelbar die notwendige Bedingung

$$a_n \cdot x_n \equiv c \ (d_{n-1}).$$

Wegen $\mathrm{ggT}(a_n, d_{n-1}) = d_n = 1$ ist diese lineare Kongruenz eindeutig lösbar und nach Anwendung von Satz 2.4.13 erhalten wir unmittelbar

$$x_n = c \cdot a_n^{\varphi(d_{n-1})-1} + d_{n-1} \cdot u \quad \text{mit } u \in \mathbb{Z}.$$

Dadurch haben wir die lineare diophantische Gleichung $a_1 \cdot x_1 + a_2 \cdot x_2 + \ldots + a_n \cdot x_n = c$ mit n Variablen auf die diophantische Gleichung

$$a_1 \cdot x_1 + a_2 \cdot x_2 + \ldots + a_{n-1} \cdot x_{n-1} = c - a_n \cdot x_n$$
$$= c - a_n \cdot \left(c \cdot a_n^{\varphi(d_{n-1})-1} + d_{n-1} \cdot u \right)$$
$$= c \cdot \left(1 - a_n^{\varphi(d_{n-1})} \right) - a_n \cdot d_{n-1} \cdot u$$

mit $n - 1$ Variablen zurückgeführt. Wir wenden dieses Verfahren nun auf die entstandene lineare diophantische Gleichung erneut an, dann erhalten wir eine

Gleichung mit $n - 2$ Variablen. Auf diese Weise ergibt sich nach $(n - 2)$-maliger Durchführung der oben geschilderten Vorgehensweise eine lineare diophantische Gleichung mit 2 Variablen, deren Lösung bereits ausführlich beschrieben wurde.

Übungsaufgabe 2.14. Man löse die diophantischen Gleichungen $10 \cdot x + 15 \cdot y + 18 \cdot z = 404$ und $33 \cdot x + 55 \cdot y + 39 \cdot z = 16$.

Übungsaufgabe 2.15. Man gebe alle Lösungstripel $(x, y, z) \in \mathbb{R}^3$ mit $|x| + |y| + |z| \leq 10$ der linearen diophantischen Gleichung $40 \cdot x + 60 \cdot y + 24 \cdot z = 12$ an.

Übungsaufgabe 2.16. Man bestimme das kleinste Lösungspaar $(x, y) \in \mathbb{N}^2$ mit $y \geq 10000$ und $x + y \geq 10000$, die der diophantischen Gleichung $234 \cdot x - 324 \cdot y = 432$ genügen.

2.6 Fermatsche und mersennesche Zahlen

Es sei s eine beliebige natürliche Zahl, dann wird durch $2^s + 1$ für jedes s eindeutig eine weitere natürliche Zahl definiert. Gegenstand der Untersuchung von Fermat war die Beantwortung der Fragestellung, für welche natürlichen Zahlen s aus den Zahlen der Gestalt $2^s + 1$ Primzahlen entstehen können. Eine erste Anwort gibt

Satz 2.6.1. *Eine Zahl der Form $F_s = 2^s + 1$ ist höchstens dann eine Primzahl, wenn s eine Zweierpotenz ist.*

Beweis. Wir nehmen an, dass s keine Zweierpotenz ist. Dann existieren natürliche Zahlen k, u mit $k = 2^t$ und $2 \nmid u$, so dass $s = k \cdot u$. Wegen $(-1)^u = -1$ können wir somit

$$F_s = 1 + 2^s$$
$$= 1 - (-2^k)^u$$

schreiben.

Eine Anwendung der Identität $1 - x^u = (1 - x) \cdot \left(1 + x + x^2 + \ldots + x^{u-1}\right)$ mit $x = -2^k$ führt nun zu

$$1 + 2^{k \cdot u} = \left(1 + 2^k\right) \cdot \left(1 - 2^k + 2^{2 \cdot k} - 2^{3 \cdot k} + \ldots + 2^{(u-1) \cdot k}\right).$$

Für $u > 1$ ist dann $k < s$ und damit $1 < 1 + 2^k < 1 + 2^s$. Dies bedeutet aber, dass sowohl $\left(1 + 2^k\right)$ als auch $\left(1 - 2^k + 2^{2 \cdot k} - 2^{3 \cdot k} + \ldots + 2^{(u-1) \cdot k}\right)$ echt größer 1 sind und wir deshalb eine Zerlegung von $2^s + 1$ in nichttriviale Faktoren gefunden haben. Also kann $2^s + 1$ keine Primzahl sein. Sollen Zahlen der Gestalt $2^s + 1$ Primzahlen sein, muss s demnach eine Zweierpotenz sein.

$\square$

Wir kommen somit unmittelbar zu der folgenden

Definition 2.6.1 (Fermat). *Es sei k eine beliebige natürliche Zahl. Wir bezeichnen die Zahlen*

$$F_k := 2^{2^k} + 1$$

*als **fermatsche Zahlen**.*

Eine Zahl der Form $2^s + 1$ kann also nur dann eine Primzahl sein, wenn sie selbst eine **fermatsche Zahl** ist. Der französische Mathematiker **Fermat** selbst vermutete 1640, dass es sich bei den Zahlen $2^{2^k} + 1$ für jedes natürliche k ausschließlich um Primzahlen handelt. **Fermat** stützt seine Behauptung durch die Berechnung der ersten 5 **fermatschen Primzahlen**: $F_0 = 3, F_1 = 5, F_2 = 17, F_3 = 257$ und $F_4 = 65537$. Jedoch widerlegte **Euler** schon 1732 diese Vermutung durch die Bestimmung einer Zerlegung der **fermatschen Zahl** F_5 in nichttriviale Faktoren.

Bisher konnte man keine weitere **fermatsche Primzahl** ermittelt werden. Dies legt die Vermutung nahe, dass es außer den oben genannten keine weiteren Primzahlen der Gestalt $2^s + 1$ gibt. Jedoch konnte auch diese Aussage bisher noch nicht bewiesen werden.

Satz 2.6.2. *F_5 ist keine Primzahl.*

Beweis.

$$
\begin{aligned}
F_5 - 1 &= 2^{2^5} \\
&= 2^{32} \\
&= 16 \cdot 2^{28} \\
&= \left(641 - 5^4\right) \cdot 2^{28} \\
&= 641 \cdot m - \left(5 \cdot 2^7\right)^4 \\
&= 641 \cdot m - (641 - 1)^4 \\
&= 641 \cdot n - 1
\end{aligned}
$$

Damit ist F_5 durch 641 teilbar.

$\square$

Im Folgenden soll eine Übersicht über den Status der ersten 20 Fermatschen Zahlen gegeben werden (P=Primzahl, Z=zusammengesetzte Zahl, U=Status unbekannt).

$$F_0 = 3 = P$$

$$F_1 = 5 = P$$

$$F_2 = 17 = P$$

$$F_3 = 257 = P$$

$$F_4 = 65537 = P$$

$$F_5 = 641 \cdot 6700417$$

$$F_6 = 274177 \cdot 67280421310721$$

$$F_7 = 59649589127497217 \cdot 5704689200685129054721$$

$$F_8 = 1238926361552897 \cdot P$$

$$F_9 = 2424833 \cdot$$
$$7455602825647884208337395736200454918783366342657 \cdot P$$

$$F_{10} = 45592577 \cdot 6487031809 \cdot$$
$$4659775785220018543264560743076778192897 \cdot P$$

$$F_{11} = 319489 \cdot 974849 \cdot$$
$$167988556341760475137 \cdot 3560841906445833920513 \cdot P$$

$$F_{12} = 114689 \cdot$$
$$26017793 \cdot 63766529 \cdot 190274191361 \cdot 1256132134125569 \cdot Z$$

$$F_{13} = 2710954639361 \cdot 2663848877152141313 \cdot$$
$$3603109844542291969 \cdot 319546020820551643220672513 \cdot Z$$

$$F_{14} = Z$$

$$F_{15} = 12142510009 \cdot 2327042503868417 \cdot$$
$$168768817029516972383024127016961 \cdot Z$$

$$F_{16} = 825753601 \cdot 188981757975021318420037633 \cdot Z$$

$$F_{17} = 31065037602817 \cdot Z$$

$$F_{18} = 13631489 \cdot 81274690703860512587777 \cdot Z$$

$$F_{19} = 70525124609 \cdot 646730219521 \cdot Z$$

Wir verweisen in diesem Zusammenhang auf die Internetadresse
`http://www.prothsearch.net/fermat.html` .

Satz 2.6.3. *Es seien* m, n *natürliche Zahlen mit* $m \neq n$. *Dann gilt* $\mathrm{ggT}(F_m, F_n) = 1$.

Beweis. Wir wählen $m \in \mathbb{N}$ beliebig und $k \in \mathbb{N}$ mit $k > 0$. Weiterhin sei $d = ggT(F_m, F_{m+k})$. Mit $x = 2^{2^m}$ gilt nun

$$
\begin{aligned}
\frac{F_{m+k} - 2}{F_m} &= \frac{2^{2^{m+k}} - 1}{2^{2^m} + 1} \\
&= \frac{x^{2^k} - 1}{x + 1} \\
&= x^{2^k - 1} - x^{2^k - 2} + \ldots - 1.
\end{aligned}
$$

Deshalb ist aber F_m ein Teiler von $F_{m+k} - 2$ und es gilt weiterhin $d \mid F_{m+k}$ und $d \mid (F_{m+k} - 2)$. Insbesondere ist nun $d \mid 2$ und da d ungerade ist, muss $d = 1$ sein. Also sind F_m und F_{m+k} teilerfremd.

$\square$

Da die **Fermatschen Zahlen** relativ prim zueinander sind, ist jede **Fermatsche Zahl** F_k durch mindestens eine Primzahl teilbar, durch die keine andere Fermatsche Zahl teilbar ist. Wegen der Unendlichkeit der Menge der **Fermatschen Zahlen** lässt sich dadurch unmittelbar ein weiterer Beweis für die Unendlichkeit der Menge der Primzahlen folgern.

Das Interesse an solchen **Fermatschen Primzahlen** kommt aus der Geometrie. Es gilt der folgende

Satz 2.6.4. *Ein regelmäßiges n-Eck mit $n \geq 3$ ist genau dann mit Zirkel und Lineal konstruierbar, wenn $\varphi(n)$ eine Zweierpotenz ist. Das heißt, wenn $n = 2^i \cdot p_1 \cdot \ldots \cdot p_j$ $(i, j \in \mathbb{N})$ gilt, wobei $p_1, \ldots, p_j$ paarweise verschiedene fermatsche Primzahlen sind.*

Bemerkung 2.6.1. *Wir werden in diesem Buch keinen Beweis dieses Satzes angeben, da dieser relativ umfangreich ist. Wir verweisen den Leser auf [Bew] und die Literatur.*

Übungsaufgabe 2.17. Man überprüfe, welche der regelmäßigen n-Ecke für $n = 3, 4, \ldots, 20$ mit Zirkel und Lineal konstruierbar sind.

Bisher hat man keine weiteren **Fermatschen Primzahlen** außer F_0, F_1, F_2, F_3 und F_4 bestimmen können. Dies legt die Vermutung nahe, dass die Menge der **Fermatschen Primzahlen** endlich ist und sogar, dass bis auf die von **Fermat** selbst ermittelten Primzahlen der Gestalt $2^{2^k} + 1$ keine weiteren existieren.

Fast zeitgleich charakterisierte der französische Mönch **Mersenne** eine weitere Teilmenge der natürlichen Zahlen, die seitdem Gegenstand zahlentheoretischer

Untersuchungen ist. Grundlegend hierfür ist die folgende

Definition 2.6.2 (Mersenne). *Es sei k eine beliebige natürliche Zahl. Wir bezeichnen die Zahlen*

$$M_k := 2^k - 1$$

als mersennesche Zahlen.

Bemerkung 2.6.2. *Analog zu den **Fermatschen Primzahlen** bezeichnen wir als **mersennesche Primzahlen** alle Zahlen $M_k = 2^k - 1$ mit $k \in \mathbb{N}_+$, welche nur die trivialen Teiler 1 und $2^k - 1$ besitzen.*

Mersenne gab 1644 für alle $k \leq 257$ an, ob M_k prim oder zusammengesetzt ist. Genauer behauptete **Mersenne**, dass es sich bei M_2, M_3, M_5, M_7, M_{13}, M_{17}, M_{19}, M_{31}, M_{67}, M_{127} und M_{257} um Primzahlen handelt. Wie wir wissen, sind sowohl M_{67} als auch M_{257} zusammengesetzt sowie M_{61}, M_{89} und M_{107} prim. **mersennesche Primzahlen** sind relativ selten. Trotzdem liegt die Vermutung nahe, dass es unendlich viele Mersennsche Primzahlen gibt. Dieses Problem der Zahlentheorie ist jedoch bisher ungelöst.

Bereits die Liste der von **Mersenne** vorgelegten Primzahlen lässt den nachfolgenden Satz für **mersenne**sche Primzahlen erkennen, dass M_k nur dann Primzahl sein kann, wenn k selbst prim ist. Es gilt der folgende

Satz 2.6.5. *Eine Zahl der Form $M_k = 2^k - 1$ ist höchstens dann eine Primzahl, wenn k selbst prim ist.*

Beweis. Es sei k zusammengesetzt, das heißt es existieren natürliche Zahlen $u > 1$ und $v > 1$ mit $k = u \cdot v$. Dann ist

$$M_k = 2^k - 1 = 2^{u \cdot v} - 1 = (2^u)^v - 1$$
$$= (2^u - 1) \cdot \left(1 + 2^u + (2^u)^2 + \ldots + (2^u)^{v-1}\right),$$

wobei jeder der Faktoren auf der rechten Seite echt größer als 1 ist. Damit ist also auch M_k zusammengesetzt. Somit kann M_k nur dann eine Primzahl sein, wenn k selbst prim ist.

$\square$

Es ist aber keineswegs so, dass wir für jedes $p \in \mathbb{P}$ durch M_p eine Primzahl erhalten. Bereits für $p = 11$ ergibt sich

$$M_{11} = 2^{11} - 1$$
$$= 2047$$
$$= 23 \cdot 89.$$

Bemerkung 2.6.3. *Die Ermittlung und Bestimmung besonders großer Primzahlen hat schon seit vielen Jahrzehnten Wettbewerbscharakter. Mit Hilfe von
Computern und entsprechenden Algorithmen zum Primzahltest werden immer
wieder neue Primzahlrekorde aufgestellt, die dann eine entsprechende Honorie-
rung erfahren. Dabei konzentriert sich die Suche vor allem auf die Menge der
fermatschen und **mersenneschen Zahlen**. So handelt es sich bei der aktu-
ell am größten bekannten mersenneschen Primzahl um die **48.mersennesche
Primzahl***

$$M_{57885161} = 2^{57885161} - 1 \ (im \ Februar \ 2013 \ entdeckt),$$

einer Zahl mit 17425170 *Dezimalstellen.*

Im Folgenden soll eine Übersicht über einige bekannte **mersennesche Primzahlen** gegeben werden.

$$M_2 = 2^2 - 1 \qquad M_{1279} = 2^{1279} - 1 \qquad M_{86243} = 2^{86243} - 1$$

$$M_3 = 2^3 - 1 \qquad M_{2203} = 2^{2203} - 1 \qquad M_{110503} = 2^{110503} - 1$$

$$M_5 = 2^5 - 1 \qquad M_{2281} = 2^{2281} - 1 \qquad M_{132049} = 2^{132049} - 1$$

$$M_7 = 2^7 - 1 \qquad M_{3217} = 2^{3217} - 1 \qquad M_{216091} = 2^{216091} - 1$$

$$M_{13} = 2^{13} - 1 \qquad M_{4253} = 2^{4253} - 1 \qquad M_{756839} = 2^{756839} - 1$$

$$M_{17} = 2^{17} - 1 \qquad M_{4423} = 2^{4423} - 1 \qquad M_{859433} = 2^{859433} - 1$$

$$M_{19} = 2^{19} - 1 \qquad M_{9869} = 2^{9869} - 1 \qquad M_{1257787} = 2^{1257787} - 1$$

$$M_{31} = 2^{31} - 1 \qquad M_{9941} = 2^{9941} - 1 \qquad M_{1398269} = 2^{1398269} - 1$$

$$M_{61} = 2^{61} - 1 \qquad M_{11213} = 2^{11213} - 1 \qquad M_{2976221} = 2^{2976221} - 1$$

$$M_{89} = 2^{89} - 1 \qquad M_{19937} = 2^{19937} - 1 \qquad M_{3021377} = 2^{3021377} - 1$$

$$M_{107} = 2^{107} - 1 \qquad M_{21701} = 2^{21701} - 1 \qquad M_{6972593} = 2^{6972593} - 1$$

$$M_{127} = 2^{127} - 1 \qquad M_{23209} = 2^{23209} - 1 \qquad M_{13466917} = 2^{13466917} - 1$$

$$M_{521} = 2^{521} - 1 \qquad M_{44497} = 2^{44497} - 1 \qquad M_{20996011} = 2^{20996011} - 1$$

$$M_{607} = 2^{607} - 1$$

Wir verweisen in diesem Zusammenhang auf die Internetadressen
http://www.mersenne.org sowie
http://www.austromath.at/mersenne/mersenne-primzahlen.html .

Die **mersenneschen Primzahlen** stehen im engen Zusammenhang zu den **voll-kommenenen Zahlen** mit denen wir uns im folgenden Abschnitt beschäftigen werden.

2.7 Vollkommene Zahlen

Definition 2.7.1. *Eine natürliche Zahl $n \geq 1$ heißt*

(i) **vollkommen** *oder* **perfekt**, *wenn*

$$\sum_{t \mid n} t = 2 \cdot n \ \text{gilt.}$$

(ii) **defizient**, *wenn*

$$\sum_{t \mid n} t < 2 \cdot n \ \text{ist und}$$

(iii) **abundant**, *wenn*

$$\sum_{t \mid n} t > 2 \cdot n \ \text{gilt.}$$

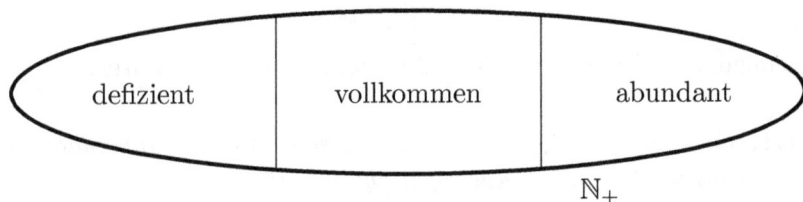

Abbildung 2.2: Zerlegung von $\mathbb{N}_+$ in drei Äquivalenzklassen

Die sogenannten vollkommenen Zahlen standen schon immer im Blickpunkt zahlentheoretischer Untersuchungen. Bereits im Alten Testament soll die Vollkommenheit der Zahl 6 erwähnt worden sein. Ebenso wurde die 28-tägige Dauer des Mondzyklus immer wieder mit der Vollkommenheit der Zahl 28 in Verbindung gebracht.

Bemerkung 2.7.1.   *1. Eine Zahl n ist nach Definition 2.7.1 also vollkommen genau dann, wenn die Summe ihrer Teiler gleich $2 \cdot n$ ist.*

2. In der Literatur wird eine Zahl $n \geq 1$ häufig auch als vollkommen bezeichnet, wenn die Summe ihrer Teiler aus dem Intervall $1 \leq t < n$ gleich n ist.

3. *Wir werden später im Kapitel 4 über zahlentheoretische Funktionen zeigen,
   dass es eine Funktion gibt, welche die Summe der Teiler einer natürlichen Zahl bestimmt. Mit Hilfe dieser sogenannten Teilersummenfunktion
   σ können wir deshalb die Vollkommenheit einer natürlichen Zahl auch
   wie folgt charakterisieren: n ist vollkommen genau dann, wenn für ihren
   Funktionswert $\sigma(n)$ die Beziehung $\sigma(n) = 2 \cdot n$ gilt.*

Beispiel. Die Zahlen 6 und 28 sind vollkommen, denn es sind

$$1 + 2 + 3 + 6 = 12 = 2 \cdot 6$$
$$1 + 2 + 4 + 7 + 14 + 28 = 56 = 2 \cdot 28.$$

Bisher sind im Zusammenhang mit den vollkommenen Zahlen zwei Problemstellungen noch immer ungelöst:

1. Problem: Gibt es ungerade vollkommene Zahlen?

2. Problem: Kann man alle vollkommenen Zahlen explizit bestimmen?

Diese beiden Probleme deuten schon darauf hin, dass bei den vollkommenen
Zahlen die Frage, ob n gerade oder ungerade ist, von wesentlicher Bedeutung ist.
In der Tat sind wir in der Lage, alle geraden vollkommenen Zahlen zumindest
theoretisch anzugeben. Dazu stellen wir als erstes fest, dass wir jede gerade Zahl
n eindeutig in der Form

$$n = 2^{k-1} \cdot m$$

mit einer ungeraden Zahl m und $k \geq 2$ schreiben können. Weiterhin gilt damit
der folgende

Satz 2.7.1. *Es seien $n = 2^{k-1} \cdot m$ und $k \geq 2$ sowie m eine ungerade natürliche
Zahl. Dann sind die folgenden Aussagen äquivalent:*

(1) m ist eine Primzahl der Form $m = 2^k - 1$.

(2) n ist eine vollkommene Zahl.

Beweis.

1. Teil: Wir zeigen, dass aus der Aussage (1) die Aussage (2) folgt. Nach Voraussetzung ist $m \neq 2$ eine Primzahl und deshalb $n = 2^{k-1} \cdot m$ die Zerlegung
   von n in Primfaktoren. Ist p^e eine Primzahlpotenz, so besitzt diese die Teiler
   $1, p, p^2, \ldots, p^e$, mit der Teilersumme $\frac{p^{e+1}-1}{p-1}$. Daher hat die Zahl 2^{k-1} die
   Teilersumme $\frac{2^k-1}{2-1} = 2^k - 1$ und die Zahl m hat genau zwei Teiler mit der

Teilersumme $m + 1$. Insgesamt erhalten wir wegen der Verschiedenheit der Primteiler von 2^{k-1} und m deshalb für n die Teilersumme

$$\sigma(n) = \left(2^k - 1\right) \cdot (m + 1).$$

Wir haben für m die Darstellung $m = 2^k - 1$ vorausgesetzt. Damit ist aber $m + 1 = 2^k = 2 \cdot 2^{k-1}$ und folglich haben wir für n insgesamt

$$\left(2^k - 1\right) \cdot (m + 1) = \left(2^k - 1\right) \cdot 2 \cdot 2^{k-1} = 2 \cdot n$$

Teiler und $\sigma(n) = 2 \cdot n$.

2. Teil: Wir zeigen, dass aus der Aussage (2) die Aussage (1) folgt. Es sei m eine ungerade natürliche Zahl. Damit können wir annehmen, dass in der Faktorisierung von m nur Primzahlen $\neq 2$ vorkommen. Für $n = 2^{k-1} \cdot m$ erhalten wir

$$2^k \cdot m = \sigma(n).$$

Gleichzeitig gilt wegen der Verschiedenheit der Primteiler von 2^{k-1} und m

$$\sigma(n) = \sigma\left(2^{k-1}\right) \cdot \sigma(m)$$

sowie weiterhin

$$\sigma(n) = \left(2^k - 1\right) \cdot \sigma(m).$$

Folglich gilt nun für die Summe der Teiler von m

$$\sigma(n) = \frac{2^k}{2^k - 1} \cdot m = m + l \quad \text{mit } l = \frac{m}{2^k - 1} > 0.$$

Da $\sigma(m) \in \mathbb{N}_+$ und $m \in \mathbb{N}_+$ sind, muss weiterhin l eine ganze Zahl sein. Aus $m = l \cdot \left(2^k - 1\right)$ folgt darüber hinaus, dass l ein positiver Teiler von m ist. Wegen $\sigma(m) = m + l$ sind deshalb m und l die einzigen positiven Teiler von m. Gleichzeitig gilt wegen $k \geq 2$ und $l \geq 1$

$$m = \left(2^k - 1\right) \cdot l \geq 3,$$

und somit müssen m eine Primzahl sowie $l = 1$ sein, also ist $m = 2^k - 1 \in \mathbb{P}$.

$\square$

Demzufolge ist der Zusammenhang zu den **mersenneschen Primzahlen** gegeben: Eine gerade natürliche Zahl ist genau dann vollkommen, wenn sie das Produkt einer Zweierpotenz und einer **mersenneschen Primzahl** ist. Insbesondere kann deshalb nach Satz 2.6.5 mit den Bezeichnungen von Satz 2.7.1 die gerade natürliche Zahl n wenn überhaupt nur dann vollkommen sein, wenn $k \in \mathbb{P}$ ist. Gleichzeitig reduziert sich die Bestimmung der geraden vollkommenen Zahlen somit auf die Ermittlung neuer **mersennescher Primzahlen**.

Bemerkung 2.7.2. *Im Beweis von Satz 2.7.1 haben wir die Identität*

$$\sigma(m \cdot n) = \sigma(m) \cdot \sigma(n)$$

für teilerfremde Zahlen $m, n \geq 1$ benutzt. Diese Eigenschaft der Teilersummenfunktion $\sigma = \sigma(n)$ bezeichnen wir als Multiplikativität. Wir werden darauf in Kapitel 4 noch ausführlich zu sprechen kommen.

Bereits den Griechen waren durch **Nikomachos** die ersten vier vollkommenen Zahlen $6, 28, 496$ und 8128 bekannt. Weitere Vermutungen von **Nikomachos**, dass die n-te vollkommene Zahl genau n Stellen hat und dass die vollkommenen Zahlen abwechselnd auf die Ziffern 6 und 8 enden waren falsch. Denn es sind

$$\sigma(33.550.336) = 67.100.672 = 2 \cdot 33.550.336$$

und

$$\sigma(8.589.869.056) = 17.179.738.112 = 2 \cdot 8.589.869.056.$$

Hierbei handelt es sich bei den Zahlen $33.550.336$ und $8.589.869.056$ um die fünfte und sechste vollkommene Zahl.

Beispiele. Wir wollen die inhaltliche Aussage des Satzes 2.7.1 durch speziell ausgewählte $k = 2, 3, 4, 5$ beschreiben.

$$k = 2 : m = 2^2 - 1 = 3 \in \mathbb{P}, \quad n = 2 \cdot 3 = 6, \quad 2n = 12 = \sigma(6) = 12.$$

$$k = 3 : m = 2^3 - 1 = 7 \in \mathbb{P}, \quad n = 4 \cdot 7 = 28, \quad 2n = 56 = \sigma(28) = 56.$$

$$k = 4 : m = 2^4 - 1 = 15 \notin \mathbb{P}, \quad n = 8 \cdot 15 = 120, \quad 2n = 240 \neq \sigma(120) = 360.$$

$$k = 5 : m = 2^5 - 1 = 31 \in \mathbb{P}, \quad n = 16 \cdot 31 = 496, \quad 2n = 992 = \sigma(496) = 992.$$

Damit ist das Problem der Bestimmung der geraden vollkommenen Zahlen aus theoretischer Sicht weitestgehend gelöst, denn offensichtlich gibt es gerade vollkommene Zahlen, deren Konstruierbarkeit mit Hilfe von Satz 2.7.1 eindeutig geklärt ist. Wesentlich schwieriger gestaltet sich die Beantwortung der Frage nach ungeraden vollkommenen Zahlen. Bisher ist es nicht gelungen, auch nur eine einzige ungerade natürliche Zahl n mit $2 \cdot n = \sigma(n)$ anzugeben.

Wir wollen nun noch weitere Ergebnisse über die vollkommenen Zahlen vorstellen.

Satz 2.7.2. *Es sei n eine vollkommene Zahl, dann ist*

$$\sum_{t \mid n} \frac{1}{t} = 2.$$

Beweis. Ist t ein Teiler von n, so können wir $r \cdot t = n$ für eine natürliche Zahl r schreiben und deshalb ist mit $r = \frac{n}{t}$ auch $r \mid n$. Andererseits erhalten wir in einer analogen Schlussweise, dass wenn $r \mid n$ auch $t \mid n$ sein muss. Insgesamt ist also t ein Teiler von n genau dann, wenn $r \mid n$ ist. Damit können wir nun schreiben

$$\sum_{t \mid n} t = \sum_{t \mid n} \frac{n}{t}$$

$$= n \cdot \sum_{t \mid n} \frac{1}{t}$$

$$= 2 \cdot n$$

und folglich haben wir

$$n \cdot \sum_{t \mid n} \frac{1}{t} = 2 \cdot n.$$

$\square$

Satz 2.7.3. *Es sei $n = 2^{k-1} \cdot \left(2^k - 1\right)$ mit einer ungeraden natürlichen Zahl k. Dann gilt die Beziehung*

$$n = 1^3 + 3^3 + \ldots + \left(2^{\frac{k+1}{2}} - 1\right)^3.$$

Beweis. Als erstes bemerken wir, dass man mit Hilfe der Methode der vollständigen Induktion in einfacher Weise zeigen kann, dass sich die Summe der ersten l kubischen Zahlen durch die Summenformel

$$\sum_{i=1}^{l} i^3 = \frac{l^2 \cdot (l+1)^2}{4}$$

bestimmen lässt. Es sei nun $m = 2^{\frac{k-1}{2}}$. Dann ergibt sich nach elementaren Umformungen

$$
\begin{aligned}
1^3 + 3^3 + \ldots + \left(2^{\frac{k+1}{2}} - 1\right)^3 &= 1^3 + 3^3 + \ldots + (2m-1)^3 \\
&= \left(1^3 + 2^3 + \ldots + (2m)^3\right) \\
&\quad - \left(2^3 + 4^3 + \ldots + (2m)^3\right) \\
&= \frac{(2m)^2 \cdot (2m+1)^2}{4} - 2^3 \cdot \frac{m^2 \cdot (m+1)^2}{4} \\
&= m^2 \cdot (2m+1)^2 - 2m^2 \cdot (m+1)^2 \\
&= m^2 \cdot \left(4m^2 + 4m + 1 - 2m^2 - 4m - 2\right) \\
&= m^2 \cdot \left(2m^2 - 1\right) \\
&= 2^{k-1} \cdot \left(2^k - 1\right) \\
&= n.
\end{aligned}
$$

$\square$

Insbesondere können wir wegen Satz 2.7.3 alle geraden vollkommenen Zahlen $n = 2^{k-1} \cdot \left(2^k - 1\right)$ mit einer natürlichen Zahl $k \equiv 1\ (2)$ als eine endliche Summe von Kubikzahlen darstellen.

Wie wollen nun die Darstellung von geraden vollkommenen Zahlen im Binärsystem untersuchen. Es sind unter anderem

$$
\begin{aligned}
6 &= 1 \cdot 2^2 + 1 \cdot 2^1 + 0 \cdot 2^0 \\
28 &= 1 \cdot 2^4 + 1 \cdot 2^3 + 1 \cdot 2^2 + 0 \cdot 2^1 + 0 \cdot 2^0 \\
496 &= 1 \cdot 2^8 + 1 \cdot 2^7 + 1 \cdot 2^6 + 1 \cdot 2^5 + 1 \cdot 2^4 + 0 \cdot 2^3 + 0 \cdot 2^2 + 0 \cdot 2^1 + 0 \cdot 2^0,
\end{aligned}
$$

was die Vermutung einer Regelmäßigkeit in der Binärdarstellung einer geraden vollkommenen Zahl nahelegt. In der Tat gilt der folgende

Satz 2.7.4. *Es sei* $n = 2^{k-1} \cdot \left(2^k - 1\right)$ *eine gerade vollkommene Zahl. Dann ist*

$$
n = 1 \cdot 2^{2k-2} + \ldots + 1 \cdot 2^{k-1} + 0 \cdot 2^{k-2} + \ldots + 0 \cdot 2^0.
$$

Beweis. Die Behauptung folgt unmittelbar aus der Darstellung von n im Binärsystem unter Benutzung der einfachen Beziehung von

$$
2^k - 1 = 1 + 2 + \ldots + 2^{k-1}.
$$

$\square$

Satz 2.7.5. *Jede gerade vollkommene Zahl endet entweder auf eine der Ziffern* 6 *oder* 8.

Beweis. Wir benutzen den Satz 2.7.4, für $k = 2$ ergibt sich die vollkommene Zahl 6. Im Fall $k > 2$ benutzen wir den Fakt, dass sich jede Primzahl in der Form $4m + 1$ oder $4m + 3$ darstellen lässt, und unterscheiden die beiden möglichen Fälle:

1. Fall: Es sei $k = 4m + 1$. Dann gilt:

$$
\begin{aligned}
n &\equiv 2^{k-1} \cdot \left(2^k - 1\right) \\
&\equiv 2^{4m} \cdot \left(2^{4m+1} - 1\right) \\
&\equiv 16^m \cdot \left(2 \cdot 16^m - 1\right) \\
&\equiv 6^m \cdot \left(2 \cdot 6^m - 1\right) \\
&\equiv 6 \cdot (12 - 1) \\
&\equiv 6 \ (10)
\end{aligned}
$$

2. Fall: Es sei $k = 4m + 3$. Dann können wir

$$
\begin{aligned}
n &\equiv 2^{k-1} \cdot \left(2^k - 1\right) \\
&\equiv 2^{4m+2} \cdot \left(2^{4m+4} - 1\right) \\
&\equiv 4 \cdot 16^m \cdot \left(8 \cdot 16^m - 1\right) \\
&\equiv 4 \cdot 6 \cdot (8 \cdot 6 - 1) \\
&\equiv 4 \cdot (8 - 1) \\
&\equiv 8 \ (10)
\end{aligned}
$$

schreiben.

□

Übungsaufgabe 2.18. Man zeige die Gültigkeit der Kongruenzen

$$6^m \equiv 6 \ (10)$$

und

$$16^m \equiv 6 \ (10)$$

für alle natürlichen Zahlen $m > 0$.

Abschließend soll noch eine Übersicht über einige bekannte geraden vollkommenen Zahlen und deren Entdeckungsjahr gegeben werden.

Index	Vollkommene Zahl	Stellenzahl	Jahr der Entdeckung
1	6	1	—
2	28	2	—
3	496	3	—
4	8128	4	—
5	33550336	8	1461
6	8589869056	10	1603
7	$2^{18} \cdot \left(2^{19} - 1\right)$	12	1603
8	$2^{30} \cdot \left(2^{31} - 1\right)$	19	1753
9	$2^{60} \cdot \left(2^{61} - 1\right)$	37	1883
10	$2^{88} \cdot \left(2^{89} - 1\right)$	54	1911
11	$2^{106} \cdot \left(2^{107} - 1\right)$	65	1914
12	$2^{126} \cdot \left(2^{127} - 1\right)$	77	1876
13	$2^{520} \cdot \left(2^{521} - 1\right)$	314	1952
14	$2^{606} \cdot \left(2^{607} - 1\right)$	366	1952
$\vdots$			
34	$2^{1257786} \cdot \left(2^{1257787} - 1\right)$	757263	1996
35	$2^{1398268} \cdot \left(2^{1398269} - 1\right)$	841842	1996
36	$2^{2976220} \cdot \left(2^{2976220} - 1\right)$	895932	1997
37	$2^{3021376} \cdot \left(2^{3021376} - 1\right)$	1819050	1998
$\vdots$			
48	$2^{57885160} \cdot \left(2^{57885161} - 1\right)$	...	2013

Wir verweisen in diesem Zusammenhang auf die Internetadresse
http://amicable.homepage.dk/perfect.htm .

3 Die Zahlbereiche $\mathbb{R}$ und $\mathbb{C}$

Nachdem wir in den Kapiteln 1 und 2 die grundlegenden Zahlbereiche $\mathbb{N}$, $\mathbb{Z}$ und $\mathbb{Q}$ studiert und elementare Zahlentheorie in $\mathbb{N}$ bzw. in $\mathbb{Z}$ durchgeführt haben, wollen wir im Kapitel 3 die "höheren" Zahlbereiche $\mathbb{R}$ und $\mathbb{C}$ vorstellen und Zahlentheorie in $\mathbb{R}$ betreiben.

Zu Beginn werden wir in dem Abschnitt 3.1 die reellen Zahlen in anschaulicher Form einführen. Daran anschließend werden wir im Abschnitt 3.2 die komplexen Zahlen definieren. In den Abschnitten 3.3 und 3.4 werden wir die algebraischen und transzendenten Zahlen definieren, einige grundlegende Eigenschaften aufzeigen sowie Beispiele vorrechnen.

In den Abschnitten 3.5 sowie 3.6 werden wir 2 Darstellungsarten für reelle Zahlen, die k-adischen Brüche sowie die Kettenbruchdarstellungen kennenlernen. Schließlich führen wir im Abschnitt 3.7 einige grundlegende Beweise zu speziellen Irrationalzahlen durch.

3.1 Reelle Zahlen

Es gibt sehr einfache geometrische Konstruktionen mit Zirkel und Lineal, die auf solche Strecken führen, deren Längenverhältnis nicht durch eine rationale Zahl ausgedrückt werden kann. Diese berühmte altgriechische Entdeckung trifft insbesondere auf das Verhältnis von Diagonale und Seite eines Quadrats zu. Nach dem Satz des Pythagoras ist die Länge der Diagonale gleich $\sqrt{2}$, wenn die Seitenlänge gleich 1 gesetzt wird. In Abbildung 3.1 seien ein Quadrat mit der Seitenlänge 1 und ein Kreisbogen $\overset{\frown}{CE}$ mit dem Mittelpunkt A gegeben. Dann ist es gerechtfertigt, dem Punkt E auf der durch A und B gehenden Geraden die „Zahl" $\sqrt{2}$ zuzuordnen. Wir können zeigen, dass diese keine rationale Zahl sein kann. Wir beweisen sogleich allgemeiner:

Satz 3.1.1. *Es seien $n \geq 2$ eine natürliche Zahl und D eine natürliche Zahl, die nicht n-te Potenz einer natürlichen Zahl ist. Dann gibt es keine Lösung der*

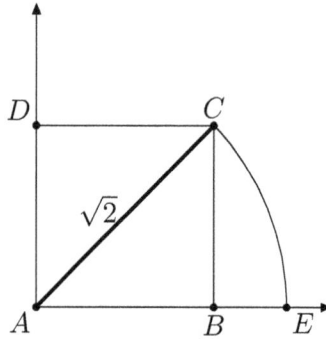

Abbildung 3.1: Darstellung der Zahl $\sqrt{2}$

Gleichung

$$D = \left(\frac{a}{b}\right)^n$$

mit ganzen Zahlen a, b.

Beweis. Wir nehmen an, dass $D = \left(\frac{a}{b}\right)^n$ mit $a, b \in \mathbb{Z}$ gilt. Dann genügt die rationale Zahl $x = \frac{a}{b}$ der Gleichung

$$x^n - D = 0.$$

Aus der Ganz-Abgeschlossenheit von $\mathbb{Z}$ in $\mathbb{Q}$ nach Satz 1.8.2 folgt, dass dann $x \in \mathbb{Z}$ ist, was der Voraussetzung über D widerspricht.

$\square$

Übungsaufgabe 3.1. Im Fall $n = 2$ kann man den Satz 3.1.1 ohne Verwendung der Ganz-Abgeschlossenheit von $\mathbb{Z}$ direkt beweisen.
Hinweis: Man verwende diesen Satz mit $c \in \mathbb{N}_+$ und $c^2 < D < (c + 1)^2$. Des Weiteren seien $a' := D \cdot b - c \cdot a$ und $b' := a - c \cdot b$. Man zeige, dass a', b' positive natürliche Zahlen mit $b' < b$ und $\left(\frac{a'}{b'}\right)^2 = \left(\frac{a}{b}\right)^2 = D$ sind, was der Minimalität von b widerspricht.

Nach Korollar 1.7.1 gibt es unendlich viele Zahlen D wie im Satz 3.1.1. Speziell für $n = 2$ können wir mit Zirkel und Lineal auf der Geraden einen Punkt, welcher der „Zahl" $\sqrt{D}$ entspricht, konstruieren. Die Gerade enthält also unendlich „viel mehr" Punkte, als es rationale Zahlen gibt. Diese Eigenschaft von $\mathbb{Q}$ können wir als „Unvollständigkeit" oder „Unstetigkeit" oder als „Durchlöcherung" ansehen. Andererseits lässt sich jeder Punkt x der Geraden beliebig genau durch rationale Zahlen annähern. Abbildung 3.2 soll ausdrücken, wie man durch fortgesetzte

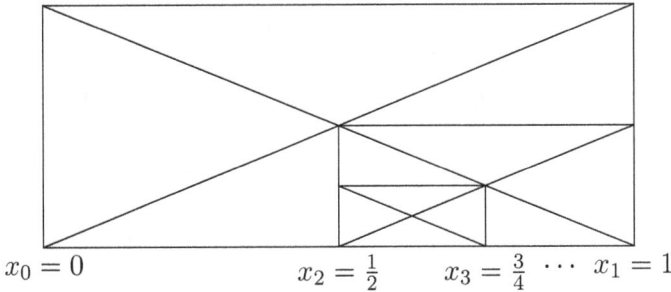

$$x_0 = 0 \qquad\qquad x_2 = \tfrac{1}{2} \quad x_3 = \tfrac{3}{4} \cdots x_1 = 1$$

Abbildung 3.2: Halbierungsmethode eines Intervalls

Halbierung eines Intervalls den Punkt x nacheinander in ein Intervall der Länge $1, \tfrac{1}{2}, \tfrac{1}{4}, \dots$ mit rationalen Endpunkten einschließen kann.

Insgesamt können wir feststellen, dass es außer den rationalen Zahlen $\mathbb{Q}$ noch weitere, neue Zahlen geben muss. Solche Zahlen nennen wir irrationale Zahlen und bezeichnen die Menge der Irrationalzahlen in diesem Buch mit $\mathbb{I}$. Die Vereinigung von rationalen Zahlen $\mathbb{Q}$ und Irrationalzahlen $\mathbb{I}$ ergibt die Menge der reellen Zahlen $\mathbb{R}$ (Abbildung 3.3).

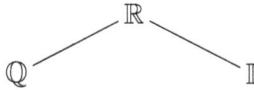

Abbildung 3.3: Zerlegung von $\mathbb{R}$ in rationale und irrationale Zahlen

Übungsaufgabe 3.2. Man gebe für die Zahlen $\sqrt{3}, \sqrt{5}, \sqrt{6}$ mehrere Konstruktionsverfahren mit Zirkel und Lineal mit möglichst wenigen Schritten an.

In analoger Weise, wie bei den rationalen Zahlen $\mathbb{Q}$ kann man nun Operationen und Ordnungsrelationen definieren. Als bekannt setzen wir voraus, dass wir diese reellen Zahlen nach den gewohnten Regeln addieren, subtrahieren, multiplizieren und dividieren dürfen. Außerdem hat jede reelle Zahl a einen Betrag

$$|a| := \begin{cases} a & a \geq 0 \\ -a & a < 0 \end{cases}$$

mit den Eigenschaften, die denen in Abschnitt 1.2 analog sind. Die Menge der reellen Zahlen bezeichnen wir mit $\mathbb{R}$. Die Menge $\mathbb{R}$ ist linear geordnet. Diese Anordnung entspricht der Anordnung der Punkte auf der Geraden, die wir deshalb auch als Zahlengerade bezeichnen. Die rationalen Zahlen betrachten wir als spezielle reelle Zahlen. Diejenigen reellen Zahlen, die nicht mit rationalen Zahlen identifiziert werden können, heißen **irrational**. Beispiele für Irrationalzahlen sind, wie oben bewiesen wurde, alle Quadratwurzeln $\sqrt{D}$ sowie alle n-ten Wurzeln $\sqrt[n]{D}$ mit positiven ganzen Zahlen D, die keine n-ten Potenzen sind. Ebenso wie für rationale Zahlen können wir auch Potenzen x^n definieren. Für weitere Einzelheiten zu den Definitionsmöglichkeiten und Eigenschaften der reellen Zahlen $\mathbb{R}$ verweisen wir auf Ebbinghaus *(siehe [Ebb])* und die Literatur. Man kann jetzt über den Bereich $\mathbb{R}$ zeigen, dass die algebraische Struktur $(\mathbb{R}, +, \cdot, \leq)$ ein archimedisch angeordneter Körper mit der Charakteristik $k = 0$ ist. Die kennzeichnende Eigenschaft von $\mathbb{R}$, die bei $\mathbb{Q}$ nicht vorhanden ist, ist die sogenannte **Vollständigkeit** von $\mathbb{R}$. Es gilt in $\mathbb{R}$ das sogenannte Vollständigkeitsaxiom, dass wir im Folgenden explizit angeben werden. Für das Verständniss des Vollständigkeitsaxioms benötigen wir noch die Begriffe Häufungspunkt und Beschränktheit einer Menge.

Definition 3.1.1. *Es sei M eine beliebige Menge reeller Zahlen. Eine Zahl $x_0 \in \mathbb{R}$ heißt **Häufungspunkt** (bzw. Häufungswert) von M, falls in jedem offenen Intervall (a, b) mit $x_0 \in (a, b)$ (bzw. in jeder ε-Umgebung von x_0) unendlich viele Elemente aus M liegen.*

Definition 3.1.2. *Eine Menge M, $M \subset \mathbb{R}$, heißt **beschränkt**, falls es eine reelle Zahl $c > 0$ gibt, so dass für jedes $x \in M$ die Ungleichung $|x| \leq c$ gilt. In diesem Fall ist $M \subset [-c, c]$.*

Axiom 3.1.1 (**Vollständigkeitsaxiom**). *Jede unendliche beschränkte Menge reeller Zahlen besitzt mindestens einen Häufungspunkt.*

Bemerkung 3.1.1. *Es gibt viele äqivalente Formulierungen des Vollständigkeitsaxioms. Die hier gewählte Form ist auch als Satz von **Bolzano-Weierstrass** bekannt.*

Definition 3.1.3. *Eine Folge reeller Zahlen $(x_j)_{j=1}^{\infty}$ heißt **beschränkt**, falls es eine reelle Zahl mit $c > 0$ gibt, so dass $|x_j| \leq c$ für alle $j \in \mathbb{N}_+$ gilt.*

Definition 3.1.4. *Es sei $(x_j)_{j=1}^{\infty}$ eine Folge reeller Zahlen.*

*i) $(x_j)_{j=1}^{\infty}$ heißt **konvergent** $:\Leftrightarrow$*

$$\exists x \in \mathbb{R} \forall \varepsilon > 0 \exists j_0(\varepsilon) \in \mathbb{N}_+ \forall j \geq j_0(\varepsilon) : |x - x_j| \leq \varepsilon$$

*ii) x heißt **Grenzwert** (bzw. **Limes**) der Folge. Wir verwenden hier folgende Schreibweisen:*

$$\lim_{j \to \infty} x_j = x \text{ und } x_j \to x (j \to \infty).$$

iii) $(x_j)_{j=1}^\infty$ *heißt* **Cauchy-Folge** *(bzw.* **Fundamentalfolge***)* :⇔

$$\forall \varepsilon > 0 \exists j_0(\varepsilon) \in \mathbb{N}_+ \forall j, k \geq j_0(\varepsilon) : |x_j - x_k| \leq \varepsilon$$

Satz 3.1.2. *a) Es sei* $(x_j)_{j=1}^\infty$ *eine reelle Folge mit* $\lim_{j \to \infty} x_j = x$. *Dann gilt für jede Teilfolge* $(x_{j_k})_{k=1}^\infty$

$$\lim_{k \to \infty} x_{j_k} = x$$

b) Jede beschränkte Folge reeller Zahlen besitzt eine konvergente Teilfolge reeller Zahlen.

Beweis. a) Es ist $|x_{j_k} - x| \leq \varepsilon$ für alle $j_k \geq j_0(\varepsilon)$.

b) Es sei $(x_j)_{j=1}^\infty$ eine beschränkte Folge.
  1.Fall: Es existieren nur endlich viele voneinander verschiedene Elemente der Folge $(x_j)_{j=1}^\infty$. Dann gibt es eine Folge $(j_k)_{k=1}^\infty$, $j_1 < j_2 < \ldots$, mit $x = x_{j_1} = x_{j_2} = \ldots = x_{j_k} = \ldots$, so dass $x_{j_k} \to x(k \to \infty)$ gilt. Somit ist die Folge $(x_{j_k})_{k=1}^\infty$ eine konvergente Teilfolge von $(x_j)_{j=1}^\infty$.
  2.Fall: Die Menge $M := \{x_j : j \in \mathbb{N}_+\}$ ist beschränkt und unendlich. Wegen der Gültigkeit des Vollständigkeitsaxioms hat M mindestens einen Häufungspunkt x. Dann kann man eine Folge aus M auswählen die gegen x konvergiert.

□

Satz 3.1.3. *a) Jede konvergente Folge ist Cauchy-Folge.*

b) Jede Cauchy-Folge ist beschränkt.

Beweis. a) Es sei $\varepsilon > 0$. Wir wissen, dass $\lim_{j \to \infty} x_j = x, x \in \mathbb{R}$ gilt. Also existiert ein $j_o \in \mathbb{N}$, so dass für alle $j \geq j_0$ die Ungleichung $|x_j - x| \leq \frac{\varepsilon}{2}$ gilt. Somit ist für alle $j, k > j_0$

$$|x_j - x_k| \leq |x_j - x| + |x_k - x| \leq \varepsilon.$$

b) Es sei $\varepsilon = 1$. Dann ist $|x_j - x_k| \leq 1$ für alle $j, k \geq j'$. Daraus folgt für alle $j \geq j'$:

$$|x_j| \leq |x_j - x_{j'}| + |x_{j'}| \leq 1 + |x_{j'}|.$$

Also ist für alle $j \in \mathbb{N}_+ : |x_j| \leq 1 + |x_1| + \ldots + |x_{j'}| = c < \infty$.

□

Satz 3.1.4 (Cauchysches Konvergenzkriterium). *Es gilt folgende Äquivalenz:* $(x_j)_{j=1}^\infty$ *ist konvergent* ⇔ $(x_j)_{j=1}^\infty$ *ist Cauchy-Folge.*

Beweis. Wegen Satz 3.1.3 ist nur noch zu zeigen, dass jede Cauchy-Folge konvergent ist. Es sei $(x_j)_{j=1}^{\infty}$ eine Cauchy-Folge . Damit ist $(x_j)_j$ nach Satz 3.1.3 b) beschränkt und besitzt nach Satz 3.1.2 b) eine konvergente Teilfolge $(x_{j_k})_{k=1}^{\infty}$ mit $\lim_{k\to\infty} x_{j_k} = x \in \mathbb{R}$. Es sei nun $\varepsilon > 0$. Dann existiert ein $j_{k_0} \in \mathbb{N}_+$, so dass für alle $j_k \geq j_{k_0}$ die Ungleichung $|x_{j_k} - x| \leq \frac{\varepsilon}{2}$ gilt. Außerdem ist für $j,l \geq j_0 : |x_j - x_l| \leq \frac{\varepsilon}{2}$, da $(x_j)_j$ eine Cauchy-Folge ist. Somit erhalten wir für $j \geq max\{j_0, j_{k_0}\}$ die Ungleichung

$$|x_j - x| \leq \left|x_j - x_{j_{k_0}}\right| + \left|x_{j_{k_0}} - x\right| \leq \varepsilon.$$

Es folgt deshalb die Konvergenz von $(x_j)_j$. $\qquad\square$

Bemerkung 3.1.2. *Das cauchysche Konvergenzkriterium gilt nicht im Bereich der rationalen Zahlen $\mathbb{Q}$. Denn eine Cauchyfolge rationaler Zahlen ist zwar ebenfalls konvergent, jedoch kann der Grenzwert auch eine irrationale Zahl sein.*

Wir präzisieren jetzt die Definition 3.1.2.

Definition 3.1.5. *(i) Eine Menge $M \subset \mathbb{R}$ heißt **beschränkt nach oben** (bzw. **nach unten**), falls es eine Zahl $c \in \mathbb{R}$ gibt, so dass $x \leq c$ (bzw. $c \leq x$) für alle $x \in M$ gilt. Die Zahl c heißt dann **obere** (bzw. **untere**) **Schranke** von M.*

*(ii) $\alpha \in \mathbb{R}$ heißt **Supremum** (bzw. **Infimum**) von M, falls α eine obere (bzw. untere) Schranke ist und für alle oberen (bzw. unteren) Schranken c die Beziehung $\alpha \leq c$ (bzw. $\alpha \geq c$) gilt.*

Damit ergibt sich folgender

Satz 3.1.5. *Jede nach oben (bzw. nach unten) beschränkte nichtleere Teilmenge reeller Zahlen besitzt genau ein Supremum (bzw. ein Infimum).*

Beweis. Wegen $\inf M = -\sup\{x : -x \in M\}$ ist es ausreichend, die Aussage für das Supremum zu beweisen.
Es sei $M \subset \mathbb{R}$, $M \neq \emptyset$, eine nach oben beschränkte Menge und c eine obere Schranke von M.

1. Fall:
Es gibt ein $y \in M$ mit $x \leq y$ für alle $x \in M$. Dann ist y Supremum von M, also $y = \sup M$.

2. Fall:
Es existiert kein größtes Element, d. h. M ist insbesondere eine unendliche Menge. Es sei x_0 ein Element von M. Dann liegen unendlich viele Elemente von M

in dem abgeschlossenen Intervall $[x_0, c]$. Wir setzen $a_0 = x_0$ und $b_0 = c$ und definieren
$$I_0 := [a_0, b_0].$$
Es sei $\beta_0 := \frac{a_0 + b_0}{2}$ der Mittelpunkt von I_0. Als nächstes setzen wir $a_1 := \beta_0$ und $b_1 := b_0$, falls das Intervall $[\beta_0, b_0]$ ein Element aus M enthält. Andernfalls setzen wir $a_1 = a_0$ und $b_1 = \beta_0$. Wir definieren $I_1 := [a_1, b_1]$ und bezeichnen mit $\beta_1 := \frac{a_1 + b_1}{2}$ den Mittelpunkt von I_1. Nun wird dieses Verfahren sukzessive wiederholt. Auf diese Weise erhält man eine Folge von Intervallen $(I_j)_{j=0}^\infty$, mit $I_j := [a_j, b_j]$, $I_0 \supset I_1 \supset I_2 \supset ... \supset I_j \supset I_{j+1} \supset ...$, und die Folge der Mittelpunkte $(\beta_j)_{j=0}^\infty$ mit $\beta_j := \frac{a_j + b_j}{2}$. Nach Satz 3.1.2 b) besitzt $(\beta_j)_j$ eine konvergente Teilfolge $(b_{j_k})_k$ mit $\beta_{j_k} \to \beta$ $(k \to \infty)$. Es ist $\beta \in I_j$ für jedes $j \in \mathbb{N}$. Für die Intervalllänge $\frac{c - x_0}{2^j}$ von I_j gilt $\lim_{j \to \infty} \frac{c - x_0}{2^j} = 0$. Somit können nur endlich viele β_i außerhalb von I_k liegen und wir erhalten
$$\lim_{j \to \infty} \beta_j = \lim_{j \to \infty} a_j = \lim_{j \to \infty} b_j = \beta.$$

Wir haben nun noch zu zeigen, dass das soeben konstruierte β eine obere Schranke von M ist. Für alle $x \in M$ und alle $j \in \mathbb{N}_+$ gilt nach Konstruktion $x \leq b_j$. Daraus ergibt sich $x \leq \beta$ für $j \to \infty$.

β ist kleinste obere Schranke von M: Wir nehmen an, es gibt eine obere Schranke β', die kleiner ist als β. Dann gibt es ein I_j mit $\beta' \notin I_j$. Das ist ein Widerspruch, da ein $x \in (M \cap I_j)$ existiert.

$\hfill \square$

Korollar 3.1.1. *Es sei $(x_j)_{j=1}^\infty$ eine monotone Folge. Dann gilt folgende Äquivalenz:*
$$(x_j)_{j=1}^\infty \text{ ist konvergent} \Leftrightarrow (x_j)_{j=1}^\infty \text{ ist beschränkt.}$$
Des Weiteren gilt $\lim_{j \to \infty} x_j = \sup\{x_j : j \in \mathbb{N}_+\}$ (bzw. $\lim_{j \to \infty} x_j = \inf\{x_j : j \in \mathbb{N}_+\}$) falls $(x_j)_j$ monoton wachsend (bzw. fallend) ist.

Beweis. O.E.d.A. nehmen wir an, dass $(x_j)_{j=1}^\infty$ monoton wachsend ist. Nach Satz 3.1.5 existiert genau ein Supremum,
$$\alpha = \sup\{x_j : j \in \mathbb{N}_+\} \in \mathbb{R},$$
da die Folge $(x_j)_j$ beschränkt ist. Es sei $\varepsilon > 0$. Dann existiert ein $j(\varepsilon) \in \mathbb{N}_+$, so dass $x - \varepsilon < x_{j(\varepsilon)} \leq x$ gilt. Außerdem ist $(x_j)_j$ monoton wachsend. Deshalb folgt für alle $j > j(\varepsilon)$ auch $x - \varepsilon < x_j \leq x$ und wir erhalten somit
$$\lim_{j \to \infty} x_j = x.$$

$\hfill \square$

Übungsaufgabe 3.3. Es seien $D > 0, c \neq 0$ reelle Zahlen, Wir definieren eine Folge $(c_k)_{k=1}^{\infty}$ durch die Rekursionsformel $c_1 := c$ und $c_{k+1} := \frac{1}{2}\left(c_k + \frac{D}{c_k}\right)$ für $k \geq 1$. Man zeige, dass die Folge $(c_k)_k$ gegen eine reelle Zahl c mit $c^2 = D$ konvergiert.

Übungsaufgabe 3.4. Wir setzen in $\sqrt[n]{D}$, $n = D = 3$, wobei n eine natürliche und D eine reelle Zahl ist. Man berechne die positive reelle Zahl $\sqrt[3]{3}$ als Nullstelle des Polynoms $x^3 - 3 = 0$ mit Hilfe des Newtonschen Tangentenverfahrens, ausgehend von einem beliebigen Anfangswert $c_1 > 1$. (Zum Newtonschen Verfahren verweisen wir den Leser auf Hermann *(siehe [Her])* und die Literatur).

Definition 3.1.6. *Es sei x eine beliebige reelle Zahl. Mit $[x]$ („größtes Ganzes kleiner gleich x") bezeichnen wir die größte ganze Zahl $\leq x$, mit $\{x\}$ („gebrochener Teil von x") die Differenz $x - [x]$. Weiter sei $\|x\|$ der Abstand zur nächstgelegenen ganzen Zahl, also $\|x\| := \min(\{x\}, 1 - \{x\}) \leq \frac{1}{2}$.*

Übungsaufgabe 3.5. Man zeige: Die Zahlen der Form $a + b\sqrt{5}$ mit $a, b \in \mathbb{Z}$ kann man addieren, subtrahieren und multiplizieren, ohne dabei den Bereich dieser Zahlen zu verlassen. Außerdem zeige man, dass für $n \geq 1$ alle Potenzen x^n der Zahl $x = \frac{1+\sqrt{5}}{2}$ die Gestalt $\frac{a+b\sqrt{5}}{c}$ mit $a, b \in \mathbb{Z}$ und $c = 1$ oder $c = 2$ besitzen. Mit anderen Worten: Alle Zahlen $2 \cdot x^n$ ($n \geq 0$) haben die Gestalt $a + b\sqrt{5}$ ($a, b \in \mathbb{Z}$), ohne dass x selbst diese Gestalt hat. Der Bereich der Zahlen $a + b\sqrt{5}$ ist also **nicht** vollständig ganz-abgeschlossen.
Hinweis: Man berechne zunächst x^2 und x^3.

Approximation von reellen Zahlen

Jede Irrationalzahl x kann beliebig genau durch rationale Zahlen angenähert werden, das heißt zu jeder positiven natürlichen Zahl b gibt es eine ganze Zahl a' mit

$$\frac{a'}{b} \leq x \leq \frac{a'+1}{b}.$$

Wenn a eine geeignete Zahl der Zahlen $a', a'+1$ ist, dann ist

$$\left|x - \frac{a}{b}\right| \leq \frac{1}{2b}.$$

Wir bemerken, dass sich die obere Schranke $\frac{1}{2b}$ wesentlich verkleinern lässt, wenn man den Nenner b passend wählt.

Satz 3.1.6 (Dirichlet). *Es seien* x, Q *reelle Zahlen mit* $Q > 1$. *Dann gibt es ganze Zahlen* p, q *mit* $1 \leq q < Q$ *und* $|xq - p| \leq \frac{1}{Q}$.

Beweis. Wir setzen zunächst voraus, dass Q ganz ist. Nun betrachten wir die folgenden $Q + 1$ Zahlen:

$$0, 1, \{x\}, \{2x\}, \ldots, \{(Q-1)x\}.$$

Alle diese Zahlen liegen im Einheitsintervall $0 \leq t \leq 1$. Wir unterteilen jetzt dieses Intervall in Q halboffene Teilintervalle der Gestalt

$$\frac{u}{Q} \leq t < \frac{u+1}{Q} \quad (u = 0, 1, \ldots, Q-1)$$

Für $u = Q - 1$ wird $<$ durch $\leq$ ersetzt. Nach dem **dirichletschen Schubfachprinzip** (Satz 1.1.5) enthält wenigstens eines dieser Teilintervalle zwei der oben angeführten $Q + 1$ Zahlen. Mit anderen Worten : Es gibt ganze Zahlen r_1, r_2, s_1, s_2 mit $0 \leq r_1 < Q, 0 \leq r_2 < Q, r_1 \neq r_2$ und

$$|(r_1 x - s_1) - (r_2 x - s_2)| \leq \frac{1}{Q}.$$

Wir wählen die Nummerierung so, dass $r_1 > r_2$ und setzen $q := r_1 - r_2$, $p := s_1 - s_2$. Dann ist $1 \leq q < Q$ und

$$|xq - p| \leq \frac{1}{Q}.$$

Damit ist der Fall $Q \in \mathbb{N}_+$ erledigt. Wenn Q nicht ganz ist, dann wenden wir den schon behandelten Fall auf die Zahl $Q' := [Q] + 1$ an. Aus $1 \leq q < Q'$ folgt $1 \leq q \leq [Q]$ und damit auch $1 \leq q < Q$. $\qquad \square$

Aus den erhaltenen Abschätzungen ergibt sich

$$\left| x - \frac{p}{q} \right| \leq \frac{1}{Q \cdot q} < \frac{1}{q^2}.$$

Es bleibt noch zu klären, ob diese Abschätzung auch unendlich oft (bei gegebenem x) erfüllt werden kann.

Satz 3.1.7. *Es sei* x *eine Irrationalzahl. Dann gibt es unendlich viele gekürzte Brüche* $\frac{p}{q}$ *derart, dass*

$$\left| x - \frac{p}{q} \right| < \frac{1}{q^2}.$$

Beweis. Es ist klar, dass die Abschätzung im Satz von Dirichlet richtig bleibt, wenn man den Bruch $\frac{p}{q}$ kürzt: $\frac{p}{q} = \frac{p_0}{q_0}$ mit $1 \le q_0 \le q < Q$ und

$$\left| x - \frac{p_0}{q_0} \right| = \left| x - \frac{p}{q} \right| \le \frac{1}{Q \cdot q} \le \frac{1}{Q \cdot q_0},$$

oder

$$|q_0 x - p_0| \le \frac{1}{Q}.$$

Wenn umgekehrt ein gekürzter Bruch $\frac{p}{q}$ gegeben ist, dann ist $|qx - p| > 0$, weil x irrational ist, und die Abschätzung $|qx - p| \le \frac{1}{Q}$ ist nur möglich für $Q \le \frac{1}{|qx-p|}$. Q ist beliebig wählbar. Für $Q \to \infty$ erhält man also unendlich viele gekürzte Brüche $\frac{p}{q}$ mit $\left| x - \frac{p}{q} \right| < \frac{1}{q^2}$. $\qquad\Box$

Diese bemerkenswerte Aussage ist nicht mehr richtig, wenn $x = \frac{a}{b}$ rational ist ($a, b \in \mathbb{Z}$). Wenn $\frac{p}{q} \ne x$, dann ist

$$0 < \left| x - \frac{p}{q} \right| = \left| \frac{a}{b} - \frac{p}{q} \right| = \left| \frac{qa - pb}{bq} \right| \ge \frac{1}{bq}.$$

Für $q > b$ ist die untere Schranke $\frac{1}{bq}$ größer als $\frac{1}{q^2}$. Deshalb gibt es nur endlich viele gekürzte Brüche $\frac{p}{q}$ mit $\left| x - \frac{p}{q} \right| < \frac{1}{q^2}$.

Ohne Beweis teilen wir hier mit, dass sich für irrationale x die Schranke $\frac{1}{q^2}$ durch $\frac{1}{\sqrt{5} \cdot q^2}$ ersetzen lässt. I.A. (das heißt ohne spezielle Voraussetzungen über x) lässt sich dieses Ergebnis nicht weiter verbessern, d. h. rationale Zahlen sind nur approximierbar zur Ordnung 1. Eine genauere Untersuchung dieser Fragen ist Gegenstand der Theorie der sogenannten **diophantischen Approximationen**. Wir verweisen die Leser hier auf die Monografie „Diophantine Approximation" von Wolfgang M. Schmidt *(siehe [Schm])*.

Im Abschnitt 3.6 werden wir mit den sogenannten Kettenbrüchen ein systematisches Verfahren kennenlernen, um gute Approximationen im Sinne von Satz 3.1.7 zu bestimmen.
Übungsaufgabe 3.6. Man bestimme für $x = \sqrt{3}, Q = 4$ die nach dem Satz von **Dirichlet** existierenden Brüche $\frac{p}{q}$ mit $1 \le q < 4$.

Mit einigen Hilfsmitteln der Analysis können wir ein Gegenstück zum Satz 3.1.7 aufzeigen, indem wir unter speziellen Voraussetzungen eine **untere** Schranke für $\left| x - \frac{p}{q} \right|$ angeben.

Lemma 3.1.1. *Wenn*

$$f(X) = a_0 X^n + a_1 X^{n-1} + \cdots + a_{n-1} X + a_n$$

mit $a_0, \ldots, a_n \in \mathbb{R}$ und $a_0 \neq 0$ ein Polynom und $x_0 \in \mathbb{R}$ eine Nullstelle von $f(X)$ ist, das heißt $f(x_0) = 0$, dann ist $f(X)$ durch $X - x_0$ teilbar. $f(X)$ hat also höchstens n reelle Nullstellen.

Beweis. Es ist

$$
\begin{aligned}
f(X) &= f(X) - f(x_0) \\
&= a_0(X^n - x_0^n) + a_1(X^{n-1} - x_0^{n-1}) + \cdots + a_{n-1}(X - x_0) \\
&= (X - x_0) \cdot g(X),
\end{aligned}
$$

weil man leicht nachprüft, dass sich jede Differenz $X^m - x_0^m$ zerlegen lässt in $X^m - x_0^m = (X - x_0) \cdot (X^{m-1} + x_0 X^{m-2} + \cdots + x_0^{m-1})$ für alle $m \geq 1$. $\qquad\square$

Satz 3.1.8 (Liouville). *Wenn eine reelle Zahl x einer Gleichung*

$$a_0 X^n + a_1 X^{n-1} + \cdots + a_n = 0 \quad (a_0 \neq 0)$$

mit ganzzahligen Koeffizienten $a_0, \ldots, a_n$ genügt, dann gibt es eine von x abhängige positive reelle Zahl C derart, dass für alle Brüche $\frac{p}{q}$ mit $\frac{p}{q} \neq x$ gilt:

$$\left| x - \frac{p}{q} \right| \geq \frac{C}{q^n}.$$

Beweis. Das Polynom

$$f(X) = a_0 X^n + a_1 X^{n-1} + \cdots + a_n$$

hat die Ableitung

$$f'(X) = n a_0 X^{n-1} + (n-1) a_1 X^{n-2} + \cdots + a_{n-1}.$$

Die Menge $\{|f'(t)| : t \in (x-1, x+1)\}$ ist beschränkt, d.h. es existiert eine Menge M mit $M \subseteq \mathbb{R}$ und

$$|f'(t)| < M \text{ für alle reellen } t \text{ mit } x - 1 < t < x + 1.$$

Es sei $\frac{p}{q} \neq x$ ein Bruch, der schon „genügend nahe" bei x liegt:

$$x - 1 < \frac{p}{q} < x + 1.$$

Zwischen $\frac{p}{q}$ und x sollen keine weiteren der endlich vielen Nullstellen von $f(X)$ liegen. Insbesondere ist $f\left(\frac{p}{q}\right) \neq 0$. Dann ist

$$\left| f\left(\frac{p}{q}\right) \right| = \frac{\left| a_0 p^n + a_1 p^{n-1} q + \cdots + a_n q^n \right|}{q^n} \geq \frac{1}{q^n},$$

weil im Zähler eine positive natürliche Zahl steht. Nach dem Mittelwertsatz der Differentialrechnung ergibt sich deshalb

$$f\left(\frac{p}{q}\right) = f\left(\frac{p}{q}\right) - f(x) = \left(\frac{p}{q} - x\right) \cdot f'(\tau)$$

für eine reelle Zahl τ zwischen $\frac{p}{q}$ und x. Wegen $f\left(\frac{p}{q}\right) \neq 0$ ist auch $f'(\tau) \neq 0$. Dann ist

$$\left| \frac{p}{q} - x \right| = \frac{\left| f\left(\frac{p}{q}\right) \right|}{|f'(\tau)|} > \frac{1}{M \cdot q^n} = \frac{C'}{q^n}.$$

Andererseits liegen die bei dieser Abschätzung weggelassenen Brüche $\frac{p}{q}$ außerhalb des offenen Intervalls $(x - h, x + h)$ mit $0 < h \leq 1$. Für diese Brüche ist

$$\left| \frac{p}{q} - x \right| \geq h = \frac{h \cdot q^n}{q^n} \geq \frac{h}{q^n}.$$

Wenn wir $C := \min(C', h) > 0$ setzen, dann haben wir für alle Brüche $\frac{p}{q} \neq x$ die Ungleichung

$$\left| x - \frac{p}{q} \right| \geq \frac{C}{q^n}.$$

$\square$

Man sagt auch, die Zahl x lässt sich nicht besser als von der Ordnung n approximieren.

Übungsaufgabe 3.7. Man bestimme für Zahlen $\sqrt{D}$ mit einer natürlichen Zahl D, die keine Quadratzahl ist, eine Konstante C im Satz von **Liouville**.

3.2 Komplexe Zahlen

Es gibt mehrere Gründe, über den Bereich $\mathbb{R}$ der reellen Zahlen hinaus zu gehen. Wenn zum Beispiel ein rechtwinkliges Dreieck mit ganzzahligen Längen a, b der Katheten vorliegt, dann hat die Hypothenuse die Länge $\sqrt{a^2 + b^2}$. Hier kann man die Frage stellen: Welche natürlichen Zahlen n sind Summen von zwei Quadratzahlen, also

$$n = a^2 + b^2?$$

Die Summe $a^2 + b^2$ lässt sich formal als Produkt

$$a^2 + b^2 = (a + b\sqrt{-1}) \cdot (a - b\sqrt{-1})$$

mit der zunächst imaginären Größe $\sqrt{-1}$ schreiben. Mit den linearen Ausdrücken $a + b\sqrt{-1}$ lässt sich bequem rechnen: Man kann sie nicht nur addieren, sondern auch multiplizieren:

$$(a + b\sqrt{-1}) \cdot (c + d\sqrt{-1}) = (ac - bd) + (ad + bc)\sqrt{-1}.$$

Daraus erhält man die Formel

$$(a^2 + b^2)(c^2 + d^2) = (ac - bd)^2 + (ad + bc)^2,$$

die man natürlich auch unmittelbar nachprüfen kann. Auf diese Weise verwandelt sich die oben gestellte Frage „Wann ist $n = a^2 + b^2$?" in eine **multiplikative** Aufgabe.

Imaginäre Größen $a + b\sqrt{-1}$ mit $a, b \in \mathbb{R}$ treten auch bei Gleichungen zweiten und höheren Grades mit reellen Koeffizienten auf. Für die quadratische Gleichung $x^2 + 2px + q = 0$ mit $p, q \in \mathbb{R}$ gibt es die bekannte Auflösungsformel $x_{1/2} = -p \pm \sqrt{p^2 - q}$. Wenn $p^2 - q < 0$, dann setzen wir $\sqrt{p^2 - q} = +\sqrt{|p^2 - q|} \cdot \sqrt{-1}$. So gelangen wir zu der Aussage, dass jede quadratische Gleichung mit Koeffizienten in $\mathbb{R}$ zwei Lösungen der Gestalt $a + b\sqrt{-1}$ besitzt.

Ähnliches lässt sich von kubischen Gleichungen behaupten. Die Gleichung

$$x^3 + px^2 + qx + r = 0$$

besitzt stets eine reelle Lösung x_1, weil $x^3 + px^2 + qx + r > 0$ (bzw. < 0) für hinreichend große x bei $x \to -\infty$ (bzw. hinreichend kleine x bei $x \to \infty$). Nach Hilfssatz 3.1.1 können wir dann schreiben:

$$x^3 + px^2 + qx + r = (x - x_1)(x^2 + p'x + q').$$

Auf den quadratischen Faktor $x^2 + p'x + q'$ lässt sich der gleiche Gedankengang wie oben anwenden, so dass jede kubische Gleichung mit Koeffizienten in $\mathbb{R}$ drei Lösungen der Gestalt $a + b\sqrt{-1}$ besitzt.

Weiter kann man sich leicht überlegen, dass jede Größe $a + b\sqrt{-1}$ zwei Quadratwurzeln $\pm(x + y\sqrt{-1})$ besitzt. Dann folgt aus den bekannten Auflösungsformeln für Gleichungen vierten Grades, dass jede Gleichung vierten und fünften Grades mit reellen Koeffizienten vier bzw. fünf Lösungen der Gestalt $a + b\sqrt{-1}$ besitzt (Bei Grad 5 kann man wieder einen Linearfaktor $x - x_1$ mit $x_1 \in \mathbb{R}$ abspalten.).

Schon diese speziell aufgeführten Ergebnisse (Anzahl der Lösungen = Grad der Gleichung) legen es nahe, das Rechnen mit den Größen $a + b\sqrt{-1}$ korrekt zu begründen. Dies geschieht, indem man mit Zahlenpaaren (a, b) rechnet.

Definition 3.2.1. *Eine **komplexe Zahl** ist ein Paar (a, b) mit $a, b \in \mathbb{R}$. Das Paar $(a, 0)$ wird mit der reellen Zahl a identifiziert. Das Paar $(0, 1)$ wird mit i bezeichnet:*

$$i := (0, 1).$$

Die Rechenoperationen sind wie folgt definiert:

$$(a, b) + (c, d) := (a + c, b + d)$$
$$(a, b) \cdot (c, d) := (ac - bd, ad + bc).$$

Deshalb ist $(a, b) = a \cdot (1, 0) + b \cdot (0, 1) = a + b \cdot i$. Mit anderen Worten: Jede komplexe Zahl $z = (a, b)$ ist eindeutig darstellbar in der Gestalt

$$z = a + b \cdot i.$$

*Im Folgenden wollen wir nur diese Darstellung benutzen. Bei der komplexen Zahl $a + bi$ wird die Komponente a als der **Realteil** von $a + bi$ (Symbol: $\mathrm{Re}(a + b \cdot i)$) und die Komponente b als der **Imaginärteil** von $a + bi$ (Symbol: $\mathrm{Im}(a + b \cdot i)$) bezeichnet. Die nichtnegative reelle Zahl $+\sqrt{a^2 + b^2}$ heißt **Betrag** oder auch **Modul** von $a + bi$:*

$$|a + bi| := +\sqrt{a^2 + b^2}.$$

*Die zu $z = a + bi$ **konjugiert-komplexe** Zahl ist die Zahl $a - bi$ und wird mit $\overline{z} = a - bi$ bezeichnet. Die Menge der komplexen Zahlen wird mit $\mathbb{C}$ bezeichnet.*

Satz 3.2.1. *Addition und Multiplikation der komplexen Zahlen sind kommutativ und assoziativ, und die Multiplikation ist gegenüber der Addition distributiv. $0 = (0, 0)$ ist neutrales Element bezüglich der Addition und $1 = (1, 0)$ ist neutrales Element bezüglich der Multiplikation. Zu jeder Zahl $z = a + bi$ gibt es genau eine Zahl $(-z)$ mit $z + (-z) = 0$, daher ist*

$$-z = -a - bi.$$

Weiterhin gibt es zu jeder Zahl $z = a + bi \neq 0$ genau eine Zahl $\frac{1}{z}$ mit $z \cdot \frac{1}{z} = 1$, nämlich

$$\frac{1}{z} = \frac{1}{|z|} \cdot \overline{z}.$$

Es ist $|z|^2 = z \cdot \overline{z}$. *Die Zuordnung* $a \in \mathbb{R} \longmapsto (a, 0) \in \mathbb{C}$ *überführt Summen in Summen und Produkte in Produkte, ebenso die Zuordnung* $z \in \mathbb{C} \longmapsto \overline{z} \in \mathbb{C}$:

$$\overline{z_1 + z_2} := \overline{z_1} + \overline{z_2}$$
$$\overline{z_1 \cdot z_2} := \overline{z_1} \cdot \overline{z_2}.$$

Für den Betrag gilt:

$$|z_1 \cdot z_2| = |z_1| \cdot |z_2|$$
$$|z_1 + z_2| \leq |z_1| + |z_2| \quad \textit{(Dreiecksungleichung)}.$$

Beweis. Der Beweis erfolgt durch Nachrechnen anhand der Definitionen. Wir gehen an dieser Stelle nur auf den Beweis der Dreiecksungleichung ausführlich ein und setzen

$$z_1 = x_1 + y_1 \cdot i$$
$$z_2 = x_2 + y_2 \cdot i$$

mit $x_1, x_2, y_1, y_2 \in \mathbb{R}$. Man bestätigt sehr leicht die Gleichungen

$$\mathrm{Re}(z_1 \cdot \overline{z_2}) = x_1 x_2 + y_1 y_2$$
$$(x_1 x_2 + y_1 y_2)^2 = (x_1^2 + y_1^2) \cdot (x_2^2 + y_2^2) - (x_1 y_2 - x_2 y_1)^2.$$

Aus der zweiten Gleichung folgt

$$\mathrm{Re}(z_1 \cdot \overline{z_2})^2 \leq |z_1|^2 \cdot |z_2|^2.$$

Also ist

$$|\mathrm{Re}(z_1 \cdot \overline{z_2})| \leq |z_1| \cdot |z_2|.$$

Andererseits ist

$$|z_1 + z_2|^2 = (z_1 + z_2) \cdot (\overline{z_1} + \overline{z_2})$$
$$= |z_1|^2 + 2\,\mathrm{Re}(z_1 \cdot \overline{z_2}) + |z_2|^2$$

und weiter

$$|z_1 + z_2|^2 \leq |z_1|^2 + 2\,|z_1| \cdot |z_2| + |z_2|^2$$
$$= (|z_1| + |z_2|)^2.$$

Insgesamt ist somit

$$|z_1 + z_2| \leq |z_1| + |z_2|. \qquad \square$$

Die komplexen Zahlen lassen sich geometrisch als Punkte in der Ebene deuten: Der Zahl $a + bi$ wird der Punkt mit den kartesischen Koordinaten a, b zugeordnet (Abbildung 3.4). Der Betrag $|a + bi| = +\sqrt{a^2 + b^2}$ ist dann der Abstand zum Ursprung $(0, 0)$. Deshalb wird die Ebene auch **komplexe Zahlenebene** genannt. Die reellen Zahlen

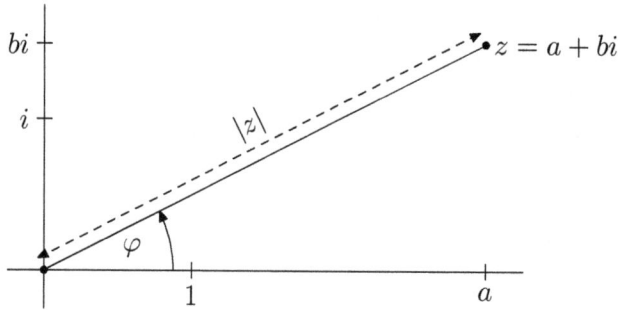

Abbildung 3.4: Komplexe Zahlenebene

$$a' := \frac{a}{|z|}, b' := \frac{b}{|z|}$$

genügen der Gleichung $a'^2 + b'^2 = 1$. Mit anderen Worten: $\frac{z}{|z|} = a' + b'i$ ist ein Punkt auf dem Einheitskreis.

Nach bekannten Sätzen der Analysis gibt es genau eine reelle Zahl φ mit $0 \le \varphi < 2\pi$ und

$$a' := \cos \varphi$$
$$b' := \sin \varphi.$$

Zusammenfassend stellen wir fest:

Satz 3.2.2. *Zu jeder komplexen Zahl $z \neq 0$ gibt es genau eine reelle Zahl φ mit $0 \le \varphi < 2\pi$ und*

$$z = |z| \cdot (\cos \varphi + i \sin \varphi) = |z| e^{i\varphi}.$$

*Diese Darstellung von z heißt **Polardarstellung** von z. Die Zahl φ heißt das **Argument** oder die **Phase** von z. Die Funktion $z = e^t$ ist für alle $t \in \mathbb{C}$ durch die überall konvergente Potenzreihe*

$$e^t = \sum_{n=0}^{\infty} \frac{t^n}{n!}$$

definiert.

Im Weiteren betrachten wir den Zahlbereich $\mathbb{R}$ und damit auch $\mathbb{N}, \mathbb{Z}$ und $\mathbb{Q}$ immer als Teilbereich von $\mathbb{C}$. Der größere Bereich $\mathbb{C}$ unterscheidet sich von $\mathbb{R}$ unter anderem dadurch wesentlich, dass er sich nicht anordnen lässt. Angenommen, es ließen sich 0 und i miteinander vergleichen, dann müsste $i > 0$ oder $i < 0$ sein. In beiden Fällen wäre deshalb aber $i^2 = -1 > 0$. Widerspruch!

Man kann über den Bereich der komplexen Zahlen im Vergleich zu den reellen Zahlen nun Folgendes zeigen. Die algebraische Struktur $(\mathbb{C}, +, \cdot)$ bildet einen Körper mit der Charakteristik $k = 0$ und ist algebraisch abgeschlossen. Jedoch lassen sich die komplexen Zahlen nicht anordnen, weil diese Zahlen Paare von reellen Zahlen sind.

Schon in der Einleitung zu diesem Abschnitt wurde darauf hingewiesen, dass Gleichungen bis zum fünften Grad einschließlich mit reellen Koeffizienten immer so viele komplexe Lösungen besitzen, wie der Grad angibt. Das abschließende Ergebnis über die Lösungen von Gleichungen ist weitaus allgemeiner und spricht sich aus im sogenannten

Satz 3.2.3 (Fundamentalsatz der Algebra). *Jedes Polynom n-ten Grades*

$$f(z) = z^n + c_1 z^{n-1} + \cdots + c_n$$

mit komplexen Koeffizienten $c_1, \ldots, c_n$ ist ein Produkt von n Linearfaktoren:

$$f(z) = (z - z_1) \cdots\cdots (z - z_n) = \prod_{i=1}^{n} (z - z_i)$$

mit komplexen Zahlen $z_1, \ldots, z_n$. Die Gleichung $f(z) = 0$ besitzt also n Lösungen, wenn man jede Lösung mit ihrer Vielfachheit zählt.

Auf den Beweis soll an dieser Stelle verzichtet werden. Wir verweisen auf Bewersdorff *(siehe [Bew])*, Wüstholz *(siehe [Wue])* und die Literatur. Im Folgenden werden wir den Fundamentalsatz dennoch ohne Einschränkungen benutzen.

Übungsaufgabe 3.8. Man beweise: Wenn z_1 das Argument φ_1 und z_2 das Argument φ_2 besitzt, dann besitzt $z_1 \cdot z_2$ das Argument $\varphi_1 + \varphi_2$ oder $\varphi_1 + \varphi_2 - 2\pi$ je nachdem, ob $\varphi_1 + \varphi_2 < 2\pi$ oder $\varphi_1 + \varphi_2 \geq 2\pi$ ist.

Übungsaufgabe 3.9. Man bestimme alle komplexzahligen Lösungen

a) von $z^3 - 1 = 0$,

b) von $z^4 + 1 = 0$.

Übungsaufgabe 3.10. Man deute die Multiplikation $w \longmapsto z \cdot w$ für $w \in \mathbb{C}$ mit einer festen komplexen Zahl $z \neq 0$ als geometrische Transformation in der Ebene.

Satz 3.2.4. *Wenn das Polynom n-ten Grades*

$$f(z) = z^n + c_1 z^{n-1} + \cdots + c_n$$

reelle Koeffizienten $c_1, \ldots, c_n$ besitzt und z_1 eine nicht-reelle komplexe Nullstelle ist, dann ist auch die konjugiert-komplexe Zahl $\overline{z_1}$ eine Nullstelle von $f(z)$. Die Nullstellen von $f(z)$ bestehen also aus r_1 reellen Nullstellen und r_2 Paaren von zueinander konjugierten nicht-reellen Nullstellen. Es ist

$$n = r_1 + 2r_2.$$

Beweis. Aus der Gleichung

$$z_1^n + c_1 z_1^{n-1} + \cdots + c_n = 0$$

folgt durch Konjugierten-Bildung

$$\overline{z_1}^n + \overline{c_1} \cdot \overline{z_1}^{n-1} + \cdots + \overline{c_n} = \overline{z_1}^n + c_1 \overline{z_1}^{n-1} + \cdots + c_n$$
$$= f(\overline{z_1}) = 0,$$

weil $\overline{c_i} = c_i$ wegen $c_i \in \mathbb{R}$ für $1 \le i \le n$.

$\square$

3.3 Algebraische und transzendente Zahlen

Definition 3.3.1. *Eine komplexe Zahl z heißt **algebraisch** über $\mathbb{Q}$ genau dann, wenn sie einer Gleichung*

$$z^n + c_1 z^{n-1} + \cdots + c_n = 0$$

*mit rationalen Koeffizienten $c_1, \ldots, c_n$ genügt. z heißt **ganz-algebraisch** über $\mathbb{Z}$, wenn die Koeffizienten $c_1, \ldots, c_n$ als ganze Zahlen gewählt werden können. z heißt **transzendent**, falls z nicht algebraisch ist. Die Menge der algebraischen Zahlen bezeichnen wir mit $\overline{\mathbb{Q}}$ oder $\mathbb{A}$ und die Menge der transzendenten Zahlen mit $\mathbb{T}$ (Abbildung 3.5).*

Beispiel.

1) Jede rationale Zahl $a \in \mathbb{Q}$ ist algebraisch, weil sie der Gleichung ersten Grades $z - a = 0$ genügt.

$$\overbrace{\qquad \mathbb{C} \qquad}$$

$$\mathbb{A} \diagup \qquad \diagdown \mathbb{T}$$

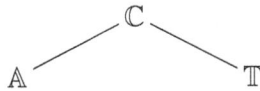

Abbildung 3.5: Zerlegung von $\mathbb{C}$ in algebraische und transzendente Zahlen

2) Jede ganze Zahl $a \in \mathbb{Z}$ ist ganz-algebraisch aus dem gleichen Grunde.

3) Die in Abschnitt 3.1 betrachteten reellen Irrationalzahlen $z = \sqrt[n]{D}$ (D ist natürliche Zahl, die nicht n-te Potenz ist) sind ganz-algebraisch, weil sie den Gleichungen $z^n - D = 0$ genügen.

4) Die Kreiszahl π ist transzendent (**Lindemann**). Der Beweis ist allerdings relativ aufwendig und kompliziert. Aus der Transzendenz von π folgt, dass die Quadratur des Kreises mit Zirkel und Lineal nicht ausführbar ist.

Bevor wir die algebraischen Zahlen näher untersuchen werden, überzeugen wir uns davon, dass transzendente Zahlen tatsächlich existieren. Als Erster konnte Liouville im Jahre 1851 nachweisen , dass transzendente Zahlen tatsächlich existieren, indem er solche Zahlen konstruierte. Es gelang ihm hierbei sogar unendlich viele solcher Zahlen zu erzeugen. Etwas später bewies dann Cantor im Jahre 1870, dass es „viel mehr" transzendente als algebraische Zahlen gibt. Genauer zeigte er, dass die Menge der algebraischen Zahlen abzählbar ist sowie die Mengen der transzendenten bzw. komplexen Zahlen überabzählbar unendlich sind.

Satz 3.3.1. *(Liouville)*
Es gibt unendlich viele transzendente Zahlen.

Beweis. Wir wählen eine beliebige natürliche Zahl $g \geq 2$ und setzen

$$t(g) := \sum_{n=1}^{\infty} \frac{1}{g^{n!}}.$$

Die Reihe ist natürlich konvergent, denn für alle $n \geq 1$ besteht die Ungleichung $\frac{1}{g^{n!}} \leq \frac{1}{g^n}$ und die majorisierende geometrische Reihe $\sum_{n=1}^{\infty} \frac{1}{g^n}$ konvergiert. Wir behaupten, dass $t(g)$ transzendent ist und setzen

$$q(k) := g^{k!}$$

$$p(k) := g^{k!} \cdot \sum_{n=1}^{k} \frac{1}{g^{n!}} \qquad \text{für } k \geq 1.$$

Es ist offensichtlich, dass $p(k)$ und $q(k)$ natürliche Zahlen sind. Dann ist

$$\left| t(g) - \frac{p(k)}{q(k)} \right| = \sum_{n=k+1}^{\infty} \frac{1}{g^{n!}}$$

$$= \frac{1}{g^{(k+1)!}} \cdot \left(1 + \frac{1}{g^{k+2}} + \frac{1}{g^{(k+2)(k+3)}} + \cdots \right)$$

$$< \frac{2}{g^{(k+1)!}}$$

$$= 2 \cdot \frac{1}{q(k)^{k+1}}.$$

Wir nehmen nun an, dass $t(g)$ algebraisch ist. Folglich existieren nach dem Satz von Liouville (3.1.8) positive Zahlen $c \in \mathbb{R}$ und $d \in \mathbb{N}_+$ mit

$$\left| t(g) - \frac{p(k)}{q(k)} \right| \geq \frac{c}{q(k)^d}$$

für alle $k \in \mathbb{N}_+$. Also ist $\frac{c}{q(k)^d} < \frac{2}{q(k)^{k+1}}$, d.h. $\frac{c}{2} < q(k)^{d-k-1}$ für alle k und deshalb haben wir einen Widerspruch!

Also gibt es unendlich viele transzendente Zahlen.

$\square$

Ein Problem völlig anderer Art besteht darin, von einer fest vorgegebenen reellen oder komplexen Zahl zu entscheiden, ob sie algebraisch oder transzendent ist. Die Transzendenz von e wurde 1873 von C. Hermite und die von π 1882 von F. Lindemann bewiesen. Ihre gegebene Beweise wurden danach weiter vereinfacht. In diesem Zusammenhang sei erwähnt, dass es noch viele ungelöste Probleme bzgl. der Transzendenz von reellen und komplexen Zahlen gibt. So ist zum Beispiel bis heute nicht bekannt, ob die Zahl $e + \pi$ algebraisch oder transzendent ist. Wir werden in diesem Buches noch einen Tranzendenzbeweis für die Zahl e im Abschnitt 3.8 führen. Ansonsten verweisen wir den Leser auf Schneider *(siehe [Schn])*, Hardy-Wright *(siehe [Har])*, Krätzel *(siehe [Krä1])* und die Literatur.

Bemerkung 3.3.1. *Der Begriff „ganz-algebraisch" verallgemeinert in angemessener Weise den Begriff „ganz-rational".*

Satz 3.3.2. *Eine rationale Zahl z, die zugleich ganz-algebraisch ist, ist ganzrational, d.h. $z \in \mathbb{Z}$.*

Beweis. Der Satz stellt weiter nichts als eine Umformulierung der in Satz 1.8.2 angesprochenen Ganz-Abgeschlossenheit von $\mathbb{Z}$ dar.

$\square$

Die ganz-algebraischen Zahlen verhalten sich zu den algebraischen Zahlen, wie die ganz-rationalen Zahlen zu den rationalen Zahlen. Genauer können wir sagen:

Satz 3.3.3. *Zu jeder algebraischen Zahl z gibt es eine positive natürliche Zahl m derart, dass mz ganz-algebraisch ist. Speziell ist $z = \frac{mz}{m}$ ein Quotient von ganz-algebraischen Zahlen.*

Beweis. Es sei

$$z^n + a_1 \cdot z^{n-1} + \ldots + a_n = 0$$

mit $a_1, \ldots, a_n \in \mathbb{Q}$ eine Gleichung, der z genügt. Dann gibt es eine positive natürliche Zahl m derart, dass $ma_1, \ldots, ma_n \in \mathbb{Z}$. ($m$ ist ein gemeinsamer Nenner von $a_1, \ldots, a_n$.) Wir multiplizieren die Gleichung für z mit m^n und erhalten

$$(m \cdot z)^n + (m \cdot a_1) \cdot (mz)^{n-1} + \ldots + m^n \cdot a_n = 0,$$

also eine Gleichung für $m \cdot z$ mit ganz-rationalen Koeffizienten.

$\square$

Übungsaufgabe 3.11. Man bestimme eine algebraische Gleichung für die reelle Zahl $z = \sqrt{\frac{1}{2}} + \sqrt[3]{5}$.

Die algebraischen Zahlen lassen sich in der folgenden Weise charakterisieren:

Satz 3.3.4. *Eine komplexe Zahl z ist algebraisch (bzw. ganz-algebraisch) genau dann, wenn es komplexe Zahlen $w_1, \ldots, w_n$, die nicht sämtlich $= 0$ sind, und rationale (bzw. ganz-rationale) Zahlen c_{ij} mit $1 \leq i, j \leq n$ derart gibt, dass für alle i mit $1 \leq i \leq n$*

$$z \cdot w_i = \sum_{j=1}^{n} c_{ij} \cdot w_j$$

gilt.

Beweis.
1. Teil ($\Rightarrow$): Es sei z algebraisch und es gelte eine Gleichung

$$z^n + a_1 z^{n-1} + \ldots + a_n = 0$$

mit $a_1, \ldots, a_n \in \mathbb{Q}$. Dann setzen wir $w_1 := 1, w_2 := z, \ldots, w_n := z^{n-1}$ und erhalten die Beziehungen

$$z \cdot w_1 = w_2$$
$$z \cdot w_2 = w_3$$
$$\vdots$$
$$z \cdot w_{n-1} = w_n$$
$$z \cdot w_n = -a_n \cdot 1 - a_{n-1} \cdot z - \ldots - a_1 \cdot z^{n-1}$$
$$= -a_n \cdot w_1 - a_{n-1} \cdot w_2 - \ldots - a_1 \cdot w_n.$$

Jedes Produkt $z \cdot w_i$ ist also eine Linearkombination der $w_1, \ldots, w_n$ mit rationalen Koeffizienten. Wenn z ganz-algebraisch ist, das heißt $a_1, \ldots, a_n \in \mathbb{Z}$, dann sind die oben auftretenden Koeffizienten ebenfalls ganz-rational. Damit ist die eine Richtung des Beweises erbracht.

2. Teil ($\Leftarrow$): Wenn wir umgekehrt von den Gleichungen $z \cdot w_i = \sum_{j=1}^{n} c_{ij} \cdot w_j$ ausgehen, dann können wir im Matrizenkalkül schreiben:

$$z \begin{pmatrix} w_1 \\ \vdots \\ w_n \end{pmatrix} = C \begin{pmatrix} w_1 \\ \vdots \\ w_n \end{pmatrix} \quad \text{oder}$$

$$(z \cdot E - C) \begin{pmatrix} w_1 \\ \vdots \\ w_n \end{pmatrix} = \begin{pmatrix} 0 \\ \vdots \\ 0 \end{pmatrix}.$$

$$C := (c_{ij}), (n \times n)\text{-Matrix}$$
$$E := (n \times n)\text{-Einheitsmatrix},$$

Die letzte Gleichung können wir als ein homogenes quadratisches lineares Gleichungssystem mit der nichttrivialen Lösung $(w_1, \ldots, w_n)^T$ auffassen. Dann muss nach einem bekannten Satz aus der linearen Algebra die Determinante der Matrix $(z \cdot E - C)$ gleich 0 sein:

$$\det(z \cdot E - C) = z^n + a_1 z^{n-1} + \ldots + a_n = 0$$

mit wohlbestimmten Koeffizienten $a_1, \ldots, a_n$, die rational bzw. ganz-rational sind, je nachdem ob die c_{ij} rational bzw. ganz-rational sind. Damit haben wir die gesuchte Gleichung, der z genügt, erhalten.

$\square$

Beispiel. Wir zeigen, dass die reelle Zahl $z = \sqrt[3]{12} + \sqrt[3]{18}$ ganz-algebraisch ist. Wir wählen

$$w_1 = 1, w_2 = \sqrt[3]{12}, w_3 = \sqrt[3]{18}.$$

Dann ist

$$\begin{aligned}
z \cdot w_1 &= \sqrt[3]{12} + \sqrt[3]{18} &&= 0 \cdot w_1 + 1 \cdot w_2 + 1 \cdot w_3 \\
z \cdot w_2 &= \sqrt[3]{144} + \sqrt[3]{216} &&= 6 \cdot w_1 + 0 \cdot w_2 + 2 \cdot w_3 \\
z \cdot w_3 &= \sqrt[3]{216} + \sqrt[3]{324} &&= 6 \cdot w_1 + 3 \cdot w_2 + 0 \cdot w_3.
\end{aligned}$$

Die Gleichung für z lautet

$$\det \begin{pmatrix} z & -1 & -1 \\ -6 & z & -2 \\ -6 & -3 & z \end{pmatrix} = z^3 - 12 - 18 - 6z - 6z - 6z$$

$$= z^3 - 18z - 30 = 0$$

Die algebraischen Zahlen lassen sich einfacher untersuchen, wenn wir an dieser Stelle noch einen weiteren Begriff, den sogenannten Modulbegriff einführen.

Definition 3.3.2. *(Modul)*

(i) *Ein **endlich erzeugter** $\mathbb{Z}$-**Modul** ist eine Teilmenge M von $\mathbb{C}$, die aus allen komplexen Zahlen der Gestalt*

$$b_1 \cdot w_1 + \ldots + b_N \cdot w_N$$

mit $b_1, \ldots, b_N \in \mathbb{Z}$ besteht, wobei $w_1, \ldots, w_N$ komplexe Zahlen sind. Wir schreiben

$$M := \mathbb{Z} \cdot w_1 + \ldots + \mathbb{Z} \cdot w_N$$

*und nennen die Zahlen $w_1, \ldots, w_N$ **Erzeugende** von M.*
Für eine komplexe Zahl z bezeichnen wir mit $z \cdot M$ die Menge aller Zahlen $z \cdot w$ mit $w \in M$. Offensichtlich ist $z \cdot M$ wiederum ein endlich erzeugter $\mathbb{Z}$-Modul, der von $z \cdot w_1, \ldots, z \cdot w_N$ erzeugt wird.

(ii) *Unter $\mathbb{R} \cdot M$ verstehen wir die Menge aller komplexen Zahlen der Gestalt*

$$c_1 \cdot w_1 + \ldots + c_N \cdot w_N$$

mit $c_1 \ldots, c_N \in \mathbb{R}$.

(iii) Wenn

$$M' = \mathbb{Z} \cdot w'_1 + \ldots \mathbb{Z} \cdot w'_{N'}$$

*mit $w'_1, \ldots, w'_{N'} \in \mathbb{C}$ ein weiterer endlich erzeugter $\mathbb{Z}$-Modul ist, dann verstehen wir unter der Summe $M + M'$ sowie dem **Produkt** $M \cdot M'$ die endlich erzeugten $\mathbb{Z}$-Moduln*

$$M + M' = \sum_{i=1}^{N} \mathbb{Z}w_i + \sum_{i=1}^{N'} \mathbb{Z}w'_j$$

$$M \cdot M' = \sum_{i=1}^{N} \sum_{j=1}^{N'} \left(\mathbb{Z} \cdot w_i \cdot w'_j\right)$$

$$= \left\{ \sum_{i=1}^{N} \sum_{j=1}^{N'} \left(d_{ij} \cdot w_i \cdot w'_j\right) \; : \; d_{ij} \in \mathbb{Z} \right\}$$

Eine äquivalente Formulierung zum Satz 3.3.4 lautet nun mit Hilfe des Modulbegriffs:

z algebraisch $\Leftrightarrow$ Es gibt einen endlich erzeugten $\mathbb{Z}$-Modul $M \neq \{0\}$

mit $z \cdot M \subseteq \mathbb{Q} \cdot M$.

z ganz-algebraisch $\Leftrightarrow$ Es gibt einen endlich erzeugten $\mathbb{Z}$-Modul $M \neq \{0\}$

mit $z \cdot M \subseteq M$.

Jetzt können wir beweisen:

Satz 3.3.5.

a) *Wenn $z^{(1)}, z^{(2)}$ algebraisch sind, dann sind auch $z^{(1)} \cdot z^{(2)}$ und $z^{(1)} + z^{(2)}$ algebraisch.*

b) *Wenn $z^{(1)}, z^{(2)}$ ganz-algebraisch sind, dann sind auch $z^{(1)} \cdot z^{(2)}$ und $z^{(1)} + z^{(2)}$ ganz-algebraisch.*

Beweis.

a) Nach Voraussetzung gibt es endlich erzeugte $\mathbb{Z}$-Moduln $M^{(1)}, M^{(2)} \neq \{0\}$ mit $z^{(1)} \cdot M^{(1)} \subseteq \mathbb{Q} \cdot M^{(1)}, z^{(2)} \cdot M^{(2)} \subseteq \mathbb{Q} \cdot M^{(2)}$. Daraus folgt durch Multiplikation der beiden Inklusionen:

$$z^{(1)} \cdot z^{(2)} \cdot M^{(1)} \cdot M^{(2)} = z^{(1)} \cdot M^{(1)} \cdot z^{(2)} \cdot M^{(2)}$$

$$\subseteq \mathbb{Q} \cdot M^{(1)} \cdot \mathbb{Q} \cdot M^{(2)}$$

$$= \mathbb{Q} \cdot M^{(1)} \cdot M^{(2)}.$$

Weil $M^{(1)} \cdot M^{(2)}$ wiederum ein endlich erzeugter $\mathbb{Z}$-Modul $\neq \{0\}$ ist, ergibt sich sofort, dass $z^{(1)} \cdot z^{(2)}$ algebraisch ist. Weiterhin haben wir

$$z^{(1)} \cdot M^{(1)} \cdot M^{(2)} \subseteq \mathbb{Q} \cdot M^{(1)} \cdot M^{(2)}$$
$$z^{(2)} \cdot M^{(1)} \cdot M^{(2)} \subseteq \mathbb{Q} \cdot M^{(1)} \cdot M^{(2)},$$

also

$$\left(z^{(1)} + z^{(2)}\right) \cdot M^{(1)} \cdot M^{(2)} \subseteq \mathbb{Q} \cdot M^{(1)} \cdot M^{(2)}.$$

Deshalb ist auch $z^{(1)} + z^{(2)}$ algebraisch.

b) Der Beweis erfolgt analog zu a), indem man überall $\mathbb{Q}$ durch 1 ersetzt.

$\square$

Beispiel. Man bestimme eine algebraische Gleichung, der $z = \sqrt{3} + \sqrt{5}$ genügt. In den Beziehungen des Satzes 3.3.5 und seines Beweises ist $z^{(1)} = \sqrt{3}$, $M^{(1)} = \mathbb{Z} \cdot 1 + \mathbb{Z} \cdot \sqrt{3}$, $z^{(2)} = \sqrt{5}$, $M^{(2)} = \mathbb{Z} \cdot 1 + \mathbb{Z} \cdot \sqrt{5}$. Folglich ist $M^{(1)} \cdot M^{(2)} = \mathbb{Z} \cdot 1 + \mathbb{Z} \cdot \sqrt{3} + \mathbb{Z} \cdot \sqrt{5} + \mathbb{Z} \cdot \sqrt{15}$. Wir haben die Gleichungen

$$\left(\sqrt{3} + \sqrt{5}\right) \cdot 1 = 0 \cdot 1 + 1 \cdot \sqrt{3} + 1 \cdot \sqrt{5} + 0 \cdot \sqrt{15}$$
$$\left(\sqrt{3} + \sqrt{5}\right) \cdot \sqrt{3} = 3 \cdot 1 + 0 \cdot \sqrt{3} + 0 \cdot \sqrt{5} + 1 \cdot \sqrt{15}$$
$$\left(\sqrt{3} + \sqrt{5}\right) \cdot \sqrt{5} = 5 \cdot 1 + 0 \cdot \sqrt{3} + 0 \cdot \sqrt{5} + 1 \cdot \sqrt{15}$$
$$\left(\sqrt{3} + \sqrt{5}\right) \cdot \sqrt{15} = 0 \cdot 1 + 5 \cdot \sqrt{3} + 3 \cdot \sqrt{5} + 0 \cdot \sqrt{15}.$$

z genügt also der Gleichung

$$\det(z \cdot E - A) = 0, \text{ mit } A = \begin{pmatrix} 0 & 1 & 1 & 0 \\ 3 & 0 & 0 & 1 \\ 5 & 0 & 0 & 1 \\ 0 & 5 & 3 & 0 \end{pmatrix},$$

das heißt, es gilt

$$z^4 - 16z^2 + 4 = 0.$$

Übungsaufgabe 3.12. Man bestimme eine algebraische Gleichung für die reelle Zahl $z = \sqrt{5} - \sqrt{2}$.

Übungsaufgabe 3.13. Man bestimme eine algebraische Gleichung für die reelle Zahl $z = \sin \frac{\pi}{18}$.

Übungsaufgabe 3.14. Man bestimme eine algebraische Gleichung für die reelle Zahl $z = \cos \frac{\pi}{12}$.

Satz 3.3.6. *Wenn $z \neq 0$ algebraisch ist, dann ist auch $\frac{1}{z}$ algebraisch.*

Beweis. z möge der Gleichung

$$z^n + a_1 z^{n-1} + \cdots + a_n = 0 \quad \text{mit } a_1, \ldots, a_n \in \mathbb{Q}$$

genügen. Es sei k der größte Index mit $a_k \neq 0$, also

$$z^n + a_1 z^{n-1} + \cdots + a_k z^{n-k} = z^{n-k} \cdot \left(z^k + a_1 z^{k-1} + \cdots + a_k\right) = 0.$$

Wegen $z \neq 0$ folgt daraus

$$z^k + a_1 z^{k-1} + \cdots + a_k = 0.$$

Division durch $a_k z^k$ ergibt

$$\frac{1}{a_k} + \frac{a_1}{a_k} \cdot \frac{1}{z} + \cdots + \left(\frac{1}{z}\right)^k = 0,$$

d. h. wir haben eine Gleichung für $\frac{1}{z}$ mit rationalen Koeffizienten erhalten. $\qquad\square$

Korollar 3.3.1. *Wenn z einer Gleichung*

$$z^k + a_1 z^{k-1} + \cdots + a_k = 0.$$

mit $a_1, \ldots, a_k \in \mathbb{Z}$ und $a_k = \pm 1$ genügt, dann sind z und $\frac{1}{z}$ ganz-algebraisch.

Satz 3.3.7. *Wenn $z^{(1)}, z^{(2)}$ mit $z^{(2)} \neq 0$ algebraisch sind, dann ist auch $\frac{z^{(1)}}{z^{(2)}}$ algebraisch.*

Beweis. Wegen $\frac{z^{(1)}}{z^{(2)}} = z^{(1)} \cdot \frac{1}{z^{(2)}}$ ist diese Zahl ein Produkt von algebraischen Zahlen, also nach Satz 3.3.5 und Satz 3.3.6 selbst algebraisch. $\qquad\square$

Zusammenfassend stellen wir fest:

Satz 3.3.8. *Die Menge $\mathbb{A}$ der algebraischen Zahlen ist abgeschlossen gegenüber Addition, Subtraktion, Multiplikation und Division. Die Menge $\overline{\mathbb{Z}}$ der ganz-algebraischen Zahlen ist abgeschlossen gegenüber Addition, Subtraktion und Multiplikation.*

Korollar 3.3.2. *Zu jeder algebraischen Zahl z gibt es eine ganz-algebraische Zahl $z' \neq 0$ mit $z \cdot z' \in \mathbb{Z}$.*

Beweis. O.E.d.A. sei $z \neq 0$. Dann ist $\frac{1}{z} \in \overline{\mathbb{Q}}$. Folglich haben wir $z' := \frac{m}{z} \in \overline{\mathbb{Z}}$ für $m \in \mathbb{N}_+$. Deshalb gilt $z \cdot z' \in \overline{\mathbb{Z}}$.

□

Die Mengen $\overline{\mathbb{Z}}$ und $\mathbb{A}$ sind jedoch noch in einem weiteren Sinne abgeschlossen, nämlich gegenüber der Lösung von Gleichungen mit Koeffizienten in $\overline{\mathbb{Z}}$ bzw. $\mathbb{A}$.

Satz 3.3.9.

a) *Wenn die komplexe Zahl z einer Gleichung*

$$z^n + a_1 z^{n-1} + \cdots + a_n = 0$$

mit $a_1, \ldots, a_n \in \mathbb{A}$ genügt, dann ist z ebenfalls algebraisch.

b) *Wenn in dieser Gleichung $a_1, \ldots, a_n$ ganz-algebraisch sind, dann ist auch z ganz-algebraisch.*

Beweis.

a) Zu jedem Koeffizienten a_k $(1 \leq k \leq n)$ gibt es einen endlich erzeugten $\mathbb{Z}$-Modul $\mathbb{M}_k \neq \{0\}$ mit $a_k \cdot \mathbb{M}_k \subseteq \mathbb{Q} \cdot \mathbb{M}_k$. Außerdem führen wir den endlichen $\mathbb{Z}$-Modul

$$\mathbb{M}_0 := \mathbb{Z} \cdot 1 + \mathbb{Z} \cdot z + \cdots + \mathbb{Z} \cdot z^{n-1} \neq \{0\}$$

ein. Das Produkt

$$\mathbb{M} := \mathbb{M}_0 \cdot \mathbb{M}_1 \cdot \cdots \cdot \mathbb{M}_n \neq \{0\}$$

ist ebenfalls ein endlich erzeugter $\mathbb{Z}$-Modul. Es genügt nun, die Inklusion $z \cdot \mathbb{M} \subseteq \mathbb{Q} \cdot \mathbb{M}$ zu beweisen.
Der Modul $\mathbb{M}$ wird erzeugt von Produkten der Gestalt

$$z^k \cdot w \quad \text{mit } 0 \leq k \leq n-1, w \in \mathbb{M}_1 \cdot \cdots \cdot \mathbb{M}_n.$$

Für $0 \leq k \leq n-2$ haben wir

$$z \cdot \left(z^k \cdot w \right) = z^{k+1} \cdot w \in \mathbb{M}$$

wegen $k + 1 \leq n - 1$.
Für $k = n - 1$ ergibt sich

$$\begin{aligned}
z \cdot \left(z^{n-1} \cdot w \right) &= z^n \cdot w \\
&= -\left(a_1 \cdot z^{n-1} + \cdots + a_n \right) \cdot w \\
&= -z^{n-1} \cdot a_1 \cdot w - \cdots - a_n \cdot w.
\end{aligned}$$

Aus $a_k \cdot \mathbb{M}_k \subseteq \mathbb{Q} \cdot \mathbb{M}_k$ folgt $a_k \cdot \mathbb{M}_1 \cdots \cdot \mathbb{M}_n \subseteq \mathbb{Q} \cdot \mathbb{M}_1 \cdots \cdot \mathbb{M}_n$ für alle k mit $1 \leq k \leq n$. Folglich haben wir

$$z^{n-k} \cdot a_k \cdot w \in z^{n-k} \cdot \mathbb{Q} \cdot \mathbb{M}_1 \cdots \cdot \mathbb{M}_n$$
$$\subseteq \mathbb{Q} \cdot \mathbb{M}$$

und damit insgesamt

$$z \cdot \left(z^{n-1} \cdot w \right) \in \mathbb{Q} \cdot \mathbb{M}$$
$$z \cdot \mathbb{M} \subseteq \mathbb{Q} \cdot \mathbb{M},$$

b) Der Beweis ergibt sich aus dem Beweis von a), indem wir dort $\mathbb{Q}$ überall durch 1 ersetzen. $\qquad\qquad\qquad\qquad\qquad\qquad\qquad\qquad\qquad\qquad\quad\square$

Wir haben das folgende Diagramm:

$$
\begin{array}{ccc}
\mathbb{Z} & \rightarrow & \mathbb{Q} \\
\downarrow & & \downarrow \\
\overline{\mathbb{Z}} & \rightarrow & \overline{\mathbb{Q}}
\end{array}
$$

Abbildung 3.6: Einbettung von Zahlenmengen

Zusammenfassung:
Wir haben gesehen, dass wir eine sehr große Anzahl an algebraischen bzw. ganzalgebraischen Zahlen besitzen. Auf eine weitere Typisierung dieser Zahlen nach verschiedenen Graden soll an dieser Stelle allerdings verzichtet werden.

Wir verweisen in diesem Zusammenhang auf die Abschnitte 3.4, 3.5 und 3.6, wo wir noch kurz auf eine genauere Typisierung von algebraischen Zahlen eingehen werden.
Es sei jedoch noch bemerkt, dass die Untersuchung der algebraischen Zahlen Gegenstand der algebraischen Zahlentheorie ist und mit gutem Recht als **höhere Zahlentheorie** (im Gegensatz zur **elementaren Zahlentheorie** als Untersuchung der rationalen und ganz-rationalen Zahlen) bezeichnet werden kann.

3.4 Spezielle algebraische Zahlen

Definition 3.4.1. *Eine komplexe Zahl z heißt **algebraisch** vom Grad n mit $n \in \mathbb{N}_+$ über $\mathbb{Q}$ genau dann, wenn sie einer Gleichung*

$$z^n + c_1 z^{n-1} + \cdots + c_n = 0$$

*mit rationalen Koeffizienten $c_1, \ldots, c_n$ und keiner Gleichung von Grad k mit $1 \leq k \leq n-1$ genügt. z heißt **ganz-algebraisch** vom Grad $n, n \in \mathbb{N}_+$ über $\mathbb{Z}$, wenn die Koeffizienten $c_1, \ldots, c_n$ als ganze Zahlen gewählt werden können und sie keiner Gleichung vom Grad k mit $1 \leq k \leq n-1$ genügt. Die Menge der algebraischen Zahlen vom Grad n bezeichnen wir in diesem Buch mit $\mathbb{A}_n$.*

Spezialfälle:
$n = 1$: Es gilt $z \in \mathbb{Q}$ genau dann, wenn $z \in \mathbb{A}_1$, d.h. z einer algebraischen Gleichung vom Grad 1 genügt.
$n = 2$: Es gilt $z \in \mathbb{A}_2$ genau dann, wenn z einer algebraischen Gleichung 2.Grades und keiner algebraischen Gleichung 1.Grades genügt.
Wir erwähnen noch, dass die im Abschnitt 3.6 definierten quadratischen Irrationalzahlen spezielle algebraische Zahlen 2.Grades sind.

Es gilt nun folgende Verschärfung von Satz 3.7.2:
Satz 3.4.1. *Für $p \in \mathbb{P}$ und $n \in \mathbb{N}_+$ gilt, dass $\alpha = \sqrt[n]{p} \in A_n$, d.h. eine ganz-algebraische Zahl n-ten Grades ist.*

Bevor wir diesen Satz beweisen werden, wollen wir zuvor den Satz noch an einem Beispiel verdeutlichen.

Beispiel.
Wir setzen im Satz 3.4.1 $n = p = 3$ und wollen zeigen, dass $\alpha = \sqrt[3]{3} \in A_3$, eine algebraische Zahl 3. Grades, auch kubische Irrationalität genannt, darstellt. Für $\alpha = \sqrt[3]{3}$ gilt bestimmt $\alpha^3 - 3 = 0$. Daher ist $\alpha \in A_k$ für ein $k \in \{1, 2, 3\}$.

Wir führen den Beweis indirekt und werden zeigen, dass α nicht aus A_2 bzw. A_1 sein kann.

1.Fall $\alpha \in \mathbb{A}_2$:
Es sei $a_0 \alpha^2 + a_1 \alpha + a_2 = 0$ mit $a_0, a_1, a_2 \in \mathbb{Z}$. O. E. d. A. sei $ggT(a_0, a_1, a_2) = 1$. Nach Multiplikation der Gleichung mit α sowie α^2 erhalten wir

$$a_1 \alpha^2 + a_2 \alpha + 3a_0 = a_2 \alpha^2 + 3a_0 \alpha + 3a_1 = 0.$$

Es ergibt sich damit ein homogenes lineares Gleichungssystem.

$$
\begin{aligned}
0 &= a_0\alpha^2 + a_1\alpha + a_2 \\
0 &= a_1\alpha^2 + a_2\alpha + 3a_0 \\
0 &= a_2\alpha^2 + 3a_0\alpha + 3a_1
\end{aligned}
$$

Mit der Koeffizientenmatrix $A = \begin{pmatrix} a_0 & a_1 & a_2 \\ a_1 & a_2 & 3a_0 \\ a_2 & 3a_0 & 3a_1 \end{pmatrix}$.

Dieses Gleichungssystem hat eine nichttriviale Lösung. Daher ist
det $A = 0$, d.h. $a_2^3 + 3c = 0$ für ein $c \in \mathbb{Z}$. Es gilt deshalb $3 \mid a_2$. In analoger Weise schließt man noch, dass auch $3 \mid a_1$ und $3 \mid a_0$ gelten. Damit folgt $ggT(a_0, a_1, a_2) \geq 3$. Widerspruch!

2.Fall $\alpha \in \mathbb{A}_1$:
Es sei $b_0\alpha + b_1 = 0$ mit $b_0, b_1 \in \mathbb{Z}$ und $ggT(b_0, b_1) = 1$. Wir schließen nun analog zum ersten Fall und erhalten das folgende Gleichungssystem

$$
\begin{aligned}
0 &= b_0\alpha + b_1 \\
0 &= b_0\alpha^2 + b_1\alpha \\
0 &= b_1\alpha^2 \qquad\quad + 3b_0
\end{aligned}
$$

mit der Koeffizientenmatrix $B = \begin{pmatrix} 0 & b_0 & b_1 \\ b_0 & b_1 & 0 \\ b_1 & 0 & 3b_0 \end{pmatrix}$.

Dieses Gleichungssystem hat eine nichttriviale Lösung, wenn det $B = 0$ ist, d.h. $b_1^3 + 3d = 0$ für ein $d \in \mathbb{Z}$. Es gilt deshalb $3|b_1$ und $3|b_0$. Damit folgt $ggT(b_0, b_1) \geq 3$. Widerspruch!

Beweis von Satz 3.4.1. Wir führen den Beweis indirekt und werden zeigen, dass $\alpha = \sqrt[n]{p}$ nicht aus $\mathbb{A}_k (1 \leq k \leq n-1)$ sein kann. Somit ergeben sich theoretisch $n-1$ mögliche Fälle. Nun führen wir eine Fallunterscheidung durch. Der aufwändigste Fall ist der für $k = n-1$, alle anderen Fälle sind völlig analog durchzuführen, so dass wir hier nur den Fall $k = n-1$ behandeln werden.
1.Fall $\alpha \in A_{n-1}$:
Es sei $a_0\alpha^{n-1} + a_1\alpha^{n-2} + \ldots + a_{n-1} = 0$ mit $a_0, a_1, \ldots, a_{n-1} \in \mathbb{Z}$. O.E.d.A. sei $ggT(a_0, a_1, \ldots, a_{n-1}) = 1$. Nach Multiplikation der Gleichung mit $\alpha, \alpha^2, \ldots, \alpha^{n-1}$ erhalten wir ein homogenes lineares Gleichungssystem

$$0 = a_0\alpha^{n-1} + a_1\alpha^{n-2} + \ldots + a_{n-1}$$
$$0 = a_1\alpha^{n-1} + a_2\alpha^{n-2} + \ldots + pa_0$$

$$\vdots$$

$$0 = a_{n-1}\alpha^{n-1} + pa_0\alpha^{n-2} + \ldots + pa_{n-2}$$

mit der Koeffizientenmatrix

$$A = \begin{pmatrix} a_0 & a_1 & \ldots & a_{n-2} & a_{n-1} \\ a_1 & a_2 & \ldots & a_{n-1} & pa_0 \\ \vdots & & & & \\ a_{n-1} & pa_0 & \ldots & pa_{n-3} & pa_{n-2} \end{pmatrix}.$$

Diese Gleichungssystem hat eine nichttriviale Lösung, daher ist $\det A = 0$, d.h. $pc + a_{n-1}^n = 0$ für ein $c \in \mathbb{Z}$. Damit folgt $ggT(a_0, a_1, \ldots, a_{n-1}) \geq p$. Widerspruch!

$\square$

3.5 k-adische Brüche

Nachdem wir in den vorangegangenen Abschnitten einige grundlegende Eigenschaften über die reellen Zahlen erfahren haben, wenden wir uns nun einer ersten Darstellungsart zu.

Als Grundzahl (Basis) des zu betrachtenden Zahlensystems wollen wir eine beliebige ganze Zahl $k > 1$ nehmen. In diesem Sinne werden wir von der Darstellung der Zahlen als k-**adische** Brüche sprechen. In den Anwendungen wählt man gewöhnlich $k = 10$ (Dezimalbrüche). Für den Aufbau der Theorie ist es jedoch gänzlich belanglos, welche Zahl man als Grundzahl des Zahlensystems nimmt, so dass wir keinen Anlass haben, diese Zahl näher zu fixieren. Unser Ziel ist es, jede reelle Zahl α in diesem System darzustellen. Zur Vereinfachung der Rechnung und der Schreibweise wollen wir annehmen, dass $0 \leq \alpha < 1$ ist. Offenbar bedeutet das keine wesentliche Einschränkung der Allgemeinheit unserer Überlegungen, da die unter Umständen notwendige Ergänzung durch eine ganze Zahl keine zusätzliche Schwierigkeit bereitet.

Definition 3.5.1. *Die Zahlen* $0, 1, 2, \ldots, k-1$ *nennen wir Ziffern.*

Definition 3.5.2. *Gegeben sei eine unendliche Folge von Ziffern*

$$a_1, a_2, \ldots, a_n, \ldots \quad mit \ 0 \leq a_n < k.$$

Dann heißt die unendliche Reihe

$$\frac{a_1}{k} + \frac{a_2}{k^2} + \ldots + \frac{a_n}{k^n} \ldots$$

ein k-**adischer** *Bruch oder kurz Bruch, wenn nicht von einer bestimmten Stelle* n_0 *an mit* $n \geq n_0$ *alle* a_n *gleich* $k - 1$ *sind.*

Einen derartigen Bruch schreibt man i.A. in der Form

$$0, a_1 a_2 \ldots a_n \ldots.$$

Der Grund, der uns zum Ausschluß derjenigen Brüche veranlaßt, die auf eine unendliche Folge von Ziffern $k - 1$ enden, ist aus der elementaren Theorie der Dezimalbrüche hinlänglich bekannt. Wir können somit eine Zahl, die durch einen solchen Bruch dargestellt wird, stets auch mit Hilfe eines anderen Bruches beschreiben, der diese Eigenschaft nicht besitzt, wie es im Fall der Dezimalbrüche $0,1999\ldots = 0,2000\ldots$ ist. Wir werden also die eindeutige Darstellbarkeit der Zahlen durch Brüche nur dann erreichen können, wenn wir eine dieser beiden Darstellungsarten der genannten Zahlen ausschließen.

Definition 3.5.3. *Der Bruch* $\frac{a_1}{k} + \frac{a_2}{k^2} + \ldots + \frac{a_n}{k^n} + \ldots$ *heißt* **endlich,** *wenn von einer bestimmten Stelle* $n_0 \in \mathbb{N}_+$ *an alle Ziffern* a_n *gleich Null sind. Ein Bruch, der nicht endlich ist, heißt* **unendlich.**

Im Fall eines endlichen Bruches schreibt man i.A. den Rest aus lauter Nullen nicht mit, das heißt man schreibt für $0, a_1 a_2 \ldots a_n 000 \ldots$ kurz $0, a_1 \ldots a_n$. Da für jedes $n \geq 1$

$$0 \leq \frac{a_n}{k^n} \leq \frac{k-1}{k^n} < \frac{1}{k^{n-1}}$$

ist, konvergiert die Reihe $\sum_{i=1}^{\infty} \frac{a_i}{k^i}$, das heißt wenn wir $s_0 = 0$ und für jedes $n \geq 1$

$$s_n := \sum_{i=1}^{n} \frac{a_i}{k^i}$$

setzen, so existiert jedenfalls der Grenzwert

$$\lim_{n \to \infty} s_n = \alpha.$$

Definition 3.5.4. *Wenn* $\sum_{i=1}^{\infty} \frac{a_i}{k^i} = \lim_{n\to\infty} s_n = \alpha$ *ist, so sagen wir, dass der Bruch* $\frac{a_1}{k} + \frac{a_2}{k^2} + \ldots + \frac{a_n}{k^n} + \ldots$ *die reelle Zahl* α *darstellt oder kurz, dass er gleich* α *ist.*

In diesem Sinne stellt jeder k-adische Bruch eine bestimmte reelle Zahl dar.

Satz 3.5.1. *Wenn der Bruch* $\frac{a_1}{k} + \frac{a_2}{k^2} + \ldots + \frac{a_n}{k^n} + \ldots$ *die reelle Zahl* α *darstellt, so ist für jedes* $n \geq 0$

$$0 \leq \alpha - s_n < \frac{1}{k^n}.$$

Beweis. Wegen

$$\alpha - s_n = \sum_{i=n+1}^{\infty} \frac{a_i}{k^i}$$

gilt offensichtlich $\alpha - s_n \geq 0$. Da sich andererseits unter den Ziffern $a_{n+1}, a_{n+2}, \ldots$ stets solche befinden, die kleiner als $k-1$ sind, ist

$$\alpha - s_n < \sum_{i=n+1}^{\infty} \frac{k-1}{k^i} = \frac{k-1}{k^{n+1}}\left\{1 + \frac{1}{k} + \frac{1}{k^2} + \ldots\right\} = \frac{1}{k^n}. \qquad \square$$

Bemerkung 3.5.1. *Wenn man in Satz 3.5.1 speziell* $n = 0$, *d.h.* $s_0 = 0$, *setzt, so folgt unmittelbar die Ungleichung* $0 \leq \alpha < 1$. *D.h. die von uns betrachteten* k-adischen Brüche stellen also nur reelle Zahlen aus diesem Intervall dar.

Satz 3.5.2. *Damit der Bruch* $\frac{a_1}{k} + \frac{a_2}{k^2} + \ldots + \frac{a_n}{k^n} + \ldots$ *die Zahl* α *darstellt, ist notwendig und hinreichend, dass für alle* $n \geq 1$

$$a_n = [k^n \alpha] - k\left[k^{n-1}\alpha\right]$$

ist.

Beweis.

1. Es seien die Zahl α und der Bruch $\frac{a_1}{k} + \frac{a_2}{k^2} + \ldots + \frac{a_n}{k^n} + \ldots$ so definiert, dass für jedes $n \geq 1$ die Gleichung $a_n = [k^n \cdot \alpha] - k\left[k^{n-1}\cdot\alpha\right]$ gilt. Dann ist

$$s_n = \sum_{i=1}^{n} \frac{a_i}{k^i} = \sum_{i=1}^{n} \frac{[k^i \cdot \alpha] - k\cdot[k^{i-1}\cdot\alpha]}{k^i}$$

$$= \sum_{i=1}^{n} \left\{\frac{[k^i \cdot \alpha]}{k^i} - \frac{[k^{i-1}\cdot\alpha]}{k^{i-1}}\right\} = \frac{[k^n \alpha]}{k^n} - [\alpha]$$

$$= \frac{[k^n \alpha]}{k^n}$$

und deshalb

$$\alpha - s_n = \frac{k^n \alpha - [k^n \alpha]}{k^n}.$$

Da nun aber für jedes x offensichtlich $0 \le x - [x] < 1$ ist, folgt

$$0 \le \alpha - s_n < \frac{1}{k^n} \quad \text{für } n = 1, 2, \ldots$$

und es konvergiert s_n gegen α, falls n gegen unendlich strebt, das heißt der Bruch $\frac{a_1}{k} + \frac{a_2}{k^2} + \ldots + \frac{a_n}{k^n} + \ldots$ stellt die Zahl α dar.

2. Es möge nun umgekehrt der Bruch $\frac{a_1}{k} + \frac{a_2}{k^2} + \ldots + \frac{a_n}{k^n} + \ldots$ die Zahl α darstellen. Dann ist auf Grund von Satz 3.5.1 für jedes $n \ge 0$

$$0 \le \alpha - s_n < \frac{1}{k^n}$$

und daher

$$k^n \cdot s_n \le k^n \cdot \alpha < k^n \cdot s_n + 1.$$

Weil aber $k^n \cdot s_n$ eine ganze Zahl ist, folgt aus dieser letzten Ungleichung sofort

$$k^n \cdot s_n = [k^n \cdot \alpha].$$

Damit ist für jedes $n \ge 1$

$$s_n - s_{n-1} = \frac{a_n}{k^n} \quad \text{mit } a_n = k^n \cdot (s_n - s_{n-1}),$$

so dass also

$$a_n = k^n \cdot s_n - k \cdot \left(k^{n-1} s_{n-1} \right)$$
$$= [k^n \cdot \alpha] - k \cdot \left[k^{n-1} \cdot \alpha \right]$$

ist.

$\square$

Satz 3.5.3. *Jede reelle Zahl α des Intervalls $0 \le \alpha < 1$ lässt sich durch genau einen k-adischen Bruch darstellen.*

Beweis. Die Eindeutigkeit der Darstellung ist eine unmittelbare Folge aus Satz 3.5.2, nach welchem die Ziffern a_n, die den darstellenden Bruch bilden, eindeutig durch die Zahl α festgelegt sind. Was die Möglichkeit der Darstellung betrifft, so genügt es hierzu – wiederum wegen Satz 3.5.2 – zu zeigen, dass die Zahlen a_n, die durch $a_n = [k^n \alpha] - k [k^{n-1} \alpha]$ bestimmt sind, für jedes α aus dem angegebenen Intervall als Ziffern eines k-adischen Bruches dienen können. Es ist also zu zeigen, dass für alle $n \geq 1$

$$0 \leq a_n < k$$

ist und dass von keiner Stelle ab alle a_n gleich $k - 1$ sind. Dazu setzen wir für ein gegebenes $n \geq 1$

$$\left[k^{n-1}\alpha\right] = g, \quad k^{n-1}\alpha = g + \beta \quad \text{mit } 0 \leq \beta < 1,$$

so dass also

$$[k^n\alpha] = [kg + k\beta] = kg + [k\beta], \quad k\left[k^{n-1}\alpha\right] = kg$$

und deshalb

$$a_n = [k^n\alpha] - k\left[k^{n-1}\alpha\right] = [k\beta] \quad \text{ist.}$$

Da aber $0 \leq \beta < 1$ ist, gilt

$$0 \leq a_n < k.$$

Wegen $0 \leq \beta < 1$ gibt es also eine natürliche Zahl q derart, dass

$$1 - \frac{1}{k^{q-1}} \leq \beta < 1 - \frac{1}{k^q}$$

und daher

$$k^{q-1}\beta \geq k^{q-1} - 1 \quad \text{mit} \quad k^q\beta < k^q - 1 \quad \text{ist.}$$

Unter Verwendung der Eigenschaft, dass $k^{n-1}\alpha = g + \beta$, folgt deshalb:

$$\begin{aligned}
a_{n+q-1} &= \left[k^{n+q-1}\alpha\right] - k\left[k^{n+q-2}\alpha\right] \\
&= [k^q(g + \beta)] - k\left[k^{q-1}(g + \beta)\right] \\
&= k^q g + [k^q\beta] - k^q g - k\left[k^{q-1}\beta\right] \\
&< k^q - 1 - k(k^{q-1} - 1) \\
&= k - 1
\end{aligned}$$

Da hier n ganz beliebig ist, sehen wir, dass es im betrachteten Bruch hinter jeder Ziffer a_i stets noch eine Ziffer gibt, die kleiner als $k - 1$ ist, womit wir Satz 3.5.3 bewiesen haben.

$\square$

Damit ist gezeigt, dass die k-adischen Brüche zu beliebiger Grundzahl als ein formales Mittel zur Darstellung der reellen Zahlen verwendet werden können, da sie die beiden Hauptforderungen, die nach der Existenz und die nach der Eindeutigkeit der Darstellung der reellen Zahlen, befriedigen. Wir wollen jetzt zu einer Reihe von Sätzen kommen, die eine Verbindung zwischen der arithmetischen Natur einer gegebenen Zahl und dem sie darstellenden systematischen Bruch herstellen.

Satz 3.5.4. *Jeder periodische k-adische Bruch stellt eine rationale Zahl dar.*

Beweis. Wir wollen den Bruch $\frac{a_1}{k} + \frac{a_2}{k^2} + \ldots + \frac{a_n}{k^n} \ldots$ periodisch nennen, wenn es Zahlen $r \geq 0$ und $s \geq 1$ gibt derart, dass $a_n = a_{n+s}$ ist für alle $n > r$. Dann kann man eine Zahl α, die durch einen derartigen periodischen Bruch dargestellt wird, auch in der Form

$$\alpha = \sum_{i=1}^{\infty} \frac{a_i}{k^i}$$

$$= \sum_{i=1}^{r} \frac{a_i}{k^i} + \sum_{l=1}^{s} \frac{a_{r+l}}{k^{r+l}} \cdot \left\{ 1 + \frac{1}{k^s} + \frac{1}{k^{2s}} + \ldots \right\}$$

$$= \sum_{i=1}^{r} \frac{a_i}{k^i} + \sum_{l=1}^{s} \frac{a_{r+l}}{k^{r+l}} \cdot \frac{1}{1 - \frac{1}{k^s}}$$

schreiben, woraus unmittelbar ersichtlich ist, dass α rational ist. $\square$

Bemerkung 3.5.2. *Man nennt r Vorperiodenlänge und s Periodenlänge.*

Bemerkung 3.5.3. *Der Bruch $\frac{a_1}{k} + \frac{a_2}{k^2} + \ldots + \frac{a_n}{k^n} + \ldots$ heißt* **reinperiodisch,** *wenn die Zahl $r = 0$ ist, und* **gemischtperiodisch,** *wenn für die Zahlen $r > 0$ und $s > 0$ gelten. Im Falle eines reinperiodischen Bruches, also im Falle $r = 0$, führt die letzte Gleichung für α auf*

$$\alpha = \frac{a_1 k^{s-1} + a_2 k^{s-2} + \ldots + a_s}{k^s - 1}.$$

Da nun die Zahl $k^s - 1$ zu k teilerfremd ist, erhalten wir die

Bemerkung 3.5.4. *Jeder reinperiodische Bruch stellt eine rationale Zahl $\alpha = \frac{a}{b}$ dar, in der b zu k teilerfremd ist.*

Satz 3.5.5. *Wenn $\alpha = \frac{a}{b}$ eine rationale Zahl ist, in der b zu k teilerfremd ist, so wird α durch einen reinperiodischen Bruch dargestellt.*

Beweis. Auf Grund des Satzes 2.4.11 ist

$$k^{\varphi(b)} \equiv 1 \ (b).$$

Wenn wir also $\varphi(b) = h$ setzen, so ist

$$k^h - 1 = bq,$$

wobei q eine bestimmte ganze Zahl ist. Daher ist

$$\alpha = \frac{a}{b} = \frac{aq}{bq} = \frac{aq}{k^h - 1}$$

$$= \frac{aq}{k^h} \cdot \frac{1}{1 - \frac{1}{k^h}}$$

$$= \frac{aq}{k^h} \left\{ 1 + \frac{1}{k^h} + \frac{1}{k^{2h}} + \dots \right\}$$

und deshalb

$$k^h \alpha = aq \left\{ 1 + \frac{1}{k^h} + \frac{1}{k^{2h}} + \dots \right\}$$

$$= aq + \frac{aq}{k^h} \left\{ 1 + \frac{1}{k^h} + \frac{1}{k^{2h}} + \dots \right\}$$

$$= aq + \alpha,$$

woraus sich für beliebiges $n \geq 1$

$$a_{n+h} = \left[k^{n+h} \alpha \right] - k \left[k^{n+h-1} \alpha \right]$$

$$= \left[k^n (aq + \alpha) \right] - k \left[k^{n-1} (aq + \alpha) \right]$$

$$= k^n aq + [k^n \alpha] - k^n aq - k \left[k^{n-1} \alpha \right]$$

$$= [k^n \alpha] - k \left[k^{n-1} \alpha \right]$$

$$= a_n$$

ergibt, was zu zeigen war.

□

Bemerkung 3.5.5. *Man kann jedoch aus dem Beweis von Satz 3.5.5 nicht entnehmen, dass die Periodenlänge des Bruches, der die Zahl α darstellt, notwendig gleich $h = \varphi(b)$ ist. Vielmehr ist es durchaus möglich, dass die Periodenlänge dieses Bruches kleiner als h ist, so dass also die h aufeinanderfolgenden Ziffern des Bruches nicht eine, sondern mehrere Perioden enthalten. Die Frage, wie sich zu gegebenem a und b die Länge der Periode bestimmt, ist von außerordentlichem Interesse und wird im Abschnitt 5.1 ausführlicher dargestellt. Dasselbe gilt für die entsprechende Frage im Zusammenhang mit dem nachfolgenden Satz.*

Satz 3.5.6. *Wenn die Zahl b nicht zur Zahl k teilerfremd ist, so wird die Zahl $\alpha = \frac{a}{b}$ (wobei a und b ganz und teilerfremd seien) durch einen gemischtperiodischen Bruch dargestellt.*

Beweis. Es sei $\frac{a'}{b'}$ die reduzierte (unkürzbare) Form der Zahl $k^r \alpha = k^r \frac{a}{b}$. Wenn wir hier die Zahl r hinreichend groß wählen, so können wir erreichen, dass sich dabei alle in b vorhandenen gemeinsamen Primfaktoren der Zahlen b und k wegkürzen, so dass wir also b' und k als teilerfremd annehmen können. Dann sei $[k^r \alpha] = q$ und

$$k^r \alpha = \frac{a'}{b'} = q + \frac{a''}{b'} \quad \text{mit } 0 \le \frac{a''}{b'} < 1.$$

Nach Satz 3.5.5 ist der die gebrochene Zahl $\frac{a''}{b'}$ darstellende k-adische Bruch $0, b_1 b_2 \ldots b_n \ldots$ reinperiodisch, also $b_{n+h} = b_n$ für $n = 1, 2, \ldots$. Bezeichnen wir mit $0, a_1 a_2 \ldots a_n \ldots$ den die Zahl α darstellenden Bruch, so erhalten wir mit $a_n = [k^n \alpha] - k [k^{n-1} \alpha]$ und $k^r \alpha = \frac{a'}{b'} = q + \frac{a''}{b'}$ für jedes $n \ge 1$

$$\begin{aligned}
a_{r+n} &= \left[k^{r+n} \alpha \right] - k \left[k^{r+n-1} \alpha \right] \\
&= \left[k^n \left(q + \frac{a''}{b'} \right) \right] - k \left[k^{n-1} \left(q + \frac{a''}{b'} \right) \right] \\
&= \left[k^n \frac{a''}{b'} \right] - k \left[k^{n-1} \frac{a''}{b'} \right] \\
&= b_n
\end{aligned}$$

und deshalb

$$a_{r+n+h} = a_{r+n} \quad \text{für } n = 1, 2, \ldots.$$

Folglich haben wir gezeigt, dass der die Zahl $\alpha = \frac{a}{b}$ darstellende Bruch $0, a_1 a_2 \ldots a_n \ldots$ periodisch ist. Er ist aber sicher nicht reinperiodisch, da sonst – wegen Bemerkung 3.5.4 – die Zahl b zu k teilerfremd sein müsste. $\quad\square$

Bemerkung 3.5.6. *Wenn alle Primfaktoren, die in der Zahl b enthalten sind, auch in der Zahl k enthalten sind, so ist im Beweis von Satz 3.5.6 die Zahl b' gleich Eins. Wegen $0 \le \frac{a''}{b'} < 1$ muss dann aber $a'' = 0$ sein, so dass auch alle b_n gleich Null sind. Dann ist aber auch*

$$a_{r+n} = 0 \quad \text{mit } n = 1, 2, \ldots,$$

das heißt, die Zahl $\alpha = \frac{a}{b}$ wird durch einen endlichen Bruch dargestellt. Zu dieser Aussage gilt nun offensichtlich auch die Umkehrung: Wird die Zahl α durch einen endlichen Bruch dargestellt, so ist $\alpha = \frac{g}{k^n}$, wobei g und n bestimmte ganze Zahlen sind und $n \ge 1$ ist. Wenn also $\frac{a}{b}$ die reduzierte Form von α ist, dann besitzt b keinen Primteiler, der nicht auch Primteiler von k ist.

Wir erhalten also

Bemerkung 3.5.7. *Damit die Zahl α durch einen endlichen k-adischen Bruch dargestellt wird, ist notwendig und hinreichend, dass α rational ist und dass in der reduzierten Form $\alpha = \frac{a}{b}$ die Zahl b nur Primfaktoren enthält, die Teiler der Zahl k sind.*

Die eben bewiesenen Sätze zeigen, dass sich die irrationalen Zahlen und nur diese als nichtperiodische k-adische Brüche darstellen lassen. Das ist eine wichtige Invariante, die zwischen der arithmetischen Natur einer reellen Zahl und dem sie darstellenden systematischen Bruch unabhängig von der gewählten Grundzahl besteht. Das dabei gefundene Gesetz besagt, dass unabhängig von der Grundzahl des gewählten Zahlensystems die rationalen Zahlen eine periodische und die irrationalen Zahlen eine nichtperiodische Darstellung besitzen. Alle anderen Besonderheiten der Darstellung einer rationalen Zahl, die wir betrachtet haben, hängen bereits von arithmetischen Beziehungen der rationalen Zahl zur gewählten Grundzahl k ab.

3.6 Kettenbruchdarstellungen

Nach den k-adischen Brüchen stellen wir noch eine zweite Darstellungsform von reellen Zahlen, die sogenannten Kettenbrüche vor. Im Vergleich zu der im vorangegangenen Kapitel behandelten Darstellung besitzt die Kettenbruchdarstellung mehrere Vorteile, aber auch einen entscheidenden Nachteil. Als *Vorteile* kann man nennen:

- die i. A. sehr guten Approximationseigenschaften von reellen Zahlen durch Kettenbruchdarstellungen

- jede rationale Zahl, d.h. algebraische Zahl 1. Grades, besitzt eine endliche reguläre Kettenbruchdarstellung

- jede reelle algebraische Zahl 2. Grades besitzt eine periodische reguläre Kettenbruchdarstellung

- Bei regulären Kettenbruchdarstellungen von reellen Zahlen können als Teilnenner auch natürliche Zahlen vorkommen, die größer als die Zahl 9 sind. Dadurch kann man noch zu besseren Approximationen dieser reellen Zahlen im Vergleich mit den 10-adischen Brüchen gelangen.

Allerdings sind keine allgemeingültigen Rechenoperationen und -regeln bekannt, mit denen man ohne weiteres Kettenbrüche addieren, subtrahieren, multiplizieren und dividieren könnte. Dieser Nachteil ist so bedeutsam, dass Kettenbrüche deshalb im Schulunterricht i. A. nicht behandelt werden.

Wir erwähnen noch, dass die Theorie der Kettenbrüche nicht nur in der Zahlentheorie selbst, sondern auch in der Analysis, Wahrscheinlichkeitsrechnung und Mechanik angewendet werden kann.

3.6.1 Allgemeine Kettenbrüche

In der folgenden Definition werden die allgemeinen Begriffe aus dieser Theorie dargestellt. Wir bemerken in diesem Zusammenhang, dass die Elemente $a_0, a_1, a_2, \ldots$ auch komplexe Zahlen oder Funktionen seien können, jedoch wollen wir in diesem Buch diese Elemente auf reelle bzw. ganze Zahlen (reguläre Kettenbrüche) einschränken *(siehe [Khi])*.

Definition 3.6.1. *(Kettenbruch)*

(i) *Es seien $a_0, a_1, a_2, \ldots$ reelle Zahlen mit $a_i > 0$ für $i \geq 1$. Dann bezeichnen wir die Darstellung*

$$[a_0, a_1, a_2, \ldots] := a_0 + \cfrac{1}{a_1 + \cfrac{1}{a_2 + \ldots}}$$

als einen Kettenbruch.

(ii) *Ein Kettenbruch heißt* **endlich**, *wenn die zugehörige Folge reeller Zahlen $(a_n)_{n=0}^k$ endlich ist.*

(iii) *Ist die Zahlenfolge $(a_n)_{n=0}^\infty$ eine unendliche Folge reeller Zahlen, so heißt $[a_0, a_1, a_2, \ldots]$* **unendlicher** *Kettenbruch und die Frage der Konvergenz muss noch geklärt werden.*

(iv) *Es sei $[a_0, a_1, a_2, \ldots]$ ein beliebiger Kettenbruch. Wir bezeichnen die Zahlen*

$$a_1, a_2, \ldots$$

als **Teilnenner** *des Kettenbruches, sowie die Darstellung*

$$s_k = [a_0, a_1, \ldots, a_k]$$

als k-ten **Abschnitt** *und die Darstellung*

$$r_k = [a_k, a_{k+1}, \ldots]$$

nennen wir den k-ten **Rest** *oder auch die k-te* **Restzahl** *des Kettenbruches.*

(v) *Ein Kettenbruch* $[a_0, a_1, a_2, \ldots]$ *heißt* **einfach** *oder* **regulär**, *wenn* $a_0 \in \mathbb{Z}$ *und die Teilnenner* $a_1, a_2, \ldots$ *beliebige natürliche Zahlen größer Null sind.*

Wir stellen uns nun die Aufgabe, für $\alpha \in \mathbb{R}$ einen einfachen (regulären) Kettenbruch zu erzeugen. Hierzu verwenden wir den nachfolgend beschriebenen Algorithmus, der auf der Idee des in Abschnitt 2.3 vorgestellten Euklidischen Algorithmus (unter Verwendung von nichtnegativen Resten) basiert.

Es sei α eine beliebig vorgegebene reelle Zahl. Dann ist $a_0 = [\alpha]$ die größte ganze Zahl mit $a_0 \leq \alpha$. Nun besitzt α die Darstellung

$$\alpha = r_0 = a_0 + \frac{1}{r_1} \quad \text{mit } 1 < r_1.$$

Für $r_1 \neq \infty$ gilt nun weiter

$$r_1 = a_1 + \frac{1}{r_2} \quad \text{mit } a_1 = [r_1] \text{ und } 1 < r_2$$

und allgemein haben wir

$$r_k = a_k + \frac{1}{r_{k+1}} \quad \text{mit } a_k = [r_k] \text{ und } 1 < r_{k+1}.$$

Es ergibt sich deshalb der folgende reguläre Kettenbruch für $\alpha \in \mathbb{R} : \alpha = [a_0, a_1, a_2, \ldots, a_k, r_{k+1}]$. Wir werden später beweisen, dass die regulären Kettenbruchdarstellungen von reellen Zahlen stets eindeutig bestimmt sind und dass sich dabei endliche oder unendliche Kettenbrüche ergeben können.

Satz 3.6.1. *Es sei* $[a_0, a_1, a_2, \ldots]$ *ein beliebiger Kettenbruch. Wir definieren die beiden Rekursionsformeln*

$$p_k = a_k \cdot p_{k-1} + p_{k-2} \quad \textit{mit } p_{-1} = 1 \qquad \textit{und} \qquad p_0 = a_0$$

sowie

$$q_k = a_k \cdot q_{k-1} + q_{k-2} \quad \textit{mit } q_{-1} = 0 \qquad \textit{und} \qquad q_0 = 1$$

für $k \geq 1$. *Dann gilt für den k-ten Abschnitt des Kettenbruches die Beziehung*

$$[a_0, a_1, \ldots, a_k] = \frac{p_k}{q_k}.$$

Beweis. Wir schließen induktiv. Es seien $[a_0, a_1, a_2, \ldots]$ ein beliebiger Kettenbruch, $p_{-1} = 1, p_0 = a_0$ und $p_k = a_k \cdot p_{k-1} + p_{k-2}$ sowie $q_{-1} = 0, q_0 = 1$ und

$q_k = a_k \cdot q_{k-1} + q_{k-2}$ für $k \geq 1$. Für $k = 0$ gilt die Behauptung trivialerweise. Ist $k = 1$, dann folgt sofort

$$[a_0, a_1] = a_0 + \frac{1}{a_1}$$
$$= \frac{a_0 \cdot a_1 + 1}{a_1}$$
$$= \frac{p_1}{q_1}.$$

Es sei nun die Behauptung für ein festes $k \geq 1$ erfüllt. Dann gilt

$$[a_0, a_1, a_2, \ldots, a_k, a_{k+1}] = \left[a_0, a_1, a_2, \ldots, a_k + \frac{1}{a_{k+1}} \right]$$
$$= \frac{(a_k + 1/a_{k+1}) \cdot p_{k-1} + p_{k-2}}{(a_k + 1/a_{k+1}) \cdot q_{k-1} + q_{k-2}}$$
$$= \frac{a_{k+1} \cdot (a_k \cdot p_{k-1} + p_{k-2}) + p_{k-1}}{a_{k+1} \cdot (a_k \cdot q_{k-1} + q_{k-2}) + q_{k-1}}$$
$$= \frac{a_{k+1} \cdot p_k + p_{k-1}}{a_{k+1} \cdot q_k + q_{k-1}}$$
$$= \frac{p_{k+1}}{q_{k+1}}.$$

$\square$

Der Quotient $\frac{p_k}{q_k}$ wird als **Näherungsbruch k-ter Ordnung** des zugehörigen Kettenbruches $[a_0, a_1, a_2, \ldots, a_k]$ bezeichnet.

Jedem unendlichen Kettenbruch $[a_0, a_1, \ldots, a_k, \ldots]$ können wir deshalb eine unendliche Folge von Näherungsbrüchen

$$\left(\frac{p_0}{q_0}, \frac{p_1}{q_1}, \ldots, \frac{p_k}{q_k}, \ldots \right)$$

zuordnen. Dabei stellt jeder Näherungsbruch eine reelle Zahl dar. Für den Fall, dass die Folge $\frac{p_0}{q_0}, \frac{p_1}{q_1}, \ldots, \frac{p_k}{q_k}, \ldots$ konvergiert, d. h. einen eindeutig bestimmten Grenzwert $\alpha < \infty$ besitzt, ist es naheliegend, die reelle Zahl α als den Grenzwert des Kettenbruches $\alpha = \lim_{k \to \infty} [a_0, a_1, \ldots, a_k, \ldots]$ aufzufassen. In diesem Fall schreiben wir dann auch

$$\alpha = [a_0, a_1, \ldots, a_k, \ldots].$$

Korollar 3.6.1. *Für $k \geq 0$ ist*

$$p_k \cdot q_{k-1} - p_{k-1} \cdot q_k = (-1)^{k-1}$$

und für $k \geq 1$ gilt

$$q_k \cdot p_{k-2} - p_k \cdot q_{k-2} = (-1)^{k-1} \cdot a_k.$$

Beweis. Nach Multiplikation der Rekursionsformeln aus Satz 3.6.1 mit q_{k-1} sowie mit p_{k-1} ergeben sich unmittelbar die Gleichungen

$$p_k \cdot q_{k-1} = a_k \cdot p_{k-1} \cdot q_{k-1} + p_{k-2} \cdot q_{k-1} \quad \text{und}$$
$$p_{k-1} \cdot q_k = a_k \cdot p_{k-1} \cdot q_{k-1} + p_{k-1} \cdot q_{k-2}.$$

Durch Subtraktion beider Gleichungen folgt sofort

$$p_k \cdot q_{k-1} - p_{k-1} \cdot q_k = -\left(p_{k-1} \cdot q_{k-2} - p_{k-2} \cdot q_{k-1}\right).$$

Nunmehr wird das soeben geschilderte Verfahren wiederholt angewendet und nach k-facher Iteration erhalten wir

$$p_k \cdot q_{k-1} - p_{k-1} \cdot q_k = (-1)^k \cdot (p_0 \cdot q_{-1} - p_{-1} \cdot q_0)$$
$$= (-1)^{k-1}.$$

Damit ist die erste Formel bewiesen. Der Nachweis der Gültigkeit der zweiten Formel erfolgt in analoger Weise. Die Rekursionsformeln $p_k = a_k \cdot p_{k-1} + p_{k-2}$ und $q_k = a_k \cdot q_{k-1} + q_{k-2}$ werden hierbei mit q_{k-2} und mit p_{k-2} multipliziert. Es ergeben sich somit die Gleichungen

$$q_k \cdot p_{k-2} = a_k \cdot q_{k-1} \cdot p_{k-2} + q_{k-2} \cdot p_{k-2},$$
$$p_k \cdot q_{k-2} = a_k \cdot p_{k-1} \cdot q_{k-2} + p_{k-2} \cdot q_{k-2}.$$

Nach Subtraktion der beiden Gleichungen folgt deshalb

$$q_k \cdot p_{k-2} - p_k \cdot q_{k-2} = -a_k \cdot \left(p_{k-1} \cdot q_{k-2} - q_{k-1} \cdot p_{k-2}\right)$$

und unter Verwendung der ersten Formel haben wir die Gültigkeit der zweiten Formel gezeigt.

$\square$

Bemerkung 3.6.1. *Aus dem soeben bewiesenen Korollar können wichtige Folgerungen über die Näherungsbrüche abgeleitet werden.*

Korollar 3.6.2. *Es gelten die Formeln*

$$\frac{p_{k-1}}{q_{k-1}} - \frac{p_k}{q_k} = \frac{(-1)^k}{q_k \cdot q_{k-1}} \quad \text{für } k \geq 1,$$

und

$$\frac{p_{k-2}}{q_{k-2}} - \frac{p_k}{q_k} = \frac{(-1)^{k-1}a_k}{q_k \cdot q_{k-2}} \quad \text{für } k \geq 2.$$

Beweis. Das Korollar folgt unmittelbar aus dem Korollar 3.6.1 nach Division mit $q_k \cdot q_{k-1}$ sowie mit $q_k \cdot q_{k-2}$. □

Korollar 3.6.3. *Es seien $\left(\frac{p_k}{q_k}\right)_{k=0}^{\infty}$ die Folge der Näherungsbrüche einer beliebigen Kettenbruchdarstellung. Dann gelten folgende Eigenschaften:*

(a) Die geraden Näherungsbrüche $\left(\frac{p_{2k}}{q_{2k}}\right)_{k=0}^{\infty}$ bilden eine streng monoton wachsende Folge.

(b) Die ungeraden Näherungsbrüche $\left(\frac{p_{2k+1}}{q_{2k+1}}\right)_{k=0}^{\infty}$ bilden eine streng monoton fallende Folge.

(c) Alle ungeraden Näherungsbrüche sind größer als die geraden Näherungsbrüche, das heißt es gilt $\frac{p_{2k+1}}{q_{2k+1}} > \frac{p_{2l}}{q_{2l}}$ für $k,l \in \mathbb{N}$.

Beweis.

(a) Wir benutzen die zweite Formel aus dem Korollar 3.6.2 und ersetzen dort k durch $2k$.

(b) Auch hier nutzen wir die zweite Formel vom Korollar 3.6.2 und ersetzen dabei k durch $2k + 1$.

(c) Wir führen eine Fallunterscheidung durch und unterscheiden die Fälle $k \leq l$ und $k > l$.
1.Fall: Für $k = l$ nutzen wir die erste Formel aus dem Korollar 3.6.2. Es ergibt sich sofort die Ungleichung

$$\frac{p_{2l+1}}{q_{2l+1}} > \frac{p_{2l}}{q_{2l}}$$

und wegen (a) folgt (c) auch für $k < l$.
2.Fall: Für $k > l$ ergibt sich unter Beachtung der ersten Formel des Korol-

lar 3.6.2 sowie der Monotonieeigenschaften sofort

$$\left(\frac{p_{2k+1}}{q_{2k+1}} - \frac{p_{2l}}{q_{2l}}\right) = \left(\frac{p_{2k+1}}{q_{2k+1}} - \frac{p_{2k}}{q_{2k}}\right) + \left(\frac{p_{2k}}{q_{2k}} - \frac{p_{2l}}{q_{2l}}\right) > 0$$

und damit die Ungleichung

$$\frac{p_{2k+1}}{q_{2k+1}} > \frac{p_{2l}}{q_{2l}}.$$

$\square$

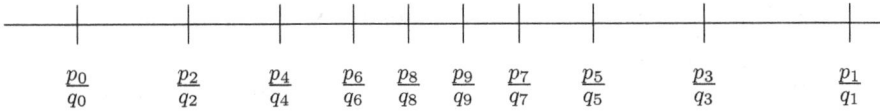

Abbildung 3.7: Darstellung von einigen Näherungsbrüchen $\frac{p_k}{q_k}$

Zwei Beispiele für unendliche Kettenbrüche:

Beispiel 1.
Die Teilnenner seien durch folgende Bildungsvorschrift gegeben:
$a_k = 2^k$ mit $k \in \mathbb{N}$ und α bezeichne den möglichen Zahlenwert dieses Kettenbruches, also $\alpha = [1, 2, 4, 8, 16, 32, \ldots]$
Die Näherungsbrüche seien $\frac{p_k}{q_k}$ mit $p_k = a_k \cdot p_{k-1} + p_{k-2}$ und $q_k = a_k \cdot q_{k-1} + q_{k-2}$

Dann sind
$$\frac{p_0}{q_0} = a_0 = 1 \qquad\qquad \frac{p_1}{q_1} = \frac{3}{2} = 1,5$$
$$\frac{p_2}{q_2} = \frac{13}{9} \approx 1,\overline{4} \qquad\qquad \frac{p_3}{q_3} = \frac{107}{74} \approx 1,445945946$$
$$\frac{p_4}{q_4} = \frac{1725}{1193} \approx 1,445934619 \qquad \frac{p_5}{q_5} = \frac{55307}{38250} \approx 1,445934641.$$

Es gelten somit die Ungleichungen

$$\frac{p_0}{q_0} < \frac{p_2}{q_2} < \frac{p_4}{q_4},$$

also

$$1 < \frac{13}{9} < \frac{1725}{1193}$$

und außerdem

$$\frac{p_1}{q_1} > \frac{p_3}{q_3} > \frac{p_5}{q_5},$$

also

$$\frac{3}{2} > \frac{107}{74} > \frac{55307}{38250}.$$

Wir erhalten deshalb als „gute" Näherungsbrüche für α

$$\frac{p_4}{q_4} = \frac{1725}{1193} = 1,44593461\ldots \text{ und } \frac{p_5}{q_5} = \frac{55307}{38250} = 1,44593464\ldots$$

und sehen sofort, dass hierbei die ersten sieben Nachkommastellen übereinstimmen.

Beispiel 2.
Die Teilnenner seien durch folgende Bildungsvorschrift gegeben:
$a_k = 2^{-k}$ mit $k \in \mathbb{N}$ und
α bezeichne den möglichen Zahlenwert dieses Kettenbruches, also
$\alpha = \left[1, \frac{1}{2}, \frac{1}{4}, \frac{1}{8}, \frac{1}{16}, \frac{1}{32}, \ldots\right]$.
Die Näherungsbrüche seien $\frac{p_k}{q_k}$ mit $p_k = a_k \cdot p_{k-1} + p_{k-2}$ und $q_k = a_k \cdot q_{k-1} + q_{k-2}$.
Dann sind

$$\frac{p_0}{q_0} = a_0 = 1 \qquad\qquad \frac{p_1}{q_1} = 3$$
$$\frac{p_2}{q_2} = \frac{11}{9} \approx 1,222222222 \qquad \frac{p_3}{q_3} = \frac{107}{41} \approx 2,609756098$$
$$\frac{p_4}{q_4} = \frac{1515}{1193} \approx 1,269907795 \qquad \frac{p_5}{q_5} = \frac{4939}{2505} \approx 1,971656687.$$

Es gelten somit die Ungleichungen

$$\frac{p_0}{q_0} < \frac{p_2}{q_2} < \frac{p_4}{q_4},$$

also

$$1 < \frac{11}{9} < \frac{1515}{1193}$$

und außerdem

$$\frac{p_1}{q_1} > \frac{p_3}{q_3} > \frac{p_5}{q_5},$$

also

$$3 > \frac{107}{41} > \frac{4939}{2505}.$$

Wir erhalten deshalb als „schlechte" Näherungbrüche

$$\frac{p_4}{q_4} = \frac{1515}{1193} = 1,26990779\ldots \text{ und } \frac{p_5}{q_5} = \frac{4939}{2505} = 1,97165668\ldots$$

und sehen, dass keine Nachkommastelle übereinstimmt.

Bemerkung 3.6.2. *Wir vermuten, dass im Beispiel 1 Konvergenz und im Beispiel 2 Divergenz vorliegt. Eine genaue Aussage zu dieser Vermutung wird in den Sätzen 3.6.2 und 3.6.3 gegeben werden.*

Des Weiteren bemerken wir, dass in dem folgenden Unterabschnitt 3.6.2, mit Ausnahme von Satz 3.6.3, ausschließlich reguläre Kettenbrüche betrachtet werden.

3.6.2 Reguläre Kettenbrüche

Satz 3.6.2. *Reguläre Kettenbrüche sind stets konvergent.*

Beweis. Wir benutzen das cauchysche Konvergenzkriterium und werden zeigen, dass für alle $\varepsilon > 0$ und hinreichend große $n, m \in \mathbb{N}$ mit $n, m > n_0$ für die Differenz der zugeordneten Näherungsbrüche $\frac{p_n}{q_n}, \frac{p_m}{q_m}$ stets $\left| \frac{p_n}{q_n} - \frac{p_m}{q_m} \right| < \varepsilon$ gilt. Ohne Beschränkung der Allgemeingültigkeit sei $n > m$ vorausgesetzt. Dann können wir leicht beweisen, dass die Ungleichung

$$\left| \frac{p_n}{q_n} - \frac{p_m}{q_m} \right| \leq \sum_{\nu=m}^{n-1} \left| \frac{p_{\nu+1}}{q_{\nu+1}} - \frac{p_\nu}{q_\nu} \right|$$

gilt. Nunmehr verwenden wir die erste Formel aus dem Korollar 3.6.2 mit $k = \nu$. Wir erhalten deshalb

$$\left| \frac{p_n}{q_n} - \frac{p_m}{q_m} \right| \leq \sum_{\nu=m}^{n-1} \frac{1}{q_\nu \cdot q_{\nu+1}}.$$

Weiterhin lassen sich die Nenner q_ν der Näherungsbrüche $\frac{p_\nu}{q_\nu}$ wegen $q_1 = a_1 \geq 1$ und $q_\nu \geq q_{\nu-1} + 1$ trivialerweise durch $q_\nu \geq \nu$ für $\nu \in \mathbb{N}_+$ verkleinern. Folglich haben wir

$$\left| \frac{p_n}{q_n} - \frac{p_m}{q_m} \right| \leq \sum_{\nu=m}^{n-1} \frac{1}{\nu(\nu+1)}$$

$$= \sum_{\nu=m}^{n-1} \left(\frac{1}{\nu} - \frac{1}{\nu+1} \right)$$

$$= \frac{1}{m} - \frac{1}{n}$$

und somit wegen $\frac{1}{m} - \frac{1}{n} < \frac{1}{m} < \frac{1}{n_0} < \varepsilon$

$$\left| \frac{p_n}{q_n} - \frac{p_m}{q_m} \right| < \varepsilon$$

gezeigt, wenn $n_0 > \frac{1}{\varepsilon}$ gewählt wird.

$\square$

Korollar 3.6.4.

$$\left(\frac{p_{2k}}{q_{2k}} \, \middle| \, \frac{p_{2k+1}}{q_{2k+1}} \right)$$

*bildet eine **Intervallschachtelung**.*

Beweis. Folgt unmittelbar aus Korollar 3.6.3. $\square$

Satz 3.6.3. *(Hauptsatz über die Konvergenz eines Kettenbruches)* Der unendliche Kettenbruch $[a_0, a_1, a_2, \ldots]$ konvergiert genau dann, wenn die Reihe

$$\sum_{k=1}^{\infty} a_k$$

divergiert.

Beweis. Auf Grund von Korollar 3.6.2 wissen wir, dass die Konvergenz des unendlichen Kettenbruches offensichtlich zu der Divergenz der Folge $(q_{2k} \cdot q_{2k+1})_{k=0}^{\infty}$ äquivalent ist. Insgesamt ergibt sich somit für die Konvergenz des unendlichen Kettenbruches als notwendige und hinreichende Bedingung, dass $q_k \cdot q_{k+1} \to \infty$ für $k \to \infty$ gilt. Nach dieser Umformulierung des Satzes wollen wir nunmehr die Gültigkeit der beiden Richtungen des Satzes beweisen.

1. Teil: (Kontraposition): Wir zeigen, dass aus der Divergenz der Folge $(q_k \cdot q_{k+1})_{k=0}^{\infty}$ auch die der Reihe $\sum_{k=1}^{\infty} a_k$ folgt. Es möge die Reihe $\sum_{k=1}^{\infty} a_k$ konvergieren. Dann bekommen wir aus der Rekursionsformel $q_k = a_k q_{k-1} + q_{k-2}$ von Satz 3.6.1 wegen $a_k > 0$ sofort $q_k > q_{k-2}$ für $k \geq 1$. Deshalb haben wir entweder $q_k > q_{k-1}$ oder $q_{k-1} > q_{k-2}$. Im ersten Fall erhalten wir dann unter Berücksichtigung der Rekursionsformel die Ungleichung $q_k < \frac{q_{k-2}}{1-a_k}$ für $k \geq 1$. Außerdem folgt aus der Konvergenz der Reihe $\sum_{k=1}^{\infty} a_k$, dass für hinreichend große k, das heißt für $k \geq k_0$, $a_k < 1$ sein muss. Damit ergibt sich auch im zweiten Fall die Ungleichung $q_k < \frac{q_{k-1}}{1-a_k}$ für $k \geq 1$. Daher kann man die beiden oben genannten Schranken für q_k zu einer Schranke zusammenfassen. Folglich haben wir die Ungleichung

$$q_k < \frac{q_l}{1 - a_k} \quad \text{für } l \geq k_0 \text{ und } l < k.$$

Es sei nun $k > l$. Dann ergibt sich für q_l eine analoge Ungleichung. Durch eine wiederholte Anwendung dieses Verfahrens erhalten wir schließlich

$$q_k < \frac{q_s}{(1 - a_k) \cdot (1 - a_l) \cdot \ldots \cdot (1 - a_r)},$$

wobei $k > l > \ldots > r \geq k_0$ und $k_0 > s$ gelten. Weiterhin ist aus der Theorie der unendlichen Produkte bekannt, dass aus der Konvergenz der Reihe $\sum_{n=1}^{\infty} a_n$ auch die Konvergenz des Produktes $P := \prod_{n=k_0}^{\infty}(1-a_n)$ folgt, da für alle Faktoren die Beziehung $0 < 1-a_n < 1$ gilt. Wir können deshalb dem unendlichen Produkt P einen positiven Grenzwert

λ zuordnen. Unter Berücksichtigung dieses Grenzwertes erhalten wir somit die Ungleichung

$$(1 - a_k) \cdot (1 - a_l) \cdot \ldots \cdot (1 - a_r) \geq \lambda.$$

Nunmehr bezeichnen wir noch mit Q das Maximum der Zahlenmenge $\{q_0, q_1, \ldots, q_{k_0-1}\}$. Auf Grund der Gültigkeit von $q_k < \frac{q_s}{(1-a_k)\cdot(1-a_l)\cdot\ldots\cdot(1-a_r)}$ folgt deshalb sofort die Beziehung $q_k < \frac{Q}{\lambda}$ für $k \geq k_0$ und damit $q_k \cdot q_{k+1} < \frac{Q^2}{\lambda^2}$ für $k \geq k_0$. Also kann die Folge $(q_k \cdot q_{k+1})_{k=0}^{\infty}$ nicht divergieren und muss einen Grenzwert besitzen.

2. Teil: Wir zeigen jetzt, dass aus der Divergenz der Reihe $\sum_{n=1}^{\infty} a_n$ die Konvergenz des Kettenbruches $[a_0, a_1, a_2 \ldots]$ gefolgert werden kann. Es möge die Reihe $\sum_{n=1}^{\infty} a_n$ divergieren. Aus dem ersten Teil des Beweises wissen wir bereits, dass stets $q_k > q_{k-2}$ für $k \geq 1$ gilt. Des Weiteren bezeichnen wir mit c das Minimum der Zahlenmenge $\{q_0, q_1\}$. Folglich erhalten wir aus der Rekursionsformel

$$q_k = a_k \cdot q_{k-1} + q_{k-2} = q_{k-2} + a_k \cdot q_{k-1}$$

von Satz 3.6.1 die Ungleichung

$$q_k \geq q_{k-2} + c \cdot a_k \quad \text{für } k \geq 2.$$

Durch sukzessive Anwendung dieser Ungleichung bekommen wir hiermit

$$q_{2k} \geq q_0 + c \cdot \sum_{n=1}^{k} a_{2n}$$

und

$$q_{2k+1} \geq q_1 + c \cdot \sum_{n=1}^{k} a_{2n+1},$$

woraus sofort

$$q_{2k} + q_{2k+1} \geq q_0 + q_1 + c \cdot \sum_{n=1}^{2k+1} a_n$$

folgt. In analoger Weise können wir natürlich auch für die Summe $q_{2k-1} + q_{2k}$ eine derartige Schranke bestimmen. Wir haben deshalb die Gültigkeit der Ungleichung

$$q_k + q_{k-1} > c \cdot \sum_{n=1}^{k} a_n$$

für alle $k \geq 1$ gezeigt. Nunmehr können wir noch folgern , dass vom Produkt $q_k \cdot q_{k-1}$ wenigstens einer der Faktoren größer als $\frac{c}{2} \sum_{n=1}^{k} a_n$ sein muss. Da aber der andere Faktor nicht kleiner als c sein kann, erhalten wir somit die Ungleichung

$$q_k \cdot q_{k-1} > \frac{c^2}{2} \cdot \sum_{n=1}^{k} a_n \quad \text{für alle } k \geq 1.$$

Hieraus ergibt sich aber sofort die Divergenz der Folge $(q_k \cdot q_{k-1})$ für $k \to \infty$. Auf Grund der am Anfang des Beweises ausgeführten Zusammenhänge haben wir folglich auch die Konvergenz des Kettenbruches $[a_0, a_1, a_2, \ldots]$ gezeigt.

$\square$

Bemerkung 3.6.3. *Mit Hilfe des Hauptsatzes über die Konvergenz eines Kettenbruches können wir nun begründen, dass der Kettenbruch im Beispiel 1 konvergiert und im Beispiel 2 divergiert, denn:*
Beispiel 1: Da die Reihe $\sum_{k=1}^{\infty} 2^k$ divergent ist, konvergiert der Kettenbruch.
Beispiel 2: Da die Reihe $\sum_{k=1}^{\infty} 2^{-k} = 1$ also konvergent ist, divergiert der Kettenbruch.

Übungsaufgabe 3.15. Man bestimme die regulären Kettenbrüche von $\alpha = \frac{1}{2} \cdot \left(\sqrt{5} - 1 \right)$ und $\beta = \frac{1}{2} \cdot \left(\sqrt{7} - 1 \right)$.
Übungsaufgabe 3.16. Man bestimme die regulären Kettenbrüche von $\sqrt{13}$, $\sqrt{14}$, $\sqrt{20}$, $\sqrt{33}$ und $\sqrt{37}$.
Übungsaufgabe 3.17. Man forme die reelle Zahl $\beta = 1 + \cfrac{1}{3 + \cfrac{4}{2 + \cfrac{7}{8 + \cfrac{5}{12}}}}$ in einen regulären Kettenbruch um.

Wir hatten bereits in den Ausführungen zu Satz 3.1.7 darauf hingewiesen, dass die Kettenbrüche sich außerordentlich gut dazu eignen, reelle Zahlen zu approximieren. Über die Güte der Approximationen von reellen Zahlen unter Verwendung der Näherungsbrüche von Kettenbrüchen werden wir in den folgenden Sätzen Aussagen treffen. Dabei werden in den Sätzen 3.6.4, 3.6.5, 3.6.7 und 3.6.8 Angaben über Abschätzungen nach oben gezeigt und im Satz 3.6.6 wird eine Abschätzung nach unten angegeben.

Definition 3.6.2. *Es sei $\frac{a}{b} \in \mathbb{Q}$ mit $(a, b) = 1, a \in \mathbb{Z}$ und $b \in \mathbb{N}_+$. Dann heißt $\frac{a}{b}$ beste oder auch diophantische Approximation von $\alpha \in \mathbb{R}$, wenn für alle rationalen Zahlen $\frac{p}{q}$ mit $1 \leq q \leq b$ und $\frac{p}{q} \neq \frac{a}{b}$ die Ungleichung*

$$\left| \alpha - \frac{a}{b} \right| < \left| \alpha - \frac{p}{q} \right|$$

gilt.

Satz 3.6.4 (Lagrange). *Es sei $\frac{p_n}{q_n}$ mit $n \in \mathbb{N}_+$ ein Näherungsbruch von $\alpha \in \mathbb{R}$. Dann gilt für alle $\frac{p}{q} \in \mathbb{Q}$ mit $1 \le q \le q_n$ und $\frac{p}{q} \ne \frac{p_n}{q_n}$ die Ungleichung*

$$\left| \alpha - \frac{p_n}{q_n} \right| < \left| \alpha - \frac{p}{q} \right|.$$

D.h. die Näherungsbrüche von einer Kettenbruchdarstellung $\alpha \in \mathbb{R}$ sind beste Approximationen.

Beweis. Wir wollen den Beweis dieses Satzes dem Leser überlassen und verweisen auf Hardy-Wright *(siehe [Har])*, Krätzel *(siehe [Krä1])* und die Literatur.   □

Beispiel. Man kann leicht zeigen, dass die transzendente Zahl $\alpha = \pi$ mit der Kettenbruchdarstellung $\pi = [3, 7, 15, 1, 292, \ldots]$ beginnt. Deshalb sind die Näherungsbrüche $\frac{p_1}{q_1} = \frac{22}{7}$, $\frac{p_2}{q_2} = \frac{333}{106}$ und $\frac{p_3}{q_3} = \frac{335}{113}$ beste Approximationen von π.

Satz 3.6.5. *Es sei $\frac{p_k}{q_k}$ mit $k \ge 0$ der k-te Näherungsbruch der reellen Zahl α. Dann gilt die Ungleichung*

$$\left| \alpha - \frac{p_k}{q_k} \right| < \frac{1}{q_k^2}.$$

Beweis. Es sei

$$\alpha = [a_0, a_1, \ldots, a_k, r_{k+1}],$$

wobei $\frac{p_k}{q_k} = [a_0, a_1, \ldots, a_k]$ den k-ten Abschnitt und r_{k+1} den $(k+1)$-ten Rest des Kettenbruchs α bezeichnet. Nach Satz 3.6.1 können wir schreiben

$$\alpha = \frac{r_{k+1} \cdot p_k + p_{k-1}}{r_{k+1} \cdot q_k + q_{k-1}}.$$

Wir bilden die Differenz $\alpha - \frac{p_k}{q_k}$ und erhalten nach einer einfachen Rechnung

$$\alpha - \frac{p_k}{q_k} = \frac{r_{k+1} \cdot p_k + p_{k-1}}{r_{k+1} \cdot q_k + q_{k-1}} - \frac{p_k}{q_k}$$

$$= \frac{p_{k-1} \cdot q_k - p_k \cdot q_{k-1}}{q_k \cdot (r_{k+1} \cdot q_k + q_{k-1})}.$$

Mit Hilfe von Korollar 3.6.1 und unter Verwendung der im Beweis des Satzes

3.6.1 aufgeführten Eigenschaften folgt nun unmittelbar

$$\left| \alpha - \frac{p_k}{q_k} \right| = \frac{1}{q_k \cdot (r_{k+1} \cdot q_k + q_{k-1})}$$
$$< \frac{1}{q_k \cdot (a_{k+1} \cdot q_k + q_{k-1})}$$
$$= \frac{1}{q_k \cdot q_{k+1}}$$
$$< \frac{1}{q_k^2}.$$

$\square$

Bemerkung 3.6.4.

1) Auf Grund des Satzes 3.1.7 wussten wir bereits von der Existenz unendlich vieler rationaler Zahlen $\frac{p}{q}$ mit der Approximationseigenschaft $\left| \alpha - \frac{p}{q} \right| < \frac{1}{q^2}$. Der Satz 3.6.5 gibt nun die Antwort auf die Frage, wie wir solche rationalen Zahlen $\frac{p}{q}$ erzeugen können, indem wir einfach die Näherungsbrüche von α berechnen.

2) Wir erwähnen, dass sich im Beweis von Satz 3.6.5 wegen $q_{k+1} > q_k$ sogar die schärfere Ungleichung

$$\left| \alpha - \frac{p_k}{q_k} \right| < \frac{1}{q_k \cdot q_{k+1}} < \frac{1}{q_k^2}$$

folgern lässt. Voraussetzung hierfür ist natürlich die Kenntnis des Nenners vom $(k+1)$-ten Näherungsbruch $\frac{p_{k+1}}{q_{k+1}}$.

Es sei $k \geq 2$ und i eine beliebige nichtnegative ganze Zahl. Die Differenz

$$\frac{p_{k-1} \cdot (i+1) + p_{k-2}}{q_{k-1} \cdot (i+1) + q_{k-2}} - \frac{p_{k-1} \cdot i + p_{k-2}}{q_{k-1} \cdot i + q_{k-2}}$$

ist nach Satz 3.6.1 gleich

$$\frac{(-1)^k}{[q_{k-1} \cdot (i+1) + q_{k-2}] \cdot [q_{k-1} \cdot (i) + q_{k-2}]}$$

und hat für alle $i \geq 0$ das gleiche Vorzeichen, das nur davon abhängt, ob k gerade oder ungerade ist. Hieraus folgt, dass die Brüche

$$\frac{p_{k-2}}{q_{k-2}}, \frac{p_{k-2} + p_{k-1}}{q_{k-2} + q_{k-1}}, \frac{p_{k-2} + 2 \cdot p_{k-1}}{q_{k-2} + 2 \cdot q_{k-1}}, \ldots, \frac{p_{k-2} + a_k \cdot p_{k-1}}{q_{k-2} + a_k \cdot q_{k-1}} = \frac{p_k}{q_k}$$

bei geradem k eine wachsende und bei ungeradem k eine fallende Folge bilden. Die Randglieder dieser Folge sind Näherungsbrüche, die entweder beide von gerader oder beide von ungerader Ordnung sind. Die zwischen ihnen stehenden Glieder (falls solche überhaupt existieren) wollen wir **Zwischenbrüche** nennen. Bei den arithmetischen Anwendungen spielen diese eine bedeutende Rolle, doch sind sie nicht ganz so wichtig wie die Näherungsbrüche. Um ihre Verteilung und das Gesetz ihrer sukzessiven Bildung besser erkennen zu können, ist es zweckmäßig, den Begriff der sogenannten Mediante zweier Brüche einzuführen. Als die **Mediante** zweier Brüche $\frac{a}{b}$ und $\frac{c}{d}$ mit positiven Nennern bezeichnen wir den Bruch

$$\frac{a+c}{b+d}.$$

Lemma 3.6.1. *Die Mediante zweier Brüche liegt stets zwischen den beiden Brüchen.*

Beweis. Ohne Einschränkung der Allgemeinheit sei $\frac{a}{b} \leq \frac{c}{d}$. Dann ist $b \cdot c - a \cdot d \geq 0$ und folglich

$$\frac{a+c}{b+d} - \frac{a}{b} \geq 0$$

sowie

$$\frac{a+c}{b+d} - \frac{c}{d} = \frac{a \cdot d - b \cdot c}{b \cdot (b+d)} \leq 0,$$

was zu zeigen war.

$\square$

Wir erkennen unmittelbar, dass jeder Zwischenbruch der Folge

$$\frac{p_{k-2}}{q_{k-2}}, \frac{p_{k-2}+p_{k-1}}{q_{k-2}+q_{k-1}}, \frac{p_{k-2}+2 \cdot p_{k-1}}{q_{k-2}+2 \cdot q_{k-1}}, \dots, \frac{p_{k-2}+a_k \cdot p_{k-1}}{q_{k-2}+a_k \cdot q_{k-1}} = \frac{p_k}{q_k}$$

die Mediante des vorhergehenden Bruches und des Bruches $\frac{p_{k-1}}{q_{k-1}}$ ist. Gehen wir somit in der Folge weiter, so gelangen wir durch Mediantenbildung zunächst zum Näherungsbruch $\frac{p_{k-2}}{q_{k-2}}$. Im letzten Schritt ergibt sich als Mediante der Bruch $\frac{p_k}{q_k}$. Dieser liegt somit zwischen $\frac{p_{k-1}}{q_{k-1}}$ und $\frac{p_{k-2}}{q_{k-2}}$. Außerdem wissen wir, dass der Zahlenwert α des gegebenen Kettenbruches zwischen $\frac{p_{k-1}}{q_{k-1}}$ und $\frac{p_k}{q_k}$ liegt und das die Brüche $\frac{p_{k-2}}{q_{k-2}}$ und $\frac{p_k}{q_k}$, deren Ordnungen entweder beide gerade oder beide ungerade sind, oder beide größer oder beide kleiner als α sind. Hieraus folgt, dass die Glieder der Folge $\frac{p_{k-2}}{q_{k-2}}, \frac{p_{k-2}+p_{k-1}}{q_{k-2}+q_{k-1}}, \frac{p_{k-2}+2 \cdot p_{k-1}}{q_{k-2}+2 \cdot q_{k-1}}, \dots, \frac{p_{k-2}+a_k \cdot p_{k-1}}{q_{k-2}+a_k \cdot q_{k-1}} = \frac{p_k}{q_k}$ entweder sämtlich kleiner oder sämtlich größer sind als α. Im ersten Falle ist der Bruch $\frac{p_{k-1}}{q_{k-1}}$ größer, im zweiten Falle kleiner als α. Insbesondere liegen die

Brüche $\frac{p_{k-1}+p_{k-2}}{q_{k-1}+q_{k-2}}$ und $\frac{p_{k-1}}{q_{k-1}}$ stets auf verschiedenen Seiten von α. Mit anderen Worten:

Lemma 3.6.2. *Der Grenzwert α eines Kettenbruches liegt stets zwischen dem eines beliebigen Näherungsbruches und der Mediante, die von diesem und dem vorhergehenden Näherungsbruch gebildet wird.*

Diese Aussage gibt uns die Mittel in die Hand, den nachfolgenden Näherungsbruch $\frac{p_k}{q_k}$ zu konstruieren, sobald wir die Näherungsbrüche $\frac{p_{k-2}}{q_{k-2}}$ und $\frac{p_{k-1}}{q_{k-1}}$ kennen. Den Teilnenner a_k brauchen wir hierzu nicht zu kennen, doch muss der Zahlenwert α des Kettenbruches selbst bekannt sein. In der Tat brauchen wir zunächst nur die Mediante der beiden gegebenen Brüche zu bilden, dann die Mediante dieser Mediante mit $\frac{p_{k-1}}{q_{k-1}}$ und so weiter, wobei wir jedesmal die Mediante aus der eben gewonnenen Mediante und dem Bruch $\frac{p_{k-1}}{q_{k-1}}$ bestimmen. Wir wissen, dass diese nacheinander gebildeten Medianten sich zunächst dem Wert α nähern. Die letzte Mediante dieser Folge, die auf derselben Seite von α liegt wie der Bruch $\frac{p_{k-2}}{q_{k-2}}$, von dem wir ausgegangen waren, ist der gesuchte Bruch $\frac{p_k}{q_k}$. Tatsächlich wissen wir bereits, dass $\frac{p_k}{q_k}$ unter den gebildeten Medianten vorhanden ist und auf derselben Seite von α liegt wie $\frac{p_{k-2}}{q_{k-2}}$. Wir brauchen also nur noch zu zeigen, dass die nachfolgende Mediante schon auf der anderen Seite von α liegen wird; die nächste Mediante ist aber $\frac{p_k+p_{k-1}}{q_k+q_{k-1}}$ und liegt auf Grund von Lemma 3.6.2 auf der anderen Seite von α.

Eine weitere und noch wichtigere Folgerung aus der festgestellten gegenseitigen Lage der Zahl α und ihrer Näherungs- und Zwischenbrüche ergibt sich durch folgende Überlegungen. Der Zwischenbruch $\frac{p_k+p_{k+1}}{q_k+q_{k+1}}$ ist zwischen $\frac{p_k}{q_k}$ und α eingeschlossen und liegt zu $\frac{p_k}{q_k}$ näher als zu α, das heißt es gilt

$$\left|\alpha-\frac{p_k}{q_k}\right| > \left|\frac{p_k+p_{k+1}}{q_k+q_{k+1}}-\frac{p_k}{q_k}\right| = \frac{1}{q_k\cdot(q_k+q_{k+1})}.$$

Auf diese Weise erhalten wir die folgende wichtige bzw. eine untere Schranke für $\left|\alpha-\frac{p_k}{q_k}\right|$.

Satz 3.6.6. *Für alle $k \geq 0$ gilt*

$$\left|\alpha-\frac{p_k}{q_k}\right| > \frac{1}{q_k\cdot(q_{k+1}+q_k)}.$$

Auch die obere Schranke lässt sich weiter verbessern, und zwar mit dem folgenden

Satz 3.6.7. *Es seien $\frac{p_{k-1}}{q_{k-1}}$ und $\frac{p_k}{q_k}$ mit $k > 0$ zwei aufeinanderfolgende Näherungsbrüche der reellen Zahl α. Dann gilt wenigstens eine der beiden nachfolgenden
Ungleichungen*

$$\left| \alpha - \frac{p_k}{q_k} \right| < \frac{1}{2 \cdot q_k^2},$$

$$\left| \alpha - \frac{p_{k-1}}{q_{k-1}} \right| < \frac{1}{2 \cdot q_{k-1}^2}.$$

Beweis. Da α zwischen den Näherungsbrüchen von $\frac{p_{k-1}}{q_{k-1}}$ und $\frac{p_k}{q_k}$ eingeschlossen
ist, gilt

$$\left| \alpha - \frac{p_k}{q_k} \right| + \left| \alpha - \frac{p_{k-1}}{q_{k-1}} \right| = \left| \frac{p_k}{q_k} - \frac{p_{k-1}}{q_{k-1}} \right|$$

$$= \frac{1}{q_k \cdot q_{k-1}}$$

$$< \frac{1}{2 \cdot q_k^2} + \frac{1}{2 \cdot q_{k-1}^2}.$$

Wir bemerken weiterhin, dass das geometrische Mittel der Größen $\frac{1}{q_k^2}$ und $\frac{1}{q_{k-1}^2}$
kleiner ist als deren arithmetisches Mittel; das Gleichheitszeichen kann nur für
$q_k = q_{k-1}$ eintreten, was aber unmöglich ist.
Hieraus folgt offenbar die Behauptung unseres Satzes. $\qquad \square$

Bemerkung 3.6.5. *Der Satz 3.6.7 verbessert die Aussagen des Satzes 3.1.7 in
der Hinsicht, dass es sogar unendlich viele rationale Zahlen $\frac{p}{q}$ mit der Eigenschaft
$\left| \alpha - \frac{p}{q} \right| < \frac{1}{2 \cdot q^2}$ gibt. In der Folge der Näherungsbrüche $\frac{p_k}{q_k}$ liefert wenigstens jeder
zweite Näherungsbruch $\frac{p_k}{q_k}$ eine bessere Approximation als die Abschätzungen von
Satz 3.6.5. Es gilt somit die Ungleichung*

$$\left| \alpha - \frac{p_l}{q_l} \right| < \frac{1}{2 \cdot q_l^2} \quad \text{für } l = k - 1 \text{ oder } l = k.$$

In diesem Zusammenhang stellt sich die Frage, ob man die in der Fehlerschranke
von Satz 3.6.7 vorkommende Konstante $\frac{1}{2}$ weiter verbessern und durch ein $c < \frac{1}{2}$
ersetzen kann, so dass trotzdem noch unendlich viele Näherungsbrüche $\frac{p_r}{q_r}$ mit
geeignet gewähltem $r \in \mathbb{N}$ der Abschätzung $\alpha - \frac{p_r}{q_r}$ genügen. Eine positive
Antwort darauf gibt der Satz 3.6.8. Vorher zeigen wir jedoch noch die Gültigkeit
von

Lemma 3.6.3. *Es seien q_i die Nenner des Näherungsbruches $\frac{p_i}{q_i}$ mit $i \in \{k, k+1, k+2\}$. Dann gilt wenigstens eine der Ungleichungen*

$$\frac{q_{k+1}}{q_k} > \frac{\sqrt{5}+1}{2}, \quad \frac{q_{k+2}}{q_{k+1}} > \frac{\sqrt{5}+1}{2}.$$

Beweis. Wir führen den Beweis indirekt und nehmen an, dass die beiden Ungleichungen nicht gelten. Wegen $q_i \in \mathbb{N}$ ist stets $\frac{q_{k+1}}{q_k} \neq \frac{\sqrt{5}+1}{2}$ und $\frac{q_{k+2}}{q_{k+1}} \neq \frac{\sqrt{5}+1}{2}$. Somit müssen die beiden Ungleichungen

$$\frac{q_{k+1}}{q_k} < \frac{\sqrt{5}+1}{2}$$

und

$$\frac{q_{k+2}}{q_{k+1}} < \frac{\sqrt{5}+1}{2}$$

erfüllt sein. Wir wenden nunmehr die Rekursionsformel aus Satz 3.6.1 auf q_{k+2} an und erhalten

$$q_{k+2} = a_{k+2} \cdot q_{k+1} + q_k.$$

Nach einfacher Rechnung ergibt sich nun, dass

$$\begin{aligned} \frac{q_{k+2}}{q_{k+1}} &= a_{k+2} + \frac{q_k}{q_{k+1}} \\ &\geq 1 + \frac{q_k}{q_{k+1}} \\ &> 1 + \frac{1}{\frac{\sqrt{5}+1}{2}} \\ &= \frac{\sqrt{5}+1}{2}. \end{aligned}$$

Dies ist aber ein Widerspruch zur Gültigkeit der Ungleichung

$$\frac{q_{k+2}}{q_{k+1}} < \frac{\sqrt{5}+1}{2}.$$

Da die Annahme folglich falsch ist, muss wenigstens eine der beiden Ungleichungen gelten.

$\square$

Satz 3.6.8. *Es seien $\frac{p_k}{q_k}, \frac{p_{k+1}}{q_{k+1}}$ und $\frac{p_{k+2}}{q_{k+2}}$ mit $k \geq 0$ drei aufeinander folgende Näherungsbrüche der reellen Zahl α. Dann gilt wenigstens eine der drei nachstehenden Ungleichungen*

$$\left| \alpha - \frac{p_k}{q_k} \right| < \frac{1}{\sqrt{5} \cdot q_k^2}, \left| \alpha - \frac{p_{k+1}}{q_{k+1}} \right| < \frac{1}{\sqrt{5} \cdot q_{k+1}^2}, \left| \alpha - \frac{p_{k+2}}{q_{k+2}} \right| < \frac{1}{\sqrt{5} \cdot q_{k+2}^2}.$$

Beweis. Aus schreibtechnischen Gründen setzen wir zunächst $\psi_i := r_{i+1} + \frac{q_{i-1}}{q_i}$ für jedes $i \geq 1$, wobei r_i den $(i+1)$-ten Rest des Kettenbruches α bezeichnet. Im Beweis von Satz 3.6.5 haben wir bereits gezeigt, dass

$$\left| \alpha - \frac{p_i}{q_i} \right| = \frac{1}{q_i \cdot (q_i \cdot r_{i+1} + q_{i-1})} = \frac{1}{\psi_i \cdot q_i^2}$$

ist. Wenn wir somit verifizieren können, dass eine der reellen Zahlen $\psi_k, \psi_{k+1}, \psi_{k+2}$ größer als $\sqrt{5}$ ist, haben wir unseren Satz bewiesen. Wegen $r_{i+1} = a_{i+1} + \frac{1}{r_{i+2}}$ und $\frac{q_{i+1}}{q_i} = a_{i+1} + \frac{q_{i-1}}{q_i}$ folgt

$$\psi_i = r_{i+1} + \frac{q_{i-1}}{q_i} = \frac{1}{r_{i+2}} + \frac{q_{i+1}}{q_i}.$$

In diesen Beziehungen für ψ_i übertrifft auf Grund von Lemma 3.6.3 wenigstens einer der Quotienten $\frac{q_{k+1}}{q_k}$ oder $\frac{q_{k+2}}{q_{k+1}}$ die reelle Zahl $\frac{\sqrt{5}+1}{2}$. Wir führen eine Fallunterscheidung durch.

1. Fall: Es sei $\frac{q_{k+1}}{q_k} > \frac{\sqrt{5}+1}{2}$. Dann ist für $r_{k+2} \geq \frac{q_{k+1}}{q_k}$

$$\psi_{k+1} = r_{k+2} + \frac{q_k}{q_{k+1}} \geq r_{k+2} + \frac{1}{r_{k+2}} > \sqrt{5}.$$

Eine einfache Rechnung bestätigt unter Anwendung der Definition von ψ_i auch für $r_{k+2} < \frac{q_{k+1}}{q_k}$, dass

$$\psi_k = \frac{1}{r_{k+2}} + \frac{q_{k+1}}{q_k} > \frac{1}{\frac{q_k}{q_{k+1}}} + \frac{q_{k+1}}{q_k} > \sqrt{5}.$$

Damit haben wir für ψ_k die Gültigkeit der Ungleichung $\psi_k > \sqrt{5}$ gezeigt.

2. Fall: Es sei nun $\frac{q_{k+1}}{q_k} < \frac{\sqrt{5}+1}{2}$. Dann ist nach Lemma 3.6.3

$$\frac{q_{k+2}}{q_k + 1} > \frac{\sqrt{5}+1}{2}.$$

Wir schließen nun analog zum ersten Fall und erhalten entweder die Ungleichung $\psi_{k+2} > \sqrt{5}$ oder die Ungleichung $\psi_{k+1} > \sqrt{5}$. Damit ist die Gültigkeit des Satzes gezeigt.

□

Die Sätze 3.6.7 und 3.6.8 erwecken den Eindruck, dass sie den Anfang einer Kette von weiteren Sätzen bilden, die immer kleinere Konstanten c mit $\left|\alpha - \frac{p}{q}\right| < c \cdot \frac{1}{q^2}$ beschreiben. Dies ist aber nicht der Fall, wie **Hurwitz** als erster zeigen konnte. Die Konstante $c = \frac{1}{\sqrt{5}}$ ist die kleinstmögliche Zahl, so dass unendlich viele rationale Zahlen $\frac{p}{q}$ existieren, die die reelle Zahl α mit der Fehlerschranke $\frac{1}{\sqrt{5} \cdot q^2}$ approximieren. Es gilt der

Satz 3.6.9. *Zu jeder reellen Zahl $c < \frac{1}{\sqrt{5}}$ gibt es eine irrationale Zahl α, so dass die Ungleichung*

$$\left|\alpha - \frac{p}{q}\right| < \frac{c}{q^2}$$

nur für endlich viele rationale Zahlen $\frac{p}{q}$ erfüllt ist.

Beweis. Es erweist sich als vorteilhaft, wenn wir $\alpha = \frac{\sqrt{5}+1}{2}$ wählen. Eine kurze Rechnung ergibt die Kettenbruchdarstelllung

$$\alpha = [1, \alpha] = [1, \overline{1}] = [\overline{1}].$$

Also erhalten wir für alle Teilnenner $a_n = 1$ mit $n \in \mathbb{N}_+$. Wegen

$$p_{n+1} = p_n + p_{n-1}, q_{n+1} = q_n + q_{n-1}$$

ergibt sich unmittelbar

$$q_{n+1} = p_n$$

und daher

$$\frac{q_{n+1}}{q_n} = \frac{p_n}{q_n}.$$

Wegen

$$\lim_{n \to \infty} \frac{p_n}{q_n} = \alpha$$

ist deshalb

$$\lim_{n \to \infty} \frac{q_{n+1}}{q_n} = \alpha$$

und es gilt für hinreichend großes n die Ungleichung

$$\frac{q_{n+1}}{q_n} < \frac{\sqrt{5}+1}{2} + \varepsilon$$

(unabhängig davon, wie klein $\varepsilon > 0$ gewählt wird). Mit den Bezeichnungen aus dem Beweis von Satz 3.6.8 ergibt sich deshalb

$$\psi_n = r_{n+1} + \frac{q_{n-1}}{q_n}$$

$$= \frac{\sqrt{\alpha} + 1}{2} + \frac{q_{n-1}}{q_n}$$

$$= \frac{\sqrt{\alpha} + 1}{2} + \frac{q_{n-1}}{p_{n-1}}.$$

Damit hat aber die Folge $(\psi_n)_{n=1}^{\infty}$ den Grenzwert $\sqrt{5}$, weil

$$\lim_{n \to \infty} \psi_n = \alpha + \frac{1}{\alpha} = \frac{\sqrt{5} + 1}{2} + \frac{2}{\sqrt{5} + 1} = \sqrt{5}.$$

Mit anderen Worten: Wir haben die Gültigkeit der Ungleichung

$$\psi_n < \sqrt{5} + \varepsilon$$

für hinreichend großes n und $\varepsilon > 0$ gezeigt. Unter Berücksichtigung dieses Ergebnisses können wir nun wie folgt umformen:

$$\left| \alpha - \frac{p_n}{q_n} \right| = \frac{1}{q_n \cdot (q_n \cdot \alpha + q_{n-1})}$$

$$= \frac{1}{q_n^2 \cdot \left(\alpha + \frac{q_{n-1}}{q_n} \right)}$$

$$= \frac{1}{q_n^2 \cdot \psi_n}$$

Hieraus ergibt sich unter Benutzung der Ungleichung für ψ_n die Abschätzung

$$\left| \alpha - \frac{p_n}{q_n} \right| > \frac{1}{(\sqrt{5} + \varepsilon) \cdot q_n^2}$$

für hinreichend großes n und $\varepsilon > 0$. Das heißt aber, wenn $c < \frac{1}{\sqrt{5}}$ ist, kann es unter den Näherungsbrüchen $\frac{p_n}{q_n}$ der reellen Zahl α nur endlich viele geben, für welche die Beziehung

$$\left| \alpha - \frac{p_n}{q_n} \right| < \frac{c}{q_n^2}$$

gilt.

$\square$

Übungsaufgabe 3.18. Man bestimme rationale Zahlen $\frac{p}{q}$ und $\frac{r}{s}$ mit möglichst kleinen Nennern, so dass gilt:

$$\frac{p}{q} < \alpha < \frac{r}{s} \text{ und } \left| \frac{r}{s} - \frac{p}{q} \right| < 10^{-3}.$$

Hierbei sind:

a) $\alpha = \frac{1355}{946}$,

b) $\alpha = 3 + \sqrt{5}$,

c) $\alpha = 2 + \sqrt{38}$.

Satz 3.6.10. *Jede reelle Zahl α lässt sich eindeutig durch einen regulären Kettenbruch darstellen. Der zugehörige Kettenbruch ist genau dann endlich, wenn α rational ist. Er ist genau dann unendlich, wenn α irrational ist.*

Beweis. 1. Teil (Darstellbarkeit):
Wir benutzen den Kettenbruch-Algorithmus und können O. E. d. A. voraussetzen, dass $\alpha \notin \mathbb{Z}$ gilt.

Nun setzen wir im 1. Schritt $a_0 := [\alpha]$ und können daher $\alpha = a_0 + \frac{1}{r_1}$, $\alpha = [a_0; r_1]$ mit $r_1 > 1$ schreiben. Im 2. Schritt setzen wir jetzt $a_1 := [r_1]$ und erhalten deshalb $r_1 = a_1 + \frac{1}{r_2}$, $\alpha = [a_0; a_1, r_2]$ mit $r_2 > 1$. Dieses Verfahren kann man beliebig fortsetzen. Deshalb ergibt sich im (n+1)-ten Schritt:

$$a_n := [r_n], \quad r_n = a_n + \frac{1}{r_{n+1}}, \quad \alpha = [a_0; a_1, \ldots a_n, r_{n+1}] \text{ mit } r_{n+1} > 1$$

Diese Darstellung $\alpha = [a_0; \ldots]$ gilt ganz allgemein, sofern $r_2, \ldots, r_{n+1}$ nicht ganzzahlig sind.

2. Teil (Eindeutigkeit):
Wir wollen jetzt zeigen, dass zu jeder rationalen Zahl stets eine eindeutig bestimmte Kettenbruchdarstellung gehört und dass auch die Umkehrung dieser Aussage gilt.

Es ist offensichtlich, dass wenn $\alpha \in \mathbb{Q}$ gilt, sofort auch $r_k \in \mathbb{Q}$ $(k \in \mathbb{N}_+)$ folgt. Wir setzen nun $r_k := \frac{u_k}{v_k}$ mit natürlichen Zahlen u_k, v_k und $v_k > 1$ sowie $(u_k, v_k) = 1$.
Dann folgt aus

$$0 \leq r_k - a_k = \frac{1}{r_{k+1}} < 1,$$

$$0 \leq \frac{u_k}{v_k} - a_k = \frac{u_k - a_k v_k}{v_k} = \frac{w_k}{v_k} < 1.$$

Somit ist $w_k < v_k$. Für $w_k = 0$ ist das Darstellungsverfahren in diesem Fall beendet.

Im Fall, dass $w_k > 0$ gilt, ist nun $r_{k+1} = \frac{v_k}{w_k}$.
Damit hat r_{k+1} einen kleineren Nenner als r_k. Deshalb ist die Folge $(r_k)_{k=1}^{\infty}$ endlich und daher ist auch die Kettenbruchdarstellung von α endlich.
Umgekehrt ist auch sofort klar, dass die „Aufsummation" eines endlichen regulären Kettenbruches notwendigerweise eine rationale Zahl ergeben muss. Hierbei macht es sich erforderlich, Kettenbrüche mit dem letzten Teilnenner $a_{k+1} = 1$ nicht zuzulassen, um die Eindeutigkeit für $\alpha \in \mathbb{Q}$ zu erzwingen.

3. Teil: Der Beweis, dass ein Kettenbruch genau dann unendlich ist, wenn α irrational ist, bleibt dem Leser überlassen.
Hinweis: Man verwende die Methode der Kontraposition bzw. das Lemma 3.6.4. □

Lemma 3.6.4. *Jede reelle Zahl lässt sich wie folgt darstellen: Es seien α eine reelle Zahl mit $\alpha \notin \mathbb{Q}$ und $\frac{p_i}{q_i}$ die i-ten Näherungsbrüche der Kettenbruchdarstellung von α mit $i \in \mathbb{N}$. Weiterhin sei r_i die i-te Restzahl von α. Dann ist*

$$\alpha = \frac{p_k \cdot r_{k+1} + p_{k-1}}{q_k \cdot r_{k+1} + q_{k-1}}.$$

Beweis. Es sei α eine reelle Zahl mit $\alpha \notin \mathbb{Q}$. Dann hat α die unendliche Kettenbruchdarstellung $\alpha = [a_0, a_1, a_2, \ldots]$ bzw. $\alpha = [a_0, a_1, a_2, \ldots, a_k, r_{k+1}]$ mit $r_{k+1} = [a_{k+1}, a_{k+2}, a_{k+3}, \ldots]$. Nach Satz 3.6.1 ist also

$$\begin{aligned}
\alpha &= [a_0, a_1, a_2, \ldots, a_k, r_{k+1}] \\
&= \frac{p_{k+1}}{q_{k+1}} \\
&= \frac{p_k \cdot r_{k+1} + p_{k-1}}{q_k \cdot r_{k+1} + q_{k-1}}.
\end{aligned}$$

□

Lemma 3.6.5. *Es sei $\alpha \in \mathbb{R}$ in der Form*

$$\alpha = \frac{Pz + R}{Qz + S},$$

mit $z > 1$ und $P, Q, R, S \in \mathbb{Z}$, sowie $PS - QR = \pm 1$ gegeben.

Dann sind $\frac{R}{S}$ und $\frac{P}{Q}$ zwei aufeinanderfolgende Näherungsbrüche von α. Falls $\frac{R}{S}$ der $(n-1)$–te und $\frac{P}{Q}$ der n–te Näherungsbruch sind, dann ist z die $(n+1)$–te Restzahl von α.

D.h. es gilt $\alpha = [a_0, a_1, \ldots, a_n, a_{n+1}, \ldots] = [a_0, a_1, \ldots, a_n, r_{n+1}]$, wobei $\frac{R}{S} = \frac{p_{n-1}}{q_{n-1}}$, $\frac{P}{Q} = \frac{p_n}{q_n}$ und $z = r_{n+1}$ sind.

Beweis. Wir stellen $\frac{P}{Q}$ als Kettenbruch dar.

$$\frac{P}{Q} = [a_0, a_1, \ldots, a_n] = \frac{p_n}{q_n}$$

Dann kann man n stets so wählen (rationale Zahlen kann man sowohl durch eine gerade als auch durch eine ungerade Anzahl von Teilnennern darstellen, indem man vom letzten Teilnenner eine 1 abspaltet), dass $PS - QR = \pm 1 = (-1)^{n-1}$ gilt.

Wegen $(P, Q) = 1$ und $Q > 0$ ergibt sich $P = p_n$ und $Q = q_n$. Des Weiteren ist

$$PS - QR = p_n \cdot S - q_n \cdot R = (-1)^{n-1} = p_n \cdot q_{n-1} - q_n \cdot p_{n-1}$$

und daher

$$q_n | (S - q_{n-1}).$$

Andererseits gilt $|S - q_{n-1}| < q_n$ und daraus folgt $S - q_{n-1} = 0$.

Insgesamt haben wir somit auch $S = q_{n-1}$ und $R = p_{n-1}$ gezeigt. Wir erhalten deshalb die Darstellung

$$\alpha = \frac{p_n \cdot z + p_{n-1}}{q_n \cdot z + q_{n-1}} = [a_0, a_1, \ldots, a_n, z],$$

mit $z = [a_{n+1}, a_{n+2}, \ldots]$ und $a_{n+1} = [z] \geq 1$. Folglich ist $\alpha = [a_0, a_1, \ldots, a_n, a_{n+1}, a_{n+2}, \ldots]$ □

Definition 3.6.3. *Ein unendlicher Kettenbruch $[a_0, a_1, a_2, \ldots]$ heißt **periodisch**, wenn es natürliche Zahlen k_0 und h mit $h > 0$ gibt, so dass für alle $k \geq k_0$ die Teilnenner der Beziehung*

$$a_k = a_{k+h}$$

genügen. Dann bezeichnet die kleinste Zahl h die Periodenlänge des Kettenbruches und wir schreiben

$$[a_0, \ldots, \overline{a_{k_0-1}, a_{k_0}, \ldots, a_{k_0+h-2}}].$$

*Im Fall $k_0 > 1$ heißt der Kettenbruch **gemischt periodisch** und $l = k_0 - 1$ gibt dann die Vorperiodenlänge an. Ist $k_0 = 1$, so heißt der Kettenbruch **rein periodisch**.*

Definition 3.6.4. *Eine reelle Zahl* α *mit* $\alpha \notin \mathbb{Q}$ *heißt* **quadratische Irrationalzahl** *oder auch* **reelle algebraische Zahl 2. Grades**, *wenn* α *Lösung einer Gleichung*

$$\alpha^2 + s\alpha + t = 0$$

mit rationalen Koeffizienten s, t *ist.*

Es ist offensichlich, dass man alle reellen algebraischen Zahlen 2.Grades x *in der Form*

$$x = \frac{a + \sqrt{b}}{c} \text{ mit } a, b, c \in \mathbb{Z} \text{ und } b > 0, b \neq n^2, c \neq 0$$

darstellen kann.

Definition 3.6.5. *Die reelle algebraische Zahl 2.Grades* $\overline{x}$ *heißt die zu* $x = \frac{a+\sqrt{b}}{c}$ **konjugierte Zahl** *wenn* $\overline{x} = \frac{a-\sqrt{b}}{c}$ *mit* $a, b, c \in \mathbb{Z}$ *und* $b > 0, b \neq n^2, c \neq 0$ *gilt.*

Satz 3.6.11. *Es seien* x *und* y *reelle algebraische Zahlen 2.Grades mit reinperiodischen Kettenbruchdarstellungen in der Form*

$$x = [\overline{a_0, a_1, \ldots, a_n}]$$

und

$$y = [\overline{a_n, a_{n-1}, \ldots, a_0}].$$

Dann gilt $y \cdot \overline{x} = -1$.

Beweis. Nach Satz 3.6.1 haben wir

$$x = \frac{p_n x + p_{n-1}}{q_n x + q_{n-1}}$$

und damit die quadratische Gleichung

$$q_n x^2 - (p_n - q_{n-1})x - p_{n-1} = 0.$$

In analoger Weise erhalten wir unter Verwendung der Methode der vollständigen Induktion

$$y = \frac{p_n y + q_n}{p_{n-1} y + q_{n-1}}$$

sowie

$$p_{n-1} y^2 - (p_n - q_{n-1})y - q_n = 0.$$

Wir setzen nunmehr $z := -\frac{1}{y}$ und bekommen bezüglich z dieselbe quadratische Gleichung wie für x:

$$q_n z^2 - (p_n - q_{n-1})z - p_{n-1} = 0.$$

Da aber x und z verschiedene Vorzeichen besitzen, muss also $x = \overline{z}$ und folglich $y \cdot \overline{x} = -1$ sein. $\qquad\square$

Definition 3.6.6. *Die relle algebraische Zahl 2.Grades x heißt* **reduziert** *genau dann, wenn $x > 1$ und $-1 < \overline{x} < 0$ gelten.*

Satz 3.6.12. *Es sei x eine reduzierte reelle algebraische Zahl 2.Grades. Dann hat x eine reinperiodische Kettenbruchdarstellung und umgekehrt.*

Beweis.

1. Teil „$\Leftarrow$": Es sei $x = [\overline{a_0, a_1, \ldots, a_n}]$. Dann folgt sofort $a_0 = a_{n+1}$ und deshalb ist $x > 1$. Andererseits haben wir $y = [\overline{a_n, \ldots, a_1, a_0}] > 1$. Deshalb ergibt sich unter Verwendung von Satz 3.5.10 die Behauptung.

2. Teil „$\Rightarrow$": Wir zeigen zunächst, dass wenn $u := [a, \overline{b_1, \ldots, b_r}]$ reduziert ist, daraus $a = b_r$ folgt. Es seien v der 1.Abschnitt der Kettenbruchdarstellung von n, d.h.

$$v := [\overline{b_1, \ldots, b_r}] \text{ sowie } w \text{ durch } w := [\overline{b_r, \ldots, b_1}]$$

definiert. Dann haben wir

$$u = a + \frac{1}{v} = a - \overline{w} \text{ und } \overline{u} = a - w$$

Wegen der Reduzierbarkeit von u folgt deshalb $-1 < a - w < 0$ und somit ist $a = [w] = b_r$.

$\square$

Übungsaufgabe 3.19. Man bestimme die regulären Kettenbruchdarstellungen von

a) $\alpha = \sqrt{m^2 - 1}$, $m \geq 2$,

b) $\beta = \sqrt{m^2 + m}$, $m \in \mathbb{N}_+$,

c) $\gamma = \sqrt{m^2 + 2m}$, $m \in \mathbb{N}_+$.

Satz 3.6.13. *Die Kettenbruchdarstellung einer reellen Zahl α ist genau dann periodisch, wenn α eine reelle quadratische Irrationalzahl ist.*

Beweis.
1. Teil ($\Rightarrow$): Wir zeigen zuerst, dass jede reelle Zahl α mit einer periodischen Kettenbruchdarstellung eine reelle quadratische Irrationalität ist. Es sei $[a_0, a_1, \ldots, a_{k-1}, \overline{a_k, \ldots, a_{k+h-1}}]$ die periodische Kettenbruchdarstellung der reellen Zahl α. Wir betrachten nun die k-te Restzahl r_k der Kettenbruchdarstellung

von α mit

$$r_k = [a_k, a_{k+1}, \ldots, a_{k+h-1}, a_k, a_{k+1}, \ldots, a_{k+h-1}, \ldots]$$
$$= [\overline{a_k, a_{k+1}, \ldots, a_{k+h-1}}]$$
$$= [a_k, a_{k+1}, \ldots, a_{k+h-1}, r_k].$$

Nach Definition 3.6.1 können wir nun r_k als k-ten Rest des unendlichen Kettenbruches $[a_k, a_{k+1}, \ldots, a_{k+h-1}, a_k, a_{k+1}, \ldots, a_{k+h-1}, \ldots]$ bezeichnen und Satz 3.6.1 auf diesen anwenden. Folglich erhalten wir

$$r_k = \frac{p' \cdot r_k + p''}{q' \cdot r_k + q''} \quad .$$

Hierbei sind $\frac{p''}{q''}$ und $\frac{p'}{q'}$ die beiden letzten Näherungsbrüche von $[a_k, \ldots, a_{k+h-1}]$. Nach einer einfachen Rechnung gelangen wir zu der Gleichung der Form

$$\mu \cdot r_k^2 + (\tau - \lambda) \cdot r_k - \sigma = 0$$

und deshalb genügt r_k einer quadratischen Gleichung

$$a \cdot r_k^2 + b \cdot r_k + c = 0 \quad \text{mit } a, b, c \in \mathbb{Z}.$$

Andererseits gilt wiederum nach Satz 3.6.1 für $\alpha = [a_0, \ldots, a_{k-1}, r_k]$ die Beziehung

$$\alpha = \frac{p_{k-1} \cdot r_k + p_{k-2}}{q_{k-1} \cdot r_k + q_{k-2}}.$$

Wir stellen nun diese Gleichung nach r_k um und erhalten für r_k die Darstellung

$$r_k = -\frac{p_{k-2} - \alpha \cdot q_{k-2}}{p_{k-1} - \alpha \cdot q_{k-1}}.$$

Setzen wir r_k in die quadratische Gleichung $a \cdot r_k^2 + b \cdot r_k + c = 0$ ein, erhalten wir eine quadratische Gleichung für α, das heißt es gilt:

$$A \cdot \alpha^2 + B \cdot \alpha + C = 0 \quad \text{mit } A, B, C \in \mathbb{Z}, \ A \neq 0.$$

Abschließend merken wir noch an, dass die reelle Zahl α nicht rational sein kann, da sie durch einen unendlichen Kettenbruch definiert wurde. Also ist α eine reelle quadratische Irrationalzahl.

2. Teil ($\Leftarrow$): Es sei nun α eine reelle quadratische Irrationalität. Somit genügt α einer nichttrivialen quadratischen Gleichung

$$A \cdot \alpha^2 + B \cdot \alpha + C = 0 \quad \text{mit } A, B, C \in \mathbb{Z}, \ A \neq 0.$$

Wir verwenden nun den Kettenbruch von α in der Form

$$\alpha = [a_0, a_1, \ldots, a_{k-1}, r_k] = \frac{p_{k-1} \cdot r_k + p_{k-2}}{q_{k-1} \cdot r_k + q_{k-2}}$$

und setzen diesen Quotienten in die quadratische Gleichung $A \cdot \alpha^2 + B \cdot \alpha + C = 0$ ein. Wir erhalten eine quadratische Gleichung für den k-ten Rest r_k des Kettenbruches von α:

$$A_k \cdot r_k^2 + B_k \cdot r_k + C_k = 0 \quad \text{mit } A_k, B_k, C_k \in \mathbb{Z}.$$

Hierbei sind A_k, B_k und C_k durch die Formeln

$$A_k = A \cdot p_{k-1}^2 + B \cdot p_{k-1} \cdot q_{k-1} + C \cdot q_{k-1}^2$$
$$B_k = 2 \cdot A \cdot p_{k-1} \cdot p_{k-2} + B \cdot (p_{k-1} \cdot q_{k-2} + p_{k-2} \cdot q_{k-1}) + 2 \cdot C \cdot q_{k-1} \cdot q_{k-2}$$
$$C_k = A \cdot p_{k-2}^2 + B \cdot p_{k-2} \cdot q_{k-2} + C \cdot q_{k-2}^2$$

bestimmt, woraus unmittelbar $A_k \neq 0$ und $C_k = A_{k-1}$ folgen. Wir wollen nunmehr zeigen, dass für ein vorgegebenes $k \in \mathbb{N}_+$ die Koeffizienten A_k, B_k und C_k betragsmäßig beschränkt sind. Wir betrachten zunächst den Koeffizienten A_k und nutzen dabei die erste Ungleichung aus Satz 3.6.5

$$\left| \alpha - \frac{p_n}{q_n} \right| < \frac{1}{q_n^2}$$

mit $n = k - 1$ und erhalten daraus für p_{k-1} sofort

$$p_{k-1} = \alpha \cdot q_{k-1} + \frac{\delta_{k-1}}{q_{k-1}} \quad \text{mit } |\delta_{k-1}| < 1.$$

Deshalb ergibt sich für A_k

$$A_k = A \cdot \left(\alpha \cdot q_{k-1} + \frac{\delta_{k-1}}{q_{k-1}} \right)^2 + B \cdot \left(\alpha \cdot q_{k-1} + \frac{\delta_{k-1}}{q_{k-1}} \right) \cdot q_{k-1} + C \cdot q_{k-1}^2$$

$$= (A \cdot \alpha^2 + B \cdot \alpha + C) \cdot q_{k-1}^2 + 2 \cdot A \cdot \alpha \cdot \delta_{k-1} + A \cdot \frac{\delta_{k-1}^2}{q_{k-1}^2} + B \cdot \delta_{k-1},$$

woraus wegen $A \cdot \alpha^2 + B \cdot \alpha + C = 0$ unmittelbar

$$|A_k| < 2 \cdot |A \cdot \alpha| + |A| + B$$

folgt. Mit $C_k = A_{k-1}$ erhalten wir für den Koeffizienten C_k die Ungleichung

$$|C_k| < 2 \cdot |A \cdot \alpha| + |A| + |B|.$$

Der Nachweis der Beschränktheit von $|B_k|$ gestaltet sich etwas schwieriger. Wir benötigen hierfür einen Zusammenhang zwischen den beiden Diskriminaten

$$D_k := B_k^2 - 4 \cdot A_k \cdot C_k$$

und

$$D = B^2 - 4 \cdot A \cdot C$$

von $A_k \cdot r_k^2 + B_k \cdot r_k + C_k = 0$ und $A \cdot \alpha^2 + B \cdot \alpha + C = 0$. Eine einfache Rechnung ergibt

$$D_k = D \cdot (p_{k-1} \cdot q_{k-1} - q_{k-1} \cdot p_{k-1})^2$$

und auf Grund von Korollar 3.6.1 folgt daher sofort $D_k = D$. Deshalb erhalten wir

$$B_k^2 \leq 4 \cdot |A_k \cdot C_k| + |D|$$
$$\leq (2 \cdot |A \cdot \alpha| + |A| + |B|)^2 + |D|,$$

das heißt, dass auch B_k beschränkt ist. Insgesamt haben wir damit für alle Koeffizienten A_k, B_k und C_k den Nachweis der absoluten Beschränktheit erbracht. Nun folgt unmittelbar, dass auch der k-te Rest r_k beschränkt ist und nur endlich viele verschiedene Werte annehmen kann. Es existiert deshalb ein $h \in \mathbb{N}_+$, so dass wegen

$$r_k = [a_k, a_{k+1}, \ldots, a_{k+h-1}, a_{k+h}, \ldots]$$

und

$$r_{k+h} = [a_{k+h}, a_{k+h+1}, \ldots, a_{k+2 \cdot h-1}, a_{k+2 \cdot h}, \ldots]$$

die Kettenbrüche von r_k und r_{k+h} übereinstimmen. Damit gilt nun auch für die Teilnenner die Gleichheit $a_n = a_{n+h}$ für alle $n \geq k$ und wir erhalten für α eine periodische Kettenbruchdarstellung.

$\square$

Wir verweisen den Leser auf Scheid *(siehe [Sche])* und die Literatur. Ein Beispiel ist, dass für $\sqrt{n}$ gilt:

$$\sqrt{n} = \left[a_0, \overline{a_1, \ldots, a_{n-1}, 2a_0}\right] = \left[a_0, \overline{a_1, a_2, \ldots, a_2, a_1, 2a_0}\right],$$

wobei $n \in \mathbb{N}_+$ und n kein Quadrat einer natürlichen Zahl ist.
Übungsaufgabe 3.20. Man bestimme die regulären Kettenbruchdarstellungen von

a) $\alpha = \sqrt{m^2 + 1}$, $m \in \mathbb{N}_+$,

b) $\beta = \sqrt{m^2 + 2}$, $m \in \mathbb{N}$,

c) $\gamma = \sqrt{m^2 - 2}$, $m > 2$.

Nachdem wir bisher die rationalen Zahlen und die reellen quadratischen Irrationalitäten vollständig und in eindeutiger Weise durch reguläre Kettenbrüche beschrieben haben, ergibt sich die Aufgabenstellung zur Typisierung von algebraischen Zahlen höheren Grades und von transzendenten Zahlen durch Kettenbruchdarstellungen.

In diesem Zusammenhang bemerken wir, dass man bisher nach heutigem Wissensstand nur wenige Resultate vorweisen kann. So ist die Typisierung von algebraischen Zahlen ab Grad drei nahezu unerforscht und auch über transzendente Zahlen weiß man noch nicht im genügenden Maße Bescheid. Recht gute Kenntnisse hat man über die Kettenbrüche der Zahlen e, e^2 und verschiedener hierzu verwandter Zahlen. Es ist bekannt, dass bereits Euler (1737) für die Zahlen e, e^2, $\frac{e+1}{e-1}$ und $\frac{e^2+1}{e^2-1}$ die nachfolgend genannten Kettenbrüche bestimmen konnte:

$$e = [2, 1, 2, 1, 1, 4, 1, 1, 6, 1, \dots],$$
$$e^2 = [7, 2, 1, 1, 3, 18, 5, 1, 1, 6, 30, 8, 1, 1, 9, 42, \dots],$$
$$\frac{e+1}{e-1} = [2, 6, 10, 14, 18, \dots],$$
$$\frac{e^2+1}{e^2-1} = [1, 3, 5, 7, 9, \dots].$$

Andererseits kennt man jedoch noch nicht die allgemeinen Bildungsgesetze von $e^3, e^4, \dots$, sowie $\pi, \pi^2, \dots$ zur expliziten Bestimmung der Teilnenner der zugehörigen Kettenbruchdarstellungen.

Aus diesem Grund werden wir im Rahmen dieses Buches nur einige Ausführungen zu weiteren Typisierungsmöglichkeiten von ausgewählten reellen Zahlen durch reguläre Kettenbrüche machen.

Wir benötigen in diesem Zusammenhang die beiden Begriffe der Äquivalenz von reellen Zahlen sowie den des hurwitzschen Kettenbruches.

Definition 3.6.7. *Zwei reelle Zahlen x, y heißen zueinander* **äquivalent**, *in Zeichen $x \sim y$, wenn zwischen ihnen die modulare Transformation*

$$y = \frac{ax + b}{cx + d}$$

mit $a, b, c, d \in \mathbb{Z}$ und $ad - bc = \pm 1$ besteht.

Übungsaufgabe 3.21. Man beweise, dass diese Äquivalenz von reellen Zahlen eine Äquivalenzrelation auf $\mathbb{R}$ darstellt.

Zwei Beispiele für äquivalente Zahlen:

Beispiel 1.

Wir wählen $x = \sqrt{5}$. Dann sind u.a. $y_1 = \frac{\sqrt{5}+1}{\sqrt{5}}$ und $y_2 = \frac{2\sqrt{5}+1}{\sqrt{5}+1}$ zu x äquivalent.
Nach Übungsaufgabe 3.20.a ergibt sich für $x = [2, \overline{4}]$. Des Weiteren folgen nach
einfacher Rechnung

$$y_1 = 1 + \frac{1}{x} = [1, 2, \overline{4}] \qquad \text{und} \qquad y_2 = [1, 1, 2, \overline{4}].$$

Wir sehen in diesem Beispiel, dass wir jedes Mal dieselbe Periode erhalten
haben.

Beispiel 2.

Wir wählen $x = \sqrt{11}$. Dann sind u.a. $y_1 = \frac{\sqrt{11}+1}{\sqrt{11}}$ und $y_2 = \frac{2\sqrt{11}+3}{\sqrt{11}+1}$ zu x
äquivalent. Nach Übungsaufgabe 3.19.b erhält man für $x = [3, \overline{2, 6}]$. Außerdem
ergeben sich

$$y_1 = 1 + \frac{1}{x} = [1, 3, \overline{2, 6}] \qquad \text{und} \qquad y_2 = 2 + \frac{1}{1+x} = [2, 4, \overline{2, 6}].$$

Auch in diesem Beispiel haben wir jedes Mal dieselbe Periode bekommen.
Übungsaufgabe 3.22. Man bestimme die regulären Kettenbruchdarstellungen von

a) $\alpha = \dfrac{2\sqrt{10} + 1}{\sqrt{10} + 1}$,

b) $\beta = \dfrac{\sqrt{30} - 1}{\sqrt{30}}$,

c) $\gamma = \dfrac{\sqrt{47} + 1}{\sqrt{47}}$.

Wir bestätigen nun im nachfolgend aufgeführten Satz 3.6.14 die aus den beiden
Beispielen und der Übungsaufgabe 3.22 sich ergebende Vermutung.
Satz 3.6.14 (Lagrange). *Es seien $x = [a_0, a_1, \ldots, a_{n-1}, c_0, c_1, \ldots]$ und $y = [b_0, b_1, \ldots, b_{m-1}, c_0, c_1, \ldots]$ mit $m, n \in \mathbb{N}_+$ die regulären Kettenbruchdarstellungen der irrationalen Zahlen x und y, wobei die Teilnenner von x in der n–ten Restzahl mit den Teilnennern von y in der m–ten Restzahl übereinstimmen sollen. Es sind x und y genau dann zueinander äquivalent, wenn x und y die angegebenen Kettenbruchdarstellungen besitzen.*

Beweis. 1. Teil ($\Rightarrow$):

Wir bezeichnen mit $z = [c_0, c_1 \dots]$ sowohl den n–ten Rest von x, als auch den m–ten Rest von y. Dann erhalten wir unter Verwendung von Lemma 3.6.4 und Korollar 3.6.1.

$$x = \frac{p_{n-1} \cdot z + p_{n-2}}{q_{n-1} \cdot z + q_{n-2}},$$

wobei $p_{n-1} \cdot q_{n-2} - p_{n-2} \cdot q_{n-1} = \pm 1$ gilt. Deshalb sind x und z zueinander äquivalent, d.h. es gilt $x \sim z$. In analoger Weise zeigt man ebenso die Eigenschaft $y \sim z$. Damit haben wir insgesamt die Gültigkeit von $x \sim y$ bewiesen, wenn man noch die Eigenschaft der Gültigkeit einer Äquivalenzrelation benutzt (siehe Übungsaufgabe 3.21).

2. Teil ($\Leftarrow$):

Wir nehmen nun an, dass zwei irrationale Zahlen x und y zueinander äquivalent sind. D.h., dass

$$y = \frac{ax + b}{cx + d}$$

mit $a, b, c, d \in \mathbb{Z}$ und $ad - bc = \pm 1$ gilt.

O.E.d.A. können wir jetzt $cx + d > 0$ voraussetzen, was man stets durch einen Vorzeichenwechsel von a, b, c, d zu $-a, -b, -c, -d$ erreichen kann. Des Weiteren sei $x = [a_0, a_1, \dots, a_{n-1}, c_0, c_1, \dots] = [a_0, a_1, \dots, a_{n-1}, z]$. Folglich haben wir nach Lemma 3.6.4

$$x = \frac{p_{n-1} \cdot z + p_{n-2}}{q_{n-1} \cdot z + q_{n-2}}.$$

Andererseits ergibt sich für y die Gleichung

$$y = \frac{Pz + R}{Qz + S}, \text{ wobei}$$

$$P = a \cdot p_{n-1} + b \cdot q_{n-1}, \qquad R = a \cdot p_{n-2} + b \cdot q_{n-2}$$
$$Q = c \cdot p_{n-1} + d \cdot q_{n-1}, \qquad S = c \cdot p_{n-2} + d \cdot q_{n-2}.$$

Deshalb sind $P, Q, R, S \in \mathbb{Z}$ und es gilt

$$PS - QR = (ad - bc)(p_{n-1}q_{n-2} - p_{n-2}q_{n-1}) = \pm 1.$$

Wir verwenden nun noch die Ungleichung von Satz 3.6.5, indem wir diese in eine Gleichung umformen. Dann haben wir $p_{n-1} = x \cdot q_{n-1} + \frac{\delta}{q_{n-1}}$ und $p_{n-2} = x \cdot q_{n-2} + \frac{\delta'}{q_{n-2}}$ mit $|\delta| < 1$ und $|\delta'| < 1$. Daher sind $Q = (cx+d)q_{n-1} + \frac{c\delta}{q_{n-1}}$ und $S = (cx+d)q_{n-2} + \frac{c\delta'}{q_{n-2}}$.

Aus diesen beiden Gleichungen können wir nun für hinreichend große Zahlenwerte

n folgern, dass $Q > S > 0$ gilt, weil wir $cx + d > 0$ vorausgesetzt hatten und auch q_{n-1}, q_{n-2} hinreichend groß sind. Deshalb folgt, dass $\frac{R}{S}, \frac{P}{Q}$ zwei aufeinanderfolgende Näherungsbrüche von y sind und es gilt $y = \frac{Pz+R}{Qz+S}$, wobei $PS - QR = \pm 1$, $Q > S > 0$ und $z > 1$ sind. Somit können wir Lemma 3.6.5 verwenden und wir haben für y also den geforderten Kettenbruch:

$$y = [b_0, b_1, \ldots, b_{m-1}, c_0, c_1, \ldots] = [b_0, b_1, \ldots, b_{m-1}, z]$$

$\square$

Abschließend wollen wir in diesem Abschnitt noch einige kurze Ausführungen zu den hurwitzschen oder den quasiperiodischen Kettenbrüchen machen. Im Rahmen dieses Buches werden wir uns auf die Behandlung von drei Beispielen beschränken und darauf die Sätze 3.6.15 und 3.6.16 und das Korollar 3.6.5 anwenden.

3 Beispiele:

a) $\alpha = [5, 6, 10, 14, 18, 22, \ldots]$,

b) $\beta = [0, 4, 3, 1, 2, 1, 1, 4, 1, 1, 6, 1, \ldots]$,

c) $\gamma = [3, 2, 1, 1, 1, 5, 1, 1, 9, 1, 1, 13, 1, 1, \ldots]$.

Die neue Situation besteht in diesen Beispielen nun darin, dass wir keine periodischen Kettenbrüche mehr haben und wir bisher noch kein Verfahren kennen, diese Kettenbrüche zu typisieren und die reellen Zahlen von α, β und γ explizit zu bestimmen.

Auf Grund der bisher im Buch dargestellten Ergebnisse wissen wir aber bereits, dass α, β und γ nicht rational und auch nicht quadratisch irrational sein können.

Man kann natürlich zuerst damit beginnen, Näherungsbrüche von α, β und γ zu berechnen und Approximationen anzugeben. In diesem Zusammenhang fällt natürlich auf, dass man in dem Beispiel α schon mit wenigen Teilnennern brauchbare Approximationen erhält, währenddessen man in den Beispielen β und γ relativ viele Teilnenner zur Bestimmung geeigneter Approximationen benötigt.

Übungsaufgabe 3.23. Man bestimme für die drei genannten Beispiele α, β und γ jeweils die Näherungsbrüche $\frac{p_k}{q_k}$ mit $k = 0, 1, 2, 3$.

Definition 3.6.8. *Ein unendlicher Kettenbruch der Form*

$$[a_0, a_1, \ldots, a_{n-1}, \overline{\lambda_1(k), \ldots, \lambda_m(k)}]_{k=1}^{\infty}$$

heißt **hurwitzsch** *oder auch* **quasiperiodisch** *von der Ordnung r, wenn von einem bestimmten $n \in \mathbb{N}_+$ an, die Teilnenner $\lambda_i = \lambda_i(k)$ für $i = 1, \ldots, m$ arithmetische Progressionen mit der Ordnung r, $r \in \mathbb{N}$ darstellen.*

Bemerkung 3.6.6. *In der Definition 3.6.8 bezeichnet n die Länge der Vorperiode und m die Länge der Quasiperiode. Bei einer Quasiperiode gilt der Querstrich wie in der Definition der Periode. Sie unterscheidet sich von einer Periode dadurch, dass deren Teilnenner keine Konstanten mehr sind, sondern sich in Form von arithmetischen Progressionen verändern. Als größtmögliche Ordnung in den arithmetischen Progressionen tritt hierbei die Ordnung r auf. Die Definition einer arithmetischen Progression mit der Ordnung r findet man im Anhang.*

Wir wollen jetzt unsere drei Beispiele α, β und γ als spezielle hurwitzsche Kettenbrüche typisieren.

Es ergeben sich:

$$\alpha = [5, \overline{4k+2}]_{k=1}^{\infty}, n = 1, m = 1, \lambda_1 = 4k+2, r = 1,$$

$$\beta = [0, 4, 3, \overline{1, 2k, 1}]_{k=1}^{\infty}, n = 3, m = 3, \lambda_1 = 1, \lambda_2 = 2k, \lambda_3 = 1, r = 1,$$

$$\gamma = [3, 2, \overline{4k-3, 1, 1}]_{k=1}^{\infty}, n = 2, m = 3, \lambda_1 = 4k-3, \lambda_2 = \lambda_3 = 1, r = 1.$$

Nach dieser erfolgten Typisierung streben wir natürlich präzisere Aussagen über ihre arithmetische Struktur und die zugehörigen reellen Zahlen an. In diesem Zusammenhang bemerken wir, dass derzeit noch keine allgemeinen Verfahren und Methoden existieren, um die hurwitzschen Kettenbrüche in geschlossener Form arithmetisch zu klassifizieren und zu berechnen.

Im Rahmen der Theorie der hurwitzschen Kettenbrüche hat sich der nachfolgend aufgeführte Satz 3.6.15 von Hurwitz *(siehe [Hur])* als wichtiges Mittel erwiesen, mit dem man in die Lage versetzt wird, ausgehend von einem für eine reelle Zahl bekannten hurwitzschen Kettenbruch auf einen anderen hurwitzschen Kettenbruch zu schließen und damit dessen zugehörige reelle Zahl zu bestimmen.

Satz 3.6.15 (Hurwitz). *Wenn zwischen zwei irrationalen Zahlen x und y die Transformation*

$$y = \frac{ax + b}{cx + d}, \qquad mit \qquad a, b, c, d \in \mathbb{Z}$$

besteht und wenn x einen hurwitzschen Kettenbruch besitzt, dann hat y ebenfalls eine hurwitzsche Kettenbruchdarstellung.

Die Ordnungen der vorkommenden arithmetischen Progressionen stimmen dabei in den beiden Kettenbrüchen überein, mit möglichen Ausnahmen von solchen

Progressionen nullter Ordnung, die nicht in beiden Kettenbrüchen vorhanden sein müssen.

Beweis. Wir wollen den Beweis dieses Satzes dem Leser überlassen und verweisen auf Perron (*siehe [Per1], S.119*).   □

Bemerkung 3.6.7. *Um den Satz 3.6.15 auf unser Beispiel anzuwenden, benötigen wir noch den folgenden Satz 3.6.16 und das Korollar 3.6.5.*

Satz 3.6.16 (Euler). *Es sei*

$$\omega_0 = \omega_0(m) = \frac{e^{\frac{1}{m}} + e^{-\frac{1}{m}}}{e^{\frac{1}{m}} - e^{-\frac{1}{m}}} = \frac{e^{\frac{2}{m}} + 1}{e^{\frac{2}{m}} - 1}, \ \textit{mit } m \in \mathbb{N}_+.$$

Dann besitzt ω_0 den folgenden hurwitzschen Kettenbruch

$$\omega_0 = [\overline{(2k-1)m}]_{k=1}^{\infty} = [m, 3m, 5m, \ldots].$$

Beweis. Es seien

$$\varphi_0 := \varphi_0(m) = \sum_{n=0}^{\infty} \frac{1}{(2n)!} \left(\frac{1}{m}\right)^{2n} = \frac{1}{2}\left(e^{\frac{1}{m}} + e^{-\frac{1}{m}}\right),$$

$$\varphi_1 := \varphi_1(m) = \sum_{n=0}^{\infty} \frac{2(1+n)!}{n!(2+2n)!} \left(\frac{1}{m}\right)^{1+2n} = \frac{m}{2}\left(e^{\frac{1}{m}} - e^{-\frac{1}{m}}\right)$$

und allgemein sei $\varphi_\nu(m)$ ($\nu \in \mathbb{N}$, $m \in \mathbb{N}_+$) durch

$$\varphi_\nu := \varphi_\nu(m) = \sum_{n=0}^{\infty} \frac{2^\nu(\nu+n)!}{n!(2\nu+2n)!} \cdot \left(\frac{1}{m}\right)^{\nu+2n},$$

gegeben. Dann kann man nach einer einfachen Rechnung, z.B. mit Hilfe des Quotientenkriteriums, zeigen, dass $\varphi_\nu(m)$ für alle $\nu \in \mathbb{N}$ und $m \in \mathbb{N}_+$ konvergiert. Des Weiteren gilt die Rekursionsformel

$$m^2\varphi_\nu = (2\nu+1)m^2\varphi_{\nu+1} + \varphi_{\nu+2},$$

die man durch Einsetzen der Reihen verifizieren kann.

Nun dividieren wir noch durch $m\varphi_{\nu+1}$ und setzen $\omega_\nu = \frac{m\varphi_\nu}{\varphi_{\nu+1}}$. Wir sehen, dass dann für $\nu = 0$ sofort $\omega_0 = \frac{m\varphi_0}{\varphi_1}$ folgt und allgemein die Rekursionsformel

$$\omega_\nu = (2\nu+1)m + \frac{1}{\omega_{\nu+1}}$$

gilt. Folglich haben wir

$$\omega_0 = m + \frac{1}{\omega_1}, \quad \omega_1 = 3m + \frac{1}{\omega_2}, \quad \omega_2 = 5m + \frac{1}{\omega_3}, \quad \ldots$$

und somit $\omega_0 = \overline{[(2k-1)m]}_{k=1}^\infty$. $\qquad\qquad\qquad\qquad\qquad\qquad\qquad\qquad$ □

Korollar 3.6.5. *Es seien*

$$\xi_0 = \frac{1}{2}(e^{\frac{2}{m}} + 1) \quad und \quad \eta_0 = 2\xi_o - 1 = e^{\frac{2}{m}} \quad mit \quad m \in \mathbb{N}_+.$$

Dann besitzen ξ_0 und η_0 die folgenden Kettenbruchdarstellungen

a) $\xi_0 = [1, m-1, \overline{(2k+1)m}]_{k=1}^\infty = [1, m-1, 3m, 5m, \ldots]$ *und*

b) *für $m = 2q$ ist*

$$\eta_0 = \overline{[1, (2k-1)q - 1, 1]}_{k=1}^\infty = [1, q-1, 1, 1, 3q-1, 1, \ldots]$$

und für $m = 2q+1$ ist

$$\eta_0 = [1, \overline{(1+6k)q + 3k, (12+24k)q + 6 + 12k, (5+6k)q + 2 + 3k, 1, 1}]_{k=0}^\infty$$
$$= [1, q, 12q+6, 5q+2, 1, 1, 7q+3, 36q+18, 11q+5, 1, 1, \ldots]$$

Beweis. a) Da

$$\xi_o = \frac{1}{2}(e^{\frac{2}{m}} + 1) = \frac{\omega_0}{\omega_o - 1} = 1 + \frac{1}{\omega_0 - 1}$$

gilt, folgt nach Satz 3.6.16 sofort die Kettenbruchdarstellung von ξ_0. $\qquad$ □

Bemerkung 3.6.8. *Wir beweisen in diesem Buch nur die Kettenbruchdarstellung von ξ_0, aber nicht die von η_0. Der Grund dafür ist darin zu sehen, dass wir kein allgemeingültiges Gesetz für die Addition von Kettenbrüchen haben und wir deshalb nicht sofort von ξ_0 auf $2\xi_0$ schließen können, sondern nur schrittweise die Näherungsbrüche von ξ_0 in $2\xi_0$ umrechnen müssen.*

Der Beweis für die Kettenbruchdarstellung von η_0, in den beiden unterschiedlichen Fällen, ist relativ umfangreich und bei Perron (siehe [Per1], S.110ff) ausführlich abgehandelt, sodass wir in diesem Buch auf die Ausführung dieses Beweises verzichtet haben.

Bemerkung 3.6.9. *In einem hurwitzschen Kettenbruch lassen wir als Teilnenner auch die Zahl 0 zu und verwenden die Notation von Perron (siehe [Per1], S.115). Ist ein Teilnenner 0, so muss der auftretende Teilnenner mit seinen beiden Nachbarn gestrichen und durch die Summe dieser Nachbarn ersetzt werden.*

Abschließende Bestimmung der reellen Zahlen α, β und γ:

a) Wir verwenden den Satz 3.6.16 mit $m = 2$. Dann haben wir $\omega_0 = [2, 6, 10, \ldots]$ und wegen $\alpha = 3 + \omega_0$ ist folglich $\alpha = \frac{4e-2}{e-1}$.

b) Hier nutzen wir das Korollar 3.6.5. Für $m = 2$ ergibt sich $\eta_0 = e = [2, \overline{1, 2k, 1}]_{k=1}^{\infty}$ und deshalb ist wegen $\beta = \frac{1}{4 + \frac{1}{\eta_0 + 1}}$ somit $\beta = \frac{e+1}{4e+5}$.

c) Auch hier verwenden wir das Korollar 3.6.5. Für $m = 4$ erhalten wir $\eta_0 = \sqrt{e} = [\overline{1, 4k - 3, 1}]_{k=1}^{\infty}$. Wegen $\gamma = 3 + \frac{1}{\eta_0 + 1}$ ist daher $\gamma = \frac{3\sqrt{e}+4}{\sqrt{e}+1}$.

3.7 Irrationalitätsbeweise

Zu den wohl bekanntesten irrationalen Zahlen gehören $\sqrt{2}$, e und π. Trotz unserer Kenntnis über deren Irrationalität benötigen wir bestimmte Kriterien und Methoden, um entscheiden zu können, ob es sich bei einer gegebenen Zahl um eine irrationale Zahl handelt oder nicht. Die Frage nach der Irrationalität einer Zahl wird auf Grund ihrer Bedeutung bereits im Schulunterricht gestellt und beantwortet. Deshalb werden wir in diesem kurzen Abschnitt noch einige Beweise über Irrationalzahlen vorstellen, die nicht unmittelbar die Ergebnisse von algebraischen Zahlen aus dem Abschnitt 3.3 benutzen.

Wir beginnen mit dem allgemein gut bekannten Beispiel $\sqrt{2}$. Bereits der Grieche **PYTHAGORAS (um 570–510 v.u.Z.)** konnte beweisen, dass $\sqrt{2}$ irrational ist. Heute kennen wir unterschiedliche Beweisvarianten, die sich verschiedener Methoden aus der Zahlentheorie bedienen.

Satz 3.7.1. $\sqrt{2}$ *ist irrational.*

Beweis.
1. Variante: (indirekter Beweis)
Annahme: $\sqrt{2} = \frac{a}{b}$, $a, b \in \mathbb{N}_+$ $\mathrm{ggT}(a, b) = 1$

Durch Quadrieren erhalten wir:

$$2 = \frac{a^2}{b^2} \Leftrightarrow 2b^2 = a^2 \Leftrightarrow 2|a^2 \Leftrightarrow 2|a,$$

weil $2 \in \mathbb{P}$ ist. Deshalb ist $a = 2a'$ und damit gilt: $2b^2 = (2a')^2 = 4a'^2 \Leftrightarrow b^2 = 2a'^2 \Leftrightarrow 2|b^2 \Leftrightarrow 2|b$
Deshalb ist der größte gemeinsame Teiler von a und b, d.h. $(a, b) \geq 2$ was einen Widerspruch zur Annahme $\mathrm{ggT}(a, b) = 1$ darstellt und diese somit widerlegt.

2. Variante: (indirekter Beweis)

Annahme: $\sqrt{2} = \frac{a}{b}$, $a, b \in \mathbb{N}_+$ ggT(a,b)=1, o. E. d. A. sei $b \geq 2$

Durch Quadrieren erhalten wir erneut:

$$2 = \frac{a^2}{b^2} \Leftrightarrow 2b^2 = a^2$$

Dann gilt $\forall\, p \in \mathbb{P}$ mit $p|b$: $p|a^2 \Leftrightarrow p|a$

Da ggT(a,b)=1 laut Annahme gilt, muss deshalb nach dem Fundamentalsatz der Zahlentheorie $b = 1$ sein.

Folglich haben wir $2 = a^2$, woraus sich unmittelbar ein Widerspruch zur Annahme $2 = \frac{a^2}{b^2}$ ergibt.

$\square$

Bemerkung 3.7.1. *Die 1. Variante ist logisch einfacher als die 2. Variante. Letztere ist allerdings besser verallgemeinerungsfähig, was sich im folgenden Satz zeigen wird.*

Satz 3.7.2. $\sqrt[m]{N}$ *ist irrational, wenn N keine m-te Potenz einer natürlichen Zahl ist.*

Beweis.

1. Variante: (indirekter Beweis)

Wir nehmen an, dass $\sqrt[m]{N}$ rational ist:

$$\sqrt[m]{N} = \frac{a}{b},\ \text{ggT(a,b)=1} \Leftrightarrow N = \frac{a^m}{b^m} \Leftrightarrow a^m = Nb^m$$

Es sei nun $p \in \mathbb{P}$: $p|N \Rightarrow p|a^m \Rightarrow p|a$.

Es gelte $p^s|a$ und $p^{s+1} \nmid a$ für $s \geq 1$ und $s \in \mathbb{N}$, d. h.

$$a = p^s a' \text{ und } p \nmid a' \Rightarrow (p^s a')^m = p^{sm} a'^m = Nb^m.$$

Somit ergibt sich: $p \nmid b \wedge p \nmid a' \Rightarrow p^{sm} \mid N \wedge p^{sm+1} \nmid N$.

Diese Eigenschaft wird für alle Primfaktoren $p_i|N (i \in \mathbb{N}_+)$ gezeigt.

Insgesamt deshalb: $N = n^m$, was einen Widerspruch zur Annahme $N = \frac{a^m}{b^m}$ darstellt.

2. Variante: (indirekter Beweis)

Nach Voraussetzung ($\sqrt[m]{N}$ rational) gilt:

$$\sqrt[m]{N} = \frac{a}{b}\ ,\ \text{ggT(a,b)=1} \Leftrightarrow a^m = Nb^m$$

O. E. d. A. sei $b \geq 2$. Dann gilt $\forall\, p \in \mathbb{P}$ mit $p|b$: $\quad p|a^m \Rightarrow p|a^{m-1} \Rightarrow ... \Rightarrow p|a$
Analog zum Beweis der 2.Variante im Satz 3.7.1 folgt daraus: $b = 1$ und daraus $a^m = N$, was einen Widerspruch zur Annahme darstellt.

$\square$

Einen weiteren Ansatz zum Beweis der Irrationalität einer Zahl stellt der folgende Satz dar. Er ist besonders wichtig für die Schulmathematik da er eine Antwort auf die Frage gibt, welche Art von Nullstellen ein normiertes Polynom besitzt. Wir werden nunmehr den Satz 1.8.2 präzisieren.

Satz 3.7.3. *Ist α Wurzel (Lösung) einer normierten algebraischen Gleichung*

$$x^n + a_1 x^{n-1} + ... + a_n = 0$$

mit ganzzahligen Koeffizienten ($a_0 = 1$), so ist α entweder ganz-rational oder irrational.

Bemerkung 3.7.2. *Folglich kommen als Nullstellen von normierten Polynomen rationale Lösungen (mit Nenner verschieden von 1) nicht in Frage. Ganzzahlige Lösungen müssen deshalb a_n teilen.*

Beweis. (indirekt)
Es sei $\alpha = \frac{a}{b}$, $a, b \in \mathbb{N}_+, b \geq 2$ und $\mathrm{ggT}(a,b) = 1$.
Dann gilt:

$$a^n + a_1 a^{n-1} b + ... + a_n b^n = 0,$$

also $a^n = bx$ mit $x \in \mathbb{Z}$, d. h. $b|a^n \Rightarrow ... \Rightarrow b|a$ und damit muss gelten $b = 1$, was einen Widerspruch zur Annahme darstellt.

$\square$

Bisher haben wir den **Nachweis der Irrationalität mittels Polynomen** geführt, denn eine irrationale Zahl lässt sich nicht als Nullstelle eines ganzzahligen Polynoms darstellen. Nun wollen wir zu einer zweiten Methode übergehen, um die Irrationalität einer Zahl zu beweisen. Dieser zweite Ansatz basiert auf der **Methode der Kettenbruchdarstellung** und ergibt sich unmittelbar aus Satz 3.6.10.

Satz 3.7.4. *Der Zahlenwert eines jeden unendlichen regulären Kettenbruches ist irrational.*

Bemerkung 3.7.3.

1) *Der Satz 3.7.4 ist äquivalent zu Satz 3.6.10.*

2) *Wenn es also zu zeigen gelingt, dass eine reelle Zahl als unendlicher Kettenbruch darstellbar ist, so ist diese Zahl irrational.*

Beispiel. $\sqrt{2} = 1 + (\sqrt{2} - 1) = 1 + \frac{1}{\sqrt{2}+1} = 1 + \frac{1}{2 + \frac{1}{\sqrt{2}+1}} = [1; \overline{2}]$

Der französische Mathematiker **P. Fermat (1601–1665)** benutzte noch eine andere Methode, um die Irrationalität reeller Zahlen nachzuweisen. Er verwendete das **Verfahren der Intervallschachtelung**. Diese Methode soll hier nur kurz am Beispiel $\sqrt{2}$ vorgestellt werden.

Satz 3.7.5. $\sqrt{2}$ *ist irrational.*

Beweis. Annahme: $\sqrt{2} = \frac{a}{b}$ mit $a, b \in \mathbb{N}_+$.
Es gilt die Gleichung $\sqrt{2} + 1 = \frac{1}{\sqrt{2}-1}$ und wir können dafür schreiben: $\frac{a}{b} + 1 = \frac{1}{\frac{a}{b}-1} = \frac{b}{a-b}$, so dass gilt:

$$\sqrt{2} = \frac{a}{b} = \frac{b}{a-b} - 1 = \frac{2b-a}{a-b} = \frac{a_1}{b_1}$$

mit $a_1 = 2b - a$ und $b_1 = a - b$. Da $1 < \sqrt{2} < 2$ bzw. $1 < \frac{a}{b} < 2$ ist, erhalten wir nach Multiplikation mit b die Ungleichung $b < a < 2b$. Da $0 < 2b - a = a_1$ gilt, folgt aus $2b < 2a$ unmittelbar $a_1 = 2b - a < a$. Auf Grund dieser Beziehung können wir nun schreiben: $\sqrt{2} = \frac{a_1}{b_1}$ mit $0 < a_1 < a$.
Wiederholt man diesen Prozess mehrfach, so erhält man eine Folge $a_1, a_2, a_3, \ldots$ mit $a > a_1 > a_2 > a_3 > \ldots > 0$. Da die natürlichen Zahlen jedoch nicht uneingeschränkt abnehmen können, folgt daraus, dass die Annahme $\sqrt{2} = \frac{a}{b}$ mit $a, b \in \mathbb{N}_+$ falsch und $\sqrt{2}$ demzufolge irrational ist.

$\square$

Am Ende dieses Abschnitts wollen wir für die klassischen Konstanten e und π jeweils noch einen Beweis vorstellen.

(1) Die Zahl e
Die Zahl e ist eine der fundamentalen mathematischen Konstanten, die zu Ehren von **L. Euler** auch als **eulersche Zahl** bezeichnet wird. Der erste Beweis für die Irrationalität von e wurde bereits 1737 von **Euler** erbracht, der eine unendliche Kettenbruchdarstellung von e erzeugen konnte. Später lieferte auch der französische Mathematiker **J.-B.-J. Fourier** einen Beweis, indem er die außergewöhnlich gute Konvergenz der Reihe $e = \sum_{n=0}^{\infty} \frac{1}{n!}$ benutzte. Dieser Beweis soll im Folgenden ausgeführt werden.
Satz 3.7.6. *Die Zahl e ist irrational.*

Beweis. (indirekter Beweis nach **Fourier**)
Wir nehmen an, dass e rational sei. Dann kann man e als Bruch in der Form
$e = \frac{a}{b}$ mit $a, b \in \mathbb{Z}$ und $\mathrm{ggT}(a, b) = 1$ darstellen.
Es sei O. E. d. A. $k \geq b$ und $\alpha = k!(e - 1 - \frac{1}{1!} - \frac{1}{2!} - \ldots - \frac{1}{k!}$ eine natürliche Zahl.

Dann gilt $b|k!$ und $\alpha \in \mathbb{N}_+$. Außerdem haben wir

$$0 < \alpha = \frac{1}{k+1} + \frac{1}{(k+1)(k+2)} + \ldots \leq \frac{1}{k+1} + \frac{1}{(k+2)^2} + \ldots = \frac{1}{k},$$

und folglich ist $0 < \alpha < 1$. Da eine solche Zahl α nicht existieren kann, ist die
Annahme falsch und somit ist e irrational.

$\square$

Dass e nicht nur irrational, sondern auch transzendent ist, werden wir im nächsten
Abschnitt beweisen. Eine erste Vermutung bzgl. der Transzendenz von e äußerte
bereits **J. H. Lambert (1728 - 1777)**, doch erst 1873 wurde der Beweis durch
C. Hermite geführt.

(2) Die Zahl π
Die Kreiszahl π ist eine der bedeutendsten Naturkonstanten und war bereits den
alten Ägyptern bekannt. Sie wird **ludolfsche Zahl** genannt. Die Bezeichnung
π erhielt die Zahl $3,14159265358979323846264338327
95...$ zum ersten Mal von
dem englischen Mathematiker **W. Oughtred (1575–1660)** im Jahre 1663 in
Anlehnung an das Wort „Peripherie". Durchsetzen konnte sich diese Bezeichnung
jedoch erst ab 1748 mit **L. Euler**.

Die Irrationalität von π wurde bereits von **Aristoteles (384–322 v.u.Z.)**
vermutet, allerdings gelang der Beweis dafür erst 1761 durch Lambert.
Satz 3.7.7. *Die Zahl π ist irrational.*

Beweis. (indirekter Beweis nach **Niven**)
Wir nehmen an, dass π rational sei. Dann kann man π als Bruch der Form $\pi = \frac{a}{b}$
mit $a, b \in \mathbb{Z}$, $\mathrm{ggT}(a,b)=1$ darstellen.
Für beliebige Zahlen $n \in \mathbb{N}_+$ werden die Polynome

$$f(x) = \frac{x^n(a - bx)^n}{n!} \quad \text{und} \quad F(x) = f(x) + \sum_{k=1}^{n}(-1)^k f^{2k}(x)$$

gebildet. Es ist

$$f(x) = \frac{1}{n!}\sum_{\nu=n}^{2n} c_\nu x^\nu$$

mit $c_\nu \in \mathbb{Z}$. Folglich sind alle $f^{(k)}(0) \in \mathbb{Z}$ für $k \geq 0$. Da $f(\pi-x) = f(\frac{a}{b}-x) = f(x)$ ist, gilt $f^{(k)}(\pi) \in \mathbb{Z}$ für $k \geq 0$. Daher sind auch die Funktionswerte $F(0)$, $F(\pi) \in \mathbb{Z}$. Wegen

$$\frac{d}{dx}(F'(x)\sin x - F(x)\cos x) = (F''(x) + F(x))\sin x = f(x)\sin x$$

ist $\beta = \int_0^x f(x)\sin x\, dx = F(\pi) + F(0) \in \mathbb{Z}$.
Andererseits gilt für $0 < x < \pi$:

$$0 < f(x)\sin x \leq f(x) < \frac{\pi^n a^n}{n!} < 1$$

und daher folgt für hinreichend großes n mit $n > n_0$

$$0 < \int_0^n f(x)\sin x\, dx < \frac{\pi^{n+1} a^n}{n!} < 1.$$

D.h. wir haben für β die Ungleichung $0 < \beta < 1$ gezeigt, was im Widerspruch zur Ganzzahligkeit des Integrals steht. Somit ist die Annahme falsch und π ist irrational.

$\square$

Dass auch π^2 irrational ist, konnte bereits 1794 **A.-M. Legendre** zeigen. Noch nicht bewiesen werden konnte die Irrationalität der Zahlen 2^e, e^e, π^e, π^π und 2^π. Weiterhin gibt es in diesem Kontext nach wie vor noch mathematische Probleme. So ist die Irrationalität von $ln\pi$, $e \cdot \pi$ und $\frac{e}{\pi}$ nach wie vor unklar. Ebenso ist die Frage ungeklärt, ob die sogenannte **euler-mascheronische Konstante** γ, die wir im Abschnitt 4.5 definieren werden, irrational ist. Auch ungelöst ist, welche der beiden Zahlen $e + \pi$ und $e - \pi$ irrational ist. Man ist sich nur sicher, dass nicht beide von diesen Zahlen rational sein können.

3.8 Transzendenzbeweis von e

Nachdem wir im Abschnitt 3.3. gezeigt haben, dass es unendlich viele transzendente Zahlen gibt und die Menge der transzendenten Zahlen überabzählbar unendlich ist, wollen wir in diesem Abschnitt noch einen Transzendenzbeweis von Hurwitz (1893) für die eulersche Konstante e angeben. Wir orientieren uns hierbei an den Darstellungen von Hardy-Wright *(siehe [Har])* und Perron *(siehe [Per2])*. Um den Transzendenzbeweis von e besser erklären zu können, vereinbaren wir noch das Symbol h^r, das wie folgt definiert ist:

$$h^0 = 1, \qquad h^r = r!, \qquad (r \geq 1).$$

Des Weiteren definieren wir noch für ein beliebiges Polynom $f = f(x)$ vom Grad m

$$f(x) = \sum_{r=0}^{m} c_r x^r$$

$f(h)$ durch

$$f(h) = \sum_{r=0}^{m} c_r h^r := \sum_{r=0}^{m} c_r r!,$$

sowie $f(x + h)$ mittels der Taylorentwicklung

$$f(x+h) = \sum_{r=0}^{m} \frac{f^{(r)}(x)}{r!} h^r := \sum_{r=0}^{m} f^{(r)}(x).$$

Wenn man nun $F(y) = f(x + y)$ setzt, dann ist $f(x + h) = F(h)$.

Ausserdem benötigen wir die folgenden drei Lemmata.

Lemma 3.8.1. *Es seien $r \geq 0$ und*

$$w_r(x) = \frac{x}{r+1} + \frac{x^2}{(r+1)(r+2)} + \ldots$$

Dann gilt $|w_r(x)| < e^{|x|}$.

Beweis. Die Gültigkeit der Ungleichung folgt sofort unter Verwendung der Reihendarstellung von e^x. □

Lemma 3.8.2. *Es seien $U = U(x)$ und $V = V(x)$ die folgenden Polynome vom Grad $s > 0$:*

$$U(x) = \sum_{r=0}^{s} c_r x^r \qquad und \qquad V(x) = \sum_{r=0}^{s} c_r \varepsilon_r(x) x^r$$

Hierbei ist $\varepsilon_r(x) = \frac{|w_r(x)|}{e^{|x|}}$.

Dann gilt:

$$e^x U(h) = U(x + h) + V(x) e^{|x|}$$

Beweis. Wir verwenden die Taylorentwicklung von x^r

$$(x+h)^r = h^r + rxh^{r-1} + \frac{r(r-1)}{2} x^2 h^{r-2} + \ldots + x^r$$

$$= r!(1 + x + \frac{x^2}{2!} + \ldots + \frac{x^r}{r!})$$

$$= r!e^x - w_r(x)x^r = e^x h^r - w_r(x)x^r.$$

Nach einfacher Rechnung folgt daraus

$$e^x h^r = (x + h)^r + w_r(x)x^r = (x + h)^r + e^{|x|}\varepsilon_r(x)x^r.$$

Diese Gleichung multiplizieren wir noch mit c_r und summieren anschließend über r, weil die Abbildung $f \mapsto f(h)$ mit der Skalarmultiplikation und der Addition von Polynomen vertauschbar ist. $\qquad\square$

Lemma 3.8.3. *Es seien $m \geq 2$, $f = f(x) \in \mathbb{Z}[x]$ und*

$$F_1(x) = \frac{x^{m-1}}{(m-1)!}f(x), \qquad F_2(x) = \frac{x^m}{(m-1)!}f(x).$$

Dann sind $F_1(h)$ und $F_2(h)$ ganze Zahlen und es gelten die Kongruenzen:

$$F_1(h) \equiv f(0) \ (m) \qquad und \qquad F_2(h) \equiv 0 \ (m).$$

Beweis. Das ganzzahlige Polynom $f = f(x)$ sei durch $f(x) = \sum_{i=0}^{K} a_i x^i$ gegeben. Daraus folgt für $F_1(x)$ die Polynomdarstellung

$$F_1(x) = \sum_{i=0}^{K} \frac{a_i x^{i+m-1}}{(m-1)!}.$$

Somit ist

$$F_1(h) = \sum_{i=0}^{K} a_i \frac{(i+m-1)!}{(m-1)!} = \sum_{i=0}^{K} a_i (i+m-1)(i+m-2)\dots m$$

und wir haben

$$F_1(h) \equiv a_0 \equiv f(0) \ (m).$$

In analoger Weise zeigt man für $F_2(x) = \sum_{i=0}^{K} a_i \frac{x^{i+m}}{(m-1)!}$ die Gültigkeit der Kongruenz

$$F_2(h) = \sum_{i=0}^{K} a_i \frac{(i+m)!}{(m-1)!} \equiv 0 \ (m)$$

$\qquad\square$

Satz 3.8.1. *e ist transzendent.*

Beweis. Wir werden zeigen, dass für jedes ganzzahlige Polynom $P_n(x) = \sum_{t=0}^{n} A_t x^t$ mit $n \geq 1$ und $A_0 \neq 0$ stets $P_n(e) \neq 0$ gilt.

Es seien $p \in \mathbb{P}$, $p > \max\{n, |A_0|\}$ und

$$U(x) = \frac{x^{p-1}}{(p-1)!}((x-1)(x-2)\ldots(x-n))^p.$$

Nun multiplizieren wir $U(h)$ mit $P_n(e)$ und verwenden das Lemma 3.8.2. Unter der Annahme, dass $P_n(e) = 0$ gilt,ergibt sich deshalb

$$\sum_{t=0}^{n} A_t U(t+h) + \sum_{t=0}^{n} A_t V(t) e^t = 0$$

und wir schreiben

$$S_1 + S_2 = 0.$$

Wir wollen die Summen S_1 und S_2 noch in geeigneter Weise abschätzen, indem wir $|S_1| \geq 1$ und $|S_2| < \frac{1}{2}$ beweisen werden.

1. Teil: Beweis von $|S_1| \geq 1$:

Wir setzen in Lemma 3.8.3 $m = p$. Dann ist $U(h) \in \mathbb{Z}$ und es gilt $U(h) \equiv (-1)^{pn}(n!)^p$ (p). Des Weiteren ist für $1 \leq t \leq n$

$$U(t+x) = \frac{(t+x)^{p-1}}{(p-1)!}((x+t-1)\ldots x(x-1)\ldots(x+t-n))^p$$

$$= \frac{x^p}{(p-1)!} f(x),$$

wobei $f(x) \in \mathbb{Z}[x]$ ist. Folglich haben wir die Kongruenz $U(t+h) \equiv 0$ (p). Insgesamt ergibt sich

$$S_1 = \sum_{t=0}^{n} A_t U(t+h) \equiv (-1)^{pn} A_0 (n!)^p \not\equiv 0 \ (p),$$

weil $A_0 \neq 0$ und $p > \max\{n, |A_0|\}$ sind.

Daher ist $S_1 \in \mathbb{Z}$, $S_1 \neq 0$ und wir haben die Abschätzung $|S_1| \geq 1$.

2. Teil: Beweis von $|S_2| < \frac{1}{2}$:

Wir verwenden das Lemma 3.8.1 und erhalten dann für das in Lemma 3.8.2 erklärte Polynom $V(t)$ $(0 \leq t \leq n)$ die Ungleichung

$$|V(t)| < \sum_{r=0}^{s} |c_r| t^r.$$

Hieraus folgern wir für $V(t)$ die Abschätzung

$$|V(t)| < \frac{n^{p-1}}{(p-1)!} \cdot (n^n)^p = n^n \cdot \frac{(n^{n+1})^{p-1}}{(p-1)!},$$

weil die Faktoren $(t-1)(t-2)\ldots(t-n)$ von $U(t)$ alle betragsmäßig kleiner als n sind.

Nun führen wir noch in $\frac{(n^{n+1})^{p-1}}{(p-1)!}$ den Grenzübergang $p \to \infty$ aus. Da

$$\lim_{p \to \infty} \frac{(n^{n+1})^{p-1}}{(p-1)!} = 0$$

gilt, was man mit Hilfe der stirlingschen Formel

$$m! \sim \sqrt{2\pi m}\left(\frac{m}{e}\right)^m \text{ mit } m := p - 1$$

zeigen kann (siehe Bemerkung 1 in den Lösungen), folgt somit $V(t) \to 0$. Auf Grund der Definition von S_2 ergibt sich deshalb die Grenzwertaussage $S_2 \to 0$ für $p \to \infty$.

Damit haben wir die Gültigkeit der Abschätzung $|S_2| < \frac{1}{2}$ für hinreichend große p gezeigt.

Insgesamt haben wir damit einen Widerspruch zu $S_1 + S_2 = 0$ erhalten und es folgt daraus sofort $P_n(e) \neq 0$. $\qquad\square$

Der Beweis für die Transzendenz von π gestaltet sich in ähnlicher Weise wie der von e. Hierbei wird insbesondere der zwischen e und π bestehende Zusammenhang $e^{\pi i} = -1$, $i^2 = -1$ ausgenutzt. Allerdings treten im Transzendenzbeweis von π noch zwei zusätzliche Schwierigkeiten auf, sodass dadurch der Umfang des Beweises erheblich länger wird. Wir werden den Transzendenzbeweis von π in diesem Buch nicht führen und verweisen den Leser auf Hardy-Wright *(siehe [Har])* und Perron *(siehe [Per2])* und die Literatur.

Des Weiteren erwähnen wir, dass die Transzendenz folgender Zahlen bewiesen werden konnte:

$$e^\pi,\ 2^{\sqrt{2}},\ \sin 1,\ \log 2,\ \frac{\log 3}{\log 2},\ J_0(1).$$

Jedoch noch nicht bewiesen werden konnte die Transzendenz der Zahlen:

$$2^e,\ 2^\pi,\ \pi^e,\ e + \pi,\ \gamma \text{ (euler-mascheronische Konstante)}.$$

4 Zahlentheoretische Funktionen

Im Kapitel 2 haben wir bereits die Eulersche φ-Funktion und die Teilersummen-funktion $\sigma = \sigma(n)$ vorgestellt und erste Ergebnisse aufgezeigt. In diesem Kapitel werden wir weitere zahlentheoretische Funktionen definieren und wollen sowohl für diese neuen Funktionen als auch für die bereits bekannten zahlentheoretische Funktionen $\varphi = \varphi(n)$ und $\sigma = \sigma(n)$ interessante Resultate aufzeigen.

Zu Beginn werden wir im Abschnitt 4.1 Ausführungen zu multipliklativen, additiven, primzahlunabhängigen und summatorischen Funktionen machen. Danach werden wir im Abschnitt 4.2 die spezielle Funktionenklasse der Teilerfunktionen ausführlich bezüglich elementarer Eigenschaften untersuchen. In den Abschnitten 4.3 und 4.4 werden wir uns mit der Dirichlet-Faltung von zahlentheoretischen Funktionen beschäftigen und grundlegende Resultate über Dirichletsche Reihen darstellen. Diese im Abschnitt 4.4 dargestellten Ergebnisse, die inhaltlich zur analytischen Zahlentheorie einzuordnen sind, werden in den folgenden Abschnitten 4.5 bis 4.8 weiter ausgebaut.

Im Einzelnen werden zunächst im Abschnitt 4.5 endliche Summen durch bestimmte Integrale approximiert. Anschließend werden in den Abschnitten 4.6 und 4.7 einige grundlegende Ergebnisse von **Riemann** und **Möbius** zur Riemannschen Zetafunktion und zur Möbiusschen μ-Funktion genannt und bewiesen. Am Ende dieses Kapitels werden wir im Abschnitt 4.8 von einigen ausgewählten multiplikativen zahlentheoretischen Funktionen Mittelwerte und durchschnittliche Größenordnungen bestimmen, indem wir die im Abschnitt 4.5 dargestellte Theorie von endlichen Summen auf unendliche Reihen übertragen und anwenden werden.

4.1 Multiplikative und additive Funktionen

Zu Beginn werden wir den für diesen Abschnitt grundlegenden Begriff der **zahlentheoretischen Funktion** formulieren.

Definition 4.1.1. *Jede Abbildung* $f : \mathbb{N}_+ \to \mathbb{C}$ *bezeichnet man als zahlentheoretische Funktion.*

Bemerkung 4.1.1.

1) *Da auf Grund der Definition eine zahlentheoretische Funktion* $\mathbb{N}_+$ *als Definitionsbereich (bei einigen zahlentheoretischen Funktionen ist auch* $\mathbb{N}$ *zugelassen) hat und als Wertebereich endliche oder unendliche Teilmengen von* $\mathbb{C}$ *in Frage kommen, kann man auch eine zahlentheoretische Funktion als komplexwertige Zahlenfolge interpretieren. Aus diesem Grund kann man natürlich zahlentheoretische Funktionen nicht differenzieren. Wir können jedoch verschiedene Summationsprozesse definieren und werden danach auf diese Summen analytische Methoden anwenden. Wir gelangen damit zu einem Teilgebiet der Zahlentheorie, der sogenannten analytischen Zahlentheorie, wo Eigenschaften wie zum Beispiel Mittelwertbildungen, Größenordnungen und sogenannte asymptotische Abschätzungen untersucht werden. Wir werden darauf im Abschnitt 4.8 zu sprechen kommen.*

2) *Die meisten elementaren zahlentheoretischen Funktionen, zu denen auch die Teilerfunktionen gehören, haben als Wertebereich Teilmengen von* $\mathbb{Z}$ *oder sogar von* $\mathbb{N}$.

3) *Wir bezeichnen hier in diesem Buch die Menge der zahlentheoretischen Funktionen mit* $\mathcal{Z}$ *und verwenden für eine zahlentheoretische Funktion die traditionelle Schreibweise* $f = f(n)$.

4.1.1 Beispiele zahlentheoretischer Funktionen

Definition 4.1.2. *Es sei* $n \in \mathbb{N}_+$ *beliebig. Dann definieren wir die folgenden zahlentheoretischen Funktionen:*

(i) $1(n) := 1$ *(Einsfunktion).*

(ii) $\mathrm{id}(n) := n$ *(Identitätsfunktion).*

(iii) $\varepsilon(n) := \begin{cases} 1 & n = 1 \\ 0 & sonst \end{cases}$ *(Neutralitätsfunktion).*

(iv) $0(n) := 0$ *(Nullfunktion).*

Definition 4.1.3. *Als **Teileranzahlfunktion*** $d = d(n)$ *bezeichnen wir die Abbildung* $d : \mathbb{N}_+ \to \mathbb{N}_+$ *mit*

$$d(n) := \sum_{t \mid n} 1$$

und $t \in \mathbb{N}_+$.

Als **unitäre Teileranzahlfunktion** $d^* = d^*(n)$ *wird die Abbildung* $d^* : \mathbb{N}_+ \to \mathbb{N}_+$ *mit*

$$d^*(n) := \sum_{\substack{t \mid n \\ \mathrm{ggT}\left(t, \frac{n}{t}\right) = 1}} 1$$

und $t \in \mathbb{N}_+$ *bezeichnet.*

Beispiele.

a) $d(1) = 1, d(3) = 2, d(8) = 4, d(12) = 6, d(60) = 12$.

b) $d^*(1) = 1, d^*(3) = 2, d^*(8) = 2, d^*(12) = 4, d^*(60) = 8$.

Definition 4.1.4. *Als* **Teilersummenfunktion** $\sigma = \sigma(n)$ *bezeichnen wir die Abbildung* $\sigma : \mathbb{N}_+ \to \mathbb{N}_+$ *mit*

$$\sigma(n) := \sum_{t \mid n} t$$

und $t \in \mathbb{N}_+$.

Als **unitäre Teilersummenfunktion** $\sigma^* = \sigma^*(n)$ *wird die Abbildung* $\sigma^* : \mathbb{N}_+ \to \mathbb{N}_+$ *mit*

$$\sigma^*(n) := \sum_{\substack{t \mid n \\ \mathrm{ggT}\left(t, \frac{n}{t}\right) = 1}} t$$

und $t \in \mathbb{N}_+$ *bezeichnet.*

Beispiele.

a) $\sigma(1) = 1, \sigma(3) = 4, \sigma(8) = 15, \sigma(12) = 28, \sigma(60) = 168$.

b) $\sigma^*(1) = 1, \sigma^*(3) = 4, \sigma^*(8) = 9, \sigma^*(12) = 20, \sigma^*(60) = 120$.

Übungsaufgabe 4.1. Man bestimme ein minimales $n \in \mathbb{N}_+$, so dass jeweils
a) $d(n) = 23$,   b) $d(n) = 24$ und   c) $d(n) = 25$
gelten.

Übungsaufgabe 4.2. Man bestimme alle $n \in \mathbb{N}_+$, so dass $n + d(n) = \sigma(n)$ gilt.

Übungsaufgabe 4.3. Man beweise für alle $m, n \in \mathbb{N}_+$ die Ungleichung $d(m \cdot n) \le d(m) \cdot d(n)$.

Definition 4.1.5. *Es sei* n *eine natürliche Zahl mit der kanonischen Zerlegung*

$$n = p_1^{e_1} \cdot \ldots \cdot p_r^{e_r}, \ 1 \le e_i (i = 1, \ldots, r).$$

Die Abbildungen $\Omega = \Omega(n)$ *bzw.* $\omega = \omega(n)$ *zählen die Anzahl aller Primfaktoren bzw. die der verschiedenen Primfaktoren von* n, *das heißt es sind*

$$\Omega(n) := e_1 + \ldots + e_r$$

und

$$\omega(n) := r.$$

Beispiele.

a) $\Omega(1) = 0, \Omega(3) = 1, \Omega(8) = 3, \Omega(12) = 3, \Omega(60) = 4.$

b) $\omega(1) = 0, \omega(3) = 1, \omega(8) = 1, \omega(12) = 2, \omega(60) = 3.$

In den folgenden Abschnitten werden wir uns mit einigen Klassen wichtiger Teilmengen aus der Menge der zahlentheoretischen Funktionen beschäftigen. Dabei handelt es sich um multiplikative, additive und primzahlunabhängige sowie summatorische Funktionen, die wir definieren und durch Beispiele beschreiben wollen.

4.1.2 Multiplikative zahlentheoretische Funktionen

Definition 4.1.6. *Eine nicht identisch verschwindende zahlentheoretische Funktion f heißt* **multiplikativ**, *wenn*

$$f(m \cdot n) = f(m) \cdot f(n) \quad \text{für alle } m, n \in \mathbb{N}_+ \text{ mit } \text{ggT}(m, n) = 1$$

gilt. Die zahlentheoretische Funktion f heißt **streng** *(oder auch total)* **multiplikativ**, *wenn die Beziehung*

$$f(m \cdot n) = f(m) \cdot f(n)$$

ohne jede Einschränkung bezüglich m und n besteht.

Bemerkung 4.1.2.

1) *Zum Teil wird der Begriff der multiplikativen zahlentheoretischen Funktion in der Literatur etwas weiter gefasst, indem die Nullfunktion $0(n) := 0$ auch als multiplikative zahlentheoretische Funktion zugelassen wird. Wir schließen in diesem Buch $0(n)$ als multiplikative zahlentheoretische Funktion aus, da wir als notwendige Bedingung für die Multiplikativität einer zahlentheoretischen Funktion f sofort $f(1) = 1 \neq 0$ erhalten. Sind nämlich $m = 1$ und $n \in \mathbb{N}_+$, so folgt wegen der Multiplikativität von f unmittelbar, dass $f(1 \cdot n) = f(1) \cdot f(n)$. Mit $f(1 \cdot n) = f(n)$ ergibt sich nun, dass $f(1) \cdot f(n) = f(n)$ und damit insbesondere $f(1) = 1$ gilt. Ist also $f(1) \neq 1$, so kann f nicht multiplikativ sein.*

2) *Wir bezeichnen in diesem Buch mit $\mathcal{M}$ bzw. $\mathcal{CM}$ die Menge der multiplikativen (bzw. streng (englisch: completely) multiplikativen) Funktionen und folgen damit der Bezeichnungsweise von J. Knopfmacher (siehe [Kno]).*

Beispiele.

a) $f(n) = n^2 \in \mathcal{CM}$, denn sind $m, n \in \mathbb{N}_+$, so ist $f(m \cdot n) = (m \cdot n)^2 = m^2 \cdot n^2 = f(m) \cdot f(n)$.

b) $f(n) = \log n \notin \mathcal{M}$, denn es ist $f(1) = \log(1) = 0 \neq 1$.

c) $f(n) = d(n) \in \mathcal{M}$ (Beweis siehe Satz 4.2.2).

d) $f(n) = \sigma(n) \in \mathcal{M}$ (Beweis siehe Satz 4.2.8).

Übungsaufgabe 4.4. Man untersuche die zahlentheoretische Funktion $f = f(n) = n + 1$ auf Multiplikativität bzw. totale Multiplikativität.

Beispiel. $f(n) = 2^{\omega(n)} \in \mathcal{M}$. Für $m, n \in \mathbb{N}_+$ seien die kanonischen Zerlegungen $m = p_1^{e_1} \ldots p_r^{e_r}$ und $n = q_1^{f_1} \ldots q_s^{f_s}$ mit $1 \leq e_i (i = 1, \ldots, r), f_j (j = 1, \ldots, s)$ sowie $\mathrm{ggT}(m, n) = 1$ gegeben. Dann folgt:

$$f(m \cdot n) = 2^{\omega(m \cdot n)}$$
$$= 2^{\omega(p_1^{e_1} \cdot \ldots \cdot p_r^{e_r} \cdot q_1^{f_1} \cdot \ldots \cdot q_s^{f_s})}$$
$$= 2^{r+s} = 2^r \cdot 2^s$$
$$= 2^{\omega(p_1^{e_1} \cdot \ldots \cdot p_r^{e_r})} \cdot 2^{\omega(q_1^{f_1} \cdot \ldots \cdot q_s^{f_s})}$$
$$= 2^{\omega(m)} \cdot 2^{\omega(n)}$$
$$= f(m) \cdot f(n).$$

Übungsaufgabe 4.5. Man zeige, dass die zahlentheoretische Funktion $f = f(n) = 2^{\omega(n)}$ nicht streng multiplikativ ist.

Übungsaufgabe 4.6. Man zeige die strenge Multiplikativität der zahlentheoretischen Funktion $f = f(n) = 3^{\Omega(n)}$.

4.1.3 Additive zahlentheoretische Funktionen

Definition 4.1.7. *Eine nicht identisch verschwindende zahlentheoretische Funktion f heißt* **additiv***, wenn*

$$f(m \cdot n) = f(m) + f(n) \quad \text{für alle } m, n \in \mathbb{N}_+ \text{ mit } \mathrm{ggT}(m, n) = 1$$

gilt. Die zahlentheoretische Funktion f heißt **streng** *(oder auch total)* **additiv***, wenn die Beziehung*

$$f(m \cdot n) = f(m) + f(n)$$

ohne jede Einschränkung bezüglich m und n besteht.

Bemerkung 4.1.3.

1) Aus Definition 4.1.7 folgt unmittelbar als notwendige Bedingung für die Additivität einer zahlentheoretischen Funktion die Eigenschaft $f(1) = 0$. Gilt $m = 1$ und $n \in \mathbb{N}_+$, so ergibt sich wegen der Additivität von f, dass $f(1 \cdot n) = f(1) + f(n)$. Mit $f(1 \cdot n) = f(n)$ folgt nun, dass $f(1) + f(n) = f(n)$ und somit insbesondere $f(1) = 0$ gilt. Ist also $f(1) \neq 0$, dann kann f nicht additiv sein.

2) Wir bezeichnen hier in diesem Buch mit $\mathcal{A}$ bzw. $\mathcal{CA}$ die Menge der additiven (bzw. streng (englisch: completely) additiven) Funktionen und folgen auch hier der Bezeichnungsweise von J.Knopfmacher (siehe [Kno]).

Beispiele.

a) $f(n) = \log n \in \mathcal{CA}$; denn sind $m, n \in \mathbb{N}_+$, so ist
$f(m \cdot n) = \log(m \cdot n) = \log m + \log n$.

b) $f(n) = \omega(n) \in \mathcal{A}$ folgt unmittelbar aus den Betrachtungen zu
$f(n) = 2^{\omega(n)} \in \mathcal{M}$.

Übungsaufgabe 4.7. Man untersuche die zahlentheoretische Funktion $f(n) = \Omega(n)$ auf Additivität und strenge Additivität.

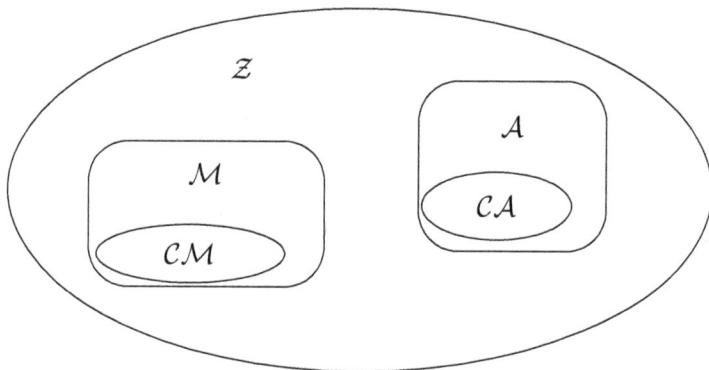

Abbildung 4.1: Multiplikative und additive zahlentheoretische Funktionen

4.1.4 Primzahlunabhängige zahlentheoretische Funktionen

Definition 4.1.8. *Eine nicht identisch verschwindende zahlentheoretische Funktion f heißt **primzahlunabhängig**, wenn*

$$f(p^n) = f(q^n)$$

für beliebige Primzahlen $p, q \in \mathbb{P}$ und für alle $n \in \mathbb{N}_+$ gilt.

Bemerkung 4.1.4. *Wir bezeichnen hier in diesem Buch – in Anlehnung an* **Knopfmacher** *– die Menge der primzahlunabhängigen zahlentheoretischen Funktionen mit* $\mathcal{PI}$ *sowie die Menge der primzahlunabhängigen und zugleich multiplikativen zahlentheoretischen Funktionen mit* $\mathcal{PIM}$.

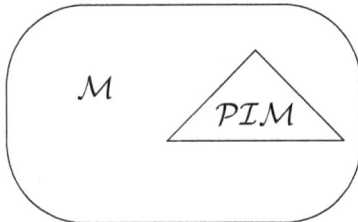

Abbildung 4.2: Primzahlunabhängige zahlentheoretische Funktionen

Beispiel. $d(n) \in \mathcal{PIM}$ (Beweis siehe Satz 4.2.2 und Satz 4.2.3).
Übungsaufgabe 4.8. Man zeige, dass die zahlentheoretischen Funktionen $f = f(n) = \omega(n)$ und $g = g(n) = \Omega(n)$ primzahlunabhängig sind.

4.1.5 Summatorische Funktionen

Definition 4.1.9. *Es sei $f : \mathbb{N}_+ \to \mathbb{C}$ eine zahlentheoretische Funktion, dann bezeichnet man die durch*

$$F(n) := \sum_{d \mid n} f(d)$$

für alle $n \in \mathbb{N}_+$ und $d \in \mathbb{N}_+$ definierte zahlentheoretische Funktion $F : \mathbb{N}_+ \to \mathbb{C}$ als **summatorische Funktion** *oder auch als* **Summatorfunktion von f.**

Es gilt nun

Satz 4.1.1. *Es sei f eine multiplikative zahlentheoretische Funktion, dann ist auch die summatorische Funktion F von f eine multiplikative zahlentheoretische Funktion.*

Beweis. Es sei f multiplikativ und damit nach Definition 4.1.2

$$f(m \cdot n) = f(m) \cdot f(n) \quad \text{mit } \mathrm{ggT}(m, n) = 1.$$

Dann gilt offensichtlich

$$\sum_{d \mid (m \cdot n)} f(d) = \sum_{d_1 \mid m} \sum_{d_2 \mid n} f(d_1 \cdot d_2),$$

denn in der rechten Summe entstehen dieselben Summanden wie in der linken
Summe, da jeder Teiler d von $m \cdot n$ die Darstellung $d = d_1 \cdot d_2$ mit $d_1 \mid m$ und
$d_2 \mid n$ besitzt, wobei d_1 und d_2 durch d wegen $\mathrm{ggT}(m, n) = 1$ eindeutig bestimmt
sind. Unter Berücksichtigung von $f \in \mathcal{M}$ und $\mathrm{ggT}(d_1, d_2) = 1$ folgt deshalb

$$\sum_{d \mid (m \cdot n)} f(d) = \sum_{d_1 \mid m} \sum_{d_2 \mid n} f(d_1 \cdot d_2)$$

$$= \sum_{d_1 \mid m} \sum_{d_2 \mid n} f(d_1) \cdot f(d_2)$$

$$= \sum_{d_1 \mid m} f(d_1) \cdot \sum_{d_2 \mid n} f(d_2).$$

$\square$

Wir stellen uns nun die Frage, ob die Umkehrung des Satzes 4.1.1 gilt. Das heißt,
wenn F multiplikativ ist, ob dann auch f dieselbe Eigenschaft besitzt.

Satz 4.1.2. *Zu jeder zahlentheoretischen Funktion $F : \mathbb{N}_+ \to \mathbb{C}$ existiert genau
eine Funktion $f : \mathbb{N}_+ \to \mathbb{C}$ derart, dass F die summatorische Funktion von f ist.*

Beweis. Wir benutzen die Methode der vollständigen Induktion.
Der Induktionsanfang für $n = 1$ ergibt sich sofort, da $f(1) = F(1)$ gilt. Wir
nehmen nun an, dass die Funktionswerte von $f(m)$ für $2 \leq m < n$ in eindeutiger
Weise definiert seien. Dann zeigen wir, dass auch der Funktionswert $f(n)$ eindeutig
bestimmt ist. Wegen

$$F(n) = \sum_{d \mid n} f(d)$$

$$= \sum_{\substack{d \mid n \\ d < n}} f(d) + f(n)$$

ist $f(n)$ durch

$$f(n) = F(n) - \sum_{\substack{d \mid n \\ d < n}} f(d)$$

eindeutig bestimmt.

$\square$

Wir können nun die Umkehrung des Satzes 4.1.1 beweisen.

Satz 4.1.3. *Es sei die Funktion F multiplikativ, dann ist auch die zahlentheoretische Funktion f multiplikativ, wenn F die summatorische Funktion von f ist. Weiterhin gilt*

$$f(n) = \prod_{i=1}^{k} \left(F(p_i^{e_i}) - F(p_i^{e_i-1}) \right) \quad \text{für } n = \prod_{i=1}^{k} p_i^{e_i}.$$

Beweis. Wir berechnen zunächst die Funktionswerte $F(p^m)$ und $F(p^{m-1})$ für $p \in \mathbb{P}$ und $m \in \mathbb{N}_+$. Es sind

$$F(p^m) = \sum_{k=0}^{m} f(p^k)$$
$$= f(1) + f(p) + \ldots + f(p^m)$$

und

$$F(p^{m-1}) = \sum_{k=0}^{m-1} f(p^k)$$
$$= f(1) + f(p) + \ldots + f(p^{m-1}).$$

Daraus ergibt sich sofort

$$f(p^m) = F(p^m) - F(p^{m-1}).$$

Es sei nun $n \in \mathbb{N}_+$ mit seiner Zerlegung $n = \prod_{i=1}^{k} p_i^{e_i}$ gegeben. Wir bilden das Produkt

$$h(n) := \prod_{i=1}^{k} \left(F(p_i^{e_i}) - F(p_i^{e_i-1}) \right).$$

Nun ist h eine multiplikative, zahlentheoretische Funktion. Außerdem gilt $h(p^m) = f(p^m)$, das heißt die zahlentheoretische Funktion h besitzt für Primzahlpotenzen p^m dieselben Funktionswerte wie die zahlentheoretische Funktion f. Weiterhin gilt nach Satz 4.1.1, dass auch die summatorische Funktion $H = H(n) := \sum_{d \mid n} h(d)$ multiplikativ ist. Die Funktionswerte $H(p^m)$ stimmen aber wegen $h(p^m) = f(p^m)$ mit denen von $F(p^m)$ überein, das heißt es gilt $H(p^m) = F(p^m)$. Folglich ist auch H eine multiplikative, zahlentheoretische Funktion und wegen Satz 4.1.2 ist $h(n) = f(n)$ für alle $n \in \mathbb{N}_+$.

$\square$

Als Nächstes wollen wir noch die komponentenweise Addition von zahlentheoretischen Funktionen definieren, indem wir die beiden Funktionswerte einfach addieren, das heißt für $f, g \in \mathcal{Z}$ wird eine zahlentheoretische Funktion $k := f + g$ durch die Festsetzung

$$k(n) = (f+g)(n) := f(n) + g(n) \quad \text{für alle } n \in \mathbb{N}_+$$

erklärt. Es ist offensichtlich, dass $(\mathcal{Z}, +)$ eine abelsche Gruppe bildet, da Assoziativgesetz und Kommutativgesetz trivialerweise erfüllt sind und als inverse Funktion zu f die Funktion x mit $x(n) = -f(n)$ gewählt werden kann, so dass

$$f(n) + x(n) = 0(n)$$

gilt.

Weiterhin kann man zeigen, dass sich die abelsche Gruppe $(\mathcal{Z}, +)$ zu einem sogenannten $\mathbb{C}$–Vektorraum erweitern lässt, wenn man die äußere Multiplikation von zahlentheoretischen Funktionen f mit einem Skalar $\lambda \in \mathbb{C}$ punktweise, das heißt durch

$$(\lambda \cdot f)(n) := \lambda \cdot f(n) \quad \text{für alle } n \in \mathbb{N}_+$$

erklärt. Wir werden die allgemeine Definition eines K-Vektorraums im Anhang geben.

4.2 Die Teilerfunktionen

Wir werden in diesem Abschnitt die Teileranzahlfunktion d und die Teilersummenfunktion σ sowie die modifizierten Teilerfunktionen d^* und σ^* nun weiter untersuchen. Wir bemerken bereits im Vorraus, dass für die Charakterisierung der sogenannten vollkommenen Zahlen, die wir im Abschnitt 2.7 kennengelernt haben, das Werteverhalten von σ von entscheidender Bedeutung ist.

Definition 4.2.1. *Es sei $n \geq 2$ eine natürlichen Zahl mit der kanonischen Zerlegung $n = p_1^{e_1} \cdot \ldots \cdot p_k^{e_k}$. Dann bezeichnen wir durch n^* mit*

$$n^* := p_1 \cdot \ldots \cdot p_k$$

den Kern von n, wenn

$$e_1 \cdot \ldots \cdot e_k > 0.$$

Satz 4.2.1. *Es sei $n \geq 2$ eine natürliche Zahl und $n = p_1^{e_1} \cdot \ldots \cdot p_r^{e_r}$ die kanonische Zerlegung mit $p_1 < \ldots < p_r$ und $e_1, \ldots, e_r \in \mathbb{N}_+$. Dann gilt*

$$d(n) = d\left(p_1^{e_1} \cdot \ldots \cdot p_r^{e_r}\right)$$
$$= (e_1 + 1) \cdot \ldots \cdot (e_r + 1).$$

Beweis. Wir benutzen die Methode der vollständigen Induktion und betrachten dabei die Anzahl der verschiedenen Primfaktoren in der kanonischen Zerlegung von n. Der Induktionsanfang ergibt sich unmittelbar daraus, dass für jede Primzahl p und eine beliebige natürliche Zahl e die Beziehung

$$d\left(p^e\right) = e + 1$$

gilt, denn p^e hat genau die $e + 1$ Teiler $1, p, p^2, \ldots, p^e$. Es sei nun für alle natürlichen $n \geq 2$ mit $\omega(n) = r$ die Induktionsvoraussetzung

$$d(n) = (e_1 + 1) \cdot \ldots \cdot (e_r + 1)$$

erfüllt. Es sei weiterhin ein beliebiges natürliches $n' \geq 1$ mit $n' = p_1^{e_1} \cdot \ldots \cdot p_{r+1}^{e_{r+1}}$ gegeben. Dann besitzt nach Induktionsvoraussetzung der Quotient

$$\frac{n'}{p_{r+1}^{e_{r+1}}}$$

die $k := (e_1 + 1) \cdot \ldots \cdot (e_r + 1)$ Teiler $t_1, t_2, \ldots, t_k$. Da jedes t_i für $1 \leq i \leq k$ zu $1, p_{r+1}, \ldots, p_{r+1}^{e_{r+1}}$ teilerfremd ist, erhalten wir durch die Produkte der Form

$$p_{r+1}^{f} \cdot t_i \quad \text{für } 0 \leq f \leq e_{r+1} \text{ und } 1 \leq i \leq k$$

alle möglichen Teiler von n' und es ist

$$d(n') = (e_{r+1} + 1) \cdot \{(e_1 + 1) \cdot \ldots \cdot (e_r + 1)\}. \qquad \square$$

Beispiele.

a) Für $n = 60 = 2^2 \cdot 3 \cdot 5$ ist $d(60) = (2 + 1) \cdot (1 + 1) \cdot (1 + 1) = 12$.

b) Für $n = 1500 = 2^2 \cdot 3 \cdot 5^3$ ist $d(1500) = (2 + 1) \cdot (1 + 1) \cdot (3 + 1) = 24$.

c) Für $n = 8778 = 2 \cdot 3 \cdot 7 \cdot 11 \cdot 19$ ist $d(8778) = (1 + 1)^5 = 32$.

Satz 4.2.2. *Die Teileranzahlfunktion $d = d(n)$ ist multiplikativ.*

Beweis. Es gelten $d(1) = 1$ und $d(n) = d(1) \cdot d(n)$ trivialerweise. Nunmehr seien $m, n \geq 2$ zwei teilerfremde natürliche Zahlen mit den kanonischen Zerlegungen $m = p_1^{e_1} \cdot \ldots \cdot p_r^{e_r}$ und $n = q_1^{f_1} \cdot \ldots \cdot q_s^{f_s}$. Dann ist $p_i \neq q_j$ für $1 \leq i \leq r$ und $1 \leq j \leq s$. Nach Satz 4.2.1 gilt

$$\begin{aligned} d(n \cdot m) &= d\left(p_1^{e_1} \cdot \ldots \cdot p_r^{e_r} \cdot q_1^{f_1} \cdot \ldots \cdot q_s^{f_s}\right) \\ &= (e_1 + 1) \cdot \ldots \cdot (e_r + 1) \cdot (f_1 + 1) \cdot \ldots \cdot (f_s + 1) \\ &= d\left(p_1^{e_1} \cdot \ldots \cdot p_r^{e_r}\right) \cdot d\left(q_1^{f_1} \cdot \ldots \cdot q_s^{f_s}\right) \\ &= d(n) \cdot d(m). \end{aligned}$$

$\square$

Bemerkung 4.2.1. *Die Teileranzahlfunktion $d = d(n)$ ist nicht streng multiplikativ, denn es gilt $d(4) = d(2 \cdot 2) = 3 \neq d(2) \cdot d(2) = 2 \cdot 2 = 4$.*

Aus Satz 4.2.1 folgt unmittelbar:

Satz 4.2.3. *Die Teileranzahlfunktion $d = d(n)$ ist primzahlunabhängig.*

Satz 4.2.4. *Es seien $n \geq 2$ eine natürliche Zahl und $n = p_1^{e_1} \cdot \ldots \cdot p_r^{e_r}$ ihre kanonische Zerlegung mit $p_1 < \ldots < p_r$ und $e_1, \ldots, e_r \in \mathbb{N}_+$. Dann gilt*

$$\begin{aligned} d^*(n) &= d^*\left(p_1^{e_1} \cdot \ldots \cdot p_r^{e_r}\right) \\ &= 2^{\omega(n)} \\ &= 2^r \end{aligned}$$

und die Beziehung

$$d^*(n) = d\left(n^*\right).$$

Beweis. Wir können den 1. Teil des Beweises in völliger Analogie zum Beweis von Satz 4.2.1 führen. Dabei verwenden wir die Eigenschaft

$$d^*(p^e) = 2.$$

Der 2. Teil des Satzes ergibt sich in einfacher Weise, indem wir die Definition 4.1.3 und Definition 4.2.1 sowie den Satz 4.2.1 verwenden. Wir erhalten dann

$$d(n^*) = 2^{\omega(n)}.$$

$\square$

Beispiele.

a) Für $n = 60 = 2^2 \cdot 3 \cdot 5$ ist $d^*(60) = 2^3 = 8$.

b) Für $n = 1500 = 2^2 \cdot 3 \cdot 5^3$ ist $d^*(1500) = 2^3 = 8$.

c) Für $n = 8778 = 2 \cdot 3 \cdot 7 \cdot 11 \cdot 19$ ist $d^*(8778) = 2^5 = 32$.

Satz 4.2.5. *Die unitäre Teileranzahlfunktion* $d^* = d^*(n)$ *ist multiplikativ.*

Beweis. Offensichtlich gelten $d^*(1) = 1$ und $d^*(n) = d^*(1) \cdot d^*(n)$. Nunmehr seien $m, n \geq 2$ zwei teilerfremde natürliche Zahlen. Dann ist für deren Produkt die unitäre Teileranzahlfunktion wie folgt definiert:

$$d^*(m \cdot n) = \sum_{\substack{t \mid (m \cdot n) \\ \mathrm{ggT}\left(t, \frac{m \cdot n}{t}\right)=1}} 1.$$

Wir faktorisieren t derart, dass $t = t_1 \cdot t_2$ mit $t_1 \mid m$ sowie $t_2 \mid n$ und erhalten deshalb

$$d^*(m \cdot n) = \sum_{\substack{(t_1 \cdot t_2) \mid (m \cdot n) \\ \mathrm{ggT}\left(t_1 \cdot t_2, \frac{m \cdot n}{t_1 \cdot t_2}\right)=1}} 1.$$

Wegen $\mathrm{ggT}\left(t_1 \cdot t_2, \frac{m \cdot n}{t_1 \cdot t_2}\right) = 1$ gelten nun aber insbesondere $\mathrm{ggT}\left(t_1, \frac{m}{t_1}\right) = 1$ und $\mathrm{ggT}\left(t_2, \frac{n}{t_2}\right) = 1$. Somit können wir schreiben

$$d^*(m \cdot n) = \sum_{\substack{t_1 \mid m \\ t_2 \mid n \\ \mathrm{ggT}\left(t_1, \frac{m}{t_1}\right)=1 \\ \mathrm{ggT}\left(t_2, \frac{n}{t_2}\right)=1}} 1,$$

wobei nun über die voneinander unabhängigen Zahlen t_1, t_2 summiert wird. Wir zerlegen diese Summe in ein Produkt zweier Summen und erhalten

$$d^*(m \cdot n) = \sum_{\substack{t_1 \mid m \\ t_2 \mid n \\ \mathrm{ggT}\left(t_1, \frac{m}{t_1}\right)=1 \\ \mathrm{ggT}\left(t_2, \frac{n}{t_2}\right)=1}} (1 \cdot 1) = \sum_{\substack{t_1 \mid m \\ \mathrm{ggT}\left(t_1, \frac{m}{t_1}\right)=1}} 1 \cdot \sum_{\substack{t_2 \mid n \\ \mathrm{ggT}\left(t_2, \frac{n}{t_2}\right)=1}} 1$$

$$= d^*(m) \cdot d^*(n). \qquad \square$$

Bemerkung 4.2.2. *Die unitäre Teileranzahlfunktion ist nicht streng multipli-kativ, denn es gilt* $d^*(4) = d^*(2 \cdot 2) = 2 \neq d^*(2) \cdot d^*(2) = 2 \cdot 2 = 4$.

Aus Satz 4.2.4 folgt unmittelbar:

Satz 4.2.6. *Die unitäre Teileranzahlfunktion ist primzahlunabhängig.*

Satz 4.2.7. *Es seien* $n \geq 2$ *eine natürliche Zahl und* $n = p_1^{e_1} \cdot \ldots \cdot p_r^{e_r}$ *die kanonische Zerlegung mit* $p_1 < \ldots < p_r$ *und* $e_1, \ldots, e_r \in \mathbb{N}_+$. *Dann gilt*

$$\sigma(n) = \sigma\left(p_1^{e_1} \cdot \ldots \cdot p_r^{e_r}\right)$$

$$= \left(\frac{p_1^{e_1+1} - 1}{p_1 - 1}\right) \cdot \ldots \cdot \left(\frac{p_r^{e_r+1} - 1}{p_r - 1}\right).$$

Beweis. Auch dieser Beweis kann in völliger Analogie zum Beweis des Satzes 4.2.1 geführt werden und sei dem Leser überlassen.

$\square$

Übungsaufgabe 4.9. Man führe den Beweis von Satz 4.2.7 mit Hilfe der Methode der vollständigen Induktion. Hinweis: Für jede Primzahl p und eine beliebige natürliche Zahl e gilt die Beziehung

$$\sigma\left(p^e\right) = \frac{p^{e+1} - 1}{p - 1},$$

denn p^e hat die $e + 1$ Teiler $1, p, p^2, \ldots, p^e$, die aufsummiert eine geometrische Reihe bilden.

Beispiele.

a) Für $n = 60 = 2^2 \cdot 3 \cdot 5$ ist $\sigma(60) = \left(\frac{2^3-1}{2-1}\right) \cdot \left(\frac{3^2-1}{3-1}\right) \cdot \left(\frac{5^2-1}{5-1}\right) = 7 \cdot 4 \cdot 6 = 168$.

b) Für $n = 1500 = 2^2 \cdot 3 \cdot 5^3$ ist $\sigma(1500) = \left(\frac{2^3-1}{2-1}\right) \cdot \left(\frac{3^2-1}{3-1}\right) \cdot \left(\frac{5^4-1}{5-1}\right) = 7 \cdot 4 \cdot 156 = 4368$.

c) Für $n = 8778 = 2 \cdot 3 \cdot 7 \cdot 11 \cdot 19$ ist $\sigma(8778) = \left(\frac{2^2-1}{2-1}\right) \cdot \left(\frac{3^2-1}{3-1}\right) \cdot \left(\frac{7^2-1}{7-1}\right) \cdot \left(\frac{11^2-1}{11-1}\right) \cdot \left(\frac{19^2-1}{19-1}\right) = 3 \cdot 4 \cdot 8 \cdot 12 \cdot 20 = 23040$.

Satz 4.2.8. *Die Teilersummenfunktion* $\sigma = \sigma(n)$ *ist multiplikativ.*

Beweis. Es gelten $\sigma(1) = 1$ und $\sigma(n) = \sigma(1) \cdot \sigma(n)$ trivialerweise. Nunmehr seien $m, n \geq 2$ zwei beliebige teilerfremde natürliche Zahlen mit den kanonischen

Zerlegungen $m = p_1^{e_1} \cdot \ldots \cdot p_r^{e_r}$ und $n = q_1^{f_1} \cdot \ldots \cdot q_s^{f_s}$. Dann ist $p_i \neq q_j$ für $1 \leq i \leq r$ und $1 \leq j \leq s$. Nach Satz 4.2.7 ist nun aber

$$\sigma(n \cdot m) = \sigma \left(p_1^{e_1} \cdot \ldots \cdot p_r^{e_r} \cdot q_1^{f_1} \cdot \ldots \cdot q_s^{f_s} \right)$$

$$= \frac{p_1^{e_1+1} - 1}{p_1 - 1} \cdot \ldots \cdot \frac{p_r^{e_r+1} - 1}{p_r - 1} \cdot \frac{q_1^{f_1+1} - 1}{q_1 - 1} \cdot \ldots \cdot \frac{q_s^{f_s+1} - 1}{q_s - 1}$$

$$= \sigma(p_1^{e_1} \cdot \ldots \cdot p_r^{e_r}) \cdot \sigma \left(q_1^{f_1} \cdot \ldots \cdot q_s^{f_s} \right)$$

$$= \sigma(n) \cdot \sigma(m).$$

$\square$

Bemerkung 4.2.3.

1) *Die Teilersummenfunktion ist nicht streng multiplikativ, denn es gilt* $\sigma(4) = \sigma(2 \cdot 2) = 1 + 2 + 4 = 7 \neq \sigma(2) \cdot \sigma(2) = (1 + 2)^2 = 9.$

2) *Die Teilersummenfunktion ist nicht primzahlunabhängig, denn es gilt* $\sigma(2^2) = \sigma(4) = 1 + 2 + 4 = 7 \neq \sigma(3^2) = \sigma(9) = 1 + 3 + 9 = 13.$

Satz 4.2.9. *Es seien* $n \geq 2$ *eine natürliche Zahl und* $n = p_1^{e_1} \cdot \ldots \cdot p_r^{e_r}$ *die kanonische Zerlegung mit* $p_1 < \ldots < p_r$ *und* $e_1, \ldots, e_r \in \mathbb{N}_+$. *Dann gelten*

$$\sigma^*(n) = \sigma^* (p_1^{e_1} \cdot \ldots \cdot p_r^{e_r})$$
$$= (p_1^{e_1} + 1) \cdot \ldots \cdot (p_r^{e_r} + 1)$$

und die Beziehung

$$\sigma(n^*) \leq \sigma^*(n)$$

Beweis. Die Gleichheit von $\sigma^*(n)$ und $(p_1^{e_1} + 1) \cdot \ldots \cdot (p_r^{e_r} + 1)$ zeigen wir in völlig analoger Weise zum Beweis des Satzes 4.2.1 und nutzen dabei die Eigenschaft

$$\sigma^*(p^e) = p^e + 1.$$

Die Gültigkeit der Ungleichung

$$\sigma(n^*) \leq \sigma^*(n)$$

folgt sofort, indem wir unter Benutzung der Definitionen 4.1.4, 4.2.1 und Satz 4.2.8 beweisen, dass

$$\sigma(n^*) = (p_1 + 1) \ldots (p_r + 1)$$

gilt. Damit ergibt sich die Identität

$$\sigma\left(n^*\right) = \sigma^*(n)$$

nur für den Spezialfall, dass n selbst quadratfrei ist, d. h. $n = n^*$ gilt.

□

Beispiele.

a) Für $n = 60 = 2^2 \cdot 3 \cdot 5$ ist $\sigma^*(60) = (2^2 + 1) \cdot (3 + 1) \cdot (5 + 1) = 120$.

b) Für $n = 1500 = 2^2 \cdot 3 \cdot 5^3$ ist $\sigma^*(1500) = (2^3 + 1) \cdot (3 + 1) \cdot (5^3 + 1)$.

c) Für $n = 8778 = 2 \cdot 3 \cdot 7 \cdot 11 \cdot 13$ ist $\sigma^*(8778) = 3 \cdot 4 \cdot 8 \cdot 12 \cdot 14 = 16128$.

Satz 4.2.10. *Die unitäre Teilersummenfunktion $\sigma^* = \sigma^*(n)$ ist multiplikativ.*

Beweis. Offensichtlich gelten $\sigma^*(1) = 1$ und $\sigma^*(n) = \sigma^*(1) \cdot \sigma^*(n)$. Nunmehr seien $m, n \geq 1$ zwei beliebige teilerfremde natürliche Zahlen. Dann gilt für die unitäre Teilersummenfunktion:

$$\sigma^*(m \cdot n) = \sum_{\substack{t \mid (m \cdot n) \\ \mathrm{ggT}\left(t, \frac{m \cdot n}{t}\right) = 1}} t.$$

Wir zerlegen nun t derart, dass $t = t_1 \cdot t_2$ mit $t_1 \mid m$ sowie $t_2 \mid n$ erfüllt sind. Deshalb erhalten wir

$$\sigma^*(m \cdot n) = \sum_{\substack{(t_1 \cdot t_2) \mid (m \cdot n) \\ \mathrm{ggT}\left(t_1 \cdot t_2, \frac{m \cdot n}{t_1 \cdot t_2}\right) = 1}} (t_1 \cdot t_2).$$

Wegen $\mathrm{ggT}\left(t_1 \cdot t_2, \frac{m \cdot n}{t_1 \cdot t_2}\right) = 1$ folgt aber insbesondere $\mathrm{ggT}\left(t_1, \frac{m}{t_1}\right) = 1$ und $\mathrm{ggT}\left(t_2, \frac{n}{t_2}\right) = 1$. Wir können deshalb schreiben

$$\sigma^*(m \cdot n) = \sum_{\substack{t_1 \mid m \\ t_2 \mid n \\ \mathrm{ggT}\left(t_1, \frac{m}{t_1}\right) = 1 \\ \mathrm{ggT}\left(t_2, \frac{n}{t_2}\right) = 1}} (t_1 \cdot t_2),$$

wobei nun über die voneinander unabhängigen Zahlen t_1, t_2 summiert wird. Dann
zerlegen wir die Doppelsumme in ein Produkt zweier Summen und erhalten

$$\sigma^*(m \cdot n) = \sum_{\substack{t_1 \mid m \\ t_2 \mid n \\ \text{ggT}\left(t_1, \frac{m}{t_1}\right)=1 \\ \text{ggT}\left(t_2, \frac{n}{t_2}\right)=1}} (t_1 \cdot t_2) = \sum_{\substack{t_1 \mid m \\ \text{ggT}\left(t_1, \frac{m}{t_1}\right)=1}} t_1 \cdot \sum_{\substack{t_2 \mid n \\ \text{ggT}\left(t_2, \frac{n}{t_2}\right)=1}} t_2$$

$$= \sigma^*(m) \cdot \sigma^*(n).$$

$\square$

Bemerkung 4.2.4.

1) *Die unitäre Teilersummenfunktion $\sigma^* = \sigma^*(n)$ ist nicht streng multiplikativ, denn es gilt $\sigma^*(4) = \sigma^*(2 \cdot 2) = 1 + 4 = 5 \neq \sigma^*(2) \cdot \sigma^*(2) = (1+2)^2 = 9$.*

2) *Die unitäre Teilersummenfunktion $\sigma^* = \sigma^*(n)$ ist nicht primzahlunabhängig, denn es gilt $\sigma^*(2^2) = \sigma^*(4) = 1 + 4 = 5 \neq \sigma^*(3^2) = \sigma^*(9) = 1 + 9 = 10$.*

4.3 Dirichlet-Faltung

Als Nächstes definieren wir eine nach **Dirichlet (1805-1859)** benannte wichtige
Operation in der Menge der zahlentheoretischen Funktionen.

Definition 4.3.1. *(Dirichlet) Es seien f und g zwei zahlentheoretische Funktionen, dann heißt die zahlentheoretische Funktion h mit*

$$h(n) := (f * g)(n)$$
$$:= \sum_{d \mid n} \left(f(d) \cdot g\left(\frac{n}{d}\right) \right)$$

*für alle $n \in \mathbb{N}_+$ das **dirichletsches Produkt** von f und g oder auch die
Dirichlet-Faltung von f und g.*

Bemerkung 4.3.1. *Wenn d alle Teiler von n durchläuft, dann durchläuft $\frac{n}{d}$
alle Komplementärteiler von n. Wir können deshalb für h mit
$h(n) = \sum_{d \mid n} \left(f(d) \cdot g\left(\frac{n}{d}\right) \right)$ auch*

$$h(n) = \sum_{d \cdot t = n} (f(d) \cdot g(t))$$

*schreiben, wobei über alle Paare $(d, t) \in \mathbb{N}_+^2$ zu summieren ist, die der Bedingung
$d \cdot t = n$ genügen. Also gilt $f * g = g * f$.*

Beispiel.

$$h(12) = f(1)\cdot g(12) + f(2)\cdot g(6) + f(3)\cdot g(4) + f(4)\cdot g(3) + f(6)\cdot g(2) + f(12)\cdot g(1)$$

und speziell mit $f(n) = n$ und $g(n) = n^2$ ergibt sich

$$h(12) = 1 \cdot 12^2 + 2 \cdot 6^2 + 3 \cdot 4^2 + 4 \cdot 3^2 + 6 \cdot 2^2 + 12 \cdot 1^2$$
$$= 336.$$

Wir können den Funktionswert $h(12) = 336$ auch ermitteln, indem wir wie folgt rechnen:

$$h(n) = \sum_{d \mid n} \left(d \cdot \frac{n^2}{d^2} \right)$$
$$= n^2 \cdot \sum_{d \mid n} \frac{1}{d}$$

Damit erhalten wir

$$h(12) = 12^2 \cdot \left(1 + \frac{1}{2} + \frac{1}{3} + \frac{1}{4} + \frac{1}{6} + \frac{1}{12} \right)$$
$$= 12 \cdot 28$$
$$= 336.$$

Übungsaufgabe 4.10. Man bestimme das dirichletsche Produkt $h = h(n)$ von $f = f(n) = d(n)$ und $g = g(n) = n^3$ und berechne den Funktionswert $h(n)$ für $n = 15$.

Übungsaufgabe 4.11. Man bestimme die dirichletschen Produkte von

a) $(d * \sigma)(n)$ und

b) $2^{\omega(n)} * d(n)$.

Bemerkung 4.3.2. *Die Menge der zahlentheoretischen Funktionen $f \in \mathcal{Z}$ mit $f(1) \neq 0$ wollen wir in diesem Buch mit $\mathcal{Z}'$ bezeichnen.*

Satz 4.3.1. *Die Menge der zahlentheoretischen Funktionen $f \in \mathcal{Z}$ mit $f(1) \neq 0$, d.h. $f \in \mathcal{Z}'$, bildet bezüglich der Dirichlet-Faltung als Operation eine abelsche Gruppe.*

Beweis. Wir zeigen zunächst die Gültigkeit von Kommutativgesetz und Assoziativgesetz und verwenden hierbei zweckmäßigerweise die in der obigen Bemerkung erklärte Darstellung $\sum\limits_{d \cdot t = n} (f(d) \cdot g(t))$ für die

Dirichlet-Faltung.

Wegen

$$(f * g)(n) = \sum_{d \cdot t = n} (f(d) \cdot g(t))$$
$$= \sum_{t \cdot d = n} (g(t) \cdot f(d))$$
$$= (g * f)(n)$$

folgt deshalb sofort die Eigenschaft der Kommutativität der Dirichlet-Faltung. Die Assoziativität der Dirichlet-Faltung erhält man aus

$$((f * g) * k)(n) = \sum_{u \cdot v = n} ((f * g)(u) \cdot k(v))$$
$$= \sum_{u \cdot v = n} \sum_{d \cdot t = u} (f(d) \cdot g(t) \cdot k(v))$$
$$= \sum_{d \cdot t \cdot v = n} (f(d) \cdot g(t) \cdot k(v))$$
$$= \sum_{d \cdot w = n} \sum_{t \cdot v = w} (f(d) \cdot g(t) \cdot k(v))$$
$$= \sum_{d \cdot w = n} (f(d) \cdot (g * k)(w))$$
$$= (f * (g * k))(n)$$

Das neutrale Element bezüglich der Dirichlet-Faltung ist die bereits in Abschnitt 4.1 erklärte zahlentheoretische Funktion ε mit

$$\varepsilon(n) = \begin{cases} 1 & n = 1 \\ 0 & n > 1. \end{cases}$$

Man erkennt leicht, dass

$$(\varepsilon * f)(n) = (f * \varepsilon)(n)$$
$$= \sum_{t \mid n} \left(f(t) \cdot \varepsilon \left(\frac{n}{t} \right) \right)$$
$$= f(n)$$

für beliebige zahlentheoretische Funktionen f gilt, weil in der Summe nur ein Summand mit $t = n$ wegen $\varepsilon(1) = 1$ auftritt. Dass $\varepsilon = \varepsilon(n)$ die einzige zahlentheoretische Funktion ist, die diese gewünschte reproduzierende Eigenschaft für beliebige Funktionen aus $\mathcal{Z}'$ besitzt, kann man sich sofort mittels der Methode der vollständigen Induktion klarmachen.

Wir müssen nun noch die Existenz und Eindeutigkeit der zahlentheoretischen Funktion $x = x(n)$ mit

$$(f * x)(n) = (x * f)(n)$$
$$= \varepsilon(n)$$

für eine beliebige zahlentheoretische Funktion f zeigen. Für $n = 1$ ergibt sich aus $(x * f)(1) = x(1) \cdot f(1) = 1$ sofort

$$x(1) = \frac{1}{f(1)} \neq 0.$$

Weiterhin folgt für $n > 1$ aus $(x * f)(n) = \sum_{t \mid n} \left(x(t) \cdot f\left(\frac{n}{t}\right)\right) = 0$ eine explizite Darstellung für die Funktionswerte $x(n)$, indem man den Summanden mit dem Teiler $t = n$ von der Summe abspaltet. Wir haben somit die Rekursionsformel

$$x(n) = -\frac{1}{f(1)} \cdot \sum_{\substack{t \mid n \\ t < n}} \left(x(t) \cdot f\left(\frac{n}{t}\right)\right),$$

die wir als inverse Funktion $x(n) = f^{-1}(n)$ bezüglich $f = f(n)$ bezeichnen. $\square$

Wir wollen nun Untergruppen von $\mathcal{Z}'$ bestimmen.

Zunächst erinnern wir uns an den Begriff der summatorischen Funktion F mit

$$F(n) = \sum_{t \mid n} f(t)$$

bezüglich der zahlentheoretischen Funktion f. Wir stellen sofort fest, dass F unverändert bleibt, wenn man die zahlentheoretische Funktion f zusätzlich noch mit der zahlentheoretischen Funktion 1 faltet. Das heißt, die zahlentheoretische Funktion F kann auch als Dirichlet-Faltung von f und 1 aufgefasst werden. In Satz 4.1.3 hatten wir gezeigt, dass aus der Multiplikativität von f auch die von F folgt und umgekehrt aus der Multiplikativität von F auf die Multiplikativität von f geschlossen werden kann.

In diesem Zusammenhang ergibt sich nun die Frage, ob die Multiplikativitätseigenschaften von F auch erhalten bleiben, wenn wir von der zahlentheoretischen Funktion

$$F = F(n) = (f * 1)(n)$$

zur zahlentheoretischen Funktion $h = h(n)$ mit

$$h(n) = (f * g)(n)$$

und $f, g \in \mathcal{M}$ übergehen. Bevor wir die Fragestellung, ob $h(n) = (f * g)(n)$ multiplikativ ist, beantworten werden, betrachten wir nochmals das oben genannte Beispiel mit den Funktionen $f(n) = n$ und $g(n) = n^2$ für $n = 12$. Wir wollen $h(12)$ noch ein drittes Mal unter Verwendung von $h(3)$ und $h(4)$ berechnen. Wegen $h(3) = 3^2 \left(1 + \frac{1}{3}\right) = 12$ und $h(4) = 4^2 \left(1 + \frac{1}{2} + \frac{1}{4}\right) = 28$ folgt

$$h(12) = 12 \cdot 28$$
$$= 336.$$

Als nächstes zeigen wir, dass eine wichtige Untergruppeneigenschaft für die Menge der multiplikativen zahlentheoretischen Funktionen besteht.

Satz 4.3.2. *Die Menge der multiplikativen zahlentheoretischen Funktionen bildet bezüglich der Dirichlet-Faltung als Operation eine sogenannte Untergruppe in der Menge aller zahlentheoretischen Funktionen $f \in \mathcal{Z}$ mit $f(1) \neq 0$, kurz es gilt:*

$$H \leq G \quad mit \; H := (\mathcal{M}, *) \; und \; G := (\mathcal{Z}', *).$$

Wir werden die allgemeine Definition einer Untergruppe im Anhang geben.

Beweis. Auf Grund der Definition des Begriffs der Untergruppe genügt es zu zeigen, dass es eindeutig bestimmte multiplikative zahlentheoretische Funktionen h und x gibt, so dass die beiden Gleichungen

$$h(n) = (f * g)(n)$$

und

$$\varepsilon(n) = (f * x)(n)$$

für beliebige multiplikative zahlentheoretische Funktionen f und g erfüllt sind. Wir zeigen zuerst, dass $h = h(n)$ eine multiplikative zahlentheoretische Funktion ist, das heißt es ist $h \in \mathcal{M}$ nachzuweisen.

Es sei $n = n_1 \cdot n_2$ mit $\mathrm{ggT}(n_1, n_2) = 1$. In

$$h(n_1 \cdot n_2) = \sum_{t \mid (n_1 \cdot n_2)} \left(f(t) \cdot g\left(\frac{n_1 \cdot n_2}{t}\right) \right)$$

kann t in $t = t_1 \cdot t_2$ mit $\mathrm{ggT}(t_1, t_2) = 1$ zerlegt werden, so dass t_1 die Teiler von n_1 und t_2 die Teiler von n_2 durchlaufen. Folglich ist

$$h(n_1 \cdot n_2) = \sum_{t_1 \mid n_1} \sum_{t_2 \mid n_2} \left(f(t_1) \cdot f(t_2) \cdot g\left(\frac{n_1}{t_1}\right) \cdot g\left(\frac{n_2}{t_2}\right) \right)$$

$$= h(n_1) \cdot h(n_2).$$

Als nächstes zeigen wir, dass $x = x(n)$ eine multiplikative zahlentheoretische Funktion ist, das heißt es gilt $x \in \mathcal{M}$. Auf Grund von Satz 4.3.1 wissen wir bereits, dass $x = x(n) = f^{-1}(n)$ als inverse Funktion zu $f(n)$ existiert und durch die Rekursionsformel

$$x(n) = -\frac{1}{f(1)} \cdot \sum_{\substack{t \mid n \\ t < n}} \left(x(t) \cdot f\left(\frac{n}{t}\right) \right),$$

eindeutig definiert ist. Es gilt

$$x(1) = f^{-1}(1) = \frac{1}{f(1)} = 1.$$

Somit ist für $x = x(n) = f^{-1}(n)$ die notwendige Bedingung mit dem Funktionswert 1 für $n = 1$ erfüllt. Nun betrachten wir eine multiplikative zahlentheoretische Funktion $k = k(n)$ mit der Eigenschaft

$$k(p^a) = f^{-1}(p^a).$$

Wir haben bereits gezeigt, dass die Dirichlet-Faltung von multiplikativen zahlentheoretischen Funktionen wieder multiplikativ ist, das heißt $(f * k)(n)$ ist eine multiplikative zahlentheoretische Funktion. Unter Verwendung der kanonischen Zerlegung von $n = \prod_{i=1}^{r} p_i^{a_i}$ folgt deshalb

$$(f * k)(n) = \prod_{i=1}^{r} \left(f\left(p_i^{a_i}\right) * k\left(p_i^{a_i}\right) \right)$$

$$= \prod_{i=1}^{r} \left(f\left(p_i^{a_i}\right) * f^{-1}\left(p_i^{a_i}\right) \right)$$

$$= \varepsilon(n)$$

Wir haben also eine weitere zahlentheoretische Funktion k konstruiert, die ebenfalls wie $f^{-1}(n)$ die reproduzierende Eigenschaft $(f * f^{-1})(n) = \varepsilon(n)$ besitzt.

Da die inverse Funktion nach Satz 4.3.1 eindeutig bestimmt ist, muss folglich
$k(n)$ mit $f^{-1}(n)$ übereinstimmen und damit ist $f^{-1}(n)$ multiplikativ, das heißt
es gilt $x = x(n) = f^{-1}(n) \in \mathcal{M}$.

$\square$

Übungsaufgabe 4.12. Man zeige für $f = f(n) \in \mathcal{M}$ die Eigenschaften

$$\text{a) } f^{-1}(p) = -f(p)$$

und

$$\text{b) } f^{-1}(p^a) = -\sum_{k=1}^{a} \left(f\left(p^k\right) \cdot f^{-1}\left(p^{a-k}\right) \right) \quad \text{mit } a \in \mathbb{N}_+.$$

Bemerkung 4.3.3. *Wir fragen nun nach der Existenz weiterer Untergruppen
von $(\mathcal{M}, *)$ und werden zeigen, dass die Problemstellung für primzahlunabhängige,
multiplikative zahlentheoretische Funktionen positiv beantwortet werden kann.
Hingegen ergibt die Dirichlet-Faltung streng multiplikativer zahlentheoretischer
Funktionen i. A. keine streng multiplikative zahlentheoretische Funktion. Dazu
betrachten wir die oben aufgeführte Dirichlet-Faltung $h(n) = (f * g)(n)$ mit
$f(n) = n$ und $g(n) = n^2$ für $n = 12$, wofür wir $h(12) = h(3) \cdot h(4) = 336$ erhalten
hatten. Wenn $h = h(n)$ streng multiplikativ wäre, müsste $h(12) = h(2) \cdot h(6)$ und
somit $h(2) \cdot h(6) = 336$ sein, was aber im Widerspruch zu $h(2) \cdot h(6) = 6 \cdot 72 = 432$
steht.*

Satz 4.3.3. *Die Menge der primzahlunabhängigen, multiplikativen zahlentheoretischen Funktionen bildet bezüglich der Dirichlet-Faltung als Operation eine
Untergruppe in der Gruppe aller multiplikativen zahlentheoretischen Funktionen,
kurz es gilt:*

$$H \leq G \quad \text{mit } H := (\mathcal{PIM}, *) \text{ und } G := (\mathcal{M}, *).$$

Beweis. In Analogie zum Beweis des Satzes 4.3.2 müssen wir noch verifizieren, dass für beliebige primzahlunabhängige, multiplikative zahlentheoretischen
Funktionen $f = f(n)$ und $g = g(n)$ die beiden zahlentheoretischen Funktionen
$h = h(n)$ und $x = x(n)$, die durch

$$h(n) = (f * g)(n)$$

und

$$\varepsilon(n) = (f * x)(n)$$

definiert sind, dieselben Eigenschaften besitzen. Wir zeigen zunächst, dass h mit
$h = h(n)$ primzahlunabhängig ist.

Da $h = h(n)$ multiplikativ ist, gilt für $n = \prod_{i=1}^{r} p_i^{a_i}$

$$h(n) = \prod_{i=1}^{r} \left(f\left(p_i^{a_i}\right) * g\left(p_i^{a_i}\right) \right)$$

$$= \prod_{i=1}^{r} (f * g)\left(p_i^{a_i}\right).$$

Damit ist aber $h = h(n)$ auch primzahlunabhängig, denn nach Voraussetzung sind f und g primzahlunabhängig, das heißt für $p, q \in \mathbb{P}$ und $m \in \mathbb{N}$ ist

$$\left(f * g \right)\left(p^m\right) = \sum_{k=0}^{m} \left(f\left(p^k\right) \cdot g\left(p^{m-k}\right) \right)$$

$$= \sum_{k=0}^{m} \left(f\left(q^k\right) \cdot g\left(q^{m-k}\right) \right)$$

$$= (f * g)\left(q^m\right).$$

Wir haben jetzt noch nachzuweisen, dass x mit $x = x(n)$ primzahlunabhängig ist. Da $x = x(n)$ die zu $f = f(n)$ inverse Funktion ist, können wir die Eigenschaften aus Übung 4.12 benutzen und induktiv schließen: Wegen

$$f^{-1}(p) = -f(p)$$

$$= -f(q)$$

$$= f^{-1}(q)$$

ist der Induktionsanfang trivialerweise gegeben. Sei nun $f^{-1}(p^a) = f^{-1}(q^a)$ für alle $p, q \in \mathbb{P}$ und festes $a > 1$ erfüllt. Auf Grund der Primzahlunabhängigkeit von f und der Beziehung $f^{-1}(p^a) = - \sum_{k=1}^{a} \left(f\left(p^k\right) \cdot f^{-1}\left(p^{a-k}\right) \right)$ aus Übung 4.12 folgt nun

$$-f^{-1}(p^{a+1}) = \sum_{k=1}^{a+1} \left(f\left(p^k\right) \cdot f^{-1}\left(p^{a+1-k}\right) \right)$$

$$= \sum_{k=1}^{a} \left(f\left(p^k\right) \cdot f^{-1}\left(p^{a+1-k}\right) \right) + f\left(p^{a+1}\right) \cdot f^{-1}\left(p^0\right)$$

$$= \sum_{k=1}^{a} \left(f\left(q^k\right) \cdot f^{-1}\left(q^{a+1-k}\right) \right) + f\left(q^{a+1}\right) \cdot f^{-1}\left(q^0\right)$$

$$= \sum_{k=1}^{a+1} \left(f\left(q^k\right) \cdot f^{-1}\left(q^{a+1-k}\right) \right)$$

$$= -f^{-1}(q^{a+1})$$

und damit

$$f^{-1}(p^{a+1}) = f^{-1}(q^{a+1}).$$

□

Satz 4.3.4. *Es sind* $d(n) = 1 * 1$ *und* $\sigma(n) = 1 * n$.

Beweis. Nach Definition 4.3.1 haben wir

$$1(n) * 1(n) = \sum_{d \mid n} \left(1(d) \cdot 1\left(\frac{n}{d}\right)\right)$$

$$= \sum_{d \mid n} 1$$

$$= d(n)$$

und

$$1(n) * n(n) = n(n) * 1(n)$$

$$= \sum_{d \mid n} \left(d \cdot 1\left(\frac{n}{d}\right)\right)$$

$$= \sum_{d \mid n} d$$

$$= \sigma(n).$$

□

4.4 Dirichletsche Reihen

In der analytischen Zahlentheorie haben sich die dirichletschen Reihen als eine wesentliche und wichtige Funktionenklasse erwiesen. Diese eignen sich u.a. besonders gut zur Untersuchung von Eigenschaften bestimmter zahlentheoretischer Funktionen.

Wir beginnen diesen Abschnitt zunächst mit einem von **Euler** geführten Beweis für die Unendlichkeit der Menge der Primzahlen, indem wir die harmonische Reihe $\sum_{k=1}^{\infty} \frac{1}{k}$ und deren Divergenz nutzen werden:
Wir nehmen an, es gibt nur endlich viele Primzahlen $p_1, \ldots, p_n$. Dann ist auch das Produkt

$$\prod_{k=1}^{n} \left(1 - \frac{1}{p_k}\right)^{-1}$$

endlich. Da $\frac{1}{p_k} < 1$ gilt, folgt deshalb

$$\left(1 - \frac{1}{p_k}\right)^{-1} = \sum_{j=0}^{\infty} \left(\frac{1}{p_k}\right)^j.$$

Es ist klar, dass sich jeder Faktor des endlichen Produkts $\prod_{k=1}^{n} \left(1 - \frac{1}{p_k}\right)^{-1}$ durch eine geometrische Reihe darstellen lässt. Da geometrische Reihen absolut konvergent sind, können wir das Produkt

$$\prod_{k=1}^{n} \left(1 - \frac{1}{p_k}\right)^{-1} = \prod_{k=1}^{n} \sum_{k=0}^{\infty} \left(\frac{1}{p_k}\right)^k$$

beliebig ausmultiplizieren und Klammern setzen, ohne den Zahlenwert der entstehenden (absolut konvergenten) Reihe zu ändern. Nach Satz 2.2.1 muss jede natürliche Zahl durch einen entsprechenden Ausdruck aus der entstehenden Reihe darstellbar sein. Das heißt es gilt

$$\prod_{k=1}^{n} \left(1 - \frac{1}{p_k}\right)^{-1} = \sum_{j=1}^{\infty} \frac{1}{j},$$

was aber im Widerspruch zur Endlichkeit von $\prod_{k=1}^{n} \left(1 - \frac{1}{p_k}\right)^{-1}$ steht.

Definition 4.4.1. *Es sei $f = f(n)$ eine zahlentheoretische Funktion. Dann nennt man die unendliche Reihe*

$$F(s) := \sum_{n=1}^{\infty} \frac{f(n)}{n^s} \quad mit\ s \in \mathbb{C}$$

*die $f = f(n)$ zugeordnete **dirichletsche Reihe** oder **Dirichlet-Reihe** oder auch **erzeugende Funktion** von $f = f(n)$, wenn diese Reihe in s konvergiert.*

Bemerkung 4.4.1. *In der analytischen Zahlentheorie ist es üblich die komplexe Variable $s \in \mathbb{C}$ wie folgt zu schreiben: $s = \sigma + it$, d. h. $\mathrm{Re}(s) = \sigma$ und $\mathrm{Im}(s) = t$. In diesem Abschnitt wollen wir jedoch in den folgenden Ausführungen i.A. nur noch $s \in \mathbb{R}$, d. h. $s = \sigma$ betrachten.*

Lemma 4.4.1. *Es seien $s \in \mathbb{R}$ und*

$$\sum_{n=1}^{\infty} \frac{f(n)}{n^s}$$

eine beliebige Dirichletreihe. Konvergiert diese für ein gegebenes $s = s_0$ absolut,
so konvergiert diese auch für alle $s \geq s_0$ absolut und kann dann für $s > s_0$
gliedweise differenziert werden. Das heißt, es gilt

$$\frac{d}{ds} \sum_{n=1}^{\infty} \frac{f(n)}{n^s} = -\sum_{n=1}^{\infty} \frac{f(n) \cdot \log(n)}{n^s}.$$

Beweis. Sind die Voraussetzungen des Satzes erfüllt, so folgt die absolute Konvergenz für alle $s \geq s_0$ unmittelbar aus der Abschätzung

$$\left| \frac{f(n)}{n^{s_2}} \right| \leq \left| \frac{f(n)}{n^{s_1}} \right|,$$

die für alle $s_1, s_2 \in \mathbb{R}$ mit $s_2 > s_1 > s_0$ erfüllt ist.
Wir betrachten nun alle $s \in \mathbb{R}$ mit $s_0 < s_0 + \delta = s_1 \leq s < s_2$ für feste $s_0, s_1, s_2 \in \mathbb{R}$ und können in Abhängigkeit von δ eine Konstante $K(\delta)$ bestimmen, so dass $\log(n) < K(\delta) \cdot n^{\frac{\delta}{2}}$ und somit die Abschätzung

$$\left| \frac{f(n) \cdot \log(n)}{n^s} \right| \leq K(\delta) \cdot \left| \frac{f(n)}{n^{s_0+\delta}} \right|$$

für alle s mit $s_1 \leq s < s_2$ gilt. Aus der absoluten Konvergenz der Reihe

$$\sum_{n=1}^{\infty} \frac{f(n)}{n^{s_0+\delta}}$$

folgt unter Verwendung des weierstraßschen Majorantenkriteriums die gleichmäßige Konvergenz von

$$\sum_{n=1}^{\infty} \frac{f(n) \cdot \log(n)}{n^s}$$

auf dem Intervall $[s_1, s_2]$. $\square$

Bemerkung 4.4.2. *Wir werden in diesem Buch das Weierstraßsche Majorantenkriterium nicht angeben und verweisen auf (siehe [Heu]) und die Literatur.*
Beispiele.

a) Die Reihe $\sum_{n=1}^{\infty} \frac{n^{-n}}{n^s} = \sum_{n=1}^{\infty} \frac{1}{n^{n+s}}$ konvergiert auf $\mathbb{R}$ gleichmäßig und absolut.

b) Die Reihe $\sum_{n=1}^{\infty} \frac{n^n}{n^s}$ konvergiert für kein $s \in \mathbb{R}$.

c) Die Reihe $\sum_{n=1}^{\infty} \frac{(-1)^n}{n^s}$ konvergiert für $s > 0$ bedingt und für $s > 1$ gleichmäßig
   und absolut.

Bemerkung 4.4.3. *In der Definition 4.4.1 haben wir erklärt, dass man jeder zahlentheoretischen Funktion $f = f(n)$ eine Dirichletreihe $F = F(s)$ zuordnen kann, falls diese Reihe konvergiert. Wir werden jetzt die Umkehrung dieses Zusammenhangs beweisen, dass man jeder durch eine Dirichletreihe dargestellte Funktion F eindeutig eine zahlentheoretische Funktion f zuordnen kann.*

Satz 4.4.1. *Es seien $s_0 \in \mathbb{R}$ und*

$$\sum_{n=1}^{\infty} \frac{f(n)}{n^s} = \sum_{n=1}^{\infty} \frac{g(n)}{n^s} \quad \text{für } s > s_0 \text{ konvergent.}$$

Dann stimmen die zahlentheoretischen Funktionen f und g überein, dass heißt es gilt

$$f(n) = g(n) \quad \text{für allen} \in \mathbb{N}_+.$$

Beweis. Wir beweisen die äquivalente Aussage: Es sei $s_0 \in \mathbb{R}$ und weiterhin gelte

$$\sum_{n=1}^{\infty} \frac{f(n)}{n^s} = 0 \quad \text{für } s > s_0.$$

Dann ist die zahlentheoretische Funktion f identisch Null, das heißt wir haben

$$f(n) = 0 \quad \text{für alle } n.$$

Wir nehmen an, dass $f(m)$ der erste nichtverschwindende Funktionswert ist. Dann ist

$$0 = f(m) \cdot m^{-s} \left(1 + \sum_{k=1}^{\infty} \left(\frac{f(m+k)}{f(m)} \cdot \left(\frac{m+k}{m} \right)^{-s} \right) \right)$$

$$= f(m) \cdot m^{-s} \cdot (1 + G(s)).$$

Wegen $s_0 < s_1 < s$ gilt deshalb für alle $k \geq 1$

$$\left(\frac{m+k}{m} \right)^{-(s-s_1)} \leq \left(\frac{m+1}{m} \right)^{-(s-s_1)}$$

und insbesondere

$$\left(\frac{m+k}{m} \right)^{-s} \leq \left(\frac{m+1}{m} \right)^{-(s-s_1)} \cdot \left(\frac{m+k}{m} \right)^{-s_1}.$$

Also gilt die Ungleichung

$$|G(s)| \leq \frac{m^{s_1}}{|f(m)|} \cdot \left(\frac{m+1}{m} \right)^{-(s-s_1)} \cdot \sum_{k=1}^{\infty} \frac{|f(m+k)|}{(m+k)^{s_1}}.$$

D. h. für $s \to \infty$ konvergiert $|G(s)|$ gegen Null. Deshalb ist $|1 + G(s)| > \frac{1}{2}$ für hinreichend großes s. Dies bedeutet aber

$$0 = \left| f(m) \cdot m^{-s} \cdot (1 + G(s)) \right| > \frac{|f(m) \cdot m^{-s}|}{2},$$

was einen Widerspruch zur Eigenschaft des Nichverschwindens von $f = f(m)$ darstellt.

$\square$

Satz 4.4.2. *Es seien zwei Dirichletreihen $F(s) = \sum_{l=1}^{\infty} \frac{f(l)}{l^s}$ und $G(s) = \sum_{m=1}^{\infty} \frac{g(m)}{m^s}$ gegeben, die für $s > s_0$ absolut konvergent sind. Dann ist die Dirichletreihe*

$$H(s) = \sum_{n=1}^{\infty} \frac{h(n)}{n^s} \quad \text{mit } h(n) = (f * g)(n),$$

*für $s > s_0$ absolut konvergent. $H(s) = F(s) \cdot G(s)$ heißt das **Produkt** der Dirichletreihen von F und G.*

Beweis. Da beide Reihen absolut konvergent sind, können wir wie folgt multiplizieren:

$$F(s) \cdot G(s) = \sum_{l=1}^{\infty} \frac{f(l)}{l^s} \cdot \sum_{m=1}^{\infty} \frac{g(m)}{m^s}$$

$$= \sum_{l=1}^{\infty} \sum_{m=1}^{\infty} \left(\frac{f(l)}{l^s} \cdot \frac{g(m)}{m^s} \right)$$

$$= \sum_{n=1}^{\infty} \sum_{l \cdot m = n} \frac{f(l) \cdot g(m)}{(l \cdot m)^s}$$

$$= \sum_{n=1}^{\infty} \frac{(f * g)(n)}{n^s}.$$

$\square$

Satz 4.4.3. *Es seien $f = f(n) \in \mathcal{M}$ (multiplikative Funktion) und $\sum_{n=1}^{\infty} \frac{f(n)}{n^s}$ absolut konvergent. Dann gilt*

$$\sum_{n=1}^{\infty} \frac{f(n)}{n^s} = \prod_{p \in \mathbb{P}} \left(1 + f(p) \cdot p^{-s} + f\left(p^2\right) \cdot p^{-2s} + \ldots \right).$$

Beweis. Es seien $N \in \mathbb{N}_+$ und $p_1, \ldots, p_n, p_{n+1}$ die ersten $n + 1$ Primzahlen, so dass $p_n \leq N$ und $p_{n+1} > N$ gelten. Außerdem sei

$$M := \{m \in \mathbb{N}_+ \ : \ m \text{ hat nur Primteiler } q \text{ mit } q \leq N\}$$
$$= \{m \in \mathbb{N}_+ \ : \ m = p_1^{c_1} \cdot \ldots \cdot p_n^{c_n} \text{ mit } c_1, \ldots, c_n \in \mathbb{N}\}.$$

Da f multiplikativ ist, gilt $f(1) = 1$. Somit ist

$$\sum_{m \in M} \frac{f(m)}{m^s} = \sum_{c_1, \ldots, c_n = 0}^{\infty} \frac{f\left(p_1^{c_1} \cdot \ldots \cdot p_n^{c_n}\right)}{\left(p_1^{c_1} \cdot \ldots \cdot p_n^{c_n}\right)^s}$$

$$= \left(\sum_{c_1 = 0}^{\infty} \frac{f\left(p_1^{c_1}\right)}{p_1^{c_1 \cdot s}}\right) \cdot \ldots \cdot \left(\sum_{c_n = 0}^{\infty} \frac{f\left(p_n^{c_n}\right)}{p_n^{c_n \cdot s}}\right)$$

$$= \prod_{i=1}^{n} \left(\sum_{c_i = 0}^{\infty} \left(\frac{f(p_i)}{p_i^s}\right)^{c_i}\right)$$

$$= \prod_{i=1}^{n} \left(1 + f(p_i) \cdot p_i^{-s} + f\left(p_i^2\right) \cdot p_i^{-2s} + \ldots\right)$$

und wir erhalten

$$0 < \left|\sum_{m=1}^{\infty} \frac{f(m)}{m^s} - \prod_{i=1}^{n} \left(1 + f(p_i) \cdot p_i^{-s} + f\left(p_i^2\right) \cdot p_i^{-2s} + \ldots\right)\right|$$

$$= \left|\sum_{m=1}^{\infty} \frac{f(m)}{m^s} - \sum_{m \in M} \frac{f(m)}{m^s}\right|$$

$$= \left|\sum_{\substack{m \text{ hat mindestens} \\ \text{einen Primteiler } > N}} \frac{f(m)}{m^s}\right|$$

$$\leq \sum_{m > N} \frac{|f(m)|}{m^s}.$$

Da $\sum_{n=1}^{\infty} \frac{f(n)}{n^s}$ absolut konvergent ist, strebt $\sum_{m > N} \frac{|f(m)|}{m^s}$ für $N \to \infty$ gegen Null. Somit ist

$$\sum_{m=1}^{\infty} \frac{f(m)}{m^s} = \lim_{N \to \infty} \prod_{\substack{p_i \leq N \\ p_i \in \mathbb{P}}} \left(1 + f(p_i) \cdot p_i^{-s} + f\left(p_i^2\right) \cdot p_i^{-2s} + \ldots\right).$$

$\square$

Satz 4.4.4. *Es seien $f = f(n) \in \mathcal{CM}$ (streng multiplikative Funktion) und $\sum_{n=1}^{\infty} \frac{f(n)}{n^s}$ für $s > s_0$ absolut konvergent. Dann gilt*

$$\sum_{n=1}^{\infty} \frac{f(n)}{n^s} = \prod_{p \in \mathbb{P}} \left(1 - \frac{f(p)}{p^s}\right)^{-1}.$$

Beweis. Da f streng multiplikativ ist, folgt nach Satz 4.4.3

$$\sum_{n=1}^{\infty} \frac{f(n)}{n^s} = \prod_{p \in \mathbb{P}} \left(1 + f(p) \cdot p^{-s} + f\left(p^2\right) \cdot p^{-2s} + \dots\right)$$

$$= \prod_{p \in \mathbb{P}} \left(\left(\frac{f(p)}{p^s}\right)^0 + \left(\frac{f(p)}{p^s}\right)^1 + \left(\frac{f(p)}{p^s}\right)^2 + \dots\right)$$

$$= \prod_{p \in \mathbb{P}} \left(\sum_{k=0}^{\infty} \left(\frac{f(p)}{p^s}\right)^k\right).$$

Wegen $\left|\frac{f(n)}{n^s}\right| < 1$ für $n \geq n_0$ ergibt sich insbesondere $\left|\frac{f(p)}{p^s}\right| < 1$ für $s > s_0$ und deshalb haben wir

$$\sum_{n=1}^{\infty} \frac{f(n)}{n^s} = \prod_{p \in \mathbb{P}} \left(1 - \frac{f(p)}{p^s}\right)^{-1}.$$

$\square$

Bemerkung 4.4.4. *Der Satz 4.4.5 ist mit $F(n) := \frac{f(n)}{n^s}$ und $s = 0$ ein Spezialfall von Satz 4.4.4. Wegen seiner großen Bedeutung haben wir für den Fundamentalsatz der analytischen Zahlentheorie einen weiteren Beweis aufgeführt.*

Satz 4.4.5. *(Fundamentalsatz der analytischen Zahlentheorie) Es seien $F = F(n) \in \mathcal{CM}$ und $\sum_{n=1}^{\infty} F(n)$ absolut konvergent. Dann gilt*

$$\sum_{n=1}^{\infty} F(n) = \prod_{p \in \mathbb{P}} (1 - F(p))^{-1}.$$

Beweis. Da die Reihe $\sum_{n=1}^{\infty} F(n)$ absolut konvergent ist, können wir den sogenannten **Umordnungssatz** für unendliche Reihen anwenden. Wir werden die allgemeine Definition des Umordnungssatzes in diesem Buch nicht angeben, sondern verweisen auf Walter *[Wal]*, Rudin *[Rud]* und die Literatur. In Analogie zum Beweis von Satz 4.4.3 erhalten wir deshalb

$$\sum_{n=1}^{\infty} F(n) = \lim_{N \to \infty} \prod_{\substack{p_i < N \\ p_i \in \mathbb{P}}} \left(1 + F(p_i) + (F(p_i))^2 + \dots\right)$$

$$= \prod_{p \in \mathbb{P}} \left(1 + F(p) + (F(p))^2 + \dots\right).$$

Nun verwenden wir noch die Eigenschaft, dass $1 + F(p) + (F(p))^2 + \dots$ eine geometrische Reihe darstellt, die wegen $|F(p)| < 1$ konvergiert. Folglich erhalten wir

$$\sum_{n=1}^{\infty} F(n) = \prod_{p \in \mathbb{P}} (1 - F(p))^{-1}.$$

$\square$

4.5 Eulersche Summenformel

In diesem Abschnitt werden wir wichtige grundlegende Definitionen und Sätze der analytischen Zahlentheorie zusammenstellen, die wir im Abschnitt 4.8 benötigen, um von speziell ausgewählten zahlentheoretischen Funktionen das Wachstumsverhalten zu untersuchen und um Mittelwerte und Größenordnungen zu bestimmen.

4.5.1 Landausche Ordnungssymbole

Die Landauschen Ordnungssymbole stellen ein wichtiges technisches Hilfsmittel in der Zahlentheorie dar. Sie eignen sich zur Formulierung qualitativer Verhältnisse zwischen Funktionen. Darüber hinaus lassen sich mit Hilfe dieser Ordnungssymbole bestehende Eigenschaften und Zusammenhänge von Funktionen übersichtlicher beschreiben, da man auf die Angabe von quantitativen numerischen Größen verzichten kann.

Historisch gesehen geht die sogenannte O-**Notation** (Sprechweise: „groß O-Notation") und o-**Notation** (Sprechweise: „klein O-Notation") auf **P. Bachmann (1837–1920)** und **E. Landau (1877–1938)** zurück, währenddessen **G. Hardy (1877–1947)** und **J. E. Littlewood (1885–1977)** die sogenannte Ω-**Notation** (Sprechweise: „Omega-Notation") zur Abschätzung von Funktionen definiert haben.

Wir erwähnen noch, dass **I. M. Winogradow (1891–1983)** die O-Notation durch die äquivalente Bezeichnung $<<$ ersetzt hat.

Für die in den nachfolgenden Definitionen verwendeten reellwertigen Funktionen $f = f(x)$ und $g = g(x) > 0$ erklären wir als Definitionsbereich entweder den üblichen Umgebungsbegriff mit

$$D_{f,g} = U_\delta(x_0) := \{x \ : \ 0 \leq |x - x_0| < \delta\}$$

für endliches x_0 und

$$D_{f,g} = U_C(\infty) := \{x \ : \ x \geq C \text{ mit hinreichend großem } C \in \mathbb{R}\}$$

für unendliches x_0.

Definition 4.5.1. *Wir schreiben*

$$f(x) = O\left(g(x)\right),$$

wenn eine positive, von x unabhängige Konstante $A > 0$ existiert, so dass

$$|f(x)| \leq A \cdot g(x) \quad \textit{für } x \to x_0 \textit{ oder } x \geq a$$

gilt.

Bemerkung 4.5.1.

1) Gilt $f(x) = O\left(g(x)\right)$, so sagen wir, f ist ein „groß O" von g.

2) Die Schreibweise $f(x) << g(x)$ ist, wie bereits erwähnt, äquivalent zu $f(x) = O\left(g(x)\right)$. Wir sagen in diesem Fall, dass f „kleiner, kleiner" als g ist.

Beispiele. a) Es ist $(x^2 + 3 \cdot x + 2) = x^2 + 3x + O(1) = x^2 + O(x) = O(x^2)$ für $x_0 = \infty$.

b) Es ist $\sin x = O(1)$ alle $x \in \mathbb{R}$.

Definition 4.5.2. *Wir schreiben*

$$f(x) = o\left(g(x)\right),$$

wenn

$$\lim_{x \to x_0} \frac{f(x)}{g(x)} = 0$$

gilt.

Bemerkung 4.5.2.

1) Gilt $f(x) = o\left(g(x)\right)$, so sagen wir, f ist ein „klein o" von g.

2) *Äquivalent zur Grenzwertaussage ist die Formulierung $f(x) = O\left(g(x)\right)$ mit der zusätzlichen Forderung, dass jede positive Konstante $A > 0$ angenommen werden kann.*

Beispiele. Für $x_0 = \infty$ ist

a) $(x^2 + 3 \cdot x + 2) = o\left(x^3\right)$ und

b) $\sin x = o(x)$.

Definition 4.5.3. *Wir schreiben*

$$f(x) \sim g(x),$$

wenn

$$\lim_{x \to x_0} \frac{f(x)}{g(x)} = 1$$

gilt.

Bemerkung 4.5.3. *Ist $f(x) \sim g(x)$, so sagen wir, dass f asymptotisch gleich zu g ist.*

Beispiele.

a) Es ist $(x^2 + 3 \cdot x + 2) \sim x^2$ für $x_0 = \infty$.

b) Es ist $\sin x \sim x$ für $x_0 = 0$.

Definition 4.5.4. *Wir schreiben für $f = f(x) > 0$*

$$f(x) >><< g(x),$$

wenn zwei positive Konstanten A_1, A_2 mit $0 < A_1 \leq A_2$ existieren, so dass

$$A_1 \cdot g(x) \leq f(x) \leq A_2 \cdot g(x) \quad \text{für } x \to x_0 \text{ oder } x \geq a$$

gilt.

Bemerkung 4.5.4.

1) *Gilt $f(x) >><< g(x)$, so sagen wir, f ist asymptotisch äquivalent zu g oder f und g haben dieselbe Größenordnung.*

2) *Zwei Funktionen sind also genau dann asymptotisch äquivalent, wenn sowohl $f(x) = O\left(g(x)\right)$ als auch $g(x) = O\left(f(x)\right)$ gelten.*

Beispiele.

a) Es ist $\left(x^2 + 3 \cdot x + 2\right) >><< x^2$ für $x_0 = \infty$.

b) Es ist $(\sin x + x) >><< x$ für alle $x \in \mathbb{R}$.

Übungsaufgabe 4.13. Man untersuche das asymptotische Verhalten von
1) $f(x) = 3 \cdot x^3 - x + \sin x + 7$ und   2) $g(x) = e^{-x} + \sin x + \cos \frac{1}{x}$
für

  a) $x \to \infty$.

  b) $x \to 1$.

  c) $x \to 0$.

Übungsaufgabe 4.14. Es seien c und ε positive reelle Zahlen. Man beweise die Gültigkeit der nachfolgend aufgeführten asymptotischen Beziehungen für $x \to \infty$:

a) $x^c = O\left(e^x\right) = o\left(e^x\right)$.

b) $\ln^c x = O\left(x^\varepsilon\right) = o\left(x^\varepsilon\right)$.

c) $e^x = O\left(x^x\right) = o\left(x^x\right)$.

4.5.2 Endliche Summen

Satz 4.5.1. *Es sei $f = f(t)$ eine für $t \geq 1$ definierte reellwertige, stetige und monoton fallende Funktion mit den beiden Eigenschaften*

a) $f(t) > 1$ für $t > 1$ und

b) $f(1) < \infty$.

Dann gilt die asymptotische Darstellung

$$\sum_{1 \leq n \leq x} f(n) = \int_1^x f(t)\,dt + O\left(f(x)\right) + O\left(1\right).$$

für $x > 1$.

Beweis. Wir betrachten das abgeschlossene Intervall $[n, n+1]$. Wegen der Monotonie von f folgt unmittelbar die Ungleichung

$$f(n+1) \leq \int_n^{n+1} f(t)\,dt \leq f(n)$$

und somit ist

$$0 \leq A_n := f(n) - \int_n^{n+1} f(t)\,dt \leq f(n) - f(n+1).$$

Es seien M und N beliebige positive ganze Zahlen mit $M < N$, deshalb ist

$$\sum_{n=M}^{N} A_n \le \sum_{n=M}^{N} (f(n) - f(n+1)) = f(M) - f(N+1),$$

und da $f(t) > 0$ für $t > 0$ gilt, folgt

$$\sum_{n=M}^{N} A_n \le f(M) \quad \text{für alle } N > M.$$

Insbesondere ist mit $M = 1$ und $N \to \infty$

$$\sum_{n=1}^{\infty} A_n \le f(1),$$

und wegen $f(1) < \infty$ ist $A := \sum_{n=1}^{\infty} A_n$ konvergent. Dann ist aber

$$A = \sum_{n=1}^{N} A_n + \sum_{n=N+1}^{\infty} A_n$$

$$= \sum_{n=1}^{N} A_n + O\left(f(N+1)\right)$$

$$= \sum_{n=1}^{N} \left(f(n) - \int_{n}^{n+1} f(t)\, dt \right) + O\left(f(N+1)\right).$$

Nach Umstellen der Gleichung erhalten wir

$$\sum_{n=1}^{N} f(n) = \int_{1}^{N+1} f(t)\, dt + A + O\left(f(N+1)\right).$$

Mit $N = [x]$ ist also

$$\sum_{n=1}^{[x]} f(n) = \sum_{1 \le n \le x} f(n)$$

$$= \int_{1}^{[x]+1} f(t)\, dt + A + O\left(f\left([x]+1\right)\right).$$

Da f monoton fallend ist und $f(t) > 0$ für $t > 0$, gelten folgende Ungleichungen

$$\int_{x}^{[x]+1} f(t)\, dt \le f(x)$$

und

$$0 < f([x]+1) \le f(x).$$

Folglich erhalten wir

$$\sum_{1 \le n \le x} f(n) = \int_1^x f(t)\,\mathrm{d}t + O(1) + O(f(x)).$$

$\square$

Beispiel.

$$\sum_{1 \le n \le x} \frac{1}{n^2} = \int_1^x \frac{1}{t^2}\,\mathrm{d}t + O\left(\frac{1}{x^2}\right) + O(1))$$

$$= -\frac{1}{x} + O\left(\frac{1}{x^2}\right) + O(1))$$

Satz 4.5.2. *Es sei $f = f(t)$ eine für $t \ge 1$ definierte reellwertige, stetige Funktion mit den Eigenschaften:*

a) $f(t) > 0$ für $t \ge t_0 \ge 1$ (nichtnegativ).

b) $f(t_2) \ge f(t_1)$ für $t_2 > t_1 \ge t_0$ (monoton wachsend).

c) $f(t+1) = O(f(t))$ für $t \ge t_0$.

Dann gilt die asymptotische Darstellung

$$\sum_{1 < n \le x} f(n) = \int_1^x f(t)\,\mathrm{d}t + O(f(x))$$

für $x \ge 2$.

Beweis. Wir definieren die Summe $S(x) := \sum_{1 \le n \le x} f(n)$ und zerlegen diese in 2 Summanden

$$S(x) = \sum_{1 \le n \le x_0} f(n) + \sum_{x_0 < n \le x} f(n).$$

Anschließend spalten wir das Integral $I(x) := \int_1^x f(t)\,\mathrm{d}t$ in 3 Summanden wie folgt auf:

$$I(x) = \int_1^{[x_0]+1} f(t)\,\mathrm{d}t + \sum_{x_0 < n \le x} \int_n^{n+1} f(t)\,\mathrm{d}t + \int_{[x]+1}^x f(t)\,\mathrm{d}t.$$

Nunmehr bilden wir die Differenz $I(x) - S(x)$ und erhalten deshalb

$$I(x) - S(x) = T_1(x_0) + T_2(x_0, x) + T_3(x)$$

mit

$$T_1(x_0) := \int_1^{[x_0]+1} f(t)\,dt, \quad T_2(x_0, x) := \sum_{x_0 < n \le x} \int_n^{n+1} (f(t) - f(n))\,dt$$

und

$$T_3(x) := \int_{[x]+1}^x f(t)\,dt.$$

Auf Grund der Voraussetzungen des Satzes kann man leicht zeigen, dass die Abschätzungen

$$T_1(x_0) = O(1) \quad \text{und} \quad T_3(x) = O(f(x))$$

gelten.

Somit müssen wir noch $T_2(x_0, x)$ in geeigneter Weise abschätzen. Hierzu führen wir zunächst die Zwischenrechnung

$$0 \le \int_n^{n+1} (f(t) - f(n))\,dt \le f(n+1) - f(n)$$

durch. Unter Beachtung dieser Beziehung haben wir die Ungleichungskette

$$0 \le T_2(x_0, x) \le \sum_{x_0 < n \le x} (f(n+1) - f(n)) \le f([x]+1)$$

und folglich die Abschätzung

$$T_2(x_0, x) = O(f(x)).$$

Insgesamt erhalten wir deshalb

$$I(x) - S(x) = O(f(x)). \qquad \square$$

Beispiel.

$$\sum_{1 < n \le x} \log n = \int_1^x \log t\,dt + O(\log x)$$

$$= x \cdot \log x - x + O(\log x)$$

Übungsaufgabe 4.15. Unter Benutzung von Satz 4.5.1 und Satz 4.5.2 untersuche man folgende Reihen für $x \to \infty$:

a) $S := \sum_{1 < n \le x} n^\alpha, \alpha \ge 0$.

b) $T := \sum_{1 \le n \le x} \frac{\ln n}{n}$.

c) $U := \sum_{1 < n \le x} \ln n$.

4.5.3 Eulersche Summenformel

Satz 4.5.3. (*Eulersche Summenformel – 1. Fassung*) *Es sei $f = f(t)$ in $[a, b]$ stetig und in (a, b) für $a \geq 0$ einmal stetig differenzierbar. Weiterhin sei $\psi = \psi(t)$ durch $\psi(t) = t - [t] - \frac{1}{2}$ definiert. Dann gilt*

$$\sum_{a < n \leq b} f(n) = \int_a^b f(t)\, dt - \psi(b) \cdot f(b) + \psi(a) \cdot f(a) + \int_a^b f'(t) \cdot \psi(t)\, dt.$$

Beweis. Ohne Beschränkung der Allgemeingültigkeit können wir voraussetzen, dass es ausser n noch eine zweite natürliche Zahl $n - 1$ in $[a, b]$ gibt. Dann haben wir

$$\int_{n-1}^n [t] \cdot f'(t)\, dt = \int_{n-1}^n (n-1) \cdot f'(t)\, dt$$
$$= (n-1) \cdot (f(n) - f(n-1))$$
$$= (n \cdot f(n) - (n-1) \cdot f(n-1)) - f(n).$$

Nach Summation haben wir deshalb

$$\int_m^k [t] \cdot f'(t)\, dt = \sum_{n=m+1}^k (n \cdot f(n) - (n-1) \cdot f(n-1)) - \sum_{n=m+1}^k f(n)$$
$$= k \cdot f(k) - m \cdot f(m) - \sum_{n=m+1}^k f(n).$$

Wir bezeichnen $m := [a]$ und $k := [b]$. Durch das Umstellen der Gleichung nach $\sum_{n=m+1}^k f(n)$ folgt somit

$$\sum_{a < n \leq b} f(n) = - \int_m^k [t] \cdot f'(t)\, dt + k \cdot f(k) - m \cdot f(m)$$
$$= - \int_a^b [t] \cdot f'(t)\, dt + a \cdot f(a) - b \cdot f(b).$$

Nun benutzen wir noch die Identität

$$\int_a^b f(t)\, dt = b \cdot f(b) - a \cdot f(a) - \int_a^b f'(t) \cdot t\, dt$$

und erhalten

$$\sum_{a < n \leq b} f(n) = \int_a^b f(t)\, dt + f(b) \cdot ([b] - b) + f(a) \cdot (a - [a]) + \int_a^b f'(t) \cdot (t - [t])\, dt.$$

Wegen

$$\frac{1}{2} \cdot \int_a^b f'(t)\, \mathrm{dt} = \frac{1}{2} \cdot (f(b) - f(a))$$

ergibt sich deshalb die Eulersche Summenformel in der 1. Fassung.

□

Satz 4.5.4. (Eulersche Summenformel – 2. Fassung) *Es sei* $f = f(t)$ *in* $[a, b]$ *k-mal und in* (a, b) *für* $a \geq 0$ *$(k + 1)$-mal stetig differenzierbar. Weiterhin sei* $\psi_m = \psi_m(t)$ *durch* $\psi_m(t) = \int_0^t \psi_{m-1}(\tau)\, \mathrm{d\tau}$ *für* $m = 1, 2, \dots$ *mit* $\psi_0(t) = \psi(t) = t - [t] - \frac{1}{2}$ *definiert. Dann gilt*

$$\sum_{a < n \leq b} f(n) = \int_a^b f(t)\, \mathrm{dt} + \sum_{m=0}^k \left((-1)^m \cdot \left(\psi_m(a) \cdot f^{(m)}(a) - \psi_m(b) \cdot f^{(m)}(b) \right) \right)$$

$$+ (-1)^k \cdot \int_a^b f^{(k+1)}(t) \cdot \psi_k(t)\, \mathrm{dt}.$$

Beweis. Wir benutzen die erste Fassung der **Eulerschen** Summenformel und integrieren

$$\int_a^b f'(t) \cdot \psi(t)\, \mathrm{dt}$$

k-mal partiell. Der Satz folgt dann sofort unter Benutzung der Methode der vollständigen Induktion.

□

Übungsaufgabe 4.16. Es seien für reelle x die beiden Funktionen $\psi(x) = x - [x] - \frac{1}{2}$ und $\psi_1(x) = \int_0^x \psi(t)\, \mathrm{dt}$ gegeben.

a) Man zeige, dass ψ und ψ_1 die Periodenlänge 1 haben.

b) Man berechne $\psi(x)$ und $\psi_1(x)$ für $0 \leq x \leq 1$.

c) Man skizziere die Graphen von ψ und ψ_1 im Intervall $[-1, 2]$.

Übungsaufgabe 4.17. Unter Benutzung der beiden Fassungen der **Eulerschen** Summenformel untersuche man die nachfolgend aufgeführten Reihen für $x \to \infty$ und verschärfe damit die in Übung 4.15 erhaltenen Ergebnisse:

a) $S := \sum_{1 < n \leq x} n^\alpha, \alpha \geq 0$.

b) $T := \sum_{1 \leq n \leq x} \frac{\ln n}{n}$.

c) $U := \sum_{1 < n \leq x} \ln n$.

4.6 Riemannsche Zetafunktion

Wir betrachten nun eine grundlegende dirichletsche Reihe, die sogenannte riemannsche Zetafunktion $\zeta = \zeta(s)$.

Bemerkung 4.6.1. *Die riemannsche Zetafunktion $\zeta = \zeta(s)$ hat eine sehr große Bedeutung in der analytischen Zahlentheorie erlangt. Es sind u. a. zwei Anwendungsgebiete, in denen spezielle Eigenschaften der riemannschen Zetafunktion von enormer Wichtigkeit sind und genutzt werden. Zum einen handelt es sich dabei um Problemstellungen aus der Primzahltheorie und zum anderen um asymptotische Abschätzungen von zahlentheoretischen Funktionen. Wir werden die 2. Problemstellung im Unterkapitel 4.8 noch genauer besprechen und Mittelwerte sowie die Größenordnungen von speziellen zahlentheoretischen Funktionen bilden. Bezüglich der Anwendung der riemannschen Zetafunktion in der Primzahltheorie verweisen wir den Leser auf W.Schwarz (siehe [Schw]), E.C.Titchmarsch (siehe [Tit]), A.Ivic (siehe [Ivi1]), S.J.Patterson (siehe [Pat]) und die Literatur.*

Definition 4.6.1. (Riemann) *Es sei $s = \sigma + t \cdot i$ eine komplexe Zahl. Dann wird die **riemannsche Zetafunktion** $\zeta = \zeta(s)$ mit dem Realteil $\mathrm{Re}(s) = \sigma > 1$ durch*

$$\zeta(s) := \sum_{n=1}^{\infty} \frac{1}{n^s}$$

definiert.

Satz 4.6.1. (Euler) *Für alle $s = \sigma + t \cdot i \in \mathbb{C}$ mit dem Realteil $\sigma > 1$ ist*

$$\zeta(s) = \prod_{p \in \mathbb{P}} \left(1 - \frac{1}{p^s}\right)^{-1}.$$

*Man bezeichnet diese Darstellung von $\zeta(s)$ als **Euler-Produkt** von ζ.*

Beweis. Wir bemerken, dass es sich hierbei um einen Spezialfall von Satz 4.4.3 handelt. Sei $f(n) = 1$ für alle $n \in \mathbb{N}$ mit $n \geq 1$. Dann ist f trivialerweise multiplikativ und $\zeta(s)$ für alle $s > 1$ konvergent. Außerdem gilt

$$\zeta(s) = \sum_{n=1}^{\infty} \frac{1}{n^s}$$

$$= \prod_{p \in \mathbb{P}} \left(1 + \frac{1}{p^s} + \frac{1}{p^{2s}} + \cdots\right)$$

$$= \prod_{p \in \mathbb{P}} \left(1 - \frac{1}{p^s}\right)^{-1}.$$

$\square$

Bemerkung 4.6.2. *Wir werden in diesem Buch die riemannsche Zetafunktion $\zeta = \zeta(s)$ nur für reelle $s > 1$ studieren. Zu Beginn werden wir einige ausgewählte Funktionswerte $\zeta = \zeta(s)$ mit $s = 2n, n \in \mathbb{N}_+$ angeben:*

s	2	4	6	...
$\zeta(s)$	$\frac{\pi^2}{6}$	$\frac{\pi^4}{90}$	$\frac{\pi^6}{945}$	...

Allgemein gilt die folgende Beziehung

$$\zeta(2n) = \frac{2^{2n-1}\pi^{2n}\,|B_{2n}|}{(2n)!}, n \in \mathbb{N}_+.$$

Hierbei bezeichnet B_{2n} die sogenannte bernoullische Zahl der Ordnung $2n$.

Die bernoullischen Zahlen B_k werden hierbei als die Koeffizienten von $\frac{z^k}{k!}$ in der nachfolgenden Potenzreihe bezeichnet:

$$\frac{z}{e^z - 1} = \sum_{k=0}^{\infty} B_k \frac{z^k}{k!}$$

Wir verweisen auf Apostol (*siehe [Apo]*), Heuser (*siehe [Heu]*) und die Literatur.

Lemma 4.6.1. *Die riemannsche Zetafunktion konvergiert gleichmäßig für alle $s > 1 + \varepsilon$ mit $\varepsilon > 0$, und es ist*

$$\frac{d\zeta(s)}{ds} = -\sum_{n=1}^{\infty} \frac{\log n}{n^s}.$$

Beweis. Die Konvergenz der Reihe

$$\sum_{n=1}^{\infty} \frac{1}{n^s}$$

folgt für $s > 1 + \varepsilon$ unmittelbar nach dem sogenannten Integralkriterium mit der riemannschen Zetafunktion. Dann kann nach Lemma 4.4.1 die riemannsche Zetafunktion gliedweise differenziert werden. Wir werden die allgemeine Definition des Integralkriteriums in diesem Buch nicht angeben, sondern verweisen auf Heuser [Heu], Rudin [Rud] und die Literatur.

$\square$

Wir untersuchen nun das Verhalten der riemannschen Zetafunktion für $s = 1$. Man beachte, dass in diesem Spezialfall $\zeta(s)$ identisch mit der harmonischen Reihe ist.

Satz 4.6.2. *Es gilt für $s > 1$ die Ungleichung*

$$\frac{1}{s-1} \leq \zeta(s) \leq \frac{1}{s-1} + K \cdot s$$

mit einer beliebigen Konstanten $K \in \mathbb{R}$, $K > 0$. Somit ist für $s \to 1+0$

$$\zeta(s) = \frac{1}{s-1} + O(1)$$

und deshalb folgt

$$\lim_{s \to 1+0} \zeta(s) = \infty.$$

Beweis. Für $s > 1$ ist

$$\zeta(s) = \sum_{n=1}^{\infty} \frac{1}{n^s}$$

$$= \int_1^{\infty} \frac{1}{x^s}\,\mathrm{dx} + \sum_{n=1}^{\infty} \int_n^{n+1} \left(\frac{1}{n^s} - \frac{1}{x^s} \right) \mathrm{dx}$$

$$= \frac{1}{s-1} + R(s).$$

Ist $n \leq x \leq n+1$ dann ergibt sich

$$x^{-s} \leq n^{-s}.$$

Weiterhin ist für $s > 1$ und ein beliebiges t mit $t \geq n \geq 1$

$$t^{-1-s} \leq t^{-2} \leq n^{-2}.$$

Somit gilt die Ungleichung

$$0 \leq n^{-s} - x^{-s}$$

$$= -\int_x^n st^{-s-1}\,\mathrm{dt}$$

$$= \int_n^x st^{-s-1}\,\mathrm{dt}$$

$$\leq \frac{s}{n^2}.$$

Nun ist aber

$$0 \leq \int_n^{n+1} \left(n^{-s} - x^{-s}\right) \mathrm{d}x \leq \frac{s}{n^2}$$

und insgesamt

$$0 \leq R(s) \leq s \cdot \sum_{n=1}^{\infty} \frac{1}{n^2} \cdot = s \cdot \zeta(2) = \frac{\pi^2}{6} \cdot s$$

□

Bemerkung 4.6.3. *Die riemannsche Zetafunktion* $\zeta = \zeta(s)$ *ist beliebig oft differenzierbar für* $s > 1$ *und hat einen einfachen Pol bei* $s = 1$.

Korollar 4.6.1. *Es gilt*

$$\lim_{s \to 1} \log \zeta(s) = \log \frac{1}{s-1} + O(s-1).$$

Beweis. Wir logarithmieren die asymptotische Beziehung aus Satz 4.6.2 und erhalten

$$\log \frac{1}{s-1} \leq \log \zeta(s)$$

$$\leq \log \frac{1}{s-1} + \log\left(1 + s - 1\right)$$

$$= \log \frac{1}{s-1} + O(s-1).$$

□

Satz 4.6.3. *Für die erste Ableitung der riemannschen Zetafunktion gilt die Ungleichung*

$$-\frac{1}{(s-1)^2} \geq \zeta'(s) \geq -\frac{1}{(s-1)^2} - K \cdot s.$$

mit einer beliebigen Konstanten $K \in \mathbb{R}, K > 0$. *Somit ist*

$$\lim_{s \to 1} \zeta'(s) = -\frac{1}{(s-1)^2} + O(1).$$

Beweis. Für $s > 1$ ist

$$-\zeta'(s) = \sum_{n=1}^{\infty} \frac{\log n}{n^s}$$

$$= \int_1^{\infty} \frac{\log x}{x^s} \mathrm{d}x + \sum_{n=1}^{\infty} \int_n^{n+1} \left(\frac{\log n}{n^s} - \frac{\log x}{x^s}\right) \mathrm{d}x$$

$$= \frac{1}{(s-1)^2} + R(s).$$

Es sei nun x so gewählt, dass $n \leq x \leq n+1$. Dann gilt trivialerweise

$$\frac{1}{x^s} \cdot \log x \leq \frac{1}{n^s} \cdot \log n.$$

Wie im Beweis von Satz 4.6.2 ist für jedes t mit $1 \leq n \leq t$

$$\frac{1}{t^{1+s}} \leq \frac{1}{t^2} \leq \frac{1}{n^2}.$$

Deshalb haben wir die Ungleichung

$$0 \leq \frac{1}{n^s} \cdot \log n - \frac{1}{x^s} \cdot \log x$$
$$= \int_x^n \left(-s \cdot \frac{1}{t^{s+1}} \cdot \log t + \frac{1}{t^{s+1}} \right) dt$$
$$\leq n^{-2} \cdot \int_n^x (s \cdot \log t - 1) \, dt$$
$$\leq \frac{s}{n^2} \cdot \log(n+1)$$

Daraus ergibt sich

$$0 \leq \int_n^{n+1} \left(\frac{1}{n^s} \cdot \log n - \frac{1}{x^s} \cdot \log x \right) dx \leq \frac{s}{n^2} \cdot \log n$$

und insgesamt somit

$$0 \leq R(s) \leq s \cdot \sum_{n=1}^{\infty} \frac{\log(n+1)}{n^2} = O(s).$$

$\square$

Lemma 4.6.2. *Es gilt die asymptotische Aussage*

a) $\lim_{s \to \infty} \zeta(s) = 1$.

Beweis. Für den Beweis dieser Grenzwertaussage stellen wir fest, dass

$$1 \leq \zeta(s) = 1 + \sum_{n=2}^{\infty} \left(\frac{1}{n} \right)^s.$$

Es sei ε beliebig mit $0 < \varepsilon < 1$. Dann gilt für alle s mit

$$s \geq -\frac{1}{\log 2} \cdot \log \left(\frac{\varepsilon}{\pi^2/6 - 1} \right) + 2 > 2$$

die Ungleichung

$$
\left(\frac{1}{n}\right)^s \leq \left(\frac{1}{n}\right)^{-\frac{1}{\log 2} \cdot \log\left(\frac{\varepsilon}{\pi^2/6-1}\right)} \cdot \frac{1}{n^2}
$$

$$
\leq \left(\frac{1}{2}\right)^{-\frac{1}{\log 2} \cdot \log\left(\frac{\varepsilon}{\pi^2/6-1}\right)} \cdot \frac{1}{n^2}
$$

$$
= \exp\left(-\frac{1}{\log 2} \cdot \log\left(\frac{\varepsilon}{\pi^2/6-1}\right) \cdot \log\frac{1}{2}\right) \cdot \frac{1}{n^2}
$$

$$
= \frac{\varepsilon}{\pi^2/6-1} \cdot \frac{1}{n^2}.
$$

In Verbindung mit der oben genannte Eigenschaft für $\zeta(s)$ erhalten wir deshalb für alle ε mit $0 < \varepsilon < 1$

$$
0 < \zeta(s) - 1 \leq \frac{\varepsilon}{\frac{\pi^2}{6}-1} \cdot \sum_{n=2}^{\infty} \frac{1}{n^2} = \varepsilon.
$$

$\square$

Lemma 4.6.3. *Es gilt für $s > 1$ und $x \to \infty$ die asymptotische Eigenschaft*

$$
\zeta(s) = \sum_{1 \leq n \leq x} \frac{1}{n^s} + \frac{x^{1-s}}{s-1} + O\left(\frac{1}{x^s}\right) = \sum_{1 \leq n \leq x} \frac{1}{n^s} + O(1)
$$

Bemerkung 4.6.4. *Wir erwähnen noch, dass sich viele Dirichlet-Reihen $\sum_{n=1}^{\infty} \frac{f(n)}{n^s}$ durch Produkte von **riemannschen Zetafunktionen** (sogenannte **Euler**-Produkte) darstellen lassen. Des Weiteren weisen wir darauf hin, dass noch eine von Riemann aufgestellte Vermutung immer noch unbewiesen ist. Riemann vermutete nämlich, dass alle nichttrivialen Nullstellen von $\zeta(s)$ mit $s \in \mathbb{C}$ auf der kritischen Geraden $\sigma = \frac{1}{2}$ liegen. Bisher konnte man bezüglich dieser riemannschen Vermutung zeigen, dass zwar sich unendlich viele Nullstellen, aber noch nicht dass sich alle Nullstellen, auf dieser Geraden befinden.*

4.7 Möbiussche μ-Funktion

Definition 4.7.1. *Als **möbiussche μ-Funktion** $\mu = \mu(n)$ bezeichnet man die Abbildung $\mu : \mathbb{N}_+ \to \{-1, 0, 1\}$ mit*

$$
\mu(n) := \begin{cases} 1 & n = 1, \\ (-1)^r & \omega(n) = \Omega(n) = r, \\ 0 & \text{sonst.} \end{cases}
$$

Satz 4.7.1. *Die* ***möbiussche*** *μ-**Funktion** $\mu = \mu(n)$ ist multiplikativ.*

Beweis. Es seien $m, n \geq 1$ zwei beliebige teilerfremde natürliche Zahlen. Für $m = n = 1$ ist $\mu = \mu(n)$ trivialerweise multiplikativ. Sind $\Omega(m) \neq \omega(m)$ oder $\Omega(n) \neq \omega(n)$, so gilt $\mu(m) = 0$ oder $\mu(n) = 0$ und somit ist insbesondere

$$\mu(m \cdot n) = \mu(m) \cdot \mu(n) = 0.$$

Für $m = 1$ und $\Omega(n) = \omega(n)$ bzw. $\Omega(m) = \omega(m)$ und $n = 1$ erhalten wir deshalb

$$\mu(1 \cdot n) = \mu(n) = (-1)^{\omega(n)} = \mu(1) \cdot \mu(n)$$

und

$$\mu(m \cdot 1) = \mu(m) = (-1)^{\omega(m)} = \mu(m) \cdot \mu(1).$$

Es seien also nun m, n so gewählt, dass $\Omega(m) = \omega(m)$ und $\Omega(n) = \omega(n)$. Dann gilt

$$\begin{aligned}
\mu(m \cdot n) &= (-1)^{\omega(m)+\omega(n)} \\
&= (-1)^{\omega(m)} \cdot (-1)^{\omega(n)} \\
&= \mu(m) \cdot \mu(n),
\end{aligned}$$

weil m und n teilerfremd sind. Deshalb besitzen m und n Faktorisierungen mit paarweise voneinander verschiedenen Primfaktoren. $\qquad\square$

Bemerkung 4.7.1. *Die* ***möbiussche*** *μ-**Funktion** ist nicht streng multiplikativ, denn es ist $\mu(4) = \mu(2 \cdot 2) = 0 \neq \mu(2) \cdot \mu(2) = 1^2 = 1$.*

Satz 4.7.2. *Die* ***möbiussche*** *μ-**Funktion** ist primzahlunabhängig.*

Übungsaufgabe 4.18. Man zeige die Primzahlunabhängigkeit der **möbiusschen** μ-**Funktion**.

Satz 4.7.3. *Für alle $n \geq 1$ ist*

$$\sum_{t \mid n} \mu(t) = \begin{cases} 1 & n = 1 \\ 0 & n > 1. \end{cases}$$

Beweis. Für $n = 1$ haben wir nichts zu zeigen. Es sei nun $n > 1$ mit der kanonischen Zerlegung $n = p_1^{e_1} \cdot \ldots \cdot p_r^{e_r}$. Für jede Primzahl p und $e \geq 2$ ist

$\mu\left(p^e\right) = 0$. Wir erhalten deshalb

$$\sum_{t \mid n} \mu(t) = \mu(1) + \mu(p_1) + \ldots + \mu(p_r)$$

$$+ \mu(p_1 \cdot p_2) + \mu(p_2 \cdot p_3) + \ldots + \mu(p_{r-1} \cdot p_r)$$

$$\ldots$$

$$+ \mu(p_1 \cdot p_2 \cdot \ldots \cdot p_r)$$

$$= 1 + \binom{r}{1} \cdot (-1) + \binom{r}{2} \cdot (-1)^2 + \ldots + \binom{r}{r} \cdot (-1)^r$$

$$= (1 - 1)^r$$

$$= 0.$$

$\square$

Korollar 4.7.1. *Die **möbiussche μ-Funktion** ist die inverse zahlentheoretische Funktion zur Einsfunktion $1(n) := 1$, das heißt es gilt*

$$(\mu * 1)(n) = \varepsilon(n).$$

Beweis. Unter Verwendung von Satz 4.7.3 folgt

$$(\mu * 1)(n) = \sum_{t \mid n} \left(\mu(t) \cdot 1\left(\frac{n}{t}\right)\right)$$

$$= \sum_{t \mid n} \mu(t)$$

$$= \begin{cases} 1 & n = 1 \\ 0 & n > 1 \end{cases}$$

$$= \varepsilon(n).$$

$\square$

Bemerkung 4.7.2. *Mit Hilfe der **möbiusschen μ-Funktion** und der Dirichlet-Faltung sind wir nunmehr in der Lage, folgenden Zusammenhang zwischen $f = f(n)$ und ihrer summatorischen Funktion $F = F(n)$ zu zeigen.*

Satz 4.7.4. *(1. möbiussche Umkehrformel)* *Es gilt*

$$F(n) = (1 * f)(n) \Leftrightarrow f(n) = (\mu * F)(n).$$

Die inverse Funktion einer streng multiplikativen Funktion lässt sich unter Verwendung der **möbiusschen** μ-**Funktion** $\mu = \mu(n)$ relativ einfach ermitteln.

Satz 4.7.5. *Es sei* $g = g(n)$ *streng multiplikativ, dann ist* $g^{-1}(n) = \mu(n)g(n)$.

Beweis.

$$\big(\mu(n)g(n)\big) * g(n) = \sum_{t \mid n} \mu(t)g(t)g\left(\frac{n}{t}\right) = g(n) \sum_{t \mid n} \mu(t) = \varepsilon(n).$$

$\square$

Übungsaufgabe 4.19. Man bestimme die inversen Funktionen von

a) $d = d(n)$.

b) $\sigma = \sigma(n)$.

c) $\varphi = \varphi(n)$.

Satz 4.7.6. (2. möbiussche Umkehrformel) *Es sei* $g = g(n)$ *streng multiplikativ, dann gilt:*

$$h(n) = f(n) * g(n) \Leftrightarrow f(n) = h(n) * (\mu(n)g(n)).$$

Beweis. Der Beweis folgt sofort aus Satz 4.7.5 und bleibt dem Leser überlassen.

$\square$

4.8 Mittelwerte und Größenordnungen

Viele zahlentheoretische Funktionen zeigen große Schwankungen in ihrem Werteverhalten, d.h. sie besitzen ein relativ unregelmäßiges Verhalten in ihren angenommenen Funktionswerten. Aus diesem Grund werden in der analytischen Zahlentheorie bezüglich der zahlentheoretischen Funktionen noch sogenannte **Mittelwerte** und verschiedene **Größenordnungen** dieser Funktionen definiert.

Definition 4.8.1. *Es seien* $f = f(n)$ *eine zahlentheoretische Funktion und* $S_f(N) := \sum_{n=1}^{N} f(n)$. *Dann heißt die zahlentheoretische Funktion* $M_f := M_f(N)$ *mit*

$$M_f(N) := \frac{1}{N} \cdot S_f(N)$$

die Mittelwertsfunktion der zahlentheoretischen Funktion f.

Bemerkung 4.8.1. *I. A. besitzen die zahlentheoretischen Funktionen $S_f = S_f(N)$ und $M_f = M_f(N)$ ein regelmäßigeres Verhalten in ihren Funktionswerten als die zahlentheoretische Funktion $f = f(n)$, da durch den Summationsprozess bzw. die Mittelwertbildung vorhandene Schwankungen ausgeglichen werden können.*

Desweiteren gibt es außer dieser Mittelwertsbildung in der Zahlentheorie noch die Größenordnungsbegriffe. Es handelt sich dabei um die

- **durchschnittliche Größenordnung,**

- **maximale Größenordnung** und

- **normale Größenordnung.**

In diesem Buch werden wir jedoch nur Ausführungen zur durchschnittlichen Größenordnung einer zahlentheoretischen Funktion anstellen und verweisen den Leser für ein weitergehendes Studium auf [Krä1] und die Literatur.

Definition 4.8.2. *Es seien $f = f(n)$ und $g = g(n)$ zwei zahlentheoretische Funktionen. $f = f(n)$ besitzt dann die durchschnittliche Größenordnung $g = g(n)$, wenn die asymptotische Gleichheit*

$$\sum_{n=1}^{N} f(n) \sim \sum_{n=1}^{N} g(n)$$

für $N \to \infty$ besteht.

Bemerkung 4.8.2. *Es ist durchaus möglich, dass für eine speziell ausgewählte zahlentheoretische Funktion f keine zahlentheoretische Funktion g mit $g \neq f$ und der in Definition 4.8.1 geforderten Eigenschaft existiert. In diesem Fall sprechen wir davon, dass f keine durchschnittliche Größenordnung besitzt.*

Nachdem wir die beiden Begriffe schnittliche Größenordnung definiert haben, soll noch ein weiterer, mit dem Mittelwert und der durchschnittlichen Größenordnung in Zusammenhang stehender, Begriff erklärt werden.

Definition 4.8.3. *Es seien $f = f(n)$ eine zahlentheoretische Funktion und $S_f(N) = \sum_{n=1}^{N} f(n)$. Dann bezeichnen wir*

$$M_f(N) = \frac{1}{N} \cdot S_f(N) \quad mit \ N \to \infty$$

*als den **asymptotischen Mittelwert** von f, falls er existiert.*

Wir werden im Folgenden dazu übergehen und versuchen die durchschnittlichen Größenordnungen und asymptotischen Mittelwerte von speziellen zahlentheoretischen Funktionen zu bestimmen, und zwar von $d = d(n), \sigma = \sigma(n), d^* = d^*(n), \sigma^* = \sigma^*(n), \varphi = \varphi(n)$ und $\mu = \mu(n)$.

Satz 4.8.1. (Dirichlet) *Die durchschnittliche Größenordnung der zahlentheoretischen Funktion $d = d(n)$ ist $g = g(n) = \log n$. Genauer ist der asymptotische Mittelwert durch $M_d(N) = \frac{1}{N} \cdot S_d(N)$ mit*

$$S_d(N) = N \cdot \log N + (2 \cdot \gamma - 1) \cdot N + O\left(\sqrt{N}\right)$$

gegeben. Hierbei bezeichnen γ die euler-mascheronische Konstante mit

$$\gamma := \lim_{n \to \infty} \left(\sum_{k=1}^{n} \frac{1}{k} - \log n \right) = 0,577215664901532\dots$$

sowie $\log = \ln$ sxlog $= \ln$den natürlichen Logarithmus zur Basis e, d.h. $\log n = \ln n$.

Bemerkung 4.8.3. *Als dirichletsches Teilerproblem bezeichnet man die Aufgabe das Infimum, $\theta = \inf\{\alpha \geq 0 : O(N^\alpha)\}$ in der asymptotischen Formel*

$$S_d(N) = N \cdot \log N + (2 \cdot \gamma - 1) \cdot N + O(N^\alpha)$$

zu bestimmen.

Das dirichletsche Teilerproblem zählt gemeinsam mit dem gaußschen Kreisproblem zu den beiden berühmten, klassischen Problemen in der Theorie der Gitterpunkte. Beide Probleme sind bisher noch ungelöst und werden wahrscheinlich noch lange ungelöst bleiben, da man in über 100 Jahren nur geringe Fortschritte bei der Lösung dieser Probleme erzielen konnte.

Im Rahmen dieses Buches geben wir eine kurze Übersicht zu einigen bewiesenen Ergebnissen in seiner historischen Entwicklung. Zusätzlich verweisen wir den Leser auf Huxley (siehe [Hux]), Ivic (siehe [Ivi1],[Ivi2]), Krätzel (siehe [Krä2]) und die Literatur.

Dirichlet, P.G. (1849)	$\theta \leq \frac{1}{2}$
Voronoi, G.F. (1903)	$\theta \leq \frac{1}{3}$
Hardy, G.H. (1915)	$\theta \geq \frac{1}{4}$
van der Corput, J.G. (1922)	$\theta \leq \frac{33}{100}$
Kolesnik, G.A. (1973)	$\theta \leq \frac{346}{1067} = 0,3242\ldots$
Iwaniec, H., Mozzochi, C.J. (1987)	$\theta \leq \frac{7}{22} = 0,3\overline{18}$
Huxley, M. (2003)	$\theta \leq \frac{131}{416} = 0,3149\ldots$

Bemerkung 4.8.4. *Über die euler-mascheronische Konstante γ ist relativ wenig bekannt. Es wird vermutet, dass γ eine transzendente Zahl ist.*

Bemerkung 4.8.5. *Wir vereinbaren noch, dass wir in den folgenden Beweisen als untere Grenze der Summationsprozesse den Zahlenwert 1 häufig weglassen.*

Beweis. Es seien $S_d(N) := \sum_{n=1}^{N} d(n)$ und $S_l(N) := \sum_{n=1}^{N} \log n$. Als erstes zeigen wir, dass die durchschnittliche Größenordnung der zahlentheoretischen Funktion $d = d(n)$ durch $g = g(n) = \log n$ bestimmt ist. Es gilt

$$S_d(N) = \sum_{n=1}^{N} d(n) = \sum_{n \leq N} \sum_{t \mid n} 1$$

$$= \sum_{t \cdot k \leq N} 1$$

Dies stellt eine Doppelsumme über alle Paare natürlicher Zahlen (t, k) mit $1 \leq tk \leq N$ dar. Man kann sie interpretieren als eine Summe, die sich über bestimmte Gitterpunkte in der tk-Ebene erstreckt. (Ein Gitterpunkt ist ein Punkt mit ganzzahligen Koordinaten.) Die Gitterpunkte mit $tk = n$ liegen für jedes n auf einem Hyperbelast im 1.Quadranten. Somit zählt die obige Summe die Anzahl der Gitterpunkte, welche auf den Hyperbelästen für $n = 1, 2, \ldots, N$ liegen (Abbildung 4.3).

Indem man jetzt die Gitterpunkte auf dem horizontalen Liniensegment $1 \leq t \leq \frac{N}{k}$ bestimmt, erhält man

$$S_d(N) = \sum_{k \leq N} \sum_{t \leq \frac{N}{k}} 1$$

$$= \sum_{k \leq N} \left[\frac{N}{k} \right].$$

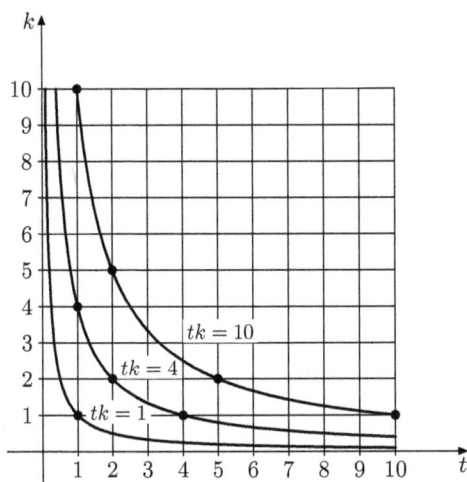

Abbildung 4.3: Gitterpunkte auf den Hyperbelästen $t \cdot k = n$ für $n = 1, 4, 10$

Nach weiterer einfacher Rechnung folgt

$$S_d(N) = \sum_{k \leq N} \left(\frac{N}{k} + O(1) \right)$$

$$= N \cdot \sum_{k \leq N} \frac{1}{k} + \sum_{k \leq N} O(1).$$

Unter Verwendung der 1. Fassung der Eulerschen Summenformel bzgl. der Summe $\sum_{k \leq N} \frac{1}{k}$ erhalten wir deshalb

$$S_d(N) = \sum_{n=1}^{N} d(n) = N \cdot \log N + O(N) \text{ für } N \to \infty.$$

Nochmalige Anwendung der 1. Fassung der Eulerschen Summenformel auf $\log = \log n$ ergibt

$$S_l(N) = \sum_{n=1}^{N} \log n = N \log N + O(N) \text{ für } N \to \infty$$

und somit ist

$$\lim_{N\to\infty} \frac{S_d(N)}{S_l(N)} = 1.$$

Die verbesserte Aussage über $S_d = S_d(N)$ erhalten wir unter Beachtung von Symmetrieeigenschaften bezüglich der Geraden $k = t$ (Abbildung 4.4).

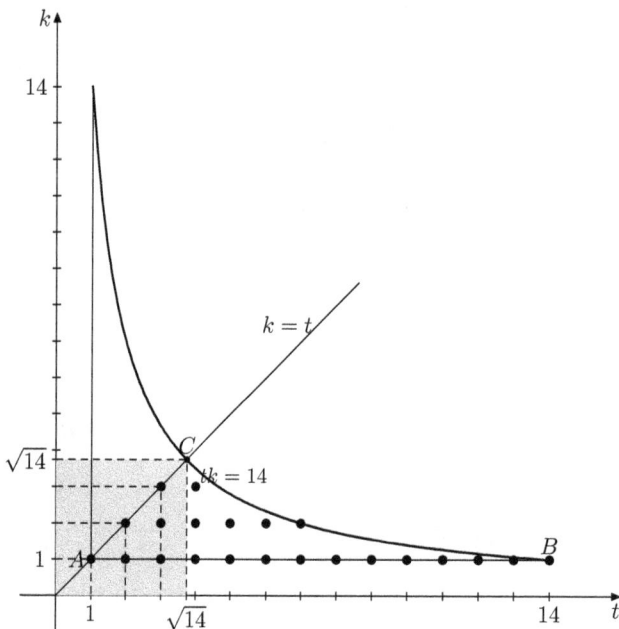

Abbildung 4.4: Gitterpunkte im Gebiet (A, B, C)

$$S_d(N) = \sum_{n=1}^{N} d(n) = \sum_{n\le N}\sum_{t\,\mid\,n} 1 = \sum_{t\cdot k\le N} 1 = \sum_{k\le N}\sum_{t\le \frac{N}{k}} 1$$

$$= \sum_{k\le \sqrt{N}}\sum_{t\le \frac{N}{k}} 1 + \sum_{\substack{t\cdot k\le N\\ \sqrt{N}<k\le N}} 1 = \sum_{k\le \sqrt{N}}\sum_{t\le \frac{N}{k}} 1 + \sum_{t< \sqrt{N}}\sum_{\sqrt{N}<k\le \frac{N}{t}} 1$$

$$= 2\cdot \sum_{k\le \sqrt{N}}\sum_{t\le \frac{N}{k}} 1 - \left[\sqrt{N}\right]^2 = 2\cdot \sum_{k\le \sqrt{N}}\left(\frac{N}{k} + O(1)\right) - N + O\left(\sqrt{N}\right)$$

$$= 2\cdot N\cdot \log\sqrt{N} + (2\cdot\gamma - 1)\cdot N + O\left(\sqrt{N}\right).$$

Folglich haben wir

$$S_d(N) = N \cdot \log N + (2 \cdot \gamma - 1) \cdot N + O\left(\sqrt{N}\right)$$

für $N \to \infty$.   □

Satz 4.8.2. *Die durchschnittliche Größenordnung der zahlentheoretischen Funktion $\sigma = \sigma(n)$ ist $g = g(n) = \zeta(2) \cdot n$. Genauer ist der asymptotische Mittelwert durch $M_\sigma(N) = \frac{1}{N} \cdot S_\sigma(N)$ mit*

$$S_\sigma(N) = \frac{\zeta(2)}{2} \cdot N^2 + O(N \cdot \log N)$$

gegeben.

Beweis. Die Behauptung folgt nach analogen Rechnungen wie im Beweis von Satz 4.8.1 und unter Verwendung der asymptotischen Formel $\sum_{k \leq N} \frac{1}{k^2} = \zeta(2) + O(\frac{1}{N})$.

$$S_\sigma(N) = \sum_{n=1}^{N} \sigma(n) = \sum_{n \leq N} \sum_{t \mid n} t = \sum_{t \cdot k \leq N} t = \sum_{k \leq N} \sum_{t \leq \frac{N}{k}} t$$

$$= \sum_{k \leq N} \left(\frac{1}{2} \cdot \left(\frac{N}{k}\right)^2 + O\left(\frac{N}{k}\right) \right)$$

$$= \frac{1}{2} \cdot N^2 \cdot \sum_{k \leq N} \frac{1}{k^2} + N \cdot \sum_{k \leq N} O\left(\frac{1}{k}\right)$$

$$= \frac{1}{2} \cdot N^2 \cdot \left(\zeta(2) + O\left(\frac{1}{N}\right) \right) + N \cdot O\left(\log N\right)$$

$$= \frac{\zeta(2)}{2} \cdot N^2 + O(N \cdot \log N).$$

Insgesamt haben wir also

$$S_\sigma(N) = \frac{\zeta(2)}{2} \cdot N^2 + O(N \cdot \log N)$$

für $N \to \infty$.   □

Satz 4.8.3. *Die durchschnittliche Größenordnung der zahlentheoretischen Funktion $d^* = d^*(n)$ ist $g = g(n) = \frac{1}{\zeta(2)} \cdot \log n$. Genauer ist der asymptotische Mittelwert gegeben durch $M_{d^*}(N) = \frac{1}{N} \cdot S_{d^*}(N)$ mit*

$$S_{d^*}(N) = \frac{1}{\zeta(2)} \cdot N \cdot \log N + O(N).$$

Satz 4.8.4. *Die durchschnittliche Größenordnung der zahlentheoretischen Funktion* $\sigma^* = \sigma^*(n)$ *ist* $g = g(n) = \frac{\pi^2}{6 \cdot \zeta(3)} \cdot n$. *Genauer ist der asymptotische Mittelwert durch* $M_{\sigma^*}(N) = \frac{1}{N} \cdot S_{\sigma^*}(N)$ *mit*

$$S_{\sigma^*}(N) = \frac{\pi^2}{12 \cdot \zeta(3)} \cdot N^2 + O(N \cdot \log^2 N)$$

gegeben.

Bemerkung 4.8.6. *Die Beweise zu den Sätzen 4.8.3 und 4.8.4 werden wir in diesem Buch nicht führen und verweisen auf die Originalarbeit von E. Cohen [Coh].*

Satz 4.8.5. *Die durchschnittliche Größenordnung der zahlentheoretischen Funktion* $\varphi = \varphi(n)$ *ist* $g = g(n) = \frac{6}{\pi^2} \cdot n$. *Genauer ist der asymptotische Mittelwert durch* $M_{\varphi}(N) = \frac{1}{N} \cdot S_{\varphi}(N)$ *mit*

$$S_{\varphi}(N) = \frac{3}{\pi^2} \cdot N^2 + O(N \cdot \log N)$$

gegeben.

Beweis. Geometrisch lässt sich $S_{\varphi}(N)$ als die Anzahl der Gitterpunkte mit teilerfremden Koordinaten (k, l) im rechtwinkligen Dreieck $0 < k \leq l \leq N$ interpretieren (Abbildung 4.5). Wir bezeichnen solche Gitterpunkte mit teilerfremden Koordinaten als primitive Gitterpunkte.

Es ist also

$$S_{\varphi}(N) = \sum_{1 \leq l \leq N} \sum_{\substack{1 \leq k \leq l \\ \mathrm{ggT}(k,l)=1}} 1$$

$$= \sum_{\substack{1 \leq k \leq l \leq N \\ \mathrm{ggT}(k,l)=1}} 1.$$

Gegeben sei nun ein Quadrat durch $0 < l \leq N$ und $0 < k \leq N$. Dieses Quadrat wird durch die Gerade $k = l$ in zwei kongruente rechtwinklige Dreiecke zerlegt, welche die gleiche Anzahl an Gitterpunkten mit teilerfremden Koordinaten enthalten. Eines der Dreiecke ist das Dreieck mit $0 < k \leq l \leq N$. Der einzige Gitterpunkt mit teilerfremden Koordinaten auf der Geraden $k = l$ ist offenbar $k = l = 1$.

Wir bezeichnen jetzt mit $S_{\psi}(N)$ die Anzahl der primitiven Gitterpunkte im obigen Quadrat mit der Seitenlänge N. Deshalb gilt folgende Beziehung

$$S_{\psi}(N) = 2 \cdot S_{\varphi}(N) - 1,$$

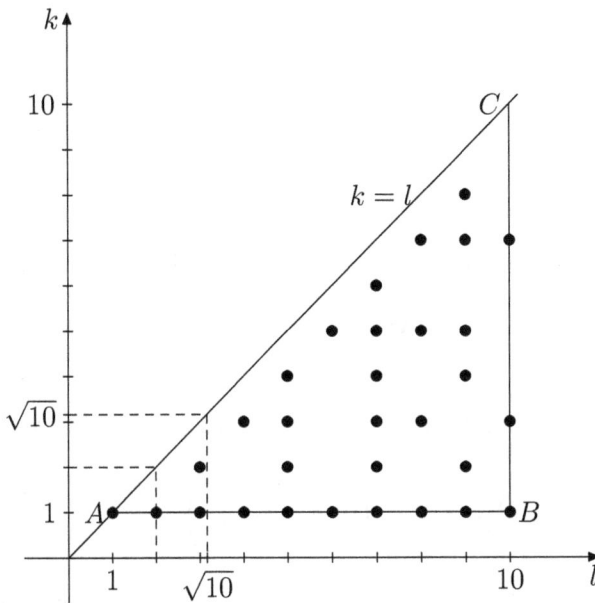

Abbildung 4.5: Primitive Gitterpunkte im Dreieck (A, B, C)

denn der Punkt $k = l = 1$ wird zu beiden Dreiecken gezählt.

Die gesamte Anzahl der Gitterpunkte im Quadrat $0 < k \leq N$, $0 < l \leq N$ beträgt trivialerweise $[N]^2$, also

$$\sum_{\substack{0 < k \leq N \\ 0 < l \leq N}} 1 = [N]^2.$$

Wir können deshalb sämtiche Gitterpunkte des Quadrates nach dem grössten gemeinsamen Teiler d ihrer Koordinaten k und l ordnen:

$$\sum_{1 \leq d \leq N} \sum_{\substack{0 < k \leq N \\ 0 < l \leq N \\ \mathrm{ggT}(k,l)=d}} 1 = [N]^2.$$

Wir betrachten nun die Summe

$$\sum_{\substack{0 < k \leq N \\ 0 < l \leq N \\ \mathrm{ggT}(k,l)=1}} 1.$$

Es gilt $\mathrm{ggT}(k, l) = d$ genau dann, wenn $\mathrm{ggT}(\frac{k}{d}, \frac{l}{d}) = 1$. Es besteht eine bijektive Abbildung zwischen den Gitterpunkten mit den Koordinaten k und l, welche die

Bedingungen
$$0 < k \leq N, \quad 0 < l \leq N, \quad \mathrm{ggT}(k,l) = d$$
erfüllen und den Paaren $k', l' \in \mathbb{Z}$ mit
$$0 < k' \leq \frac{N}{d}, \quad 0 < l' \leq \frac{N}{d}, \quad \mathrm{ggT}(k', l') = 1.$$

Nach Definition von $S_\psi(N)$ gibt es genau $S_\psi\left(\frac{N}{d}\right)$ solche Paare k', l'. Somit können wir schreiben:
$$[N]^2 = \sum_{1 \leq d \leq N} S_\psi\left(\frac{N}{d}\right).$$

Darauf wenden wir jetzt die erste **möbiussche** Umkehrformel aus Abschnitt 4.7 an und erhalten
$$S_\psi(N) = \sum_{1 \leq d \leq N} \left(\mu(d) \cdot \left[\frac{N}{d}\right]^2 \right).$$

Nun ist $\frac{N}{d} = \left[\frac{N}{d}\right] + \varepsilon$ mit $0 \leq \varepsilon < 1$ und wegen $|\mu(n)| \leq 1$ folgt unter Benutzung der ersten binomischen Formel

$$S_\psi(N) = \sum_{1 \leq d \leq N} \left(\mu(d) \cdot \left(\frac{N}{d} + O(1)\right)^2 \right)$$

$$= N^2 \cdot \sum_{1 \leq d \leq N} \frac{\mu(d)}{d^2} + 2 \cdot N \cdot O\left(\sum_{1 \leq d \leq N} \frac{1}{d} \right) + O\left(\sum_{1 \leq d \leq N} 1 \right).$$

Nach Satz 4.8.1 wissen wir, dass

$$2 \cdot N \cdot O\left(\sum_{1 \leq d \leq N} \frac{1}{d} \right) = 2 \cdot N \cdot O\left(\log N + \gamma + O\left(\frac{1}{N}\right) \right)$$

$$= O(N \cdot \log N).$$

Da weiterhin
$$N = \sum_{1 \leq d \leq N} 1 = O(N \cdot \log N) \text{ gilt,}$$

folgt deshalb

$$S_\psi(N) = N^2 \cdot \sum_{1 \leq d \leq N} \frac{\mu(d)}{d^2} + O(N \cdot \log N) \text{ für } N \to \infty.$$

Wegen

$$\sum_{1 \leq d \leq N} \frac{\mu(d)}{d^2} = \sum_{d=1}^{\infty} \frac{\mu(d)}{d^2} - \sum_{d=[N]+1}^{\infty} \frac{\mu(d)}{d^2}$$

sowie Satz 4.5.1

$$\left| \sum_{d=[N]+1}^{\infty} \frac{\mu(d)}{d^2} \right| < \sum_{d=[N]+1}^{\infty} \frac{1}{d^2} < \int_{[N]}^{\infty} \frac{1}{t^2} \, dt = \frac{1}{[N]} = O\left(\frac{1}{N}\right)$$

können wir nun schreiben

$$S_\psi(N) = N^2 \cdot \sum_{d=1}^{\infty} \frac{\mu(d)}{d^2} + O(N \cdot \log N).$$

Nach Satz 4.6.1 gilt

$$\zeta(s) = \sum_{n=1}^{\infty} \frac{1}{n^s}$$

$$= \prod_{p \in \mathbb{P}} \left(1 - \frac{1}{p^s}\right)^{-1}$$

für $s > 1$. Daher ist für $s > 1$

$$\frac{1}{\zeta(s)} = \prod_{p \in \mathbb{P}} \left(1 - \frac{1}{p^s}\right)$$

$$= \left(1 - \frac{1}{2^s}\right) \cdot \left(1 - \frac{1}{3^s}\right) \cdot \left(1 - \frac{1}{5^s}\right) \cdots$$

und auf Grund von $(1 * \mu)(n) = \varepsilon(n)$ siehe Abschnitt 4.7 folgt

$$\frac{1}{\zeta(s)} = \sum_{n=1}^{\infty} \frac{\mu(n)}{n^s}.$$

Wir setzen jetzt $s = 2$ und erhalten

$$\sum_{n=1}^{\infty} \frac{\mu(n)}{n^2} = \frac{1}{\zeta(2)}.$$

Unter Verwendung von $\zeta(2) = \frac{\pi^2}{6}$ ergibt sich deshalb

$$S_\psi(N) = \frac{6}{\pi^2} \cdot N^2 + O(N \cdot \log N) \text{ für } \mathbb{N} \to \infty.$$

Wegen $S_\psi(N) = 2 \cdot S_\varphi(N) - 1$ folgt daher

$$S_\varphi(N) = \frac{3}{\pi^2} \cdot N^2 + O(N \cdot \log N) \text{ für } N \to \infty.$$

$\square$

Satz 4.8.6. *Für den asymptotischen Mittelwert der **Möbiusschen** μ-**Funktion** $M_\mu(N) = \frac{1}{N} \cdot S_\mu(N)$ mit $S_\mu(N) = \sum_{n=1}^{N} \mu(n)$ gilt*

$$M_\mu(N) = o\left(\frac{1}{N}\right) \text{ für } N \to \infty.$$

Bemerkung 4.8.7.

*1) Die durchschnittliche Größenordnung $M(N) = \sum_{n=1}^{M} \mu(n)$ der **Möbiusschen** μ-**Funktion** ist bisher noch nicht ermittelt worden, wobei die Aufgabe darin besteht für die gesuchte Funktion $M = M(n)$*

$$S_\mu(N) \sim S_M(N), \qquad (N \to \infty) \qquad zu\ zeigen.$$

Es handelt sich hierbei um ein ungelöstes mathematisches Problem.

2) Die Abschätzung aus Satz 4.8.6 ist äquivalent zur Gültigkeit des Primzahlsatzes. In dem Buch wird dieser selbst nicht bewiesen, da wir über Primzahlen nur elementare Eigenschaften aufgeführt haben. Wir verweisen den Leser auf Hardy-Wright (siehe [Har]), Prachar (siehe [Pra]), Scheid-Frommer (siehe [Sche]) sowie die Literatur.

5 Quadratische und höhere Kongruenzen

Nachdem wir in Kapitel 2 lineare Kongruenzen und lineare diophantische Gleichungen umfassend studiert haben, wollen wir uns in diesem Kapitel mit quadratischen und höheren Kongruenzen beschäftigen. Zu Beginn werden wir in Abschnitt 5.1 die wichtigsten Eigenschaften über primitive Wurzeln kennenlernen und die Zusammenhänge zu den primen Restklassengruppen darstellen. Im Abschnitt 5.2 behandeln wir die Gesetze der Indexrechnung die es uns gestatten auch spezielle nicht-lineare Kongruenzen zu lösen. Schließlich werden wir in Abschnitt 5.3 ausgewählte quadratische Kongruenzen auf Lösbarkeit untersuchen. Hierbei werden wir die Frage der Lösbarkeit mit Hilfe des Legendre-Symbols bzw. Jacobi-Symbols beantworten und in diesem Zusammenhang das sogenannte quadratische Reziprozitätsgesetz beweisen. Wir bemerken in diesem Zusammenhang, dass es bisher über 200 Beweise gibt, die sich in verschiedene Beweiskategorien einordnen lassen. Wir verweisen auf P. Bachmann *(siehe [Bac])* und F. Lemmermeyer *(siehe [Lem])* und die Literatur. Im Abschnitt 5.4 verfolgen wir die Problemstellung, beliebige natürliche Zahlen mit möglichst wenig Quadratzahlen darzustellen. Schließlich werden im Abschnitt 5.5 wichtige Eigenschaften von höheren Kongruenzen vorgestellt und spezielle höhere Kongruenzen mit Hilfe der Indexrechnung untersucht und gelöst.

5.1 Primitive Wurzeln

Definition 5.1.1. *Es seien* $a \in \mathbb{Z}$ *und* $m > 1$ *eine natürliche Zahl mit* $\mathrm{ggT}(a,m) = 1$. *Dann bezeichnen wir die kleinste natürliche Zahl* $\delta > 0$ *mit*

$$a^\delta \equiv 1 \ (m)$$

als **Exponenten** *von* a *modulo* m.

Ist $\delta \in \mathbb{N}$ der Exponent von a modulo m, so sagen wir auch, dass δ die Ordnung von a modulo m ist. Dabei ist die Existenz eines solchen Exponenten stets gesichert, denn in der unendlichen Folge $\left(a^i\right)_{i\in\mathbb{N}_+}$ gibt es wegen $\mathrm{ggT}(a,m)=1$ nach Satz 2.4.11 auf jeden Fall eine Zahl i_0 mit $a^{i_0} \equiv 1\ (m)$, nämlich die Zahl $i_0 = \varphi(m)$. Natürlich muss $\varphi(m)$ nicht immer minimal und somit Exponent von a modulo m sein.

Satz 5.1.1. *Wenn a modulo m zum Exponenten δ gehört, dann sind die Zahlen*

$$a^0, a^1, \ldots, a^{\delta-1}$$

modulo m paarweise inkongruent und ist ferner $a^t \equiv 1\ (m)$ mit einer natürlichen Zahl $t > 0$, so gilt

$$\delta \mid t.$$

Beweis. Wir nehmen an, dass $a^k \equiv a^l\ (m)$ mit $0 \leq k < l < \delta$ gilt. Dann folgt

$$a^{l-k} \equiv 1\ (m),$$

was im Widerspruch zur Minimalitätseigenschaft von δ steht. Es sei weiterhin $t = \delta \cdot s + r$ mit $0 \leq r < \delta$. Wegen

$$a^t \equiv a^{\delta \cdot s + r} \equiv \left(a^\delta\right)^s \cdot a^r \equiv a^r \equiv 1\ (m)$$

muss dann aber $r = 0$, da wiederum δ minimal ist. Das heißt aber, δ ist ein Teiler von t.

$\square$

Beispiel. Wir wollen den Exponenten von 3 modulo 11 bestimmen. Nach Satz 2.4.11 ist $3^{\varphi(11)} \equiv 3^{10} \equiv 1\ (m)$, das heißt für δ kommen nur die natürlichen Zahlen $1, \ldots, 10$ in Frage. Es sind

$$3^1 \equiv 3\ (11)$$
$$3^2 \equiv 9\ (11)$$
$$3^3 \equiv 5\ (11)$$
$$3^4 \equiv 4\ (11)$$
$$3^5 \equiv 1\ (11).$$

Mit $\delta = 5$ haben wir den Exponenten von 3 modulo 11 erhalten. Gleichzeitig ist wegen Satz 5.1.1 $\delta = 5$ ein Teiler von $\varphi(11) = 10$.

Übungsaufgabe 5.1. Man bestimme den Exponenten von 7 modulo 11.

Beispiel. Wir bestimmen möglichst effektiv die Ordnung von 7 modulo 43. Es ist

$$\varphi(43) = 42 = 2 \cdot 3 \cdot 7$$

und damit kommen für δ nur die positiven Teiler von 42 in Frage, das heißt δ kann nur die Zahlen $1, 2, 3, 6, 7, 14, 21$ annehmen. Da weiterhin

$$7^1 \equiv 7 \ (43)$$
$$7^2 \equiv 6 \ (43)$$
$$7^3 \equiv 42 \ (43)$$
$$7^6 \equiv 1 \ (43),$$

folgt sofort $\delta = 6$ als Exponenten von 7 modulo 43.

Satz 5.1.2. *Wenn a modulo m zum Exponenten δ gehört und für eine natürliche Zahl n $\mathrm{ggT}(n, \delta) = 1$ gilt. Dann besitzt a^n modulo m ebenfalls den Exponenten δ.*

Beweis. Wir nehmen an, dass a^n modulo m zum Exponenten γ gehört und zeigen, dass dann $\gamma = \delta$ ist. Es sei also $\gamma > 0$ die kleinste natürliche Zahl mit

$$(a^n)^\gamma \equiv 1 \ (m).$$

Dann ist nach Satz 5.1.1

$$\delta \mid (n \cdot \gamma)$$

und mit $\mathrm{ggT}(n, \gamma) = 1$ ist $\delta \mid \gamma$. Gehört a modulo m zum Exponenten δ, so ist

$$\left(a^\delta\right)^n \equiv (a^n)^\delta \equiv 1 \ (m)$$

und damit gilt $\gamma \mid \delta$. Insgesamt folgt nun mit der Antisymmetrie der Teilbarkeitsrelation bezüglich $\mathbb{N}$, dass $\gamma = \delta$ ist.
$\square$

Beispiel. Wir wissen bereits, dass 5 der Exponent von 3 modulo 11 ist. Wir wählen ein $n \in \mathbb{N}_+$ mit $\mathrm{ggT}(n, 3) = 1$ und setzen beispielsweise $n = 2$. Dann muss nach Satz 5.1.2 auch $\delta = 5$ die kleinste natürliche Zahl mit

$$\left(3^2\right)^5 \equiv 1 \ (11)$$

und damit der Exponent von 3^2 modulo 11 sein. Dass dies tatsächlich so ist, ergibt sich auch unmittelbar aus

$$\left(3^2\right)^1 \equiv 9 \ (11)$$

$$\left(3^2\right)^2 \equiv 4 \ (11)$$

$$\left(3^2\right)^3 \equiv 3 \ (11)$$

$$\left(3^2\right)^4 \equiv 5 \ (11)$$

$$\left(3^2\right)^5 \equiv 1 \ (11).$$

Definition 5.1.2. *Eine Zahl g, die modulo m zum Exponenten $\varphi(m)$ gehört, bezeichnet man als **primitive Wurzel** modulo m.*

Damit ist eine Zahl g primitive Wurzel modulo m genau dann, wenn die Beziehungen

$$g^{\varphi(m)} \equiv 1 \ (m)$$

und

$$g^\gamma \not\equiv 1 \ (m) \quad \text{für } 1 \le \gamma < \varphi(m)$$

gelten.

Beispiel. Wir wollen alle primitiven Wurzeln modulo 5 berechnen, d.h. wir suchen nach Zahlen g mit

$$g^{\varphi(5)} \equiv g^4 \equiv 1 \ (5)$$

und

$$g^\gamma \not\equiv 1 \ (5) \quad \text{für } 1 \le \gamma < \varphi(5) = 4.$$

Es ist

$$2^4 \equiv 3^4 \equiv 4^4 \equiv 1 \ (5).$$

Also könnten sowohl $2, 3$ und 4 primitive Wurzeln modulo 5 sein. Wegen

$$2^1 \equiv 2 \ (5)$$

$$2^2 \equiv 4 \ (5)$$

$$2^3 \equiv 3 \ (5)$$

und

$$3^1 \equiv 3 \ (5)$$

$$3^2 \equiv 4 \ (5)$$

$$3^3 \equiv 2 \ (5)$$

trifft dies auch tatsächlich für die Zahlen 2 und 3 zu. Die Zahl 4 hingegen ist keine primitive Wurzel modulo 5, denn es ist

$$4^2 \equiv 1 \ (5).$$

Schon das obige Beispiel verdeutlicht, dass wir klären müssen, zu welchen Moduln m primitive Wurzeln existieren und wie viele im Existenzfall vorhanden sind. Eine erste Antwort hierauf gibt

Satz 5.1.3. *Zu einem Modul m existieren entweder keine oder genau $\varphi\left(\varphi(m)\right)$ modulo m inkongruente primitive Wurzeln.*

Beweis. Es sei g eine primitive Wurzel modulo m. Nach Satz 5.1.2 ist dann für jede natürliche Zahl n mit $\mathrm{ggT}\left(n, \varphi(m)\right) = 1$ auch g^n eine primitive Wurzel modulo m. Insgesamt gibt es $\varphi\left(\varphi(m)\right)$ solcher Zahlen $n \leq \varphi(m)$. Das es keine weiteren primitiven Wurzeln gibt, folgt unmittelbar aus Satz 5.1.1: Für $0 \leq \gamma \leq \varphi(m) - 1$ durchläuft g^γ das prime Restsystem modulo m. Wenn wir nun γ derart wählen, dass $\mathrm{ggT}\left(\gamma, \varphi(m)\right) = d > 1$, dann folgt

$$\left(g^\gamma\right)^{\frac{\varphi(m)}{d}} \equiv \left(g^{\varphi(m)}\right)^{\frac{\gamma}{d}} \equiv 1 \ (m).$$

Also kann g^γ keine primitive Wurzel modulo m sein. $\qquad\qquad\square$

Es soll nun noch die Frage beantwortet werden, für welche Moduln m primitive Wurzeln existieren. Dies steht in unmittelbaren Zusammenhang mit der Struktur der primen Restklassengruppe modulo m. Eine endgültige Antwort auf diese Frage liefert uns der Satz 5.1.8. Zunächst zeigen wir den

Satz 5.1.4. *Es sei $m > 0$ eine natürliche Zahl. Es existieren primitive Wurzeln modulo m genau dann, wenn die prime Restklassengruppe modulo m zyklisch ist.*

Beweis. Es sei also g eine primitive Wurzel modulo m. Dann ist

$$g^{\varphi(m)} \equiv 1 \ (m)$$

und

$$g^\delta \not\equiv 1 \ (m) \quad \text{für } 1 \leq \delta < \varphi(m).$$

Nach Satz 5.1.1 sind dann die Zahlen

$$g^0, g^1, \ldots, g^{\varphi(m)-1}$$

modulo m paarweise inkongruent. Insgesamt haben wir also $\varphi(m)$ modulo m inkongruente Zahlen, die wegen $\mathrm{ggT}(g,m) = 1$ alle zum Modul m teilerfremd sind. Damit haben wir die Menge der Restklassen

$$\overline{g^0}, \overline{g^1}, \ldots, \overline{g^{\varphi(m)-1}}$$

modulo m erhalten, die ein primes Restsystem bildet. Es sei nun $m > 0$. Jedes prime Restsystem modulo m hat nach Satz 2.4.8 genau $\varphi(m)$ Elemente und deshalb können wir

$$\mathbb{P}_m = \left\{ \overline{a_1}, \ldots, \overline{a_{\varphi(m)}} \right\}$$

schreiben. Wir wählen jetzt m so, dass $\mathbb{P}_m$ zyklisch ist. Dann existiert ein $\overline{g} \in \mathbb{P}_m$ mit

$$\mathbb{P}_m = \left\{ \overline{g}, \overline{g}^2, \ldots, \overline{g}^{\varphi(m)} \right\},$$

das heißt $\overline{g}$ erzeugt das prime Restsystem modulo m. Wir unterscheiden zwei Fälle:

1. Fall: $\overline{g} = \overline{1}$. Dann muss $\mathbb{P}_m = \left\{\overline{1}\right\}$ und damit $m = 1$ oder $m = 2$ sein. Gleichzeitig ist aber $g = 1$ eine primitive Wurzel modulo 1 bzw. modulo 2, denn die kleinste natürliche Zahl $\delta > 0$ mit

$$1^\delta \equiv 1 \; (1) \qquad\qquad \text{bzw.} \qquad\qquad 1^\delta \equiv 1 \; (2)$$

ist durch $\delta = 1 = \varphi(1) = \varphi(2)$ gegeben.

2. Fall: $\overline{g} \neq \overline{1}$. Da $\overline{g}$ das prime Restsystem modulo m erzeugen muss, gilt

$$\overline{g} \neq \overline{g}^2 \neq \ldots \neq \overline{g}^{\varphi(m)}$$

und wegen $\overline{1} \in \mathbb{P}_m$ existiert eine natürliche Zahl δ mit $1 \leq \delta \leq \varphi(m)$ mit

$$\overline{g}^\delta = \overline{1}.$$

Wenn wir zeigen können, dass dann $\delta = \varphi(m)$ sein muss, haben wir in g eine primitive Wurzel modulo m gefunden. Nach Satz 2.4.11 gilt wegen $\mathrm{ggT}(g,m) = 1$ die Beziehung $g^{\varphi(m)} \equiv 1 \; (m)$, das heißt es ist

$$\overline{g^{\varphi(m)}} = \overline{g}^{\varphi(m)} = \overline{1}.$$

Daraus ergibt sich wegen der Eindeutigkeit von $\overline{1}$ unmittelbar $\delta = \varphi(m)$.

$\square$

Satz 5.1.5. *Es sei p eine Primzahl. Dann ist die prime Restklassengruppe modulo p zyklisch und es existieren primitive Wurzel modulo p.*

Beweis. Für $p = 2$ haben wir nichts mehr zu zeigen. Es sei jetzt p eine beliebige ungerade Primzahl. Für $\delta \mid (p-1)$ definieren wir mit $A(\delta)$ die Anzahl der Restklassen, die zum Exponenten δ gehören. Wir müssen nun zeigen, dass $A(p-1) > 0$ ist. Gibt es eine Zahl a, die zum Exponenten δ gehört, so sind nach Satz 5.1.1 alle Zahlen $a^0, a^1, \ldots, a^{\delta-1}$ paarweise inkongruente Lösungen von $x^\delta - 1 \equiv 0\ (p)$. Deshalb können wir

$$x^\delta - 1 \equiv \left(x - a^0\right) \cdot \left(x - a^1\right) \cdot \ldots \cdot \left(x - a^{\delta-1}\right) \equiv 0\ (p)$$

schreiben. Insbesondere sind dann die Zahlen $a^0, a^1, \ldots, a^{\delta-1}$ auch sämtliche Lösungen dieser Kongruenz. Nach Satz 5.1.2 gehört mit a auch a^k zum Exponenten δ, wenn $\mathrm{ggT}(k, \delta) = 1$ gilt. Das heißt, unter den Lösungen befinden sich $\varphi(\delta)$ Zahlen, die zum Exponenten δ gehören. Damit können nur die beiden Fälle $A(\delta) = 0$ oder $A(\delta) = \varphi(\delta)$ eintreten. Wir zählen jetzt in geordneter Reihenfolge alle primen Restklassen bezüglich ihrer Exponenten und erhalten

$$\sum_{\delta \,\mid\, (p-1)} A(\delta) = p - 1.$$

Wegen Satz 2.4.9 gilt gleichzeitig aber auch

$$\sum_{\delta \,\mid\, (p-1)} \varphi(\delta) = p - 1$$

und somit kann nur $A(\delta) = \varphi(\delta)$ für alle δ sein.

$\square$

Als nächstes soll jetzt noch die Existenz von primitiven Wurzeln zu Moduln der Gestalt p^γ für ungerade Primzahlen p nachgewiesen werden. Dazu benötigen wir allerdings noch zwei Beziehungen, welche in den nun folgenden Lemmata formuliert werden.

Lemma 5.1.1. *Es gibt mindestens eine primitive Wurzel g modulo p mit der Eigenschaft*

$$g^{p-1} \not\equiv 1\ (p^2).$$

Beweis. Wir nehmen an, dass es keine primitive Wurzel g modulo p mit dieser Eigenschaft gibt. Das heißt es gilt stets

$$g^{p-1} \equiv 1\ (p^2).$$

Wir wählen die primitive Wurzel $g_1 = g + p$. Für diese gilt

$$
\begin{aligned}
g_1^{p-1} &\equiv (g+p)^{p-1} \\
&\equiv g^{p-1} + (p-1) \cdot g^{p-2} \cdot p \\
&\equiv 1 - p \cdot g^{p-2} \\
&\not\equiv 1 \ (p^2),
\end{aligned}
$$

was im Widerspruch zur Annahme steht.

$\square$

Lemma 5.1.2. *Ist g eine primitive Wurzel modulo $p > 2$ mit $g^{p-1} \not\equiv 1 \ (p^2)$, dann gilt für jedes $r \geq 2$*

$$
g^{\varphi(p^{r-1})} \not\equiv 1 \ (p^r).
$$

Beweis. Wir führen den Beweis induktiv nach r. Offensichtlich ist die Induktionsvoraussetzung für $r = 2$ richtig. Wir nehmen deshalb die Gültigkeit der Behauptung für ein festes $r \geq 2$ an. Wegen Satz 2.4.11 ist

$$
g^{\varphi(p^{r-1})} \equiv 1 \ (p^{r-1})
$$

und damit

$$
g^{\varphi(p^{r-1})} = 1 + n \cdot p^{r-1}
$$

für $n \in \mathbb{N}_+$ mit $p \nmid n$. Weiter ist mit $r \geq 2$

$$
\begin{aligned}
g^{\varphi(p^r)} &\equiv \left(1 + n \cdot p^{r-1}\right)^p \\
&\equiv 1 + n \cdot p^r + \frac{p \cdot (p-1)}{2} \cdot n^2 \cdot p^{2 \cdot r - 2} \\
&\equiv 1 + n \cdot p^r \\
&\not\equiv 1 \ (p^{r+1}),
\end{aligned}
$$

womit wir die Gültigkeit der Behauptung für $r + 1$ gezeigt haben.

$\square$

Satz 5.1.6. *Es sei p eine ungerade Primzahl. Dann ist für $\gamma > 1$ die prime Restklassengruppe modulo p^γ zyklisch und es existieren primitive Wurzeln modulo p^γ. Ist g eine primitive Wurzel modulo p mit $g^{p-1} \not\equiv 1 \ (p^2)$, dann ist g auch primitive Wurzel modulo p^γ für alle $\gamma > 1$.*

Beweis. Nach Lemma 5.1.1 existiert eine primitive Wurzel g modulo p mit $g^{p-1} \not\equiv 1 \ (p^2)$. Wir nehmen an, dass g modulo p^γ zum Exponenten δ gehört. Wegen $g^\delta \equiv 1 \ (p^\gamma)$ ist

$$g^\delta \equiv 1 \ (p)$$

und da g primitive Wurzel modulo p ist, muss $(p-1) \mid \delta$ sein. Andererseits ist $\delta \mid \varphi(p^\gamma)$ sowie $\varphi(p^\gamma) = p^{\gamma-1} \cdot (p-1)$. Insgesamt ist deshalb $\delta = \varphi(p^\tau)$ für ein τ mit $1 \leq \tau \leq \gamma$. Es sei nun $\tau < \gamma$, dann folgen $\delta \mid \varphi(p^{\gamma-1})$ und $g^{\varphi(p^{\gamma-1})} \equiv 1 \ (p^\gamma)$, was im Widerspruch zu Lemma 5.1.2 steht. Also ist $\delta = \varphi(p^\gamma)$, und g ist primitive Wurzel modulo p^γ.

□

Wir wollen nun untersuchen, für welche $\gamma > 1$ die primen Restklassengruppen modulo 2^γ zyklisch sind und somit primitive Wurzeln modulo 2^γ existieren? Offensichtlich ist die prime Restklassengruppe modulo $2^2 = 4$ zyklisch, denn es ist

$$\mathbb{P}_4 = \{\overline{1}, \overline{3}\}$$

und $\mathbb{P}_4$ ist wegen

$$3^1 \equiv 3 \ (4)$$
$$3^2 \equiv 1 \ (4)$$

mit dem erzeugenden Element $\overline{g} = \overline{3}$ darstellbar. Gleichzeitig ist aber auch $g = 3$ eine primitive Wurzel modulo 4, denn mit

$$3^1 \equiv 3 \not\equiv 1 \ (4)$$
$$3^2 \equiv 1 \ (4)$$

ist der Exponent von 3 modulo 4 durch $\delta = 2 = \varphi(4)$ gegeben. Somit existieren primitive Wurzeln modulo 2^γ, wenn $\gamma = 2$ ist.

Satz 5.1.7. *Es seien p eine ungerade Primzahl und g eine primitive Wurzel modulo p^γ mit $\gamma > 0$. Dann ist von den beiden Zahlen g und $g + p^\gamma$ genau diejenige Zahl primitive Wurzel modulo $2 \cdot p^\gamma$, die ungerade ist .*

Beweis. Wir bezeichnen mit g' die ungerade von den beiden Zahlen g und $g + p^\gamma$. Ferner gehöre g' modulo $2 \cdot g^\gamma$ zum Exponenten δ. Dann ist $\delta \mid \varphi(2 \cdot p^\gamma)$ und wegen $\varphi(2 \cdot p^\gamma) = \varphi(2) \cdot \varphi(p^\gamma) = \varphi(p^\gamma)$ folgt

$$\delta \leq \varphi(p^\gamma).$$

Andererseits ist nach Voraussetzung g' eine primitive Wurzel modulo p^γ und deshalb gilt

$$\delta \geq \varphi\left(p^\gamma\right).$$

Insgesamt haben wir also $\delta = \varphi\left(p^\gamma\right)$ und daher ist g' primitive Wurzel modulo $2 \cdot p^\gamma$.

$\square$

Zusammenfassend können wir formulieren:

Korollar 5.1.1. *Zu den Moduln* $m = 2, 4, p^\gamma, 2 \cdot p^\gamma$ *mit ungeraden Primzahlen* p *und* $\gamma > 0$ *existieren primitive Wurzeln.*

Wir werden nun zeigen, dass für alle anderen Moduln $m > 1$ keine primitiven Wurzeln existieren. Genauer gilt der folgende

Satz 5.1.8. *Zu den Moduln* $m \neq 1, 2, 4, p^\gamma, 2 \cdot p^\gamma$ *mit ungeraden Primzahlen* p *und* $\gamma > 0$ *existieren keine primitiven Wurzeln.*

Beweis. Wir unterscheiden drei Fälle:

1. Fall: Es sei $m = 2^\gamma$ mit $\gamma \geq 3$. Für $\gamma = 3$ ergibt sich für das prime Restsystem modulo $2^3 = 8$ die sogenannte **kleinsche Vierergruppe**

$$\mathbb{P}_8 = \left\{\overline{1}, \overline{3}, \overline{5}, \overline{7}\right\}.$$

Trivialerweise kann $\overline{1}$ kein erzeugendes Element sein. Weiterhin sind

$$\left(\overline{3}\right)^k = \begin{cases} \overline{1} & \text{für } k \equiv 0 \ (2), \\ \overline{3} & \text{sonst.} \end{cases}$$

$$\left(\overline{5}\right)^k = \begin{cases} \overline{1} & \text{für } k \equiv 0 \ (2), \\ \overline{5} & \text{sonst.} \end{cases}$$

und

$$\left(\overline{7}\right)^k = \begin{cases} \overline{1} & \text{für } k \equiv 0 \ (2), \\ \overline{7} & \text{sonst.} \end{cases}$$

Also besitzt $\mathbb{P}_8$ keine erzeugenden Elemente und kann deshalb nicht zyklisch sein. Wenn wir zeigen, dass für $\gamma \geq 3$ und eine ungerade Zahl a stets die Beziehung

$$a^{2^{\gamma-2}} \equiv 1 \ (2^\gamma)$$

gilt, kann $\mathbb{P}_{2^\gamma}$ für $\gamma \geq 3$ nicht zyklisch sein. Andernfalls müsste nämlich

$$a^{\varphi(2^\gamma)} \equiv a^{2^{\gamma-2}} \equiv 1 \ (2^\gamma)$$

sein, im Widerspruch zu $\varphi(2^\gamma) = 2^{\gamma-1}$. Wir schließen induktiv: Für $\gamma = 3$ haben wir bereits alles gezeigt. Die Behauptung gelte nun für ein festes $\gamma \geq 3$. Dann gilt für $\gamma + 1$ mit einer festen ganzen Zahl $k \in \mathbb{Z}$:

$$a^{2^{\gamma-1}} \equiv \left(a^{2^{\gamma-2}}\right)^2$$
$$\equiv (1 + k \cdot 2^\gamma)^2$$
$$\equiv 1 + k \cdot 2^{\gamma+1} + k^2 \cdot 2^{2 \cdot \gamma}$$
$$\equiv 1 \ (2^{\gamma+1}).$$

2. Fall: Es sei $m = 2^\gamma \cdot p^e$ mit $\gamma \geq 2$ und $e \geq 1$. Dann gilt

$$\varphi(m) = 2^{\gamma-1} \cdot p^{e-1} \cdot (p-1)$$

und es ist deshalb $\frac{\varphi(m)}{2}$ durch $\varphi(2^\gamma)$ und $\varphi(p^e)$ teilbar. Daher folgt

$$a^{\frac{\varphi(m)}{2}} \equiv 1 \ (2^\gamma)$$
$$a^{\frac{\varphi(m)}{2}} \equiv 1 \ (p^e)$$

und wir haben insgesamt

$$a^{\frac{\varphi(m)}{2}} \equiv 1 \ (2^\gamma \cdot p^e).$$

Damit kann aber $\varphi(m)$ nicht der Exponent von a sein.

3. Fall: Es sei $m = 2^\gamma \cdot \prod_{i=1}^{r} p_i^{e_i}$ mit $\gamma \geq 0$ und $r \geq 2$. Analog zum vorherigen Fall erhalten wir aus

$$\varphi(m) = \varphi(2^\gamma) \cdot \prod_{i=1}^{r} \left\{p_i^{e_i-1} \cdot (p_i - 1)\right\}$$

die Teilbarkeit von $\frac{\varphi(m)}{2}$ durch $\varphi(2^\gamma)$ und $\varphi(p_i^{e_i})$ für $i = 1, \ldots, r$. Also ergibt sich auch hier insgesamt

$$a^{\frac{\varphi(m)}{2}} \equiv 1 \ (2^\gamma \cdot \prod_{i=1}^{r} p_i^{e_i})$$

mit dieser Folgerung, dass $\varphi(m)$ nicht der Exponent von a sein kann. $\qquad \square$

Bemerkung 5.1.1. *Man kann unter Verwendung des Begriffes des Exponenten δ beweisen, dass dieser Exponent mit der primitiven (minimalen) Periodenlänge $s = \delta$ einer rationalen Zahl $\alpha = \frac{a}{b}$ mit $(a,b) = 1$ und $b > 0$ (siehe Abschnitt 3.5) zusammenhängt. Genauer gilt für das Positionssystem $k = 10$, wenn $\alpha = \frac{a}{b}$ und $b = 2^e \cdot 5^f \cdot b'$ mit $e, f \in \mathbb{N}, b' > 2$ gegeben sind. Dann ist die primitive Periodenlänge von α der Exponent $\delta = s$, der durch $10^\delta \equiv 1 \ (b')$ eindeutig bestimmt wird. Der Beweis ist trivial, indem man alle Potenzen von 10 modulo b' berechnet.*

Beispiele. $x_1 = \frac{1}{700}$ *hat die primitive Periodenlänge* $\delta = s = 6$.
$x_2 = \frac{1}{1300}$ *hat die primitive Periodenlänge* $\delta = s = 6$.
Übungsaufgabe 5.2. Man bestimme alle primitiven Wurzeln modulo $5, 25, 37$ und modulo 50.
Übungsaufgabe 5.3. Man bestimme die Vorperiodenlänge r sowie die Periodenlänge s der nachfolgend aufgeführten Stammbrüche $\frac{1}{m}$ für $m = 11, \ldots, 24$.
Hinweis: Für die Bestimmung der Vorperiodenlänge r verwende man die im Abschnitt 3.5 dargestellten Ergebnisse.

Es stellt sich in diesem Zusammenhang die Frage, wie man möglichst effektiv primitive Wurzeln zu einem vorgelegten Modul bestimmen kann. Eine einfache, aber sicherlich nicht die beste Methode ist das systematische Probieren. Eine Hilfestellung hierzu gibt der folgende Satz, dessen einfacher Beweis dem Leser überlassen wird.

Satz 5.1.9. *Es seien p eine Primzahl und $a \in \mathbb{Z}$ teilerfremd zu p. Dann ist a primitive Wurzel modulo p, wenn*

$$a^{\frac{p-1}{q}} \not\equiv 1 \ (p)$$

für jeden Primteiler q von $p - 1$ gilt.
Übungsaufgabe 5.4. Man beweise die Behauptung von Satz 5.1.9.

Wir bemerken noch, dass eine Reihe von Problemstellungen, die sich mit Primitivwurzeln beschäftigen, bisher noch ungelöst sind. Es ist zum Beispiel die Frage, ob ganze Zahlen a existieren, die für unendlich viele Primzahlmoduln primitive Wurzeln sind, ungeklärt.

5.2 Indexrechnung

Im vorangegangenen Abschnitt haben wir gezeigt, dass nur für die Moduln $m = 2, 4, p^\gamma$ sowie $m = 2 \cdot p^\gamma$ mit ungeraden Primzahlen p und $\gamma > 0$ primitive

Wurzeln existieren. Diese Eigenschaft wollen wir in diesem Abschnitt stets
voraussetzen. Es sei nun eine primitive Wurzel g modulo m gegeben, dann bilden
die Zahlen $g^0, g^1, \ldots, g^{\varphi(m)-1}$ ein primes Restsystem modulo m. Damit ist sofort
klar, dass wir eindeutig jeder zu m teilerfremden Zahl $a \in \mathbb{N}_+$ ein natürliches μ
mit $0 \le \mu \le \varphi(m) - 1$ derart zuordnen können, dass

$$a \equiv g^\mu \ (m)$$

gilt. Wir werden jetzt diesen Zusammenhang begrifflich fassen:

Definition 5.2.1. *Es seien g eine primitive Wurzel modulo m und a eine zu
m teilerfremde ganze Zahl. Weiterhin sei μ die aus der Kongruenz $a \equiv g^\mu \ (m)$
eindeutig bestimmte Zahl der Menge $\{0, 1, \ldots, \varphi(m) - 1\}$. Dann bezeichnen wir
μ als den **Index** der Zahl a bezüglich der Basis g modulo m und wir schreiben*

$$\mu := \mathrm{ind}_g\, a.$$

*Wenn aus dem Zusammenhang g eindeutig ersichtlich ist, dann schreiben wir
auch kürzer*

$$\mu := \mathrm{ind}\, a.$$

Beispiel. Die Zahl $g = 3$ ist primitive Wurzel modulo 7. Wir wählen $a_1 = 4$ sowie
$a_2 = 5$ und suchen die eindeutig bestimmten Zahlen $0 \le \mu_1, \mu_2 \le \varphi(7) = 6$ mit

$$4 \equiv 3^{\mu_1} \ (7)$$
$$5 \equiv 3^{\mu_2} \ (7).$$

Wir erhalten $\mu_1 = 4$ und $\mu_2 = 5$. Damit ist also $\mathrm{ind}_3\, 4 = 4$ und $\mathrm{ind}_3\, 5 = 5$.

Wie wir später sehen werden, können wir mit Hilfe des Indexkalküls spezielle nicht-
lineare Kongruenzen in lineare Kongruenzen umformen. Grundlage hierfür sind
spezielle Rechenregeln, die weitestgehend den Gesetzen der Logarithmenrechnung
entsprechen.

Satz 5.2.1. *Es seien $a, b \in \mathbb{Z}$ und $k, m \in \mathbb{N}_+$. Dann gelten für den Index die
nachfolgend aufgeführten Rechenregeln:*

R1) $\mathrm{ind}(a \cdot b) \equiv \mathrm{ind}\, a + \mathrm{ind}\, b \ (\varphi(m))$.

R2) $\mathrm{ind}\left(a^k\right) \equiv k \cdot \mathrm{ind}\, a \ (\varphi(m))$.

R3) $\mathrm{ind}\, 1 = 0$.

R4) $\mathrm{ind}_g\, g = 1$.

R5) $\mathrm{ind}(-1) = \frac{1}{2} \cdot \varphi(m)$ *für $m > 2$.*

Beweis.

R1) Aus

$$a \equiv g^{\text{ind}\,a} \ (m)$$

und

$$b \equiv g^{\text{ind}\,b} \ (m)$$

folgt unmittelbar

$$a \cdot b \equiv g^{\text{ind}\,a} \cdot g^{\text{ind}\,a} \equiv g^{\text{ind}\,a + \text{ind}\,b} \ (m).$$

Andererseits ist aber auch

$$a \cdot b \equiv g^{\text{ind}(a \cdot b)} \ (m),$$

woraus wegen Definition 5.1.2 die Behauptung folgt.

R2) Wir schließen induktiv: Für $k = 1$ ist nichts zu zeigen. Die Behauptung gelte nun für ein festes $k \geq 1$ Dann ist

$$\text{ind}\,a^{k+1} \equiv \text{ind}\left(a^k \cdot a\right) \equiv \text{ind}\,a^k + \text{ind}\,a(\varphi(m))$$

und nach Induktionsvoraussetzung haben wir dann

$$\text{ind}\,a^k + \text{ind}\,a \equiv k \cdot \text{ind}\,a + \text{ind}\,a \equiv (k+1) \cdot \text{ind}\,a(\varphi(m)).$$

R3) Es ist

$$\text{ind}\,1 \equiv \text{ind}(1 \cdot 1) \equiv \text{ind}\,1 + \text{ind}\,1 \equiv 2 \cdot \text{ind}\ 1(\varphi(m))$$

und wegen $0 \leq \text{ind}\,1 < \varphi(m)$ muss deshalb $\text{ind}\,1 = 0$ sein.

R4) Nach Definition 5.2.1 ist

$$g \equiv g^1 \equiv g^{\text{ind}_g\,g} \ (m)$$

und deshalb $\text{ind}_g\,g = 1$.

R5) Nach Satz 2.4.11 ist $g^{\varphi(m)} \equiv 1 \ (m)$ und damit

$$g^{\varphi(m)} - 1 \equiv \left(g^{\frac{1}{2} \cdot \varphi(m)} - 1\right) \cdot \left(g^{\frac{1}{2} \cdot \varphi(m)} + 1\right) \equiv 0 \ (m).$$

Da g primitive Wurzel modulo $m > 2$ ist, muss nach Korollar 5.1.1 stets $m = 4, p^e, 2 \cdot p^e$ mit einer ungeraden Primzahl p sein und gleichzeitig $2 \mid \varphi(m)$ gelten. Für $m = 4$ ist $g = 3$ und deshalb

$$3^{\frac{\varphi(4)}{2}} + 1 \equiv 4 \equiv 0 \ (4).$$

Für $m = p^e$ können nicht beide Faktoren durch p teilbar sein. Da g primitive Wurzel modulo m ist, muss also

$$g^{\frac{\varphi(m)}{2}} \equiv -1 \ (m)$$

gelten. Analoges gilt für den Fall $m = 2 \cdot p^e$. Insgesamt muss also $g^{\frac{1}{2} \cdot \varphi(m)} = -1$ sein, woraus unmittelbar $g^{\frac{1}{2} \cdot \varphi(m)} + 1 = 0$ und damit die Behauptung folgt. $\qquad\qquad\qquad\qquad\qquad\qquad\qquad\qquad\qquad\qquad\qquad\qquad\qquad$ $\square$

Für das Rechnen mit Indizes erweist es sich als zweckmäßig in Analogie zu Logarithmenrechnung sogenannte Indextafeln zu verwenden. Wir werden sehen, dass sich mit Hilfe dieser Tafeln die Bestimmung eines Indizes zu einer vorgegebenen Zahl und auch umgekehrt relativ leicht durchführen lässt.
Beispiel. Wir wollen eine Indextafel für den Modul $m = 17$ aufstellen. Offensichtlich existieren primitive Wurzeln modulo 17. Es ist $\varphi(17) = 16$ und $g = 3$ ist die kleinste primitive Wurzel modulo 17, denn es gelten die Kongruenzen

$$3^{16} \equiv 1 \ (17)$$

und

$$3^t \not\equiv 1 \ (17)$$

für alle echten Teiler t von $\varphi(17)$. Weiterhin haben wir die Beziehungen

$$3^0 \equiv 1 \ (17) \qquad 3^1 \equiv 3 \ (17) \qquad 3^2 \equiv 9 \ (17) \qquad 3^3 \equiv 10 \ (17)$$
$$3^4 \equiv 13 \ (17) \qquad 3^5 \equiv 5 \ (17) \qquad 3^6 \equiv 15 \ (17) \qquad 3^7 \equiv 11 \ (17)$$
$$3^8 \equiv 16 \ (17) \qquad 3^9 \equiv 14 \ (17) \qquad 3^{10} \equiv 8 \ (17) \qquad 3^{11} \equiv 7 \ (17)$$
$$3^{12} \equiv 4 \ (17) \qquad 3^{13} \equiv 12 \ (17) \qquad 3^{14} \equiv 2 \ (17) \qquad 3^{15} \equiv 6 \ (17).$$

Die Zahlen $3^0, \ldots, 3^{15}$ bilden dabei ein primes Restsystem modulo 17. Somit kann man jede der Zahlen $1, \ldots, 16$ eindeutig einer Potenz 3^e mit $0 \le e < 16$ zuordnen. Damit können wir die folgende Tabelle 5.1 aufstellen:

a	1	2	3	4	5	6	7	8	9	10	11	12	13	14	15	16
$\text{ind}_3 a$	0	14	1	12	5	15	11	10	2	3	7	13	4	9	6	8

Tabelle 5.1: Indextafel für den Modul $m = 17$.

Mit Hilfe von Tabelle 5.1 kann man für jede ganze Zahl a mit $1 \le a \le 16$ den Index bezüglich der Basis 3 modulo 17 ermitteln. Um nun andererseits für einen

$\mathrm{ind}_3\, a$	0	1	2	3	4	5	6	7	8	9	10	11	12	13	14	15
a	1	3	9	10	13	5	15	11	16	14	8	7	4	12	2	6

Tabelle 5.2: Indextafel für den Modul $m = 17$.

vorgelegten Index die entsprechende ganze Zahl a zu bestimmen, eignet sich die Tabelle 5.1 nicht so gut. Wir geben deshalb noch eine zweite Tabelle an, die für diese umgekehrte Zuordnung geeigneter ist (Tabelle 5.2):

Wir werden nun die Indexrechnung bei der Lösung von linearen Kongruenzen zur Anwendung bringen. Wir möchten also die lineare Kongruenz

$$a \cdot x \equiv b\ (m) \quad \text{mit } \mathrm{ggT}(a, m) = \mathrm{ggT}(b, m) = 1$$

lösen. Existieren zu m primitive Wurzeln, das heißt ist m von der Gestalt $2, 4, p^e, 2 \cdot p^e$ mit einer ungeraden Primzahl p und $e \in \mathbb{N}_+$, so gilt nach Satz 5.2.1

$$\mathrm{ind}\, a + \mathrm{ind}\, x \equiv \mathrm{ind}\, b\ (\varphi(m))$$

und damit ist

$$\mathrm{ind}\, x \equiv \mathrm{ind}\, b - \mathrm{ind}\, a\ (\varphi(m)).$$

Mit Hilfe einer Indextafel für den Modul m können wir deshalb die Lösung der linearen Kongruenz bestimmen.

Beispiel. Wir wollen die Kongruenz $9 \cdot x \equiv 7\ (17)$ lösen. Es ergibt sich sofort

$$\mathrm{ind}\, x \equiv \mathrm{ind}\, 7 - \mathrm{ind}\, 9 \equiv 11 - 2 \equiv 9\ (16).$$

Damit ist

$$x \equiv 14\ (17)$$

die Lösung der linearen Kongruenz.

Übungsaufgabe 5.5. Man beweise die Gültigkeit der Beziehung

$$\mathrm{ind}(m - a) \equiv \frac{1}{2} \cdot \varphi(m) + \mathrm{ind}\, a\ (\varphi(m))$$

für $m > 2$.

Übungsaufgabe 5.6. Man stelle eine Indextafel für $m = 11$ auf und löse anschließend die sogenannte spezielle Exponentialkongruenz $7^x \equiv 10\ (11)$.

5.3 Quadratische Kongruenzen

Definition 5.3.1. *Es seien* $a, b, c \in \mathbb{Z}$ *sowie* $m > 1$ *eine beliebige natürliche Zahl, so dass* $a \not\equiv 0$ (m). *Dann heißt*

$$ax^2 + bx + c \equiv 0 \ (m)$$

quadratische Kongruenz mit der Variablen $x \in \mathbb{Z}$.

Eine quadratische Kongruenz kann lösbar oder unlösbar sein. Dabei können wir durch eine geeignete Substitution die Lösbarkeitsuntersuchung der quadratischen Kongruenz auf die der speziellen quadratischen Kongruenz

$$y^2 \equiv d \ (m)$$

überführen, denn es ist nach Multiplikation von $ax^2 + bx + c \equiv 0$ (m) mit $4a$

$$4a^2x^2 + 4abx + 4ac \equiv 0 \ (4am)$$

und damit weiterhin

$$(2ax + b)^2 - b^2 + 4ac \equiv 0 \ (4am).$$

Insgesamt können wir also

$$(2ax + b)^2 \equiv b^2 - 4ac \ (4am)$$

und mit den Substitutionen $y := (2ax + b), d := b^2 - 4ac$ und $n := 4am$

$$y^2 \equiv d \ (n)$$

schreiben.

Bemerkung 5.3.1. *Wir erwähnen noch, dass bei der Substitution* $y := (2ax + b)$ *einerseits alle ganzen Zahlen* $x \in \mathbb{Z}$ *stets in ganze Zahlen* $y \in \mathbb{Z}$ *überführt werden. Andererseits gibt es ganze Zahlen* $y \in \mathbb{Z}$, *für die keine ganzen Zahlen* $x \in \mathbb{Z}$ *existieren.*

Definition 5.3.2. *Es seien* $a \in \mathbb{Z}$ *sowie* $m > 1$ *eine beliebige natürliche Zahl. Dann heißt*

$$x^2 \equiv a \ (m)$$

spezielle quadratische Kongruenz mit der Variablen $x \in \mathbb{Z}$.

Sind a und m fest vorgegeben, dann kann die spezielle quadratische Kongruenz lösbar oder unlösbar sein. Wenn die Kongruenz $x^2 \equiv a \ (m)$ lösbar ist, dann stellt sich die Frage nach der Anzahl der Lösungen modulo m sowie die Frage nach geeigneten Lösungsverfahren, um alle Lösungen zu bestimmen.

Definition 5.3.3. *Wenn die spezielle quadratische Kongruenz $x^2 \equiv a \ (m)$ lösbar ist, dann bezeichnen wir a als **quadratischen Rest** modulo m. Andernfalls nennen wir a einen **quadratischen Nichtrest** modulo m, wenn die spezielle quadratische Kongruenz $x^2 \equiv a \ (m)$ unlösbar ist.*

Ist m fest vorgegeben, so kann a ein quadratischer Rest modulo m sein. Insofern interessieren wir uns bei quadratischen Kongruenzen weiterhin für die Frage nach der Anzahl solcher a und wie wir diese bestimmen können. Ist andererseits a fest vorgegeben, so kann m ein Modul derart sein, dass a ein quadratischer Rest ist. Folglich ergibt sich die Frage nach der Bestimmung solcher Moduln m zu fest vorgegebenem a.

Lemma 5.3.1. *(**Chinesischer Restsatz**) Die natürlichen Zahlen $m_1, \ldots, m_r$ seien paarweise teilerfremd, das heißt es sei $\mathrm{ggT}(m_i, m_j) = 1$ für $i, j = 1, \ldots, r$ und $i \neq j$. Es seien weiterhin $a_1, \ldots, a_r, b_1, \ldots, b_r$ beliebige ganze Zahlen mit $\mathrm{ggT}(a_1, m_1) = \ldots = \mathrm{ggT}(a_r, m_r) = 1$, dann hat das Kongruenzsystem*

$$a_1 x \equiv b_1 \ (m_1)$$
$$\ldots$$
$$a_r x \equiv b_r \ (m_r)$$

genau eine Lösung modulo M mit $M = m_1 \cdot \ldots \cdot m_r$.

Beweis. Nach Satz 2.4.6 ist jede einzelne Kongruenz $a_i x \equiv b_i \ (m_i)$ eindeutig lösbar, das heißt es existieren ganze Zahlen c_i mit

$$x_i \equiv c_i \ (m_i) \quad \text{für } i = 1, \ldots, r.$$

Auf Grund der Teilerfremdheit von m_i und m_j für $i \neq j$ ist nun

$$\mathrm{ggT}\left(\frac{M}{m_1}, \ldots, \frac{M}{m_r}\right) = 1$$

und nach Verallgemeinerung von Satz 2.3.5 existieren ganze Zahlen $y_1, \ldots, y_r$ mit

$$\frac{M}{m_1} \cdot y_1 + \ldots + \frac{M}{m_r} \cdot y_r = 1.$$

Es seien $e_1, \ldots, e_r$ ganze Zahlen mit

$$e_i \equiv \frac{M}{m_i} \cdot y_i \; (M) \quad \text{für } i = 1, \ldots, r.$$

Dann gilt

$$e_1 + \ldots + e_r \equiv 1 \; (M)$$

und außerdem ist

$$e_j \equiv \begin{cases} 0 \; (m_i) & \text{für } i \neq j, \\ 1 \; (m_i) & \text{sonst.} \end{cases}$$

Wir setzen

$$x_0 = c_1 \cdot e_1 + \ldots + c_r \cdot e_r,$$

es ergibt sich nun, dass

$$x_0 \equiv c_i \; (m_i) \quad \text{für } i = 1, \ldots, r$$

gilt und damit löst $x \equiv x_0 \; (M)$ das Kongruenzsystem. Wir müssen jetzt noch die Eindeutigkeit der Lösung beweisen. Wir schließen indirekt und nehmen an, dass es eine weitere Lösung x_0' modulo M gibt. Dann ist aber

$$x_0' \equiv x_0 \; (m_i) \quad \text{für } i = 1, \ldots, r$$

und damit auch $x_0' \equiv x_0 \; (M)$.

$\square$

Beispiel. Für

$$x \equiv 1 \; (4)$$
$$x \equiv 2 \; (3)$$
$$x \equiv 3 \; (5)$$

erhalten wir $M = 60$ und es existieren ganze Zahlen y_1, y_2, y_3, so dass

$$\frac{60}{4} \cdot y_1 + \frac{60}{3} \cdot y_2 + \frac{60}{5} \cdot y_3 = 15 \cdot y_1 + 20 \cdot y_2 + \frac{1}{2} \cdot y_3 = 1.$$

Wir wählen $y_1 = y_2 = -1$ sowie $y_3 = 3$ und setzen $e_i := \frac{M}{m_i} \cdot y_i$ für $i = 1, 2, 3$. Dann ist

$$x_0 = 1 \cdot 15 \cdot (-1) + 2 \cdot 20 \cdot (-1) + 3 \cdot 12 \cdot 3 = 53$$

und deshalb löst

$$x \equiv 53 \; (60)$$

das Kongruenzsystem.

Satz 5.3.1. *Es seien $x^2 \equiv a \ (m)$ eine spezielle quadratische Kongruenz und $m = p_1^{e_1} \cdot \ldots \cdot p_r^{e_r}$ die Primfaktorzerlegung des Moduls m. Es bezeichne n_i die Anzahl der Lösungen der quadratischen Kongruenz*

$$x^2 \equiv a \ (p_i^{e_i}) \quad \text{für } i = 1, \ldots, r.$$

Dann hat die Kongruenz $x^2 \equiv a \ (m)$ genau

$$N = n_1 \cdot \ldots \cdot n_r$$

Lösungen modulo m.

Beweis. Die Lösung der Kongruenz $x^2 \equiv a \ (m)$ ist äquivalent zur Lösung des Kongruenzssystems

$$x^2 \equiv a \ (p_i^{e_i}) \quad \text{für } i = 1, \ldots, r.$$

Im Falle der Lösbarkeit bezeichne

$$x \equiv c_i \ (p_i^{e_i})$$

eine Lösung der i-ten quadratischen Kongruenz. Dann erhalten wir für $i = 1, \ldots, r$ ein System von r gelösten linearen Kongruenzen. Wegen Lemma 5.3.1 existiert dann eine eindeutig bestimmte Lösung modulo m. Wenn nun die c_i alle n_i inkongruenten Lösungen durchlaufen, so erhalten wir insgesamt $N = n_1 \cdot \ldots \cdot n_r$ Lösungen modulo m.

$\square$

Somit genügt es O. E. d. A, dass wir uns bei den Lösbarkeitsuntersuchungen auf quadratische Kongruenzen der Form $x^2 \equiv a \ (p^e)$ mit $p \in \mathbb{P}$ beschränken können. Weiterhin kann man $\ggT(a, p) = 1$ annehmen. Denn wenn p ein Teiler von a ist, dann folgt für $e = 1$

$$x \equiv 0 \ (p).$$

Im Fall $e > 1$ setzen wir $a = p \cdot a'$ sowie $x = p \cdot y$.
Damit haben wir

$$p \cdot y^2 \equiv a' \ (p^{e-1}).$$

Notwendig für die Lösbarkeit dieser Kongruenz ist dann $a' = p \cdot a''$, so dass wir mit $y^2 \equiv a'' \ (p^{e-2})$ eine Kongruenz vom gleichen Typus erhalten würden.

Satz 5.3.2. *Es sei a eine beliebige ganze Zahl mit $\ggT(a, 2) = 1$. Dann hat die quadratische Kongruenz*

$$x^2 \equiv a \ (2)$$

genau eine Lösung modulo 2.

Beweis. Nach Voraussetzung ist $a \equiv 1 \ (2)$ und deshalb gilt

$$x^2 \equiv 1 \ (2).$$

Folglich ist $x \equiv 1 \ (2)$ die einzige Lösung der quadratischen Kongruenz.

$\square$

Satz 5.3.3. *Es sei a eine beliebige ganze Zahl mit* $\mathrm{ggT}(a, 2) = 1$. *Dann hat die quadratische Kongruenz*

$$x^2 \equiv a \ (2^2)$$

für $a \equiv 1 \ (4)$ *genau zwei Lösungen modulo 4. Andernfalls ist sie unlösbar.*

Beweis. Wegen $\mathrm{ggT}(a, 2) = 1$ können nur zwei Fälle auftreten:

1. Fall: Es ist $a \equiv 1 \ (4)$. Dann gilt

$$x^2 \equiv 1 \ (2^2)$$

und deshalb sind durch

$$x \equiv \pm 1 \ (2^2)$$

genau zwei Lösungen gegeben.

2. Fall: Es ist $a \equiv 3 \ (4)$. Dann gilt

$$x^2 \equiv 3 \equiv -1 \ (2^2)$$

und diese Kongruenz ist nicht lösbar.

$\square$

Lemma 5.3.2. *Jedes Element* $\bar{a}$ *der primen Restklassengruppe modulo* 2^γ *mit* $\gamma > 2$ *kann man in der Form*

$$\bar{a} = \overline{(-1)^\alpha} \cdot \overline{5^r} \quad \text{mit } \alpha = 0, 1 \text{ und } r = 0, \ldots, 2^{\gamma-2} - 1$$

darstellen.

Beweis. Die Zahl -1 gehört modulo 2^γ zum Exponenten 2. Aus dem Beweis von Satz 5.1.8 und wegen

$$5^{2^{\gamma-3}} \equiv \left(1 + 2^2\right)^{2^{\gamma-3}} \not\equiv 1 \ (2^\gamma)$$

folgt, dass die Zahl 5 modulo 2^γ zum Exponenten $2^{\gamma-2}$ gehört. Wegen Satz 5.1.1 sind die Zahlen 5^r paarweise inkongruent, und mit $5^{r_1} \equiv 1\ (4)$ und $-5^{r_2} \equiv -1\ (4)$ ergibt sich

$$5^{r_1} \not\equiv 5^{r_2}\ (2^\gamma).$$

Deshalb bilden die $\varphi(2^\gamma) = 2^{\gamma-1}$ Zahlen der Form $(-1)^\alpha \cdot 5^r$ ein primes Restsystem modulo 2^γ.

$\square$

Satz 5.3.4. *Es seien a eine beliebige ganze Zahl mit $\mathrm{ggT}(a,2) = 1$ und $\gamma \geq 3$. Dann hat die quadratische Kongruenz*

$$x^2 \equiv a\ (2^\gamma)$$

für $a \equiv 1\ (8)$ genau vier Lösungen modulo 2^γ. Andernfalls ist sie unlösbar.

Beweis. Wegen Lemma 5.3.2 können wir

$$a \equiv (-1)^\alpha \cdot 5^r\ (2^\gamma)$$

schreiben und wollen x in der Form

$$x \equiv (-1)^\beta \cdot 5^s\ (2^\gamma).$$

bestimmen. Dann ist

$$x^2 \equiv (-1)^{2 \cdot \beta} \cdot 5^{2 \cdot s} \equiv 5^{2 \cdot s}\ (2^\gamma)$$

und mit $x^2 \equiv a\ (2^\gamma)$ gilt

$$5^{2 \cdot s} \equiv (-1)^\alpha \cdot 5^r\ (2^\gamma).$$

Damit ist $\alpha \equiv 0\ (2)$ und weiterhin muss nach Satz 5.2.1 die Beziehung

$$2 \cdot s \equiv r\ (2^{\gamma-2})$$

gelten. Diese Kongruenz ist lösbar genau dann, wenn r durch 2 teilbar ist. Deshalb erhalten wir

$$a \equiv \left(5^2\right)^{\frac{r}{2}} \equiv 1\ (8)$$

als notwendige Bedingung für die Lösbarkeit der Kongruenz $x^2 \equiv a\ (2^\gamma)$. Folglich gilt dann aber

$$s \equiv \frac{r}{2}\ (2^{\gamma-3})$$

und diese Kongruenz hat genau eine Lösung s modulo $2^{\gamma-3}$, also zwei Lösungen modulo $2^{\gamma-2}$. Da außerdem β in der Kongruenz $x \equiv (-1)^\beta \cdot 5^s \ (2^\gamma)$ nur die Zahlenwerte $0, 1$ annehmen kann, erhalten wir deshalb insgesamt 4 Lösungen x modulo 2^γ.

$\square$

Wir wollen jetzt die Aussagen über die Lösbarkeit von quadratischen Kongruenzen mit Moduln $m = 2^\gamma$ und $\gamma > 0$ zusammenfassen:

Korollar 5.3.1. *Die quadratische Kongruenz* $x^2 \equiv a \ (2^\gamma)$

$$\text{hat genau} \begin{cases} 1 \text{ Lösung,} & \text{falls } \gamma = 1. \\ 2 \text{ Lösungen,} & \text{falls } \gamma = 2 \text{ und } a \equiv 1 \ (4). \\ 4 \text{ Lösungen,} & \text{falls } \gamma \geq 3 \text{ und } a \equiv 1 \ (8). \end{cases}$$

In allen anderen Fällen ist die Kongruenz unlösbar.

Als nächstes wollen wir die Lösbarkeit von quadratischen Kongruenzen mit ungeraden Primzahlmoduln untersuchen. Hierfür benötigen wir das folgende

Lemma 5.3.3. *Es seien p eine ungerade Primzahl mit $p \nmid a$ und $n \geq 2$. Dann hat die Kongruenz*

$$x^n \equiv a \ (p^\gamma)$$

genau

$$d = \text{ggT}\left(n, p^{\gamma-1} \cdot (p-1)\right)$$

inkongruente Lösungen modulo p^γ, wenn $d \mid \text{ind}\, a$. Andernfalls ist die Kongruenz unlösbar.

Beweis. Unter Beachtung der Voraussetzungen kann die Kongruenz nach Satz 5.2.1 folgendermaßen umgeformt werden

$$n \cdot \text{ind}\, x \equiv \text{ind}\, a \ (\varphi\,(p^\gamma))$$

und wegen $\varphi\,(p^\gamma) = p^{\gamma-1} \cdot (p-1)$ können wir

$$n \cdot \text{ind}\, x \equiv \text{ind}\, a \ (p^{\gamma-1} \cdot (p-1))$$

schreiben. Nach Satz 2.4.6 gilt: Eine lineare Kongruenz $a \cdot x \equiv b \ (m)$ ist genau dann lösbar, wenn $\text{ggT}(a, m) \mid b$. In diesem Fall besitzt sie genau $d = \text{ggT}(a, m)$ zueinander modulo m inkongruente Lösungen. Damit ist die obige lineare Kongruenz mit $d = \text{ggT}\left(n, p^{\gamma-1} \cdot (p-1)\right)$ genau dann lösbar, wenn $d \mid \text{ind}\, a$ und deshalb besitzt sie im Falle der Lösbarkeit genau d inkongruente Lösungen.

$\square$

Satz 5.3.5. *Es seien a eine beliebige ganze Zahl und p eine ungerade Primzahl mit* $\mathrm{ggT}(a, p) = 1$. *Dann hat die quadratische Kongruenz*

$$x^2 \equiv a \ (p^\gamma) \quad mit \ \gamma > 0$$

entweder keine oder genau zwei Lösungen modulo p^γ. *Weiterhin gilt: Ist a ein quadratischer Rest modulo p, so ist a auch ein quadratischer Rest modulo* p^γ *und umgekehrt.*

Beweis. Offensichtlich gilt

$$d = \mathrm{ggT}\left(2, p^{\gamma-1} \cdot (p-1)\right) = 2.$$

Nach Lemma 5.3.3 ist die Kongruenz $x^2 \equiv a \ (p^\gamma)$ genau dann lösbar, wenn $2 \mid \mathrm{ind}\, a$ und unlösbar, wenn $2 \nmid \mathrm{ind}\, a$. Im Falle der Lösbarkeit hat sie genau $d = 2$ inkongruente Lösungen. Damit haben wir die erste Aussage des Satzes gezeigt. Wenn wir nun noch nachweisen können, dass die Teilbarkeit von $\mathrm{ind}\, a$ unabhängig von γ ist, haben wir den Satz vollständig bewiesen. Es seien g eine primitive Wurzel modulo p^γ für ein beliebig gewähltes $\gamma > 0$ und $\mu_\gamma = \mathrm{ind}\, a$ bezüglich des Moduls p^γ. Dann folgt aus

$$a \equiv g^{\mu_\gamma} \ (p^\gamma)$$

und

$$a \equiv g^{\mu_\gamma} \equiv g^{\mu_1} \ (p)$$

sofort

$$\mu_\gamma \equiv \mu_1 \ (p-1)$$

und damit

$$\mu_\gamma \equiv \mu_1 \ (2). \qquad \qquad \square$$

Damit ist die Fragestellung nach der Anzahl der Lösungen einer speziellen quadratischen Kongruenz beantwortet. Eine wichtige Aussage über die Anzahl und die Bestimmung der quadratischen Reste zu einem vorgelegten Primzahlmodul wird jetzt gegeben werden.

Satz 5.3.6. *Ist p eine ungerade Primzahl, so gibt es gleich viele quadratische wie quadratische Nichtreste modulo p. Dabei sind die quadratischen Reste durch*

$$a \equiv 1^2, 2^2, \ldots, \left(\frac{p-1}{2}\right)^2 \ (p)$$

gegeben.

Beweis. Die Zahlen $1^2, 2^2, \ldots, \left(\frac{p-1}{2}\right)^2$ sind modulo p paarweise zueinander inkongruent. Denn wenn $b^2 \equiv c^2$ (p) mit $1 \le b, c \le \frac{p-1}{2}$ gilt, so ist trivialerweise $(b-c) \cdot (b+c) \equiv 0$ (p). Wegen $1 < b + c < p$ folgt dann $b - c \equiv 0$ (p) und damit $b = c$. Weiterhin muss jeder quadratische Rest zu einer der Zahlen a kongruent sein, denn es ist $(p-k)^2 \equiv k^2$ (p).

$\square$

Übungsaufgabe 5.7. Man bestimme alle quadratischen Reste für die Zahlen $5, 25$ und 37.

Definition 5.3.4. *Es seien p eine ungerade Primzahl, $a \in \mathbb{Z}$ und p kein Teiler von a. Dann wird das **Legendre-Symbol** $\left(\dfrac{a}{p}\right)$, in Worten „a für p", erklärt durch*

$$\left(\frac{a}{p}\right) := \begin{cases} +1 & \text{, falls } a \text{ quadratischer Rest modulo } p \text{ ist.} \\ -1 & \text{, falls } a \text{ quadratischer Nichtrest modulo } p \text{ ist.} \end{cases}$$

Mit Hilfe des **Legendre-Symbols** sind wir in der Lage, die Lösbarkeit von vorgelegten quadratischen Kongruenzen entscheiden zu können. Als nützlich erweisen sich dabei die Eigenschaften des **Legendre-Symbols**.

Lemma 5.3.4. *(**Wilson**) Wenn p eine Primzahl ist, dann gilt*

$$(p-1)! \equiv -1 \ (p).$$

Beweis. Für $p = 2$ ist nichts zu zeigen. Es sei also im Weiteren p eine ungerade Primzahl. Wir betrachten das prime Restsystem modulo p

$$\mathbb{P}_p = \left\{ \overline{1}, \ldots, \overline{p-1} \right\}.$$

In diesem Restsystem ist die Gleichung $\overline{a} \cdot \overline{x} = \overline{1}$ stets eindeutig lösbar. Die Gleichheit $\overline{x} = \overline{a}$ tritt dabei immer genau dann auf, wenn $a^2 \equiv 1$ (p) und damit $(a-1) \cdot (a+1) \equiv 0$ (p) gilt. Dies wiederum ist genau dann der Fall, wenn $\overline{a} = \overline{1}$ oder $\overline{a} = \overline{p-1}$, das heißt alle Restklassen außer $\overline{1}$ und $\overline{p-1}$ lassen sich zu Paaren mit $\overline{a} \cdot \overline{b} = \overline{1}$ zusammenfassen. Damit ist aber nun

$$\overline{(p-1)!} = \overline{1} \cdot \overline{1} \cdot \overline{p-1}$$
$$= \overline{p-1},$$

das heißt es ist $(p-1)! \equiv -1$ (p).

$\square$

Wenn wir von einer beliebigen natürlichen Zahl n wissen, dass sie der Beziehung $(n-1)! \equiv -1 \ (n)$ genügt, so können wir schließen, dass es sich bei n um eine Primzahl handeln muss. Diese Umkehrung von Lemma 5.3.4 folgt unmittelbar durch Kontraposition: Wir nehmen an, es ist $n \notin \mathbb{P}$. Dann existiert eine natürliche Zahl d mit $d \mid n$ und $1 < d < n$. Damit ist nun aber gleichzeitig d ein Teiler von $(n-1)!$. Wegen $(n-1)! \equiv -1 \ (n)$ gilt $n \mid ((n-1)!+1)$ und mit Hilfe der Transitivität der Teilbarkeitsrelation erhalten wir insgesamt also

$$d \mid ((n-1)!+1)$$

und

$$d \mid (n-1)!.$$

Nun muss aber auch d ein Teiler der Differenz

$$(n-1)! + 1 - (n-1)! = 1$$

sein, was aber im Widerspruch zu $d > 1$ steht. I.A. erweist sich die Umkehrung des **Satz von Wilson** als Primzahlkriterium wenig geeignet, da die Fakultätsfunktion sehr schnell wächst.

Satz 5.3.7. (Eulersches Kriterium) *Es sei p eine ungerade Primzahl. Dann gilt für jede ganze Zahl a die Beziehung*

$$\left(\frac{a}{p}\right) \equiv a^{\frac{p-1}{2}} \ (p).$$

Beweis. Die quadratische Kongruenz $x^2 \equiv a \ (p)$ kann lösbar oder unlösbar sein. Wir unterscheiden 2 Fälle:

1. Fall: a ist quadratischer Rest modulo p. Dann gibt es eine ganze Zahl b mit $a \equiv b^2 \ (p)$ und $p \nmid b$. Nach Korollar 2.4.1 ist dann

$$a^{\frac{p-1}{2}} \equiv \left(b^2\right)^{\frac{p-1}{2}} \equiv b^{p-1} \equiv 1 \equiv \left(\frac{a}{p}\right) \ (p).$$

2. Fall: a ist quadratischer Nichtrest modulo p. Dann ist für alle ganzen Zahlen b mit $a \equiv b^i \ (p)$ stets $i \not\equiv 0 \ (2)$ und damit also $i = 2 \cdot k + 1$ für $k \in \mathbb{N}$. Wiederum nach Korollar 2.4.1 folgt nun

$$a^{\frac{p-1}{2}} \equiv \left(b^{2 \cdot k+1}\right)^{\frac{p-1}{2}} \equiv \left(b^{p-1}\right)^k \cdot b^{\frac{p-1}{2}} \equiv b^{\frac{p-1}{2}} \equiv -1 \equiv \left(\frac{a}{p}\right) \ (p).$$

$\square$

Aus diesem Kriterium können nun eine Reihe weiterer wichtiger Eigenschaften gefolgert werden.

Satz 5.3.8. *Es seien p eine ungerade Primzahl, a und b ∈ ℤ sowie p kein Teiler von a und b. Dann gelten folgende Rechenregeln*

R1) $\left(\dfrac{a}{p}\right) = \left(\dfrac{b}{p}\right)$ *für* $a \equiv b \ (p)$.

R2) $\left(\dfrac{a^2}{p}\right) = 1$.

R3) $\left(\dfrac{a \cdot b}{p}\right) = \left(\dfrac{a}{p}\right)\left(\dfrac{b}{p}\right)$.

R4) $\left(\dfrac{-1}{p}\right) = (-1)^{(p-1)/2} = \begin{cases} +1 & , \textit{falls } p \equiv 1 \ (4) \\ -1 & , \textit{falls } p \equiv 3 \ (4) \end{cases}$.

R5) $\left(\dfrac{2}{p}\right) = (-1)^{(p^2-1)/8} = \begin{cases} +1 & , \textit{falls } p \equiv 1,7 \ (8) \\ -1 & , \textit{falls } p \equiv 3,5 \ (8) \end{cases}$.

Beweis.

R1) Diese Eigenschaft folgt umittelbar aus der Definition des Legendre-Symbols.

R2) Die Beziehung $\left(\dfrac{a^2}{p}\right) = 1$ gilt genau dann, wenn die quadratische Kongruenz $x^2 \equiv a^2 \ (p)$ für ein $x \in \mathbb{Z}$ lösbar ist. Dies ist für $x = a$ erfüllt.

R3) Wegen Satz 5.3.7 gilt $\left(\dfrac{a \cdot b}{p}\right) \equiv (a \cdot b)^{(p-1)/2} \equiv a^{(p-1)/2} \cdot b^{(p-1)/2} \equiv \left(\dfrac{a}{p}\right) \cdot \left(\dfrac{b}{p}\right) \ (p)$.

R4) Diese Beziehung ergibt sich unmittelbar aus Satz 5.3.7 mit $a = -1$.

R5) Es seien $T := \prod_{k=1}^{(p-1)/2}(-1)^k \cdot k = (\frac{p-1}{2})! \cdot (-1)^{(p^2-1)/8}$ und $D := 2 \cdot 4 \cdot \ldots \cdot (p-1)$. Dann ist $T \equiv D \equiv (\frac{p-1}{2})! \cdot 2^{(p-1)/2} \ (p)$. Da p kein Teiler von $(\frac{p-1}{2})!$ ist, gilt $2^{(p-1)/2} \equiv (-1)^{(p^2-1)/8} \ (p)$. Unter Benutzung von Satz 5.3.7 mit $a = 2$ folgt die Eigenschaft. $\qquad\square$

Unter Verwendung des Eulerschen Kriteriums können wir zu jeder vorgegebenen quadratischen Kongruenz $x^2 \equiv a \ (p)$ entscheiden, ob diese lösbar oder unlösbar ist, das heißt ob a ein quadratischer Rest oder a ein quadratischer Nichtrest ist.

Jedoch erweist sich dieses Kriterium insbesondere für relativ große $a \in \mathbb{N}_+$ und $p \in \mathbb{P}$ aus rechentechnischer Sicht als sehr aufwendig. Eine erste Vereinfachung bringt der

Satz 5.3.9. *(Gaußsches Lemma)* *Es seien p eine ungerade Primzahl und $p \nmid a$. Man reduziere die $\frac{p-1}{2}$ Zahlen*

$$a, 2 \cdot a, \ldots, \frac{p-1}{2} \cdot a$$

modulo p so, dass ihre Reste zwischen 0 und p liegen. Weiterhin sei μ die Anzahl derjenigen Reste, die größer als $\frac{p}{2}$ sind. Dann gilt

$$\left(\frac{a}{p}\right) = (-1)^{\mu}.$$

Beweis. Wir verteilen die $\frac{p-1}{2}$ modulo p reduzierten Zahlen in zwei disjunkte Mengen und definieren durch

$$A := \{a_1, a_2, \ldots, a_k\}$$

die Menge aller modulo p reduzierten Zahlen a_i mit $0 < a_i < \frac{p}{2}$ sowie durch

$$B := \{b_1, b_2, \ldots, b_\mu\}$$

die Menge aller modulo p reduzierten Zahlen b_i mit $\frac{p}{2} < b_i < p$. Da die in A und B enthaltenen Zahlen modulo p paarweise inkongruent sind, gelten offensichtlich $a_i \neq a_j$ und $b_i \neq b_j$ für $i \neq j$, und es ist $k + \mu = \frac{p-1}{2}$. Wir definieren jetzt noch die Menge

$$C := \{p - b_1, p - b_2, \ldots, p - b_\mu\}.$$

Diese Menge ist disjunkt zur Menge A, denn wenn $a_i = p - b_j$ für gewisse Indizes i und j ist, dann muss es Zahlen x, y mit $1 \leq x, y \leq \frac{p-1}{2}$ geben, so dass $x \cdot a \equiv p - y \cdot a \ (p)$ und damit $(x + y) \cdot a \equiv 0 \ (p)$ gelten. Wenn $p \nmid a$ dann folgt $x + y \equiv 0 \ (p)$, was im Widerpruch zu $0 < x + y < p$ steht. Daher ist

$$A \cup C = \left\{1, 2, \ldots, \frac{p-1}{2}\right\}.$$

Insgesamt haben wir

$$\left(\frac{p-1}{2}\right)! \equiv \prod_{i=1}^{k} a_i \cdot \prod_{j=1}^{\mu} (p - b_j) \equiv (-1)^{\mu} \cdot \prod_{i=1}^{k} a_i \cdot \prod_{j=1}^{\mu} b_j$$

$$\equiv (-1)^{\mu} \cdot \prod_{r=1}^{\frac{p-1}{2}} (r \cdot a)$$

$$\equiv (-1)^{\mu} \cdot a^{\frac{p-1}{2}} \cdot \left(\frac{p-1}{2}\right)! \ (p)$$

und folglich

$$(-1)^{\mu} \equiv a^{\frac{p-1}{2}} \equiv \left(\frac{a}{p}\right) \ (p).$$

□

Beispiel. Wir wollen untersuchen, ob die Kongruenz $x^2 \equiv 7 \ (11)$ lösbar ist, das heißt ob 7 ein quadratischer Rest modulo 11 ist. Wir wenden Satz 5.3.9 an und erhalten

$$7, 14, 21, 28, 35 \equiv 7, 3, 10, 6, 2 \ (11).$$

Wegen $7, 10, 6 > 5$ ist $\mu = 3$ und damit gilt

$$\left(\frac{7}{11}\right) = (-1)^3 = -1.$$

Also ist die quadratische Kongruenz unlösbar.

Eine mögliche Vereinfachung in der Anwendung von Satz 5.3.9 können wir dadurch erzielen, indem wir μ modulo 2 betrachten. Für $p \nmid (n \cdot a)$ ist

$$n \cdot a = \left[\frac{n \cdot a}{p}\right] \cdot p + r_n \quad \text{mit } 1 \leq r_n \leq p - 1.$$

Wir summieren nunmehr über n und erhalten unter Verwendung der entsprechenden Bezeichnungen von Satz 5.3.9

$$\frac{p^2 - 1}{8} \cdot a = \sum_{n=1}^{\frac{p-1}{2}} \left(\left[\frac{n \cdot a}{p}\right] \cdot p + r_n\right)$$

$$= p \cdot \sum_{n=1}^{\frac{p-1}{2}} \left[\frac{n \cdot a}{p}\right] + \sum_{n=1}^{k} a_n + \sum_{m=1}^{\mu} b_m.$$

Weiterhin ist

$$\frac{p^2-1}{8}\cdot a \equiv p\cdot\sum_{n=1}^{\frac{p-1}{2}}\left[\frac{n\cdot a}{p}\right]+\sum_{n=1}^{k}a_n+\sum_{m=1}^{\mu}(p-b_m)-p\cdot\mu+2\cdot\sum_{m=1}^{\mu}b_m$$

$$\equiv -\sum_{n=1}^{\frac{p-1}{2}}\left[\frac{n\cdot a}{p}\right]+\frac{p^2-1}{8}+\mu\ (2)$$

und damit also

$$\mu \equiv \sum_{n=1}^{\frac{p-1}{2}}\left[\frac{n\cdot a}{p}\right]+\frac{p^2-1}{8}\cdot(a-1)\ (2).$$

Für $a=2$ erhalten wir hieraus das schon bekannte Ergebnis für $\left(\dfrac{2}{p}\right)$ aus Satz 5.3.8. Außerdem gilt für $a\equiv 1\ (2)$ die Beziehung

$$\mu \equiv \sum_{n=1}^{\frac{p-1}{2}}\left[\frac{n\cdot a}{p}\right]\ (2)$$

und es ergibt sich unmittelbar der

Satz 5.3.10. *(Eisenstein) Für ungerades $a\in\mathbb{Z}$ gilt:*

$$\left(\frac{a}{p}\right)=(-1)^m\quad mit\ m=\sum_{n=1}^{\frac{p-1}{2}}\left[\frac{n\cdot a}{p}\right].$$

Lemma 5.3.5. *Es seien $a,b\geq 3$ beliebige ganze Zahlen mit $a\equiv b\equiv 1\ (2)$ und $\mathrm{ggT}(a,b)=1$. Dann gilt*

$$\sum_{m=1}^{\frac{a-1}{2}}\left[\frac{b\cdot m}{a}\right]+\sum_{n=1}^{\frac{b-1}{2}}\left[\frac{a\cdot n}{b}\right]=\frac{a-1}{2}\cdot\frac{b-1}{2}.$$

Beweis. Wir betrachten die Zahlen $z:=z(m,n)=b\cdot m-a\cdot n$ mit $1\leq m\leq\frac{a-1}{2}$ sowie $1\leq n\leq\frac{b-1}{2}$ und definieren zwei verschiedene Abzählprozesse, welche den beiden Seiten der Behauptung entsprechen.

1. Abzählprozess: Wir zählen alle Gitterpunkte (Punkte mit ganzzahligen Koordinaten) im Rechteck mit den Kantenlängen $\frac{a-1}{2}$ und $\frac{b-1}{2}$ (ohne die Gitterpunkte auf den Achsen). Dann gibt es genau

$$\frac{a-1}{2}\cdot\frac{b-1}{2}$$

solcher Zahlen $z(m,n)$ bzw. Gitterpunkte mit $m = 1,\ldots,\frac{a-1}{2}$ und $n = 1,\ldots,\frac{b-1}{2}$, was der rechten Seite der Gleichung entspricht.

2. Abzählprozess: Die linke Seite der Gleichung erhalten wir, indem wir das oben genannte Rechteck durch die Gerade $z(m,n) = 0$ in zwei Dreiecke zerlegen. Es ist klar, dass es keine solche Zahl z mit $z(m,n) = 0$ gibt. Denn sonst folgt aus $\mathrm{ggT}(a,b) = 1$, dass $m = a \cdot t$ und $n = b \cdot t$ gilt, was im Widerspruch zur Teilerfremdheit von a und b steht. Die Anzahl der Zahlen z mit $z(m,n) > 0$ ist bei festem m durch $\left[\frac{b \cdot m}{a}\right]$ gegeben, und die Anzahl der Zahlen z mit $z(m,n) < 0$ ist bei fixiertem n durch $\left[\frac{a \cdot n}{b}\right]$ gegeben. Somit erhalten wir für $m = 1,\ldots,\frac{a-1}{2}$ bzw. $n = 1,\ldots,\frac{b-1}{2}$

$$\sum_{m=1}^{\frac{a-1}{2}} \left[\frac{b \cdot m}{a}\right]$$

beziehungsweise

$$\sum_{n=1}^{\frac{b-1}{2}} \left[\frac{a \cdot n}{b}\right],$$

was als Summe der linken Seite der Gleichung entspricht.

$\square$

Durch die bisher entwickelte Theorie haben wir nunmehr die Mittel in der Hand, um den für die Berechnung des **Legendre-Symbols** grundlegenden und durch **Gauß** 1796 bewiesenen Satz zu formulieren.

Satz 5.3.11. *(Quadratisches Reziprozitätsgesetz) Es seien p, q verschiedene ungerade Primzahlen, dann gilt*

$$\left(\frac{p}{q}\right) \cdot \left(\frac{q}{p}\right) = (-1)^{\frac{p-1}{2} \cdot \frac{q-1}{2}}.$$

Beweis. Nach Satz 5.3.10 sind

$$\left(\frac{p}{q}\right) = (-1)^{m_1} \quad \text{mit } m_1 = \sum_{n_1=1}^{\frac{q-1}{2}} \left[\frac{n_1 \cdot p}{q}\right]$$

und

$$\left(\frac{q}{p}\right) = (-1)^{m_2} \quad \text{mit } m_2 = \sum_{n_2=1}^{\frac{p-1}{2}} \left[\frac{n_2 \cdot q}{p}\right].$$

Unter Verwendung von Korollar 5.3.5 erhalten wir deshalb

$$\left(\frac{p}{q}\right) \cdot \left(\frac{q}{p}\right) = (-1)^{m_1} \cdot (-1)^{m_2}$$

$$= (-1)^{m_1 + m_2}$$

$$= (-1)^{\frac{p-1}{2} \cdot \frac{q-1}{2}}.$$

$\square$

Beispiel. Ist die Kongruenz $x^2 \equiv 118 \ (131)$ lösbar oder unlösbar? Nach Satz 5.3.8 ist

$$\left(\frac{118}{131}\right) = \left(\frac{2}{131}\right) \cdot \left(\frac{59}{131}\right)$$

und weiterhin

$$\left(\frac{2}{131}\right) = (-1)^{\frac{131^2 - 1}{8}} = -1.$$

Nach Satz 5.3.11 gilt

$$\left(\frac{59}{131}\right) = (-1)^{\frac{131-1}{2} \cdot \frac{59-1}{2}} \cdot \left(\frac{131}{59}\right) = -1 \cdot \left(\frac{131}{59}\right)$$

und wiederum nach Satz 5.3.8 ist nun

$$-1 \cdot \left(\frac{131}{59}\right) = -1 \cdot \left(\frac{13}{59}\right).$$

Eine wiederholte Anwendung des quadratischen Reziprozitätsgesetzes führt zu folgender Gleichungskette

$$-1 \cdot \left(\frac{13}{59}\right) = -1 \cdot (-1)^{\frac{13-1}{2} \cdot \frac{59-1}{2}} \cdot \left(\frac{59}{13}\right) = -1 \cdot \left(\frac{59}{13}\right)$$

und wegen Satz 5.3.8 erhalten wir

$$-1 \cdot \left(\frac{59}{13}\right) = -1 \cdot \left(\frac{7}{13}\right).$$

Wir wiederholen diese Vorgehensweise und können deshalb schreiben:

$$-1 \cdot \left(\frac{7}{13}\right) = -1 \cdot (-1)^{\frac{7-1}{2} \cdot \frac{13-1}{2}} \cdot \left(\frac{13}{7}\right)$$

$$= -1 \cdot \left(\frac{13}{7}\right)$$

$$= -1 \cdot \left(\frac{6}{7}\right) = -1 \cdot \left(\frac{-1}{7}\right)$$

$$= -1 \cdot (-1)^{\frac{7-1}{2}}$$

$$= -(-1)^{\frac{7-1}{2}}$$

Zusammenfassend stellen wir somit fest, dass 118 kein quadratischer Rest modulo 131 sein kann.

Die Berechnung eines vorgelegten **Legendre-Symbols** kann in Abhängigkeit vom gewählten Ansatz auf verschiedene Art und Weise erfolgen. I. A. hängt dabei der Rechenaufwand sowie deshalb die Rechenzeit sehr stark von der Auswahl der möglichen Vorgehensweisen ab.

Übungsaufgabe 5.8. Man überprüfe, ob 119 ein quadratischer Rest modulo 131 ist und benutze dabei die Beziehung $\left(\frac{119}{131}\right) = \left(\frac{-12}{131}\right)$.

Übungsaufgabe 5.9. Man berechne die Legendre-Symbole $\left(\frac{10}{13}\right)$, $\left(\frac{26}{59}\right)$, $\left(\frac{-209}{719}\right)$ und $\left(\frac{3267}{5563}\right)$.

Eine weitere Anwendung des quadratischen Reziprozitätsgesetzes verdeutlicht das folgende

Beispiel. Wir stellen uns die Frage, für welche Primzahlen p die Zahl 3 ein quadratischer Rest bzw. Nichtrest ist. Nach Satz 5.3.8 ist

$$\left(\frac{3}{p}\right) = (-1)^{\frac{3-1}{2} \cdot \frac{p-1}{2}} \cdot \left(\frac{p}{3}\right)$$

$$= (-1)^{\frac{p-1}{2}} \cdot \left(\frac{p}{3}\right).$$

Wir unterscheiden nun zwei Fälle, die alle möglichen ungeraden Primzahlen enthalten:

1. Fall: Ist p von der Gestalt $p = 1 + 6 \cdot k$, so gilt nach unseren Vorbetrachtungen

$$\left(\frac{3}{p}\right) = (-1)^{3 \cdot k} \cdot \left(\frac{1}{3}\right) = (-1)^k.$$

2. Fall: Ist p von der Gestalt $p = -1 + 6 \cdot k$, so gilt nach unseren Vorüberlegungen

$$\left(\frac{3}{p}\right) = (-1)^{-1+3 \cdot k} \cdot \left(\frac{-1}{3}\right) = (-1)^{k+1} \cdot (-1) = (-1)^k.$$

Damit ist die Zahl 3 für $p \equiv \pm 1$ (12) quadratischer Rest und für $p \equiv \pm 5$ (12) quadratischer Nichtrest modulo p.

Übungsaufgabe 5.10. Man bestimme alle Primzahlen p mit $\left(\dfrac{7}{p}\right) = 1$.

Eine Verallgemeinerung des **Legendre-Symbols** stellt das sogenannte **Jacobi-Symbol (C.G.J. Jacobi (1804-1851))** dar. Es seien m eine ungerade Zahl mit $m \geq 3$, $a \in \mathbb{Z}$ und $m = p_1 \cdot \ldots \cdot p_k$ die Primfaktorzerlegung von m. Man definiert das **Jacobi-Symbol** $\left(\dfrac{a}{m}\right)$ mit Hilfe von

$$\left(\frac{a}{m}\right) := \prod_{i=1}^{k} \left(\frac{a}{p_i}\right),$$

und den **Legendre-Symbolen** $\left(\dfrac{a}{p_i}\right)$ für $i = 1, \ldots, k$. Im Fall, dass m eine Primzahl ist, stimmen **Legendre-Symbol** und **Jacobi-Symbol** überein.

Unter Einbeziehung der Eigenschaften des **Legendre-Symbols** aus Satz 5.3.8 und Satz 5.3.11 gelten deshalb die nachfolgend aufgeführten Eigenschaften des **Jacobi-Symbols**.

Satz 5.3.12. *Es seien m und $n \in \mathbb{N}_+$ mit $m \equiv n \equiv 1$ (2) sowie a und $b \in \mathbb{Z}$. Dann gelten die nachfolgend aufgeführten Rechenregeln:*

R1) $\left(\dfrac{a}{n}\right) = \left(\dfrac{b}{n}\right)$ *für* $a \equiv b$ (n).

R2) $\left(\dfrac{a}{m \cdot n}\right) = \left(\dfrac{a}{m}\right) \cdot \left(\dfrac{a}{n}\right).$

R3) $\left(\dfrac{-1}{n}\right) = (-1)^{(n-1)/2}.$

R4) $\left(\dfrac{a \cdot b}{n}\right) = \left(\dfrac{a}{n}\right) \cdot \left(\dfrac{b}{n}\right).$

R5) $\left(\dfrac{2}{n}\right) = (-1)^{(n^2-1)/8}.$

R6) $\left(\dfrac{n}{m}\right) \cdot \left(\dfrac{m}{n}\right) = (-1)^{\frac{n-1}{2} \cdot \frac{m-1}{2}},$ *sofern* $\ggT(n,m) = 1.$

Beweis.

R1) Diese Eigenschaft folgt aus Satz 5.3.8.

R2) Diese Eigenschaft folgt unmittelbar aus der Definition des **Jacobi-Symbols**.

R3) Es seien $n = p_1 \cdot \ldots \cdot p_s$ die Primfaktorzerlegung von n und $l_1, \ldots, l_r$ ungerade natürliche Zahlen. Nach Definition des **Jacobi-Symbols** und Satz 5.3.8 ist $\left(\dfrac{-1}{n}\right) = \left(\dfrac{-1}{p_1 \cdot \ldots \cdot p_s}\right) = (-1)^{\sum_i (p_i-1)/2}$ für $i = 1, \ldots, s.$ Da $\sum_j (l_j - 1)/2 \equiv (l_1 \cdot \ldots \cdot l_r - 1)/2$ (2) für $j = 1, \ldots, r$ gilt, folgt insbesondere $\sum_i (p_i - 1)/2 \equiv (p_1 \cdot \ldots \cdot p_s - 1)/2 \equiv (n-1)/2$ (2) für $i = 1, \ldots, s.$

R4) Diese Eigenschaft folgt umittelbar aus Satz 5.3.8.

R5) Der Beweis dieser Eigenschaft ist analog dem der Rechenregel 3 unter Beachtung, dass $\sum_{j=1}^{r}(l_j^2 - 1)/8 \equiv (l_1^2 \cdot \ldots \cdot l_r^2 - 1)/8$ (2) gilt.

R6) Es seien $n = p_1 \cdot \ldots \cdot p_s$ und $m = q_1 \cdot \ldots \cdot q_r$ die Primfaktorzerlegungen von n und m. Dann gilt nach Satz 5.3.11 $\left(\dfrac{n}{m}\right) \cdot \left(\dfrac{m}{n}\right) =$
$\prod_{i,j} \left(\dfrac{p_i}{q_j}\right) \cdot \left(\dfrac{q_j}{p_i}\right) = (-1)^{\sum_{i,j} \frac{p_i-1}{2} \cdot \frac{q_j-1}{2}}$ für $i = 1, \ldots, s$ und $j = 1, \ldots, r.$
Analog zum Beweis der Rechenregel 3 folgt nun
$\left(\dfrac{n}{m}\right) \cdot \left(\dfrac{m}{n}\right) = (-1)^{\frac{n-1}{2} \cdot \frac{m-1}{2}}.$

$\square$

5.4 Darstellungen von Zahlen als Quadratsummen

Eine wichtige Anwendung der quadratischen Kongruenzen sind die Quadratsummendarstellungen, das heißt die Beantwortung der Frage, ob Zahlen sich als eine Linearkombination von zwei oder mehr Quadratzahlen darstellen lassen können.

Wir wollen in diesen Abschnitt Ausführungen zur Darstellung natürlicher Zahlen als Summe von zwei, drei und vier Quadratzahlen machen.

Lemma 5.4.1. *(Lemma von Thue) Es seien p eine Primzahl und e, f natürliche Zahlen mit $e < p$, $f < p$ und $e \cdot f > p$ sowie x eine zu p teilerfremde Zahl. Dann existieren natürliche Zahlen u, v mit $u < e$, $v < f$, so dass*

$$x \equiv \pm \frac{v}{u} \ (p)$$

gilt.

Beweis. Wir betrachten die Menge

$$M := \{(u,v) \in \mathbb{N}_+ \times \mathbb{N}_+ \ : \ u \le e \text{ und } v \le f\}.$$

Offensichtlich ist $\operatorname{card} M = |M| = e \cdot f$ und wegen $e \cdot f > p$ existieren auf Grund des **dirichletschen Schubfachprinzips** (Satz 1.1.4) zwei Zahlenpaare $(u_1, v_1) \ne (u_2, v_2)$ aus M mit

$$u_1 \cdot x \equiv u_2 \cdot x - v_2 \ (p).$$

Es ist $u_1 \ne u_2$, denn andernfalls folgt mit $u_1 = u_2$ gleichzeitig $v_1 \equiv v_2 \ (p)$ und damit $v_1 = v_2$ im Widerspruch zur Nichtidentität der beiden Zahlenpaare. Ebenso muss $v_1 \ne v_2$ sein, denn aus $v_1 = v_2$ folgt unmittelbar $u_1 \cdot x \equiv u_2 \cdot x \ (p)$ und wegen $p \nmid x$ ergibt sich dann $u_1 \equiv u_2 \ (p)$, was wiederum einen Widerspruch zu $(u_1, v_1) \ne (u_2, v_2)$ darstellt. Deshalb haben wir insgesamt $u_1 \ne u_2$ sowie $v_1 \ne v_2$ und können

$$u_1 \cdot x - u_2 \cdot x \equiv v_1 - v_2 \ (p)$$

und damit

$$x \equiv \frac{v_1 - v_2}{u_1 - u_2} \ (p)$$

schreiben. Die Behauptung folgt nun sofort mit $v = |v_1 - v_2|$ und $u = |u_1 - u_2|$.

$\square$

Satz 5.4.1 (Euler). *Jede Primzahl p mit*

$$p \equiv 1 \ (4)$$

lässt sich bis auf die Reihenfolge der Summanden eindeutig als Summe von zwei Quadratzahlen darstellen.

Beweis. Es sei p eine ungerade Primzahl mit $p \equiv 1$ (4). Nach Satz 5.3.1 ist dann

$$\left(\frac{-1}{p}\right) = (-1)^{\frac{p-1}{2}} = 1$$

und somit existiert eine ganze Zahl x mit

$$x^2 \equiv -1 \ (p).$$

Unter Benutzung von Korollar 5.4.1 mit $e = f = \left[\sqrt{p}\right] + 1$ folgt die Existenz von natürlichen Zahlen $u, v < \sqrt{p}$ mit

$$x \equiv \pm\frac{v}{u} \ (p).$$

Es ergibt sich

$$v^2 \cdot x^2 \equiv u^2 \ (p)$$

und daher ist

$$u^2 + v^2 \equiv 0 \ (p).$$

Wegen $0 < u^2 + v^2 < 2 \cdot p$ erhalten wir deshalb die Beziehung

$$u^2 + v^2 = p.$$

Der Beweis der Eindeutigkeit sei dem Leser überlassen.

$\square$

Übungsaufgabe 5.11. Man beweise die Eindeutigkeit der Darstellung in Satz 5.4.1. Hinweis: Man führe den Beweis indirekt, indem man die Mehrdeutigkeit der Darstellung annimmt und den Ansatz $p = x^2 + y^2 = u^2 + v^2$ modulo p benutzt.

Übungsaufgabe 5.12. Man zeige, dass keine Primzahl p mit $p \equiv -1$ (4) existiert, die sich als Summe von zwei Quadratzahlen darstellen lässt.

Hinweis: Man beachte, dass eine Quadratzahl modulo 4 nur die Zahlenwerte 0 oder 1 annehmen kann.

Korollar 5.4.1. *Es sei n eine natürliche Zahl mit der Faktorisierung $n = p_1^{e_1} \cdot \ldots \cdot p_r^{e_r}$, wobei alle Primfaktoren p_i mit $p_i \equiv -1$ (4) ausschließlich geradzahlige Exponenten e_i besitzen. Dann ist n als Summe von zwei Quadratzahlen darstellbar.*

Beweis. Sind x und y Zahlen, die sich als Summe von zwei Quadratzahlen darstellen lassen, so gilt dies auch für deren Produkt $x \cdot y$, denn es ist

$$\left(a^2 + b^2\right) \cdot \left(c^2 + d^2\right) = (a \cdot c + b \cdot d)^2 + (a \cdot d - b \cdot c)^2 .$$

Trivialerweise kann deshalb wegen

$$1^2 + 1^2 = 2$$

und Satz 5.4.1 jedes Produkt, dass nur die Zahl 2 und Primzahlen p mit $p \equiv 1\ (4)$ in seiner Faktorisierung enthält, als eine solche Summe dargestellt werden. Es seien in der Faktorisierung von n alle Primfaktoren p_i mit $p_i \equiv -1\ (4)$ ausschließlich geradzahlige Exponenten e_i. Deshalb können wir n schreiben als

$$n = n_1^2 \cdot n_2 \quad \text{mit } n_1 = \prod_{p_i \equiv 1\ (4)} p_i^{\frac{e_i}{2}} \text{ und } n_2 = a^2 + b^2.$$

Damit ergibt sich aber für n die Darstellung

$$n = n_1^2 \cdot \left(a^2 + b^2\right)$$
$$= \left(n_1 \cdot a\right)^2 + \left(n_1 \cdot b\right)^2.$$

$\square$

Satz 5.4.2. *Die natürlichen Zahlen $n := 4^a \cdot (8 \cdot b + 7)$ mit $a, b \in \mathbb{N}$ lassen sich nicht als Summe von drei Quadratzahlen darstellen.*

Beweis. Wir führen den Beweis induktiv über a und stellen fest, dass für $a = 0$ die Beziehungen

$$x^2 \equiv 0\ (8) \quad \text{für } x \equiv 0\ (4)$$
$$x^2 \equiv 4\ (8) \quad \text{für } x \equiv 2\ (4)$$
$$x^2 \equiv 1\ (8) \quad \text{für } x \equiv 1\ (2)$$

gelten. Deshalb folgt

$$x_1^2 + x_2^2 + x_3^2 \not\equiv 7\ (8)$$

und offensichtlich ist

$$8 \cdot b + 7 \equiv 7\ (8).$$

Wir nehmen nun an, dass $4^a \cdot (8 \cdot b + 7)$ nicht als Summe von drei Quadratzahlen darstellbar ist. Wenn wir zeigen können, dass dann auch $4^{a+1} \cdot (8 \cdot b + 7)$ nicht darstellbar ist, haben wir die Behauptung gezeigt. Wir nehmen an, dass es eine Darstellung

$$4^{a+1} \cdot (8 \cdot b + 7) = x_1^2 + x_2^2 + x_3^2$$

gibt. Dann gilt wegen $x_1^2 + x_2^2 + x_3^2 \equiv 0$ (4) die Beziehung $x_1^2 \equiv x_2^2 \equiv x_3^2 \equiv 0$ (4), was im Widerspruch zur Induktionsvoraussetzung steht. Andernfalls folgt dann

$$4^a \cdot (8 \cdot b + 7) = \left(\frac{x_1}{2}\right)^2 + \left(\frac{x_3}{2}\right)^2 + \left(\frac{x_3}{2}\right)^2.$$

Also lässt sich auch $4^{a+1} \cdot (8 \cdot b + 7) = x_1^2 + x_2^2 + x_3^2$ nicht als Summe von drei Quadratzahlen darstellen.

$\square$

Es liegt nun nahe zu vermuten, dass sich alle Zahlen, die nicht von der Form $n = 4^a \cdot (8 \cdot b + 7)$ mit $a, b \geq 0$ sind, als Summe von drei Quadratzahlen darstellen lassen. Tatsächlich gilt diese Eigenschaft, die wir aber in diesem Buch nur ohne Beweis formulieren. Wir weisen an dieser Stelle darauf hin, dass sich dieser Zusammenhang nicht unmittelbar aus Satz 5.4.2 ableiten lässt.

Satz 5.4.3. (Lagrange) *Jede natürliche Zahl $n \in \mathbb{N}_+$ ist als Summe von vier Quadratzahlen darstellbar.*

Beweis. Offensichtlich sind

$$1 = 1^2 + 0^2 + 0^2 + 0^2 \text{ und } 2 = 1^2 + 1^2 + 0^2 + 0^2$$

zwei verschiedene Darstellungen als Summe von vier Quadratzahlen für die Zahlen 1 und 2. Wir nehmen nunmehr an, dass x und y Zahlen sind, die sich als Summe von vier Quadratzahlen darstellen lassen. Dann überträgt sich diese Eigenschaft auch auf das Produkt $x \cdot y$, denn es gilt mit $x = \sum_{i=1}^{4} a_i^2$ und $y = \sum_{i=1}^{4} b_i^2$ für das Produkt die Beziehung

$$x \cdot y = \sum_{i=1}^{4} c_i^2,$$

wobei die einzelnen c_i die Darstellungen

$$c_1 = a_1 \cdot b_1 + a_2 \cdot b_2 + a_3 \cdot b_3 + a_4 \cdot b_4$$
$$c_2 = a_1 \cdot b_2 - a_2 \cdot b_1 + a_3 \cdot b_4 - a_4 \cdot b_3$$
$$c_3 = a_1 \cdot b_3 - a_3 \cdot b_1 + a_4 \cdot b_2 - a_2 \cdot b_4$$
$$c_4 = a_1 \cdot b_4 - a_4 \cdot b_1 + a_2 \cdot b_3 - a_3 \cdot b_2$$

haben. Da nach dem Fundamentalsatz der Zahlentheorie sich jede natürliche Zahl eindeutig als ein Produkt von Primzahlpotenzen schreiben lässt, genügt es zu zeigen, dass man jede ungerade Primzahl als eine Summe von vier Quadratzahlen darstellen kann. Es sei also $p \in \mathbb{P}$ mit $p \geq 3$. Wir definieren die Menge

$$M := \left\{ 0, 1, \ldots, \frac{p-1}{2} \right\}$$

und stellen fest, dass für alle $a_1, a_2, b_1, b_2 \in M$ mit $a_1 \neq a_2$ und $b_1 \neq b_2$ die Beziehungen

$$a_1^2 \not\equiv a_2^2 \ (p)$$

sowie

$$-1 - b_1^2 \not\equiv -1 - b_2^2 \ (p)$$

gelten. Überdies existiert ein Zahlenpaar $a, b \in M$ mit

$$a^2 \equiv -1 - b^2 \ (p),$$

denn jede der beiden quadratischen Kongruenzen kann $\frac{p+1}{2}$ zueinander inkongruente Zahlenwerte annehmen. Somit existiert nach dem Dirichletschen Schubfachprinzip eine natürliche Zahl k mit

$$0^2 + 1^2 + a^2 + b^2 = k \cdot p.$$

Wegen

$$1 + a^2 + b^2 < 1 + \left(\frac{p}{2} \right)^2 + \left(\frac{p}{2} \right)^2 < p^2$$

ist dabei $k < p$. Es sei k_0 die kleinste Zahl, für die sich $k_0 \cdot p$ als Summe von vier Quadratzahlen darstellen lässt. Dann gilt wegen der Minimalität von k_0 die Ungleichung $k_0 < p$. Ist $k_0 = 1$, so haben wir die Behauptung des Satzes bewiesen. Wir werden jetzt noch zeigen, dass diese Eigenschaft für alle $n \in \mathbb{N}_+$ zutrifft. Es sei also nun $k_0 > 1$ und

$$k_0 \cdot p = \sum_{i=1}^{4} a_i^2$$

die Darstellung als Summe von vier Quadratzahlen des Produkts $k_0 \cdot p$ mit minimalem k_0.

1. Fall: Ist k_0 gerade, so können wir wegen $\sum_{i=1}^{4} a_i \equiv \sum_{i=1}^{4} a_i^2 \equiv 0 \ (2)$ die Beziehungen

$$a_1 \equiv a_2 \ (2)$$
$$a_3 \equiv a_4 \ (2)$$

voraussetzen. Damit haben wir aber das Produkt $\frac{k_0}{2} \cdot p$ wegen

$$\frac{k_0}{2} \cdot p$$

als Summe von vier Quadratzahlen dargestellt, was der Minimalität von k_0 widerspricht.

2. Fall: Ist k_0 ungerade, so existieren natürliche Zahlen r_i mit

$$a_i = r_i \cdot k_0 + b_i \quad \text{für} \quad -\frac{k_0}{2} < b_i < \frac{k_0}{2}.$$

Ist $k_0 \mid a_i$ für alle i, so würde aus $k_0^2 \mid a_i^2$ und $k_0^2 \mid (k_0 \cdot p)$ die zu $k_0 < p$ widersprüchliche Aussage $k_0 \mid p$ folgen. Also existiert ein Index i mit $k_0 \nmid a_i$. Da $b_i \neq 0$, gilt die Ungleichung

$$0 < \sum_{i=1}^{4} b_i^2 < 4 \cdot \left(\frac{k_0}{2}\right)^2 = k_0^2$$

und damit erhalten wir

$$0 \equiv \sum_{i=1}^{4} a_i^2 \equiv \sum_{i=1}^{4} b_i^2 \ (k_0).$$

Wegen $0 < \sum_{i=1}^{4} b_i^2 < 4 \cdot \left(\frac{k_0}{2}\right)^2 = k_0^2$ können wir deshalb

$$\sum_{i=1}^{4} b_i^2 = k \cdot k_0 \quad \text{mit } k < k_0$$

schreiben. Unter Benutzung der obigen Definitionen haben wir folglich

$$k_0 \cdot p \cdot k \cdot k_0 = \left(\sum_{i=1}^{4} a_i^2\right)^2 \cdot \left(\sum_{i=1}^{4} b_i^2\right)^2$$
$$= \sum_{i=1}^{4} c_i^2$$

und wegen $a_i \equiv b_i \ (k_0)$ ist

$$c_i \equiv 0 \ (k_0) \quad \text{für } i = 1, \ldots, 4.$$

Damit ergibt sich

$$k \cdot p = \sum_{i=1}^{4} \left(\frac{c_i}{k_0}\right)^2 \quad \text{mit } k < k_0,$$

was im Widerspruch zu Minimalitätseigenschaft von k_0 steht.   □

5.5 Höhere Kongruenzen

In diesem Abschnitt wollen wir Aussagen über die Lösbarkeit von algebraischen Kongruenzen der Form

$$a_0x^n + a_1x^{n-1} + \ldots + a_{n-1}x + a_n \equiv 0 \ (m)$$

vorstellen. Die Fälle $n = 1$ (lineare Kongruenzen) und $n = 2$ (quadratische Kongruenzen) haben wir bereits ausführlich in den Abschnitten 2.4 und 5.3 diskutiert. Wir beginnen mit der folgenden grundlegenden

Definition 5.5.1. *Es seien*

$$f(x) = a_0x^n + a_1x^{n-1} + \ldots + a_n$$

ein Polynom in x mit ganzzahligen Koeffizienten $a_0, \ldots, a_n$ und $n > 0$ sowie $m > 1$. Ist $a_0 \not\equiv 0 \ (m)$, dann bezeichnen wir die Kongruenz

$$f(x) \equiv 0 \ (m)$$

*als **algebraische Kongruenz der Ordnung** n **modulo** m.*

Im Fall $n = 3$ sprechen wir auch von kubischen Kongruenzen, algebraische Kongruenzen vierter Ordnung bezeichnen wir auch als biquadratische Kongruenzen. Ist $n \geq 3$, so wollen wir diese Kongruenz $f(x) \equiv 0 \ (m)$, in Verallgemeinerung zu den linearen und quadratischen Kongruenzen, als eine algebraische Kongruenz höherer Ordnung bezeichnen.

Definition 5.5.2. *Es sei $f(x) \equiv 0 \ (m)$ eine algebraische Kongruenz n-ter Ordnung modulo m. Eine Zahl c heißt **Lösung** oder **Wurzel** der Kongruenz $f(x) \equiv 0 \ (m)$, wenn*

$$f(c) \equiv 0 \ (m)$$

gilt.

Es ist offensichtlich, wenn c Lösung einer algebraischen Kongruenz der Ordnung n modulo m ist, dann löst jedes x mit

$$x \equiv c \ (m)$$

diese Kongruenz.

Beispiel. Die Kongruenz $18x^3 + x^2 - 3x + 2 \equiv 0 \ (6)$ ist eine algebraische Kongruenz zweiter Ordnung modulo 6, denn es ist

$$18x^3 + x^2 - 3x + 2 \equiv x^2 - 3x + 2 \equiv 0 \ (6).$$

In Analogie zur Theorie der linearen und quadratischen Kongruenzen stellt sich nun die Frage, wann eine algebraische Kongruenz höherer Ordnung lösbar und wann diese unlösbar ist. Im Falle der Lösbarkeit wird ebenso die Fragestellung nach der Anzahl der Lösungen von Interesse sein und wie wir im positiven Falle dann Lösungen explizit bestimmen können.

Definition 5.5.3. *Die Kongruenz*

$$f(x) \equiv g(x) \ (m)$$

*bezeichnen wir als **funktionale oder identische Kongruenz**, wenn $f(x)$ und $g(x)$ ganzzahlige Polynome mit*

$$f(x) - g(x) = c_0 x^n + c_1 x^{n-1} + \ldots + c_n$$

und

$$c_i \equiv 0 \ (m) \quad \textit{für } i = 0, \ldots, n$$

sind.

Beispiel. Das Polynom $f(x) = x^2 - 3x + 2$ ist funktional kongruent zu $g(x) = -5x^2 + 3x - 4$ modulo 6, denn es ist

$$f(x) - g(x) \equiv 6x^2 - 6x + 6 \equiv 0 \ (6).$$

Aus der Gültigkeit von $f(x_0) \equiv g(x_0) \ (m)$ für alle ganzzahligen Werte x_0 folgt nicht in jedem Fall, dass f funktional kongruent zu g modulo m sein muss, denn die Kongruenz

$$(x+1) \cdot (x+2) \cdot \ldots \cdot (x+n) \equiv 2x \cdot (x-1) \cdot \ldots \cdot (x-n+1) \ (m)$$

ist für alle ganzzahligen x erfüllt, weil beide Seiten durch $n!$ teilbar sind. Somit ist die Kongruenz erfüllt. Deshalb kann es sich in diesem Beispiel nicht um eine funktionale Kongruenz handeln.

Definition 5.5.4. *Es seien die ganzzahligen Polynome $f(x), g(x)$ und $h(x)$ gegeben. Gilt dann die Beziehung*

$$f(x) \equiv g(x) \cdot h(x) \ (m),$$

*so bezeichnen wir $g(x)$ und $h(x)$ als **Teiler** von $f(x)$ modulo m.*

Wir wollen nun eine erste Aussage über die Anzahl der Lösungen einer algebraischen Kongruenz höherer Ordnung modulo einer zusammengesetzten Zahl m treffen. Wir bemerken in diesem Zusammenhang, dass diese sich in einer entsprechenden Formulierung schon bei den quadratischen Kongruenzen als besonders hilfreich erwiesen hat:

Satz 5.5.1. *Es seien $f(x)$ ein ganzzahliges Polynom in x und m eine Zahl mit der Primfaktorzerlegung $m = p_1^{e_1} \cdot \ldots \cdot p_r^{e_r}$. Die Anzahl N der Lösungen von der Kongruenz*

$$f(x) \equiv 0 \ (m), \quad F = f(x) \in \mathbb{Z}[x]$$

ergibt sich aus den Lösungsanzahlen n_i der Kongruenzen

$$f(x) \equiv 0 \ (p_i^{e_i}) \quad \text{für } i = 1, \ldots, r$$

und wird durch

$$N = n_1 \cdot \ldots \cdot n_r$$

bestimmt.

Beweis. Es sei c_i die Lösung der Kongruenz $f(x) \equiv 0 \ (p_i^{e_i})$ für $i = 1, \ldots, r$, das heißt es gelten

$$x \equiv c_1 \ (p_1^{e_1})$$
$$x \equiv c_2 \ (p_2^{e_2})$$
$$\vdots$$
$$x \equiv c_r \ (p_r^{e_r}).$$

Deshalb gibt es nach Lemma 5.3.1 genau eine Lösung modulo m. Durchläuft c_i alle n_i modulo $p_i^{e_i}$ inkongruenten Lösungen, dann erhalten wir genau N Lösungen von $f(x) \equiv 0 \ (m)$.

$\square$

Damit genügt es also auch bei algebraischen Kongruenzen höherer Ordnung, sich bei der Bestimmung der Lösung auf algebraische Kongruenzen mit Primzahlpotenzmodulen zu beschränken. Im Folgenden bezeichne p immer eine Primzahl und $\gamma \geq 1$ eine natürliche Zahl.

Wir stellen zu Beginn fest, dass wenn c eine Wurzel der Kongruenz

$$f(x) \equiv 0 \ (p^\gamma)$$

ist, stets die Beziehung

$$f(c) \equiv 0 \ (p^s) \quad \text{für } 1 \leq s \leq \gamma$$

erfüllt ist. Wir wollen weiterhin durch

$$x_\gamma^{(1)}, \ldots, x_\gamma^{(h_\gamma)}$$

die Lösungen der Kongruenz $f(x) \equiv 0 \ (p^\gamma)$ bezeichnen, wobei bisher die Frage der Existenz solcher Lösungen noch nicht geklärt ist. Es seien $\gamma \geq 2$ und

$$x_\gamma^{(i)}$$

eine Lösung der algebraischen Kongruenz

$$f(x) \equiv 0 \ (p^\gamma).$$

Folglich muss gleichzeitig eine Lösung

$$x_{\gamma-1}^{(j_i)}$$

der algebraischen Kongruenz

$$f(x) \equiv 0 \ (p^{\gamma-1})$$

mit

$$x_\gamma^{(i)} \equiv x_{\gamma-1}^{(j_i)} \ (p^{\gamma-1})$$

existieren. Dann gibt es aber weiterhin auch eine ganze Zahl $y_{\gamma-1}$ mit

$$x_\gamma^{(i)} \equiv x_{\gamma-1}^{(j_i)} + y_{\gamma-1} \cdot p^{\gamma-1} \ (p^\gamma).$$

Da $f(x)$ ein Polynom vom Grad n mit ganzzahligen Koeffizienten ist, folgt durch differenzieren von $f(x)$ dass

$$\frac{1}{1!} \cdot f'(x), \frac{1}{2!} \cdot f''(x), \frac{1}{3!} \cdot f^{(3)}(x), \ldots$$

ebenfalls Polynome mit ganzzahligen Koeffizienten sind. Desweiteren ist für $t > n$ stets

$$\frac{1}{t!} \cdot f^{(t)}(x) = 0.$$

Damit ist die Taylorreihenentwicklung von $f(x)$ eine endliche Summe und wir können

$$f(x+h) = f(x) + f'(x) \cdot h + \frac{1}{2} \cdot f''(x) \cdot h + \ldots + \frac{1}{n!} \cdot f^{(n)}(x) \cdot h^n$$

schreiben und folglich ist

$$0 \equiv f\left(x_\gamma^{(i)}\right)$$

$$\equiv f\left(x_{\gamma-1}^{(j_i)} + y_{\gamma-1} \cdot p^{\gamma-1}\right)$$

$$\equiv f\left(x_{\gamma-1}^{(j_i)}\right) + f'\left(x_{\gamma-1}^{(j_i)}\right) \cdot y_{\gamma-1} \cdot p^{\gamma-1} \ (p^\gamma).$$

Wegen

$$f\left(x_{\gamma-1}^{(j_i)}\right) \equiv 0 \ (p^{\gamma-1})$$

ist dann aber

$$f'\left(x_{\gamma-1}^{(j_i)}\right) \cdot y_{\gamma-1} \equiv -\frac{1}{p^{\gamma-1}} \cdot f\left(x_{\gamma-1}^{(j_i)}\right) \ (p).$$

Umgekehrt ist nun, wenn

$$f'\left(x_{\gamma-1}^{(j)}\right) \cdot y_{\gamma-1} \equiv -\frac{1}{p^{\gamma-1}} \cdot f\left(x_{\gamma-1}^{(j)}\right) \ (p),$$

so folgt

$$f\left(x_{\gamma-1}^{(j)} + y \cdot p^{\gamma-1}\right) \equiv 0 \ (p^{\gamma}).$$

Damit haben wir also ein Verfahren erzeugt, alle Lösungen von $f(x) \equiv 0 \ (p^{\gamma})$ mit $\gamma \geq 2$ zu ermitteln, wenn wir die Lösungen der Kongruenz $f(x) \equiv 0 \ (p^{\gamma-1})$ kennen: Wir bestimmen für jede Lösung $x_{\gamma-1}^{(j)}$ alle Lösungen y von

$$f'\left(x_{\gamma-1}^{(j)}\right) \cdot y_{\gamma-1} \equiv -\frac{1}{p^{\gamma-1}} \cdot f\left(x_{\gamma-1}^{(j)}\right) \ (p),$$

und erhalten durch die Ausdrücke

$$x_{\gamma-1}^{(j)} + y \cdot p^{\gamma-1}$$

die Lösungen der Kongruenz $f(x) \equiv 0 \ (p^{\gamma})$. Wenn nun der Fall eintritt, dass es kein y gibt, das einem $x_{\gamma-1}^{(j)}$ entspricht, so gibt es zu diesem speziellen $x_{\gamma-1}^{(j)}$ keine Lösung der Kongruenz $f(x) \equiv 0 \ (p^{\gamma})$.

Wir können unsere Aussagen über die Lösungen noch weiter verallgemeinern: Wenn wir die algebraische Kongruenz $f(x) \equiv 0 \ (p^{\gamma})$ lösen wollen, beginnen wir mit den Wurzeln $x_1^{(j)}$ von $f(x) \equiv 0 \ (p)$. Wir gehen von einer speziellen Wurzel $x_1^{(j_i)}$ aus und lösen zuerst mit $\gamma = 2$ die Kongruenz

$$f'\left(x_{\gamma-1}^{(j_i)}\right) \cdot y_{\gamma-1} \equiv -\frac{1}{p^{\gamma-1}} \cdot f\left(x_{\gamma-1}^{(j_i)}\right) \ (p)$$

nach y_1 auf. Zu jedem y_1 erhalten wir dann eine Lösung

$$x_2^{(k)} \equiv x_1^{(j_i)} + y_1 \cdot p \ (p^2)$$

von der Kongruenz

$$f(x) \equiv 0 \ (p^2).$$

Jetzt verwenden wir jedes dieser $x_2^{(k)}$ dazu, um mit $\gamma = 3$ und $j_i = k$ die Kongruenz

$$f'\left(x_{\gamma-1}^{(j_i)}\right) \cdot y_{\gamma-1} \equiv -\frac{1}{p^{\gamma-1}} \cdot f\left(x_{\gamma-1}^{(j_i)}\right) \ (p)$$

zu lösen. Wir erhalten alle Lösungen von $f(x) \equiv 0 \ (p^3)$. Die Kongruenz besitzt für y_2 den Modul p. Wegen

$$x_2^{(k)} \equiv x_1^{(j_i)} \ (p)$$

können wir deshalb

$$f'\left(x_1^{(j_i)}\right) \cdot y_2 \equiv -\frac{1}{p^2} \cdot f\left(x_2^{(k)}\right) \ (p)$$

schreiben. Diese Vorgehensweise wird bei jedem weiteren Schritt zur vollständigen Lösungsgewinnung wiederholt. Somit können wir allgemein $y_{\gamma-1}$ aus der Kongruenz

$$f'\left(x_1^{(j_i)}\right) \cdot y_{\gamma-1} \equiv -\frac{1}{p^{\gamma-1}} \cdot f\left(x_\gamma^{(k)}\right) \ (p)$$

bestimmen, womit wir alle Lösungen $x_\gamma^{(k)}$ aus der Lösung von $f(x) \equiv 0 \ (p)$ herleiten können.

Aus der Linearität der Kongruenz

$$f'\left(x_1^{(j_i)}\right) \cdot y_{\gamma-1} \equiv -\frac{1}{p^{\gamma-1}} \cdot f\left(x_\gamma^{(k)}\right) \ (p)$$

ergibt sich unmittelbar, dass wenn

$$f'\left(x_1^{(j_i)}\right) \not\equiv 0 \ (p)$$

gilt, es genau ein $y_{\gamma-1}$ für jedes der $x_{\gamma-1}^{(k)}$ existiert, die sich ihrerseits wiederum aus den $x_1^{(j_i)}$ ergeben. Ist nun aber andererseits

$$f'\left(x_1^{(j_i)}\right) \equiv 0 \ (p),$$

so existieren entweder genau p oder gar keine $y_{\gamma-1}$, in Abhängigkeit davon, ob die Kongruenz

$$\frac{f\left(x_{\gamma-1}^{(k)}\right)}{p^{\gamma-1}} \equiv 0 \ (p)$$

gilt oder nicht gilt.

Beispiel. Wir möchten die Kongruenz $f(x) \equiv 0$ (27) mit $f(x) = x^2 + x + 7$ lösen. Betrachten wir die algebraische Gleichung modulo 3, dann ergibt sich durch Probieren unmittelbar, dass

$$x \equiv 1 \ (3)$$

die einzige Lösung von $f(x) \equiv 0$ (3) ist. Wegen $f'(x) = 2x + 1$ und $f'(1) \equiv 0$ (3) ist klar, dass es nur ein x_1 gibt. Wir setzen unsere erhaltenen Zahlenwerte in $f'\left(x_1^{(j_i)}\right) \cdot y_{\gamma-1} \equiv -\frac{1}{p^{\gamma-1}} \cdot f\left(x_\gamma^{(k)}\right)$ (p) ein und bekommen

$$0 \equiv -\frac{1}{3^{\gamma-1}} \cdot f\left(x_{\gamma-1^{(k)}}\right) \ (3).$$

Nunmehr können zwei Fälle auftreten:

1. Es gibt keine Zahlen $y_{\gamma-1}$, wenn $f\left(x_{\gamma-1}^{(k)}\right) \not\equiv 0$ (3^γ) ist.

2. Es ist $y_{\gamma-1} \equiv 0, 1, -1$ (3), wenn $f\left(x_{\gamma-1}^{(k)}\right) \equiv 0$ (3^γ) ist.

Wir erhalten deshalb

Es sind $x_1^{(1)} \equiv 1$ (3) und $f\left(x_1^{(1)}\right) = 9$. Damit ist $y_1 \equiv 0, 1, -1$ (3).

Es sind $x_2^{(1)} \equiv 1$ (3^2) und $f\left(x_2^{(1)}\right) = 9$. Damit gibt es keine y_2.

Es sind $x_2^{(2)} \equiv 4$ (3^2) und $f\left(x_2^{(2)}\right) = 27$. Damit ist $y_2 \equiv 0, 1, -1$ (3).

Es sind $x_2^{(3)} \equiv -2$ (3^2) und $f\left(x_2^{(3)}\right) = 9$. Damit gibt es keine y_2.

Es ist $x_3^{(1)} \equiv 4$ (3^3).

Es ist $x_3^{(2)} \equiv 13$ (3^3).

Es ist $x_3^{(3)} \equiv -5$ (3^3).

Insgesamt lösen folglich alle Restklassen $x \equiv 4, 13, -5$ (27) die algebraische Kongruenz $f(x) \equiv 0$ (27).

Mit dieser beschriebenen Vorgehensweise haben wir also eine weitere Vereinfachung bei der Bestimmung der Lösungen von algebraischen Kongruenzen erzielt. Wir können somit feststellen, dass man sich bei den Untersuchungen von algebraischen Kongruenzen O.E.d.A. auf solche mit Primzahlmodulen bzw. Primzahlpotenzmodulen beschränken kann.

Es ist nun i.A. nicht mehr möglich weitere Methoden zum Lösen von algebraischen Kongruenzen höherer Ordnung anzugeben. Dies wird uns mit Hilfe der Indexrechnung erst bei den sogenannten Potenzresten gelingen, bei deren Untersuchung wir uns auf den Spezialfall

$$x^n \equiv a \ (m)$$

einer algebraischen Kongruenz n-ter Ordnung modulo m beschränken. Trotzdem können wir an dieser Stelle einige Aussagen über Lösungen einer algebraischen Kongruenz höherer Ordnung formulieren, welche uns einige Ergebnisse liefern.

Satz 5.5.2. *Die ganze Zahl c ist Lösung der algebraischen Kongruenz $f(x) \equiv 0 \ (m)$ genau dann, wenn $f(x)$ durch $x - c$ teilbar ist. Mit anderen Worten: c ist Lösung von*

$$f(x) \equiv 0 \ (m)$$

genau dann, wenn

$$f(x) \equiv (x - c) \cdot g(x) \ (m).$$

Beweis. Es sei zuerst $f(x) \equiv (x - c) \cdot g(x) \ (m)$. Dann ist

$$f(c) \equiv (c - c) \cdot g(x) \equiv 0 \ (m)$$

und damit ist c Lösung von $f(x) \equiv 0 \ (m)$. Es seien nun $f(x) \equiv f(x) - f(c) \ (m)$ und O.E.d.A. besitzt $f(x)$ den Grad n. Es gilt $f(x) = \sum_{i=0}^{n} (a_{n-i} x^i)$. Deshalb ist

$$\frac{f(x) - f(c)}{x - c} = \sum_{i=1}^{n} \left\{ a_{n-i} \cdot \frac{x^i - c^i}{x - c} \right\}$$

$$= \sum_{i=1}^{n} \left\{ a_{n-i} \cdot \left(x^{i-1} + c x^{i-2} + \ldots + c^{i-1} \right) \right\}$$

$$= g(x)$$

und g hat den Grad $n - 1$. Dann können wir aber

$$f(x) \equiv (x - c) \cdot g(x) \ (m)$$

schreiben.

$\square$

Satz 5.5.3. *Es sei p eine Primzahl. Wenn die algebraische Kongruenz der Ordnung n*

$$f(x) \equiv a_0 x^n + a_1 x^{n-1} + \ldots + a_n \equiv 0 \ (p)$$

genau s mit $s \leq n$ inkongruente Lösungen $c_1, \ldots, c_s$ modulo p besitzt, dann gilt die funktionale Kongruenz

$$f(x) \equiv (x - c_1) \cdot (x - c_2) \cdot \ldots \cdot (x - c_s) \cdot g(x) \ (p).$$

Hierbei sind $g(x) = a_0 x^{n-s} + h(x)$ und $h(x)$ ganzzahlige Polynome. Weiterhin ist $\mathrm{ord}(h(x)) \leq n - s - 1$. Ist $n = s$, so gilt überdies $g(x) = a_0$.

Beweis. Wir schließen induktiv über s: Für $s = 1$ ist die Behauptung nach Satz 5.5.2 erfüllt. Die Behauptung gelte nun für eine feste Anzahl inkongruenter Lösungen $\leq s - 1$. Dann haben wir

$$f(x) \equiv (x - c_1) \cdot (x - c_2) \cdot \ldots \cdot (x - c_{s-1}) \cdot f_1(x) \ (p)$$

mit einem ganzzahligen Polynom

$$f_1(x) - a_0 x^{n-s+1}$$

und der Eigenschaft $\mathrm{ord}(f_1(x)) \leq n - s$. Da c_s Wurzel von $f(x) \equiv 0 \ (p)$ ist, folgt

$$(c_s - c_1) \cdot (c_s - c_2) \cdot \ldots \cdot (c_s - c_{s-1}) \cdot f_1(c_s) \equiv 0 \ (p)$$

und damit gilt

$$f(c_s) \equiv 0 \ (p).$$

Wegen Satz 5.5.2 können wir nun

$$f_1(x) \equiv (x - c_s) \cdot g(x) \ (p)$$

schreiben, wobei $h(x) = g(x) - a_0 x^{n-s}$ ein ganzzahliges Polynom mit $\mathrm{ord}(h(x)) \leq n - s - 1$ ist. Damit ist unsere Behauptung aber auch für s inkongruente Lösungen gezeigt. $\square$

Satz 5.5.4. *Es sei p eine Primzahl. Die algebraische Kongruenz*

$$f(x) \equiv 0 \ (p)$$

der Ordnung n hat höchstens n inkongruente Lösungen modulo p.

Beweis. Wir werden Satz 5.5.3 anwenden. Zu Beginn setzen wir voraus, dass die Kongruenz

$$f(x) \equiv 0 \ (p)$$

genau s modulo p inkongruente Lösungen $c_1, \ldots, c_n$ besitzt und zeigen, dass es dann keine weitere modulo p inkongruente Lösung geben kann. Wir nehmen an, es gibt doch eine weitere Lösung c_{n+1}, die modulo p inkongruent zu $c_1, \ldots, c_n$ ist. Dann gilt

$$a_0 \cdot (c_{n+1} - c_1) \cdot (c_{n+1} - c_2) \cdot \ldots \cdot (c_{n+1} - c_n) \equiv 0 \ (p).$$

Dies ist aber ein Widerspruch, da keiner der Faktoren auf der linken Seite der Kongruenz durch p teilbar sein kann. (Andernfalls müssten in der primen Restklassengruppe modulo p Nullteiler existieren.) □

Satz 5.5.5. *Es sei p eine Primzahl und*

$$f(x) \equiv 0 \ (p)$$

eine algebraische Kongruenz der Ordnung n mit genau n inkongruenten Lösungen modulo p. Weiterhin seien $g(x)$ ein Polynom μ-ter und $h(x)$ ein Polynom ν-ter Ordnung mit

$$f(x) \equiv g(x) \cdot h(x) \ (p).$$

Hierbei sind

$$g(x) \equiv 0 \ (p)$$

eine algebraische Kongruenz μ-ter Ordnung mit genau μ inkongruenten Lösungen und

$$h(x) \equiv 0 \ (p)$$

eine algebraische Kongruenz ν-ter Ordnung mit genau ν inkongruenten Lösungen modulo p.

Beweis. Trivialerweise folgt aus $f(x) \equiv g(x) \cdot h(x) \ (p)$ die Beziehung $\mu + \nu = n$. Wir nehmen nun an, die Kongruenz $g(x) \equiv 0 \ (p)$ habe μ_1 Lösungen und die Kongruenz $h(x) \equiv 0 \ (p)$ habe ν_1 Lösungen modulo p. Dann ist wegen $f(x) \equiv g(x) \cdot h(x) \ (p)$

$$\mu_1 + \nu_1 \geq n.$$

Nach Satz 5.5.3 folgen nun $\mu_1 \leq \mu$ und $\mu_1 \leq \nu$ und damit gilt

$$\mu_1 + \nu_1 \leq n.$$

Insgesamt haben wir wegen der Antisymmetrie der $\leq$-Relation deshalb $\mu_1 = \mu$ und $\nu_1 = \nu$. □

Satz 5.5.6. *Es sei $f = f(x)$ ein nichtkonstantes Polynom. Dann ist die algebraische Kongruenz*

$$f(x) \equiv 0 \ (p)$$

lösbar für unendlich viele Primzahlen p.

Beweis. Es sei $f(x) = a_0 x^n + a_1 x^{n-1} + \ldots + a_n$ ein nichtkonstantes Polynom. Für $a_n = 0$ haben wir nichts zu zeigen, denn in diesem Fall gilt

$$f(p) \equiv 0 \ (p)$$

für alle Primzahlen p. Deshalb sei nun $a_n \neq 0$ und wir nehmen an, dass die Kongruenz nur für endlich viele Primzahlen $p_1, \ldots, p_r$ lösbar ist, das heißt es existieren ganze Zahlen c mit

$$f(c) \equiv 0 \ (m)$$

ausschließlich für Moduln $m \in \{p_1, \ldots, p_r\}$. Wegen $b = p_1 \cdot p_2 \cdot \ldots \cdot p_r \cdot a_n$ können wir

$$f(b \cdot y) = a_n \cdot g(y)$$

schreiben, wobei g ein Polynom mit der Darstellung

$$g(y) = 1 + A_1 y + A_2 y^2 + \ldots + A_n y^n$$

und ganzzahligen Koeffizienten ist. Nach Konstruktion sind die Koeffizienten des Polynoms g und damit die Summe

$$A_1 y + A_2 y^2 + \ldots + A_n y^n$$

durch $p_1 \cdot \ldots \cdot p_r$ teilbar. Folglich kann nun aber

$$1 + A_1 y + A_2 y^2 + \ldots + A_n y^n$$

nicht durch $p_1 \cdot \ldots \cdot p_r$ und damit auch nicht durch eine der Zahlen $p_1, \ldots, p_r$ teilbar sein, das heißt wir haben deshalb

$$g(y) \not\equiv 0 \ (p_1)$$

$$\vdots$$

$$g(y) \not\equiv 0 \ (p_r).$$

Gleichzeitig gilt: Ist die Kongruenz

$$g(y) \equiv 0 \ (q)$$

für eine Primzahl q lösbar, so ist auch die Kongruenz

$$f(b \cdot y) \equiv 0 \ (q)$$

für q lösbar. Damit erhalten wir aber unmittelbar

$$g(y) = \pm 1$$

für alle ganzen Zahlen y. Nach dem Fundamentalsatz der Algebra besitzen die Gleichungen

$$1 = 1 + A_1 y + A_2 y^2 + \ldots + A_n y^n$$

und

$$-1 = 1 + A_1 y + A_2 y^2 + \ldots + A_n y^n$$

insgesamt maximal $2 \cdot n$ Lösungen. Damit ist aber gleichzeitig die Existenz einer ganzen Zahl y mit $g(y) \equiv 0 \ (q)$ und folglich

$$f(b \cdot y) \equiv 0 \ (q)$$

für eine Primzahl $q \notin \{p_1, \ldots, p_r\}$ gesichert. Widerspruch!

$\square$

Wir wollen uns nunmehr der speziellen algebraischen Kongruenz n-ter Ordnung modulo m

$$x^n \equiv a \ (m)$$

zuwenden. Grundlegend hierfür ist in diesem Zusammenhang die

Definition 5.5.5. *Es seien $m \geq 2$ und $n \geq 2$ beliebige natürliche Zahlen und a eine ganze Zahl mit $\mathrm{ggT}(a, m) = 1$. Wir bezeichnen a als n-ten Potenzrest modulo m, wenn die Kongruenz*

$$x^n \equiv a \ (m)$$

lösbar ist.

In dem Spezialfall $n = 2$ sprechen wir bekannterweise von quadratischen Resten, für $n = 3$ bzw. $n = 4$ bezeichnen wir a im Falle der Lösbarkeit als kubische bzw. biquadratische Reste.

In Analogie zu den quadratischen Resten ergeben sich auch hier eine Reihe von Fragestellungen, die wir in diesem Abschnitt beantworten werden:

1. Zu einem vorgelegten Modul m und einer festen Zahl $n \geq 2$ sollen alle ganzzahligen a bestimmt werden, so dass die Definiton 5.5.5 erfüllt ist.

2. Es sind Zahlen a und n vorgegeben. Wir interessieren uns für einen Modul m, so dass wiederum a ein n-ter Potenzrest modulo m ist.

3. Ebenso stellt sich die Frage, welche und wie viele Lösungen x der Kongruenz $x^n \equiv a \ (m)$ mit expliziten Zahlenwerten für a, m und n existieren.

Nach den bisher angestellten Untersuchungen ist klar, dass wir uns bei der Beantwortung dieser Fragen auf Primzahlpotenzmoduln (und sogar auf Primzahlmoduln) beschränken können. Wann dabei eine Kongruenz der Form

$$x^n \equiv a \ (p^\gamma)$$

lösbar ist, haben wir bereits in Lemma 5.3.3 geklärt. Wir veranschaulichen diese Kongruenz durch ein Beispiel.

Beispiel. Wir wollen überprüfen, ob die Kongruenz $x^{12} \equiv 13 \ (17)$ lösbar ist und im Falle der Lösbarkeit die Anzahl der inkongruenten Lösungen modulo 17 bestimmen. Es ist $d = \mathrm{ggT}(12, 16) = 4$ und mit $\mathrm{ind}\,13 = 4$ ist die Kongruenz wegen $4 \mid 4$ lösbar und besitzt $d = 4$ inkongruente Lösungen modulo 17. Weiterhin gilt

$$12 \cdot \mathrm{ind}\,x \equiv 4 \ (16)$$

genau dann, wenn

$$3 \cdot \mathrm{ind}\,x \equiv 1 \ (4),$$

woraus wir unmittelbar

$$\mathrm{ind}\,x \equiv 3 \ (4)$$

und deshalb

$$\mathrm{ind}\,x \equiv 3, 7, 11, 15 \ (16)$$

erhalten. Unter Verwendung unserer Indextafel (vgl. Tabelle 5.2) sind deshalb alle Lösungen durch

$$x \equiv 6, 7, 10, 11 \ (17)$$

gegeben.

Satz 5.5.7. *Es seien p eine ungerade Primzahl, a nicht durch p teilbar und $d = \mathrm{ggT}\left(n, p^{\gamma-1} \cdot (p-1)\right)$. Dann ist die Kongruenz*

$$x^n \equiv a \ (p^\gamma)$$

genau dann lösbar, wenn

$$a^{\frac{p^{\gamma-1} \cdot (p-1)}{d}} \equiv 1 \ (p^\gamma).$$

Beweis. Es sei g eine primitive Wurzel modulo p^γ. Nach Lemma 5.3.3 ist die Kongruenz $x^n \equiv a \ (p^\gamma)$ lösbar genau dann, wenn es eine ganze Zahl h mit ind $a = h \cdot d$ gibt. Damit können wir aber

$$a \equiv g^{\text{ind } a}$$
$$\equiv g^{h \cdot d} \ (p^\gamma)$$

und deshalb

$$a^{\frac{p^{\gamma-1} \cdot (\gamma-1)}{d}} \equiv g^{h \cdot p^{\gamma-1} \cdot (\gamma-1)}$$
$$\equiv 1 \ (p^\gamma)$$

schreiben. Es sei andererseits die Beziehung $a^{\frac{p^{\gamma-1} \cdot (p-1)}{d}} \equiv 1 \ (p^\gamma)$ erfüllt. Mit $\mu = \text{ind}_g a$ und $a \equiv g^\mu \ (p^\gamma)$ erhalten wir

$$g^{\frac{\mu}{d} \cdot p^{\gamma-1} \cdot (\gamma-1)} \equiv 1 \ (p^\gamma).$$

Da g eine primitive Wurzel modulo p^γ ist, können wir

$$\frac{\mu}{d} \cdot p^{\gamma-1} \cdot (\gamma-1) = k \cdot p^{\gamma-1} \cdot (\gamma-1)$$

und somit

$$d \cdot k = \mu$$

schreiben. Dann ist aber $d \mid \mu$ und nach Lemma 5.3.3 die Kongruenz $x^n \equiv a \ (p^\gamma)$ lösbar.

$\square$

Lemma 5.5.1. *Besitzt die natürliche Zahl $m > 1$ primitive Wurzeln und ist weiterhin $t \mid \varphi(m)$, dann hat die Kongruenz*

$$x^t \equiv 1 \ (m)$$

genau t inkongruente Lösungen modulo m.

Beweis. Wenn die Voraussetzungen des Lemmas erfüllt sind, so können wir aus $x^t \equiv 1 \ (m)$ auf die Beziehung

$$t \cdot \text{ind } x \equiv 0 \ (\varphi(m))$$

schließen, wobei ggT $(t, \varphi(m)) = 1$ gilt. Unter Verwendung des Satz 2.4.6 folgt nun unsere Behauptung.

$\square$

Satz 5.5.8. *Es sei p eine ungerade Primzahl und* $d = \mathrm{ggT}\left(n, p^{\gamma-1} \cdot (p-1)\right)$. *Dann gibt es genau*

$$\frac{p^{\gamma-1} \cdot (p-1)}{d}$$

Potenzreste modulo p.

Beweis. Nach Satz 5.5.7 folgt, dass die Anzahl der Potenzreste mit der Anzahl der Lösungen von der Kongruenz

$$a^{\frac{p^{\gamma-1} \cdot (p-1)}{d}} \equiv 1 \ (p^{\gamma})$$

übereinstimmt. Wir erhalten nun unsere Behauptung unmittelbar unter Benutzung von Lemma 5.5.1.

$\square$

Beispiel. Wir betrachten die Kongruenz

$$x^4 \equiv a \ (17).$$

Wegen $d = \mathrm{ggT}(4, 16)$ und $\frac{17^0 \cdot 16}{4} = 4$ existieren genau 4 biquadratische Reste modulo 17, nämlich

$$x^4 \equiv 1 \ (17)$$
$$x^4 \equiv 4 \ (17)$$
$$x^4 \equiv 13 \ (17)$$
$$x^4 \equiv 16 \ (17).$$

Weiterhin haben diese 4 Kongruenzen jeweils vier Lösungen:

$$x \equiv \pm 1, \pm 4 \ (17)$$
$$x \equiv \pm 6, \pm 7 \ (17)$$
$$x \equiv \pm 3, \pm 5 \ (17)$$
$$x \equiv \pm 2, \pm 8 \ (17).$$

Wir haben durch Lemma 5.3.3 sowie durch die Sätze 5.5.7 und 5.5.8 Aussagen über die Lösbarkeitsbedingungen und die Mächtigkeit der Lösungsmenge von speziellen höheren Kongruenzen der Form $x^n \equiv a \ (m)$ formuliert. Dabei war jedoch stets eine ungerade Primzahl bzw. Primzahlpotenz die Voraussetzung für den Modul m. Wir wollen nunmehr unsere Aussagen zu Potenzresten durch die Betrachtung von Moduln der Form 2^{γ} mit $\gamma > 0$ noch vervollständigen. Wir unterscheiden hierbei den Fall $n \equiv 1 \ (2)$ bzw. $n \equiv 0 \ (2)$.

Übungsaufgabe 5.13. Man bestimme alle kubischen Reste für die Zahlen $5, 25$ und 37.

Übungsaufgabe 5.14. Man bestimme alle biquadratischen Reste für die Zahlen $5, 25$ und 37.

Satz 5.5.9. *Es sei* $a \equiv n \equiv 1\ (2)$. *Dann hat die Kongruenz*

$$x^n \equiv a\ (2^\gamma)$$

für $\gamma > 0$ *genau eine Lösung.*

Beweis. Wir führen eine Fallunterscheidung nach γ durch:

1. Fall: $\gamma = 1$. Die Kongruenz $x^n \equiv 1\ (2)$ hat offensichtlich die einzige Lösung $x \equiv 1\ (2)$.

2. Fall: $\gamma = 2$. Wegen $n \equiv 1\ (2)$ ist $x \equiv 1\ (4)$ die einzige Lösung im Fall $a \equiv 1\ (4)$ und $x \equiv 3 \equiv -1\ (4)$ für $a \equiv -1\ (4)$.

3. Fall: $\gamma \geq 3$. Nach Lemma 5.3.2 können wir jedes a in der Form

$$a \equiv (-1)^\alpha \cdot 5^r\ (2^\gamma)$$

darstellen. Weiterhin wählen wir für x den Ansatz

$$x \equiv (-1)^\beta \cdot 5^s\ (2^\gamma).$$

Dann folgt aus

$$(-1)^{n \cdot \beta} \cdot 5^{n \cdot s} \equiv (-1)^\alpha \cdot 5^r\ (2^\gamma)$$

wegen $2 \nmid n$ die Beziehung

$$\beta \equiv \alpha\ (2)$$

bei der Betrachtung modulo 4. Schließlich muss wegen $\varphi(2^\gamma) = 2^{\gamma-1}$

$$n \cdot s \equiv r\ (2^{\gamma-1})$$

sein, und diese lineare Kongruenz besitzt wegen $n \equiv 1\ (2)$ genau eine Lösung. Also gibt es auch genau eine Lösung x modulo 2^γ. $\qquad\square$

Satz 5.5.10. *Es seien* $a \equiv n \equiv 1\ (2)$ *und* $e, \gamma > 0$. *Dann hat die Kongruenz*

$$x^{2^e \cdot n} \equiv a\ (2^\gamma)$$

für $\gamma < e + 2$ *genau* $2^{\gamma-1}$ *Lösungen modulo* 2^γ, *falls* $a \equiv 1\ (2^\gamma)$. *Für* $\gamma \geq e + 2$ *existieren genau* 2^{e+1} *Lösungen modulo* 2^γ, *falls* $a \equiv 1\ (2^{e+2})$. *Andernfalls ist die Kongruenz unlösbar.*

Beweis. Für $\gamma = 1$ haben wir nichts zu zeigen. Es sei daher $\gamma \geq 2$. Analog zum Beweis von Satz 5.5.9 setzen wir

$$a \equiv (-1)^{\alpha} \cdot 5^{r} \ (2^{\gamma})$$

sowie

$$x \equiv (-1)^{\beta} \cdot 5^{s} \ (2^{\gamma})$$

und erhalten

$$5^{2^{e} \cdot n \cdot s} \equiv (-1)^{\alpha} \cdot 5^{r} \ (2^{\gamma}).$$

Die Betrachtung dieser Kongruenz modulo 4 hat zur Folge, dass $\alpha \equiv 0 \ (2)$ sein muss. Damit ist aber

$$a \equiv 1 \ (4)$$

notwendig für die Lösbarkeit der Kongruenz und in diesem Fall ist dann

$$2^{e} \cdot n \cdot s \equiv r \ (2^{\gamma-2}).$$

Jetzt unterscheiden wir noch die zwei Fälle:

1. Fall: $\gamma < e + 2$. Die lineare Kongruenz $2^{e} \cdot n \cdot s \equiv r \ (2^{\gamma-2})$ ist genau dann lösbar , wenn $r = r' \cdot 2^{\gamma-2}$, also $a \equiv 1 \ (2^{\gamma})$ ist. Deshalb sind aber alle ganzen Zahlen s Lösungen, das heißt modulo $2^{\gamma-2}$ gibt es genau $2^{\gamma-2}$ Lösungen s. Weil nun aber β nur gleich 0 oder 1 sein kann, gibt es folglich $2^{\gamma-1}$ Lösungen modulo 2^{γ}.

2. Fall: $\gamma \geq e + 2$. Die lineare Kongruenz $2^{e} \cdot n \cdot s \equiv r \ (2^{\gamma-2})$ ist genau dann lösbar, wenn $r = r' \cdot 2^{\gamma}$, also $a \equiv 1 \ (2^{\gamma+2})$ ist. Die sich ergebende Kongruenz

$$n \cdot s \equiv r' \ (2^{\gamma-e-2})$$

hat genau eine Lösung s modulo $2^{\gamma-e-2}$ und damit 2^{γ} Lösungen s modulo 2^{e}. Wiederum mit $\beta = 0$ oder $\beta = 1$ ergeben sich insgesamt 2^{e+1} Lösungen modulo 2^{γ}. $\square$

6 Zwei-Personen-Spiele mit Zahlen

Im Bereich der Spiele für den Kopf gibt es ganz verschiedene Klassen: Kartenspiele, Würfelspiele, Brettspiele, Fingerspiele (z.B. Stein-Schere-Papier); Spiele für zwei oder mehr Personen; Spiele für einzelne, auch Puzzles oder Solitärs genannt. Nullsummen-Spiele: es wird nur umverteilt; ohne Zugewinn von außen oder Abfluss nach außen; Team-Spiele: alle halten zusammen und wollen gemeinsam eine Aufgabe lösen - ein Beispiel ist **Hanabi**, das Spiel des Jahres 2013.

In diesem Kapitel geht es um **Zahlenspiele** für zwei Personen. Die Regeln sind jeweils ganz einfach, ebenso das Spielmaterial: wahlweise kann man mit Streichhölzern, Körnern, Schokoladen-Stückchen oder einfach Stift und Papier spielen. Diese Spiele haben keine Zufalls-Komponenten.

6.1 Subtraktions-Spiele

„Es hält der Sieur de Méziriac,
Für Euch bereit den Zahlensack:
Greift mit Bedacht die erste Zahl;
Von 1 bis 10 habt Ihr die Wahl.

Danach fügt Méziriac im Nu
Zu eurer seine Zahl hinzu.
Und, wechselweise, ernst und heiter,
Klettert man hoch die Zahlenleiter.

Doch seid beim Kraxeln auf der Hut
Und wählet klug und wählet gut!
Gewinn sich fröhlich jedem zeigt
Der erstmals auf die 100 steigt.“

Dieses tolle Gedicht „Zahlensack des Méziriac" von Alexander Mehlmann [Meh] bezieht sich auf Herrn Méziriac, der im Jahr 1612 erstmals ein **Additions**-Spiel beschrieb [Méz]: Es geht los bei der Zahl Null. Zwei Spieler zählen abwechselnd Zahlen zwischen 1 und 10 dazu. Sieger ist, wer am Ende den Gesamtwert 100 erreicht.

Das Spiel ist gleichbedeutend mit einem **Subtraktions**-Spiel, wo die beiden Spieler bei 100 beginnen, abwechselnd Zahlen zwischen 1 und 10 abziehen, und am Ende derjenige der Sieger ist, der die Null erreicht. Am Ende von Kapitel 6 sollte für einen aufmerksamen Leser klar sein, warum die Subtraktions-Formulierung (etwas) natürlicher ist als die mit dem Addieren.

Wir betrachten in Abschnitt 6.1 verschiedene Subtraktions-Spiele, wobei wir uns von einfachen zu komplizierteren Spielen vorarbeiten.

6.1.1 Das 1-2-Subtraktions-Spiel

Der allereinfachste Fall wäre ein Spiel, wo der Spieler am Zug nur eine einzige Möglichkeit hat, nämlich „1 abziehen". Das ist aber kein interessantes Spiel, weil es überhaupt keine Auswahlmöglichkeiten gibt. Andererseits ist dieses Pseudospiel ziemlich weit verbreitet: Wahrscheinlich hat jeder als Kind mal die einzelnen Blüten-Blätter von einer Blume gezupft und dabei gemurmelt „X liebt mich; X liebt mich nicht; X liebt mich; ...". Läßt man dieses Abzählen außen vor, besteht das einfachste Subtraktions-Spiel darin, wahlweise ein oder zwei Körner wegnehmen zu dürfen.

Spielregeln

(R1) Es gibt zwei Spieler **Alice** und **Bob**, die abwechselnd ziehen. Manchmal kürzen wir die Spielernamen ab zu A und B.

(R2) Es gibt einen Haufen, der zu Beginn m Körner enthält. Dabei ist m eine positive natürliche Zahl.

(R3) Wer am Zug ist, nimmt entweder ein oder zwei Körner vom Haufen.

(R4) Sieger ist, wer den Haufen leer macht.

Bemerkung: Es spielt keine Rolle, wer insgesamt mehr von dem Haufen genommen hat. Es geht nur um das oder die letzten Körner. Man kann für das Spiel übrigens auch Hölzer oder Steine oder Münzen nehmen. Auch mit Altreifen ist es schon auf einer Deponie gespielt worden. (Beide Spieler hatten am Ende schwarze Hände.) Und natürlich kann man abstrakt die Haufengrößen auch einfach auf ein Blatt Papier schreiben: Wer am Zug ist und sich entschieden hat, schreibt die neue Haufengröße auf das Blatt und streicht dann die darüber stehende alte

Zahl durch. Richtig schön sieht es aus, wenn beide Spieler verschiedene Farben benutzen.

Nach ein paar Probepartien oder mit etwas Überlegen findet man heraus: Sind nur noch ein oder zwei Körner im Haufen, kann der Spieler am Zug direkt seinen Sieg erzwingen. Wer bei drei Körnern am Zug ist, hat Pech. Er muß auf ein oder zwei Körner reduzieren, von wo aus der Gegenspieler den Sieg erzwingen kann. „3" ist also eine Verluststellung für den Spieler am Zug. Genauso sind $6, 9, 12$ usw. Verluststellungen für den Spieler am Zug.

Wem diese anschauliche Erklärung zu unsicher ist, kann einen formalen Induktionsbeweis führen. Das tun wir im folgenden Satz.

Satz 6.1.1. *Im $(1, 2)$-Subtraktions-Spiel sind alle Haufengrößen m, die Vielfache von 3 sind, Verluststellungen für den Spieler am Zug. Für alle anderen $m > 0$ kann der Spieler, der am Zug ist, einen Sieg erzwingen.*

Beweis. Induktionsanfänge sind die zwei Fälle $m \in \{1, 2\}$. Dann nimmt man als Induktionsvoraussetzung für $m > 2$ an, dass die Aussage für alle Haufengrößen $< m$ bewiesen ist, und unterscheidet drei Fälle:

1. Fall:
$m \equiv 1 \ (3)$ und $m > 3$. Dann kann der Spieler 1 Korn entfernen. Es verbleiben $m - 1$ Körner, und $m - 1 \equiv 0 \ (3)$. Also ist die resultierende Stellung für den Gegenspieler, der bei ihr am Zug ist, nach Induktionsvoraussetzung verloren.

2. Fall:
$m \equiv 2 \ (3)$ und $m > 3$. Dann kann der Spieler 2 Körner entfernen. Es verbleiben $m - 2$ Körner, und $m - 2 \equiv 0 \ (3)$. Also ist die resultierende Stellung für den Gegenspieler, der bei ihr am Zug ist, nach Induktionsvoraussetzung verloren.

3. Fall:
$m \equiv 0 \ (3)$ und $m > 3$. Dann kann der Spieler entweder 1 oder 2 Körner entfernen. Wird 1 weggenommen, ist die resultierende Haufengröße $m - 1 \equiv 2 \ (3)$, also für den Gegenspieler gewonnen. Bei der anderen Möglichkeit, wenn 2 genommen wird, ist die resultierende Haufengröße $m - 2 \equiv 1 \ (3)$, also auch für den Gegenspieler gewonnen. Weil es keine anderen Handlungsoptionen für den Spieler am Zug gibt, muss er also in eine Stellung ziehen, die für den Gegenspieler gewonnen ist.

Damit ist der Induktionsschritt fertig. Man beachte den Unterschied zwischen den Fällen 1 und 2 auf der einen Seite, und Fall 3 auf der anderen Seite. In den ersten beiden reicht es, einen Gewinnzug anzugeben. Im dritten Fall muß für jeden der (beiden) Züge nachgewiesen werden, dass die resultierende Stellung für den Gegenspieler gewonnen ist. □

Randbemerkung: Für höfliche Körnerpicker gibt es die **Misere-Version** des Subtraktions-Spiels: Hier verliert, wer das oder die letzten Körner nimmt. (Wer am Zug ist, darf wieder 1 oder 2 Körner wegnehmen.) Man sieht direkt, dass $m = 1$ eine Verluststellung für den Spieler am Zug ist, und $m \in \{2,3\}$ Gewinnstellungen sind, indem auf $m = 1$ reduziert wird. Allgemein sind alle $m \equiv 1$ (3) Verluststellungen und alle $m \equiv 0$ (3) und $m \equiv 2$ (3) Gewinnstellungen für den Spieler am Zug. Der formale Beweis kann wie oben wieder mit Induktion in m geführt werden.

Im folgenden und auch in den Übungsaufgaben bezeichnet das $(s_1, s_2, \ldots, s_k)$-Spiel das Subtraktions-Spiel mit den erlaubten Zügen s_1 abziehen, s_2 abziehen, ..., s_k abziehen. In dieser Notation ist das oben beschriebene Spiel das $(1, 2)$-Spiel.

In den Übungsaufgaben 6.1 bis 6.6 kochen wir die Basis-Idee aus Satz 6.1.1 immer weiter aus. Nacheinander sollen alle Gewinnstellungen für die $(1, 2, 3)$-, $(1, 2, ..., k)$-, $(2, 3)$-, $(s, s+1)$- und $(s+1, s+2, ..., s+k)$-Spiele bestimmt werden. Am Ende zeigt sich, dass das $(s + 1, ..., s + k)$-Spiel für jedes Parameterpaar (s, k) eine einfache Struktur hat.

Übungsaufgabe 6.1. Man bestimme alle Gewinn- und Verluststellungen für das $(1, 2, 3)$-Spiel.

Übungsaufgabe 6.2. Man bestimme alle Gewinn- und Verluststellungen für das $(1, 2, \ldots, k)$-Spiel, wobei $k > 3$ ist.

Übungsaufgabe 6.3. Man bestimme alle Gewinn- und Verluststellungen für das $(2, 3)$-Spiel.

Übungsaufgabe 6.4. Man bestimme alle Gewinn- und Verluststellungen für das $(s, s + 1)$-Spiel, wobei $s > 2$ ist.

Übungsaufgabe 6.5. Man bestimme alle Gewinn- und Verluststellungen für das $(s + 1, s + 2, s + k)$-Spiel, wobei $s > 0$ und $k > 0$ sind.

Übungsaufgabe 6.6. Wie sollte ein Spieler im Additions-Spiel von Méziriac (siehe am Anfang des Abschnitts 6.1.1) spielen, wenn er bei Startwert Null am Zug ist und gewinnen will?

Interessantere Strukturen ergeben sich, wenn die Zugmenge kein uniformer Block ist, sondern Lücken hat. Solche Spiele untersuchen wir in den nächsten Abschnitten 6.1.2 bis 6.1.4.

6.1.2 Rückwärts-Analyse

Was wir im Abschnitt 6.1.1 mit einer adhoc-Argumentation gefunden und bewiesen hatten, läßt sich systematischer machen. Bekannt ist der Ansatz unter den Namen **Rückwärts-Analyse**, was zu allgemeineren Klasse der Verfahren der **Dynamischen Optimierung** [Bel] gehört.

Die Grundidee bei der Lösung eines **mehrstufigen** Entscheidungs-Problems besteht darin, diese Stufen anfangend beim Ende Schritt für Schritt zu lösen, bis man schließlich in der Situation angekommen ist, für die man konkret die oder eine optimale Entscheidung wissen will.

Bei einem Spiel, z.B. auch einem Subtraktions-Spiel, sind die Züge die einzelnen Stufen des Entscheidungsproblems. In Subtraktions-Spielen ist „**Ende**" die Situation, wo das Spiel beendet ist, weil keine Körner mehr da sind. Situation k ist die Stellung mit noch genau k Körnern auf dem Tisch. Um ihren spieltheoretischen Wert („Sieg für den Spieler am Zug" oder „Verlust für den Spieler am Zug") zu ermitteln, muss man zuvor die spieltheoretischen Werte für die Situationen ermittelt haben, in die der Spieler aus der aktuellen Situation ziehen kann.

Im $(1, 2)$-Spiel sind die zulässigen Züge „1 Korn entfernen" und „2 Körner entfernen". Man muss also die spieltheoretischen Werte für die Situationen $k - 1$ und $k - 2$ kennen, wenn man den spieltheoretischen Wert für Situation k bestimmen will. Ein Sonderfall ist, wenn noch genau 1 Korn auf dem Tisch liegt. Hier gibt es nur einen legalen Zug, nämlich das Wegnehmen des einzigen Kornes.

Eine Besonderheit hat die Rückwärts-Analyse bei Spielen. Während in der normalen dynamischen Optimierung typischerweise **ein** Akteur alle Entscheidungen nacheinander trifft, sind bei 2-Personen-Spielen zwei Akteure abwechselnd am Zug. Entsprechend hat man bei der Rückwärts-Analyse abwechselnde Stufen. Die Subtraktions-Spiele sind ein einfacher Spezialfall: Wegen der Symmetrie (jeder Spieler hat in der gleichen Situation die gleichen Handlungs-Optionen) muss nicht wie bei vielen anderen Spielen abwechselnd eine Minimum- und eine Maximum-Bildung ausgeführt werden.

Für Subtraktions-Spiele und Nim-Spiele (siehe Abschnitt 6.2) hat Emanuel Lasker den Ansatz in seinem Buch [Las] etwas umständlich beschrieben und dafür auch den Begriff „Tatonnieren" verwendet, den Gauß schon in anderem Zusammenhang für die Beschreibung seines mathematischen Arbeitsstils nutzte. Beim viel komplizierteren Schachspiel hat T. Ströhlein 1970 die Rückwärts-Analyse in seiner Dissertation eingeführt [Str] und damit unter anderem das Endspiel mit König und Turm gegen König und Läufer vollständig durchgerechnet.

In den Spielen aus Abschnitt 6.1.1 und den dortigen Übungsaufgaben liessen sich die Gewinnstellungen einfach beschreiben. Insbesondere ergab sich immer eine einfache periodische Struktur. Bei Subtraktions-Spielen mit allgemeiner Zugmenge $(s_1, s_2, \ldots, s_k)$ kann es aber viel komplizierter und damit gerade auch für Mathematiker interessanter werden.

Konvention: Bei Subtraktions-Spielen, wo es Lücken in der Zugmenge gibt, muss kurz vor bzw. am Spielende klar sein, was erlaubt ist und was nicht. Eine Möglichkeit besteht in

(R4') Der Spieler am Zug hat verloren, wenn zwar noch Körner da sind, aber weniger als die kleinstmögliche Zugzahl s_1. Beispiel: Im $(2,3)$-Spiel wäre die Stellung mit einem verbliebenen Korn eine Verluststellung.

In diesem Kapitel handhaben wir es etwas anders:

(R4'') Ein Spieler darf solange ziehen, wie noch Körner auf dem Tisch sind. Sieger ist, wer die Zahl der Körner **auf Null bringt oder negativ macht**. Im Beispiel des $(2,3)$-Spiels darf also ein Spieler, wenn noch 1 Korn ist, formal 2 oder 3 entfernen. Es bleiben dann -1 oder -2 Körner, womit dieser Spieler gewonnen hat.

Bemerkung: Die beiden Regelvarianten **(R4')** und **(R4'')** sind gleichwertig. Die Gewinn- und Verluststellungen der einen Variante ergeben sich aus denen der anderen durch Verschiebung um $s_1 - 1$ Einheiten.

Es sei ein $(s_1, s_2, \ldots, s_k)$-Spiel gegeben. Im folgenden bezeichnen wir eine Stellung mit m Körnern als G-Stellung (kurz **G** wie Gewinn), wenn der Spieler, der in ihr am Zug ist, einen Sieg erzwingen kann, egal was der Gegner macht. Analog heißt eine Stellung mit m Körnen V-Stellung (kurz **V** wie Verlust), wenn der Spieler, der am Zug ist, bei bestmöglichem Spiel des Gegners verlieren wird.

Satz 6.1.2. *Es sei eine Zugmenge $S = (s_1, s_2, \ldots, s_k)$ gegeben, mit $k > 1$ und $0 < s_1 < s_2 < \cdots < s_k$. Dann ist jede Stellung mit m Körnern entweder eine G-Stellung oder eine V-Stellung.*

Beweis. Der Beweis funktioniert ähnlich wie der von Satz 6.1.1, mit Induktion über m. Induktionsanfänge sind die Fälle $m \in \{1, 2, \ldots, s_k\}$. Alle diese Stellungen sind G-Stellungen, weil der Spieler am Zug s_k Körner wegnehmen und damit sofort gewinnen kann.

Dann nimmt man als Induktionsvoraussetzung für $m > s_k$ an, dass die Aussage des Satzes für alle Haufengrößen $< m$ bewiesen ist, und unterscheidet zwei Fälle.

1. Fall:

Alle Stellungen mit $m - s_i$ Körnern, für $i \in \{1, 2, \ldots, k\}$, sind G-Stellungen. Der Spieler, der bei m am Zug ist, muss durch seinen nächsten Zug in eine dieser G-Stellungen ziehen. D.h., der Gegner kann dann seinen Gewinn erzwingen. Also ist m eine V-Stellung.

2. Fall:

Es gibt mindestens ein $i \in \{1, 2, \ldots, k\}$, so dass $m - s_i$ eine V-Stellung ist. Dann kann der Spieler am Zug die Zahl m auf $m - s_i$ reduzieren und damit seinen Gewinn erzwingen. Also ist m eine G-Stellung.

Damit ist der Induktionsschritt fertig.

$\qquad\qquad\qquad\qquad\qquad\qquad\qquad\qquad\qquad\qquad\qquad\qquad\qquad\qquad$ $\square$

Zwei Beispiele zeigen die G- und V-Werte für die $(1, 2, 4)$- und $(1, 3, 4)$-Spiele.

Restzahl	1	2	3	4	5	6	7	8	9	10	11	12	13	14	...
Zustand	G	G	G*	G	V	G	G	V	G	G	V	G	G	V	...

Abbildung 6.1: G- und V-Stellungen beim $(1, 2, 4)$-Spiel

Die Folge der G-V-Werte beim $(1, 2, 4)$-Spiel wird periodisch mit **Periode** (G, G, V). Die Periode tritt zum ersten Mal bei den Positionen $(3, 4, 5)$ auf. Die G-V-Werte an den Positionen 1 und 2 nennen wir **Vorperiode**. Manchmal bezeichnen wir auch die Länge der Vorperiode (hier 2) flapsig als Vorperiode. Der Stern im Diagramm am G bei Position 3 zeigt an, dass der Spieler hier nur den direkten Gewinn erzwingen kann, weil er 4 Körner wegnimmt und damit den Resthaufen negativ macht.

Restzahl	1	2	3	4	5	6	7	8	9	10	11	12	13	14	...
Zustand	G	G*	G	G	V	G	V	G	G	G	G	V	G	V	...

Abbildung 6.2: G- und V-Stellungen beim $(1, 3, 4)$-Spiel

Bei dem $(1, 3, 4)$-Spiel ergibt sich die Periode (G, G, G, G, V, G, V). Hier beginnt die Periode sofort an Position 1; es gibt keine Vorperiode. Die Periode hat Länge $7 = 4 + 3 = s_3 + s_2$. Das ist größer als die Periodenlänge $s_1 + s_k = (s + 1) + (s + k)$, die sich in Abschnitt 6.1.1 bei allen Spielen ergeben hatte, wo die Zugmenge ein Block $s+1, s+2, \ldots, s+k$ ohne Lücken gewesen war.

Für ein gegebenes $(s_1, \ldots, s_k)$-Spiel kann man im Sinne des Beweises von Satz 6.1.2 die Rückwärts-Analyse betreiben. Im Folge-Abschnitt 6.1.3 wird bewiesen, dass die G-V-Werte immer periodisch werden. Die Übungsaufgaben 6.7 und 6.8 sollen dem Leser etwas Gefühl für diese Strukturen geben.

Übungsaufgabe 6.7. Man bestimme Vorperiode und Periode für das $(5, 11, 17, 22)$-Spiel.

Übungsaufgabe 6.8. Man bestimme Vorperiode und Periode für das $(1, 8, 22, 23)$-Spiel. Achtung: Zusammen sind hier Vorperiode und Periode fast 500 lang.

6.1.3 Struktur: Perioden und Vorperioden

Zu jedem Subtraktions-Spiel mit endlicher Zugmenge S ergibt sich eine Folge von G-V-Werten, die nach einem Startstück periodisch wird. Dieses Phänomen wollen wir mit den folgenden Definitionen und Satz 6.1.3 exakt fassen.

Es sei dazu abstrakt eine Folge $(c_m)_{m=1}^{\infty}$ betrachtet, wobei die c_m aus irgendeiner gegebenen Menge stammen.

Definition 6.1.1. *Die Folge* $(c_m)_{m=1}^{\infty}$ *wird* **periodisch mit der Periode** $p > 0$, *wenn es ein* $m_0 \in \mathbb{N}$ *gibt, so dass* $c_m = c_{m+p}$ *für alle* $m \geq m_0$, *und wenn* $p \in \mathbb{N}_+$ *der kleinste solche Wert ist.*

Fast genau so wichtig wie die Periode ist die Vorperiode der Folge. Deshalb als zweite Definition

Definition 6.1.2. *Es sei* $(c_m)_{m=1}^{\infty}$ *periodisch mit Periode* $p > 0$, *und es sei* $m_0 \in \mathbb{N}_+$ *der kleinste Wert, so dass* $c_m = c_{m+p}$ *für alle* $m \geq m_0$. *Dann heißt* $q = m_0 - 1$ *die Vorperiode der Folge* (c_m).

Mit diesen Begriffen können wir für Subtraktions-Spiele das folgende Ergebnis beweisen.

Satz 6.1.3. *Es sei eine beliebige Zugmenge* $S = (s_1, s_2, \ldots, s_k)$ *gegeben, wobei* $k > 0$ *und* $s_1 < s_2 < \ldots < s_k$. *Dann wird die G-V-Folge des* S-*Subtraktions-Spiels periodisch mit einer Periode* p *und einer Vorperiode* q, *wobei* $p + q \leq 2^{s_k}$.

Beweis. Mit der Rückwärts-Analyse aus Abschnitt 6.1.2 kann man für jede Körnerzahl m den Wert $c_m \in \{G, V\}$ bestimmen, der angibt, ob m bei beiderseits optimalem Spiel eine Gewinn- oder Verluststellung ist. In der Folge $C = (c_m)_{m=1}^{\infty}$

betrachten wir Abschnitte $C(t) := (c_m)_{m=t}^{t+s_k-1}$ der Länge s_k. Weil jedes c_m nur zwei verschiedene Werte annehmen kann, nämlich G oder V, kommen höchstens 2^{s_k} **verschiedene** solche Abschnitte $C(t)$ in C vor.

Mit Schubfachschluss gibt es also zwei Stellen t_1, t_2 in $\{1, 2, ..., 2^{s_k} + 1\}$ mit $t_1 < t_2$, so dass $C(t_1) = C(t_2)$. Daraus ergibt sich $c_{t_1+s_k} = c_{t_2+s_k}$, also $C(t_1 + 1) = C(t_2 + 1)$. Das bedeutet, dass die G-V-Folge ab Position t_1 genauso verläuft wie ab Position t_2. Deshalb ist die Periode der G-V-Folge ein Teiler von $t_2 - t_1$, und die Folge wird periodisch spätestens an der Stelle t_1. Also ist die Länge der Vorperiode höchstens $t_1 - 1$ und die Summe aus Vorperiode und Periode höchstens $t_2 - 1$.

$\square$

6.1.4 Spiele-Familien mit langen Perioden und Vorperioden

Wir wissen jetzt, dass Vorperiode q und Periode p eines Subtraktions-Spiels $S = (s_1, s_2, \ldots, s_k)$ zusammen höchstens 2^{s_k} lang sein können. Dabei ist klar, dass sich Gleichheit bei $s_k > 2$ nicht erreichen läßt, weil dann in der Folge der G-V-Werte auch der String (V, V, $\ldots$, V) der Länge $s_k > 2$ vorkommen müßte. Das kann aber bei $k > 1$ nicht sein, weil das letzte V im String wegen des Zuges s_{k-1} ein G sein müsste.

Eine spannende Frage ist, welche langen Perioden und/oder Vorperioden wirklich erreicht werden, und welches die zugehörigen Zugmengen S sind. Sehr intensiv haben sich mit diesem Thema die Bielefelder J. Bültermann in seiner Diplomarbeit und A. Flammenkamp in seiner Dissertation [Fla] in den 1990er Jahren beschäftigt. Mit massiver Computerhilfe bestimmten die beiden Mathematiker Perioden- und Vorperiodenlängen für ganz viele Spiele.

Bültermann machte die Entdeckung, dass Spiele nicht nur als Einzelspiele sinnvoll betrachtet werden können, sondern auch als **Spiele-Familien**.

1. Beispiel: Zugmengen $S(n) = (n, 2n + 1, 3n + 1)$

Man kann die $(n, 2n + 1, 3n + 1)$-Spiele betrachten, wobei zu jeder natürlichen Zahl $n > 0$ ein Spiel gehört. Wir schreiben in solch einem Fall, dass die Zuglängen in der Spiele-Familie linear von dem Parameter n abhängen. Das $(1, 3, 4)$-Spiel aus Abbildung 6.2 gehört zu dieser Familie.

Fakt: Keines der Spiele mit Zugmenge $S(n) = (n, 2n + 1, 3n + 1)$ hat eine Vorperiode. Als Periodenlängen ergeben sich in der $(n, 2n + 1, 3n + 1)$-Familie

$$p(1) = 7 \quad \text{für } S(1) = (1, 3, 4)$$
$$p(2) = 22 \quad \text{für } S(2) = (2, 5, 7)$$
$$p(3) = 45 \quad \text{für } S(3) = (3, 7, 10)$$
$$p(4) = 76 \quad \text{für } S(4) = (4, 9, 13)$$
$$p(5) = 115 \text{ für } S(5) = (5, 11, 16)$$
$$p(6) = 162 \text{ für } S(6) = (6, 13, 19)$$
$$\dots$$

Will man das mit dem Stift auf Papier nachrechnen, hat man schon bei dem Spiel $S(6)$ einen ziemlichen Aufwand. Einfacher und vor allem fehlerfrei kann es der Computer mit Rückwärts-Analyse wie im Beweis von Satz 6.1.2. Das Computerprogramm kann insbesondere dann ganz einfach geschrieben werden, wenn man weiss, dass es **keine** Vorperioden gibt. Man muss dann ja nur die erste Wiederkehr des G-Blocks (G, G, ..., G) der Länge $s_3 = 3n + 1$ finden.

Zur Struktur in den Periodenlängen dieser Familie: Die oben angegebenen sechs Periodenlängen schreiben wir hintereinander in eine Zeile und bilden das zugehörige **Differenzen-Schema**, wie in Abbildung 6.3. Dabei ist jeweils in der Mitte unter zwei Zahlen die Differenz dieser beiden Zahlen geschrieben, genauer gesagt der Wert **rechte Zahl minus linke Zahl**. Solch eine Differenz kann auch negativ sein, ist es aber im Beispiel an keiner Stelle.

$$
\begin{array}{ccccccccccc}
7 & & 22 & & 45 & & 76 & & 115 & & 162 \\
& 15 & & 23 & & 31 & & 39 & & 47 & \\
& & 8 & & 8 & & 8 & & 8 & & \\
& & & 0 & & 0 & & 0 & & &
\end{array}
$$

Abbildung 6.3: Differenzen-Schema zu den ersten sechs Periodenlängen bei der $(n, 2n + 1, 3n + 1)$-Familie. Die p-Werte stehen in der ersten Zeile.

Wir sehen: Die Werte in der vierten Zeile der Abbildung sind ganz einfach, es sind nur Nullen. In der Zeile darüber stehen nur konstant Achten. Darüber wird es interessanter: In Zeile 2 ergibt sich der k-te Wert als $d(k) = 8k + 7$. Und für die Ausgangszeile ist der k-te Wert $p(k) = 4 \cdot k^2 + 3 \cdot k$.

Die ursprünglichen Werte wachsen also quadratisch in k, die Differenzen linear in k, und die Differenzen der Differenzen sind konstant. In Abschnitt 3.6 dieses

Buches wurden solche Folgen als arithmetische Progressionen (höherer Ordnung) definiert.

Die Korrektheit des Verfahrens mit dem Differenzen-Schema ergibt sich aus folgendem theoretischen Ergebnis.

Lemma 6.1.1. *Es sei $f(x)$ eine Abbildung auf den natürlichen Zahlen, und die Differenzen-Funktion $g(x)$ sei für alle $x > 0$ definiert durch $g(x) := f(x) - f(x-1)$. Dann gelten folgende Aussagen:*

(a) Wenn $f(x)$ ein Polynom vom Grad $n > 0$ ist, dann ist $g(x)$ ein Polynom vom Grad $n - 1$.

(b) Sei $g(x)$ ein Polynom vom Grad $n - 1$ für ein $n > 0$ und $g(x)$ nicht konstant $= 0$. Dann ist $f(x)$ ein Polynom vom Grad n.

Beweis. zu (a): Sei $f(x)$ ein Polynom vom Grad $n > 0$, o.B.d.A. mit führendem Koeffizienten $a_n = 1$, also

$$f(x) = x^n + a_{n-1} \cdot x^{n-1} + \cdots + a_0 \,.$$

Dann ist

$$f(x-1) = (x-1)^n + a_{n-1} \cdot x^{n-1} + \cdots$$
$$= x^n - n \cdot x^{n-1} + \cdots + a_{n-1} \cdot x^{n-1} + \cdots \,.$$

Also ist auch $f(x-1)$ ein Ausdruck in x mit führendem Koeffizienten 1 vor dem x^n. Damit ist die Differenz $g(x) = f(x) - f(x-1)$ ein Polynom in x vom Grad $n - 1$.

zu (b):
Sei $g(x)$ ein Polynom vom Grad $n - 1 \geq 0$ mit führendem Koeffizienten $b_{n-1} = n$, also

$$g(x) = n \cdot x^{n-1} + b_{n-2} \cdot x^{n-2} + \ldots + b_1 \cdot x^1 + b_0 \,.$$

Dann kann man sich leicht überlegen, dass ein Polynom $f(x)$ eine Lösung der Differenzengleichung

$$f(x) - f(x-1) = g(x)$$

ergibt. Wir verweisen den Leser auf Nörlund [Nör]. Die rechnerische Bestimmung der einzelnen Koeffizienten a_k von $f(x)$ erfolgt durch Koeffizientenvergleich der beiden Seiten der Differenzengleichung. Hierbei ergibt sich auch direkt, dass $a_n = 1$ gilt.

Theoretisch ist es denkbar, dass es noch weitere Lösungen der oben genannten Differenzengleichung gibt. Man kann aber zeigen, dass dieser Fall nicht eintreten kann, indem man einen Eindeutigkeitsbeweis führt [Nör]. $\square$

2. Beispiel: Zugmengen $S(n) = (n, 2n, 3n + 1)$

Bei der $(n, 2n, 3n + 1)$-Familie sind die Ergebnisse nicht ganz so glatt wie im ersten Beispiel. Zu dieser Familie gehört auch das (1,2,4)-Spiel aus Abbildung 6.1. Es ergeben sich für die Längen $q(n)$ der Vorperioden und die Längen $p(n)$ der Perioden:

$$q(1) = 0 \quad \text{und } p(1) = 3 \quad \text{für } S(1) = (1, 2, 4)$$
$$q(2) = 6 \quad \text{und } p(2) = 3 \quad \text{für } S(2) = (2, 4, 7)$$
$$q(3) = 9 \quad \text{und } p(3) = 13 \quad \text{für } S(3) = (3, 6, 10)$$
$$q(4) = 12 \text{ und } p(4) = 17 \quad \quad \cdots$$
$$q(5) = 15 \text{ und } p(5) = 21$$
$$q(6) = 18 \text{ und } p(6) = 25$$
$$q(7) = 21 \text{ und } p(7) = 29$$
$$q(8) = 24 \text{ und } p(8) = 33$$
$$q(9) = 27 \text{ und } p(9) = 37$$

Wiederholte Differenzenbildung bei den Längen der Vorperioden und Perioden ergibt die Werte in den Abbildungen 6.4 und 6.5. Bei den Vorperioden ist also der Startwert $q(1) = 0$ ein Ausreißer. Für alle anderen n ist $q(n) = 3 \cdot n$. Bei den Periodenlängen fallen die beiden Werte für $n = 1$ und $n = 2$ aus der Reihe. Ab $n = 3$ ist $p(n) = 4 \cdot n + 1$.

0	6	9	12	15	18	21	24	27
	6	3	3	3	3	3	3	3
		-3	0	0	0	0	0	0
			3	0	0	0	0	0
				-3	0	0	0	0
					3	0	0	0
						-3	0	0

Abbildung 6.4: Differenzen-Schema zu den Vorperiodenlängen bei der
$(n, 2n, 3n+1)$-Familie. Die q-Werte stehen in Zeile 1.

3	3	13	17	21	25	29	33	37
	0	10	4	4	4	4	4	4
		10	-6	0	0	0	0	0
			-16	6	0	0	0	0
				22	-6	0	0	0

Abbildung 6.5: Differenzen-Schema zu den Periodenlängen bei der
$(n, 2n, 3n+1)$-Familie

Es gibt Spiele-Familien mit noch viel **chaotischeren** Periodenlängen. Bei manchen zeigt sich überhaupt keine glatte Struktur, auch nicht nach irgendeinem unübersichtlichen Startstück. In anderen **scheinbar heilen** Familien haben die ersten Längen eine klare Struktur, und es geht später über Kraut und Rüben.

3. Beispiel: Zugmengen $S(n) = (n, 4n, 12n+1, 16n+1)$

Das schönste Ergebnis von Bültermann war eine Spiele-Familie, bei der die Periodenlängen kubisch mit dem Parameter n wachsen. Es sind die Spiele mit den Zugmengen $S(n) = (n, 4n, 12n+1, 16n+1)$. Für alle n von 1 bis 26 rechnete Bültermann am Computer durch, dass es **keine** Vorperiode gibt. Die Periodenlängen für diese Spiele sind $p(n) = 56 \cdot n^3 + 52 \cdot n^2 + 9 \cdot n + 1$. Abbildung 6.6 veranschaulicht das kubische Wachstum durch Differenzen-Schema für die ersten sechs Periodenlängen.

118		675		2008		4453		8346		14023
	557		1333		2445		3893		5677	
		776		1112		1448		1784		
			336		336		336			

Abbildung 6.6: Differenzen-Schema zu den ersten sechs Periodenlängen der Bültermann-Familie

Wir sehen: Die dritten Differenzen im Schema sind konstant, also wachsen die zweiten Differenzen linear, die ersten Differenzen quadratisch und damit die ursprünglichen Werte kubisch an.

In [AB] wurde durch sehr fleißiges und geschicktes Hingucken die **Struktur** der Periode für alle n von 1 bis 26 erkannt, allerdings ohne theoretischen Beweis, dass diese Struktur für **alle** natürlichen Zahlen n vorliegt. Den formalen Beweis lieferte später Flammenkamp in seiner Dissertation [Fla] mit Computerhilfe. Dabei benutzte er Techniken aus der Theorie der endlichen Automaten und Term-Ersetzungs-Systeme.

Motiviert durch die Bültermann-Familie, hat Flammenkamp intensiv nach weiteren Familien von Subtraktions-Spielen mit langen Perioden oder Vorperioden gesucht. Hier ist sein eindrucksvollster Treffer.

4. Beispiel: Zugmengen $S(n) = (4n + 1, 13n + 3, 28n + 6, 32n + 7)$

Es sind die Spiele mit Zugmengen $S(n) = (4n + 1, 13n + 3, 28n + 6, 32n + 7)$, für $n > 1$.

Als Längen für die Vorperioden und Perioden ergeben sich

$$q(2) = 690 \quad \text{und } p(2) = 16.314$$
$$q(3) = 1.373 \text{ und } p(3) = 371.396$$
$$q(4) = 2.288 \text{ und } p(4) = 2.548.414$$
$$q(5) = 3.435 \text{ und } p(5) = 10.726.380$$
$$\cdots$$

In dem Spiel $S(5)$ ist der größte Zug $s_4 = 167$. Die dritte Potenz davon ist $167^3 = 4.657.463$. Das ist nur „etwas" kleiner als $p(5)$. Man könnte deshalb vermuten, dass die Periodenlängen vielleicht wie eine Konstante mal größter Zug hoch 3 wachsen. So ist es aber nicht. Flammenkamp hat die Vorperioden und

Perioden für alle n zwischen 2 und 21 ermittelt. Mit Hilfe des Differenzen-Schemas ergab sich, dass diese 20 Periodenlängen folgender Formel genügen:

$$p(n) = 928n^6 - 1168n^5 - 114n^4 - 382n^3 - 172n^2 - 62n - 10.$$

Sie wachsen also wie die Werte bei einem Polynom vom Grade 6. Dagegen wachsen die Vorperioden nur quadratisch in n, gemäß der Formel

$$q(n) = 116n^2 + 103n + 20, \text{ für alle } n = 2, \ldots, 21.$$

Bei seiner Suche nach interessanten Spiele-Familien hat Flammenkamp den Begriff der **Zeugen** für die Periodenlängen in Familien von Subtraktions-Spielen geprägt.

Gemeint ist damit folgendes. Wenn eine Spiele-Familie zum linearen Parameter n vorliegt, bei der die Periodenlängen wie ein Polynom $P(n)$ dritten Grades in n wachsen, dann reichen vier Periodenlängen aus, z.B. $p(2), p(3), p(4), p(5)$, um die vier Koeffizienten a_0, a_1, a_2, a_3 des Polynoms $P(n) = a_3 \cdot n^3 + a_2 \cdot n^2 + a_1 \cdot n + a_0$ eindeutig zu bestimmen. Aus der numerischen Mathematik weiß man, dass das am natürlichsten mit dem Lösen eines linearen Gleichungssystems mit vier Gleichungen (je eine zu $p(2), p(3), p(4), p(5)$) und den vier Variablen a_0, a_1, a_2, a_3 geht.

Das Gleichungssystem lautet

$$p(2) = 2^3 \cdot a_3 + 2^2 \cdot a_2 + 2^1 \cdot a_1 + 2^0 \cdot a_0,$$
$$p(3) = 3^3 \cdot a_3 + 3^2 \cdot a_2 + 3^1 \cdot a_1 + 3^0 \cdot a_0,$$
$$p(4) = 4^3 \cdot a_3 + 4^2 \cdot a_2 + 4^1 \cdot a_1 + 4^0 \cdot a_0,$$
$$p(5) = 5^3 \cdot a_3 + 5^2 \cdot a_2 + 5^1 \cdot a_1 + 5^0 \cdot a_0,$$

bzw. mit ausgerechneten Faktoren

$$p(2) = 8 \cdot a_3 + 4 \cdot a_2 + 2 \cdot a_1 + a_0,$$
$$p(3) = 27 \cdot a_3 + 9 \cdot a_2 + 3 \cdot a_1 + a_0,$$
$$p(4) = 64 \cdot a_3 + 16 \cdot a_2 + 4 \cdot a_1 + a_0,$$
$$p(5) = 125 \cdot a_3 + 25 \cdot a_2 + 5 \cdot a_1 + a_0.$$

Mit den so bestimmten eindeutigen Koeffizienten a_0, a_1, a_2, a_3 lassen sich die Periodenlängen für die anderen Spiele aus der Familie ausrechnen, etwa für $n = 6$

$$p(6) = 216 \cdot a_3 + 36 \cdot a_2 + 6 \cdot a_1 + a_0.$$

Problematisch ist es nur, wenn die Periodenlängen **gar nicht** einem Polynom vom Grad 3 genügen. Dann haben zwar die vier Werte $p(2), p(3), p(4), p(5)$ eindeutige Parameter a_0, a_1, a_2, a_3 geliefert. Die anderen echten $p(n)$ könnten aber ganz andere Werte haben als die des Polynoms.

Hier ist ein fiktives Beispiel. Die wirklichen Periodenlängen für die Mitglieder einer Spiele-Familie seien $p(n) = n^3$ für alle n. Also sind $(p(1), p(2), p(3)) = (1, 8, 27)$. Macht man nur aus diesen drei Werten einen Ansatz für ein Polynom vom Grad 2, ergibt sich als Lösung des zugehörigen Gleichungssystems $a_0 = 6, a_1 = -11, a_2 = 6$, also $P(n) = 6 \cdot n^2 - 11 \cdot n + 6$. Für $n = 4$ ergäbe sich damit $P(4) = 58$. Das ist natürlich falsch, weil die wirkliche Periodenlänge $p(4) = 4^3 = 64$ ist.

Also muss man, wenn man für die Periodenlängen einer Spiele-Familie ein Polynom vom Grad k vermutet, mehr als nur $k + 1$ Mitglieder der Spiele-Familie untersuchen. Hat man $(k + 1) + d$ Mitglieder und die Periodenlängen aller dieser Spiele genügen einem Polynom $P(n)$ vom Grad k, dann spricht man von d **Zeugen**.

Bei der oben als Beispiel 4 genannten bisherigen **Rekordfamilie** $(4n + 1, 13n + 3, 28n + 6, 32n + 7)$ hatte Flammenkamp die Periodenlängen für alle n von 2 bis 21 ermittelt. All diese 20 Längen genügten dem gleichen Polynom sechsten Grades. Für das Hoch-6-Wachstum der Periodenlängen der Familie waren also $20 - 7 = 13$ Zeugen gefunden. Natürlich könnte sich schon für $n = 22$ eine Periodenlänge ergeben, die nicht in das Schema passt. Aber die Wahrscheinlichkeit dafür schätzt dieser Schreiber (Ingo Althöfer) als sehr gering ein, nachdem er schon Tausende von Spiele-Familien gesehen hat.

Wer will, mag das Spiel $S(22) = (89, 289, 622, 711)$ mit Computerhilfe durchrechnen. Er oder sie seien aber vorgewarnt. Die vermutete Periodenlänge ist

$$p(22) = 928 \cdot 22^6 - 1168 \cdot 22^5 - 114 \cdot 22^4$$
$$- 382 \cdot 22^3 - 172 \cdot 22^2 - 62 \cdot 22 - 10$$
$$> 99 \text{ Milliarden!}$$

Viele weitere Beispiele sind in [Fla] auf den Seiten 28–34 aufgelistet. Aus diesem Fundus sei hier noch eine Familie mit mäßig schnellem Wachstum von Perioden und Vorperioden genannt.

5. Beispiel: Zugmengen $S(n) = (n, 7n+1, 20n+2, 21n+2)$

Für n von 1 bis 30 erfüllen die Perioden- und Vorperioden-Längen die Formeln:

$$p(n) = 120 \cdot n^2 - n - 1 \text{ und } q(n) = 240 \cdot n^3 + 118 \cdot n^2 + 13 \cdot n + 2.$$

Für die Periodenlängen $p(n)$ hat man also 27 Zeugen, und bei den Vorperioden $q(n)$ sind es 26 Zeugen. Eine spannende philosophische Frage ist hier, ob man der Formel für die Periodenlängen mehr traut als der für die Vorperioden, weil es einen Zeugen mehr gibt.

Anekdote 1: Periodenjäger in Jena

Achim Flammenkamp fand die meisten seiner Spiele-Familien durch intensive Computernutzung an der Friedrich-Schiller-Universität in Jena, in den Jahren 1994 bis 1996. Die Fakultät für Mathematik und Informatik hat ein eigenes Rechenzentrum, und das Institut für Angewandte Mathematik (was inzwischen in der Form nicht mehr existiert) hatte auch eigene Computer-Kapazitäten. Doch die Maschinen in diesen Bereichen waren für Flammenkamps Rechenhunger nicht ausreichend. So hatte er sich – durch geschicktes Verhandeln mit Mitarbeitern und Administratoren – auch Zugriffsrechte auf Computer in verschiedensten anderen Bereichen der Uni erworben und intensiv genutzt. Manchmal bekam ich als Doktorvater Anrufe oder Emails mit der Bitte um Erklärung oder dem Wunsch, den Kandidaten doch etwas zu bremsen. Auf die Weise lernte ich Hochschul-Diplomatie im Kleinen kennen.

Für Leser, die selbst am Computer auf Rekordjagd bei Perioden und Vorperioden gehen wollen, empfehle ich zuvor das Lesen von Flammenkamps Dissertation. Spannenderweise gehören die größten bekannten Werte nicht zu Familien, sondern zu „Einzel"-Spielen. Die Spiele mit den längsten Perioden, bei gegebenem größten Zug s_k, fanden sich bei 5-Zug-Spielen.

Man hat bessere Chancen auf lange Perioden, wenn keine Vorperioden da sind. Bei Spielen ohne Vorperioden findet der Algorithmus auch die Periodenlängen schneller, da er jeweils nur mit dem kurzen Startstück aus s_k vielen Gewinnstellungen vergleichen muss. Ein Ergebnis von Flammenkamp (Folgerung 14 auf S.45 seiner Arbeit) besagt, dass Spiele keine Vorperiode haben, wenn die Zugmenge bezüglich des größten Zuges s_k die symmetrische Gestalt

$$(s_1, \ldots, s_m, s_k - s_m, s_k - s_{m-1}, \ldots, s_k - s_1, s_k)$$

hat. Gerade 5-Zug-Spiele aus dieser Klasse haben oft sehr lange Perioden. Zum Beispiel hat das Spiel mit $S = (19, 33, 67, 81, 100)$ eine Periodenlänge von 8.648.484.533, also mehr als 8 Milliarden.

Spannende offene Probleme zum Thema „Lange Perioden bei Subtraktions-Spielen" sind:

(P1) Man finde 4-Zug-Familien, deren Periodenlängen als Polynom vom Grad 7 oder höher im längsten Zug wachsen.

(P2) Man finde 5-Zug-Familien mit symmetrischen Zugmengen, deren Perioden-längen **beweisbar** exponentiell im größten Zug sind.

Anekdote 2: SmS-Analysen

Im Januar 2003 war in meiner Gruppe die Diplomarbeit des Wirtschafts-Mathematik-Studenten Jens Hollunder fast fertig. Da ging es um die Frage, wie der Titel lauten sollte. Herr Hollunder wollte ehrlich ausdrücken, was er gemacht hatte. Gleichzeitig sollte ihm der Titel, der ja wörtlich im Diplomzeugnis auftauchte, bei Berufsbewerbungen helfen. Nach einiger Diskussion kam mir eine Idee:

„Schreiben Sie kurz und bündig: **SmS-Analysen**.

SmS steht bei Ihnen für **Subtraktions-Spiele mit Sonderzug**. Dass ein Per-sonalchef vielleicht zuerst an SmS wie ‚Short message Service'denkt, muss ja nicht schlecht sein. Sollte es ein Vorstellungsgespräch geben, können Sie von Mann zu Mann (oder von Mann zu Frau) erklären, was es in Wirklichkeit mit dem SmS auf sich hat."

Gesagt, getan. Es kam dann aber ganz anders: Noch bevor die Diplomarbeit begutachtet war, hatte Herr Hollunder schon eine Promotions-Stelle in der Bioinformatik. In seiner Diplomarbeit ging es übrigens um Subtraktions-Spiele, bei denen es neben der normalen Zugmenge einen Sonderzug gab, den jeder der Spieler im Laufe einer Partie aber nur einmal machen durfte. Herr Hollunder hatte solche Spiele mit Rückwärts-Analyse und massiver Computerhilfe untersucht und dabei interessante Phänomene entdeckt.

6.2 Das Nim-Spiel und Boutons Strategie

Charles Leonard Bouton hat erreicht, wovon viele Mathematiker träumen: Ein Ergebnis von ihm steht auch fast hundert Jahre nach seinem Tod noch in den Mathebüchern. Seine kristallklare Gewinnstrategie für das Nim-Spiel ist ein Ergebnis „für das BUCH". Diese Formulierung benutzte Paul Erdös (1913–1996), verbunden mit der bildlichen Vorstellung, dass Gott ein Buch führt, in das er die schönsten mathematischen Sätze und Beweise einträgt. [AZ]

Beim **Nim-Spiel** gibt es zwei Spieler, die abwechselnd Körner wegnehmen. Sieger ist, wer das insgesamt letzte Korn nimmt. Von den Subtraktions-Spielen unterscheidet sich das Nim-Spiel durch die beiden folgenden Regeln:

(R1) Es gibt nicht nur einen Haufen, sondern typischerweise mehrere.

(R2) Wer am Zug ist, muss von einem der nichtleeren Haufen **beliebig viele** Körner nehmen, mindestens aber eines.

Anekdote: Nim-1 statt Nimm-2

Aus Sicht der deutschen Sprache wäre der Name „Nimm" für das Spiel natürlicher als „Nim", weil man ja Körner **(weg)nimmt**. Warum es stattdessen „Nim" heißt, ist nicht wirklich klar. Eine plausible Spekulation knüpft daran an, dass Englischsprachige, vor allem Amerikaner, bei Doppelkonsonanten sehr leicht einen der beiden Buchstaben verschlucken, auch in der Schriftsprache. Einem meiner Doktoranden ist das vor ein paar Jahren schlagartig klar geworden. Als **Jakob Erdmann** [Erd] seine erste Veröffentlichung unter Dach und Fach hatte [Erd2], gab es an dem Tag eine Ernüchterung, als mit der Post das Belegexemplar der englischsprachigen Zeitschrift kam: Vorne auf dem Titelblatt war ein gewisser **J. Erdman** als Autor genannt. Mein kleiner Trost war: „Sehen Sie, jetzt gehören Sie wirklich zum Wisenschaftsbetrieb dazu. Ihr Name ist sogar schon amerikanisiert worden." Im Kopf des Artikels selbst stand aber noch sein kompletter Nachname.

Beispiele:

- Ist nur noch ein Haufen da, nimmt der Spieler am Zug alle Körner weg und ist sofortiger Sieger.

- Sind noch zwei Haufen mit Körnern da, funktioniert folgende einfache
  Gewinnstrategie: Man nimmt vom größeren Haufen so viele Körner weg,
  dass auf beiden Haufen gleichviele verbleiben.

Ist man in der dummen Situation, dass beide Haufen genau gleich groß sind, hat
man Pech: man muss von einem der Haufen mindestens ein Korn nehmen. Im
Folgezug macht der Gegner, wenn er denn die Situation durchschaut, genau die
gleiche Aktion am anderen Haufen. Also ist man dann wieder in der misslichen
Situation mit zwei gleichgroßen Haufen am Zug, nur dass es jetzt weniger Körner
sind. Am Ende, wenn nur noch zwei Haufen mit je null Körnern da sind, wird
man als Verlierer dastehen.

Spannend ist das Nim-Spiel, wenn noch mindestens drei Haufen mit Körnern
vorliegen. Für solche Situationen hat Bouton eine perfekte Strategie gefunden.
Auf den ersten Blick liest sich die Strategie kompliziert. Man kann sie aber mit
etwas Übung und abstraktem Vorstellungsvermögen verinnerlichen und dann
– am Urlaubsstrand, in der Kneipe, im Zug oder wo auch immer – harmlose
Zeitgenossen zur Verzweiflung treiben, indem man sie ein um's andere Mal
besiegt.

6.2.1 Die Strategie von Bouton

Normalerweise schreiben wir Zahlen im Dezimalsystem. Es geht aber auch im
Binärsystem, wo man als Basis die 2 hat und nur Ziffern 0 und 1 nutzt (siehe dazu
auch Abschnitt 3.5). Beispiel: Die Zahl „fünf" ist im Binärsystem „101", nämlich
$1 \cdot 2^2 + 0 \cdot 2^1 + 1 \cdot 2^0$. Das praktische Addieren funktioniert im Binärsystem analog
zu der Methode, die Grundschüler für das Zehner-System lernen: Man schreibt
die Zahlen untereinander und bildet von hinten nach vorne die Spaltensummen,
wobei man auf die Überträge achtet. Z.B. „8 plus 5 plus 4" ist 17, also 7 hin und
1 im Sinn (Übertrag).

Die Strategie von Bouton sieht jetzt so aus: Die einzelnen Haufengrößen werden
im Binärsystem dargestellt und untereinander geschrieben. Dann macht man
Addition nach dem Schulsystem, **ignoriert dabei aber die Überträge**. Also
$1 + 0 = 1$, $1 + 1 = 0$ (ohne Übertrag), $1 + 1 + 0 + 1 = 1$ (ohne Übertrag), usw.
Das Ergebnis dieser Binärsumme ohne Überträge nennen wir **Bouton-Summe**.
Boutons wirklich bemerkenswerte Beobachtung: Ist das Gesamtergebnis ungleich
0, kann der Spieler so ziehen, dass die Bouton-Summe nach dem Zug 0 ist. Hat
das Gesamtergebnis in allen Binärstellen aber nur Nullen, so ist die Stellung für
den Spieler am Zug verloren, wenn der Gegner richtig spielt.

Beispiele

1. Beispiel: Ein Haufen mit 7 Körnern.

$$7 = 111$$

Um sicher zu siegen, muss man direkt auf $000 = 0$ reduzieren.

2. Beispiel: Zwei Haufen

$$13 = 1101$$
$$09 = 1001$$

Wegen der einzelnen „1" in der 4er-Position bei 13 besteht der einzige Gewinnzug in der Reduzierung des 13er-Haufens.

3. Beispiel: Drei Haufen

$$11 = 01011$$
$$16 = 10000$$
$$17 = 10001$$

Reduktion der „elf" auf 1 gibt Buton-Summe 0, führt also zum Sieg.

4. Beispiel Vier Haufen und ihre Größen im Binärsystem

$$16 = 010000$$
$$11 = 001011$$
$$50 = 110010$$
$$54 = 110110$$

Die vorderste Position, wo die Anzahl der Einsen nicht gerade ist, ist die 16er-Position. An dieser Stelle haben 16, 50 und 54 eine Eins. Also ergeben sich folgende Gewinnzüge.

$$16 = 010000 \rightarrow 001111 = 15$$
$$11 = 001011 \rightarrow \text{kein Gewinnzug}$$
$$50 = 110010 \rightarrow 101101 = 45$$
$$54 = 110110 \rightarrow 101001 = 41$$

Wie findet man allgemein einen Gewinnzug, wenn die aktuelle Bouton-Summe ungleich 0 ist? Man sucht die vorderste 1 in der Summe. Dann sucht man irgendeinen Haufen, dessen Binärzahl in dieser Position eine 1 hat. So einen Haufen muss es geben, sonst könnte die Summe in der Spalte nicht 1 sein. Zu jedem solchen Haufen gibt es genau einen Gewinnzug. Man muss die 1 in dieser vordersten Position beseitigen und alle hinteren Stellen „in Ordnung" bringen, so dass die Bouton-Summe wieder gleich 0 ist. Weil es in jeder Spalte nur zwei mögliche Ergebnisse für die Summe gibt, nämlich 0 und 1, kann man das bewerkstelligen. Schlimmstenfalls wird aus einer ...10000 eben eine ...01111, wie im 4. Beispiel beim Haufen mit 16 Körnern.

Ganz nebenbei erkennt man bei der Analyse auch eine Besonderheit des Nim-Spiels: in einer Gewinnstellung ist die Anzahl der Gewinnzüge immer ungerade, also 1 oder 3 oder 5 .... Das liegt daran, dass man in der führenden Spalte mit einer 1 in der Summe ungerade vielen Einsen braucht, um diese zu produzieren. Und jede der ungerade vielen Einsen gehört zu einem Haufen, in dem es genau einen Gewinnzug gibt.

Boutons geniale Charakterisierung der Sieg- und Verluststellungen beim Nim-Spiel ist ein wunderbares Beispiel für das, was in der Mathematik oft vorkommt: Die Struktur oder die Beweisidee zu finden kostet einen echten Geistesblitz. Danach ist das formale Überprüfen meist eine ziemlich einfache (technische) Aufgabe. Auch in Abschnitt 6.3 wird es eine Schlüsselstelle dieser Art geben: Ist das Zykel-Lemma erst als zentrales Werkzeug erkannt, geht der Rest ohne Probleme durch.

Bouton stammte aus den USA. Nach seinem Mathestudium in Washington ging er für zwei Jahre nach Leipzig und promovierte dort 1898 als einer der letzten Schüler bei dem berühmten Sophus Lie. In Leipzig muss Bouton auch Wilhelm Ahrens, der ebenfalls bei Lie studierte, kennengelernt haben. In dessen Klassiker zur Unterhaltungsmathematik [Ahr] aus dem Jahr 1901 ist von **Méziriac** und seinen „Additions-Spielen" die Rede, aber noch nicht von Nim. Ein Jahr später erschien Boutons Artikel [Bou].

Das Ergebnis von Bouton wurde der Startpunkt einer Erfolgsgeschichte. Der langjährige Schach-Weltmeister und Mathematiker Emanuel Lasker machte die Bouton-Addition durch sein Buch [Las] populär, was einen ganzen Rattenschwanz an weiteren Untersuchungen verschiedener Mathematiker (auch R. Sprague und P.M. Grundy) auslöste. Vorläufiger Höhepunkt war die Formulierung einer „Combinatorial Game Theory" in den 1970er Jahren, unter anderem mit den sehr schönen Büchern von Berlekamp, Conway und Guy [BCG].

Übungsaufgabe 6.9. Es sei $n_1 = 75$, $n_2 = 76$ und $n_3 = 77$. Man bestimme die Bouton-Summe und alle Gewinnzüge.

Übungsaufgabe 6.10. Es sei eine Nim-Stellung mit drei Haufen gegeben, wobei $n_1 = 25$ und $n_2 = 44$ ist. Wie muss n_3 gewählt werden, damit die Stellung eine Verluststellung ist?

Übungsaufgabe 6.11. Betrachtet sei die folgende Variante des Nim-Spiels: Die beiden Spieler ziehen abwechselnd. Wer am Zug ist, muss wahlweise entweder von einem Haufen mindestens ein Korn nehmen oder von zwei Haufen je mindestens ein Korn. Man finde in Analogie zu den Bouton-Summen eine Charakterisierung der Verluststellungen. Tipp: Dreier-System.

6.2.2 Die Rache des Verlierers

Es gibt einen kleinen Trost für den Verlierer beim Nim-Spiel: Er kann ganz genau bestimmen, wieviel Züge das Spiel dauert.

Mir wurde das klar, als ich neulich in Jenas „Cafe Stilbruch" eine Stellung 157, 131, 196 auf einen Bierdeckel schrieb, nichts ahnend, dass der junge Gegenspieler die Bouton-Strategie kannte. Er rechnete eine gute halbe Minute im Kopf, strich die 196 durch und schrieb an ihre Stelle eine 30. Dann lächelte er, lehnte sich zurück und sagte: „Ich glaube, ich werde gewinnen." Das forderte mich heraus. Zunächst kontrollierte ich schnell im Kopf, dass er wirklich einen Gewinnzug gefunden hatte. Dann versuchte ich abzuwägen: Wie groß war die Chance, dass er in den Folgezügen irgendwo einen Fehltritt begehen würde, z.B. wegen eines Fehlers beim Kopfrechnen?

Der Bursche schien fit zu sein. So überlegte ich, ob ich ihn nicht auf andere Weise piesacken konnte. Zunächst zog ich einfach erst mal nur 1 von der 157 ab. Postwendend kam seine Antwort: Reduzierung der 131 auf 130. Jetzt nahm mein schemenhafter Plan klarere Form an: Ich würde versuchen, die Partie möglichst lang hinzuschleppen, wenn es schon ein Verlust werden sollte. Nach drei weiteren Zugrunden ($30 \to 29, 130 \to 129; 129 \to 128, 29 \to 28; 28 \to 27, 156 \to 155$) schauten wir uns wieder in die Augen: Kevin hatte jetzt begriffen, auf was ich hinaus wollte. Nach einem weiteren Zugpaar brachen wir die Partie ab und nutzten die Zeit lieber zu einer Diskussion darüber, ob solch eine Verschleppungs-Strategie des Verlierers auch bei anderen Spielen vorkommen kann.

Aber zurück zum Nim-Spiel. Bei zwei Haufen ist die Hinhalte-Strategie des Verlierers leicht zu sehen. Von einem der beiden gleichgroßen Haufen nimmt er ein Korn weg. Der Gegner muss es ihm nachmachen, wenn er auf der Siegstraße

bleiben will. Beispiel: Bei der Startsituation $(159, 159)$ gibt es folgenden Verlauf:
$159 \to 158, 159 \to 158; 158 \to 157, 158 \to 157; 157 \to 156, 157 \to 156; \dots$

Bei mehr als zwei Haufen ist die Überlegung zur Hinhaltestrategie nur etwas komplizierter. Der Verlierer schaut nach der hintersten Position, wo mindestens eine der Binärzahlen eine 1 hat. Von solch einem Haufen nimmt er ein Korn weg. Dadurch wird z.B. aus einer $\dots 100$ eine $\dots 011$. Der Gegner muss dann von einem anderen Haufen, der auch an der hintersten Nichtnullposition eine 1 hat, auch 1 Korn wegnehmen. Auf diese Weise wird eine Partie entstehen, wo in jedem Zug immer nur genau ein Korn verschwindet.

Zwischenbemerkung: Seien noch drei Haufen da und die Stellung eine Verluststellung. Dann kann der Spieler am Zug erreichen, dass die Partie nur noch genau zwei Zugrunden dauert. Zunächst nimmt er den kleinsten der drei Haufen ganz weg (oder einen kleinsten, wenn dieser Haufen nicht eindeutig ist). Dann muss der Gegner den größeren der beiden verbleibenden Haufen auf die Größe des kleineren reduzieren. Danach nimmt „der Verlierer" einen der beiden Haufen ganz weg, und sein Gegenüber muss die Partie direkt abschließen, indem er den einen verbleibenden Haufen ganz wegnimmt.

In Kombination mit der Verschleppungs-Strategie kann der Verlierer also folgende Rachestrategie mit Ansage spielen, wenn er bei drei Haufen mit n_1, n_2 und n_3 Körnern am Zug ist. Er wählt eine Zahl k zwischen 4 und $n_1 + n_2 + n_3$. Dann kündigt er an: „Ich werde zwar verlieren. Aber ich sorge dafür, dass es genau k Züge dauern wird." Dann nimmt er solange immer nur passend ein Korn weg, worauf der Gegner auch genau ein Korn nehmen muss, bis insgesamt $k - 4$ Züge passiert sind. Dann macht der Ankündiger, wie in der Zwischenbemerkung beschrieben, in vier Zügen tabula rasa (leeren Tisch). Umgehen kann der Gegner die angekündigte Partielänge nur, indem er selbst irgendwann einen Verlustzug macht.

6.3 Subtraktions-Spiele mit anderen Zugreihenfolgen

6.3.1 A-A-B-A-B–A-A-B-A-B–...

Bei einem normalen Subtraktions-Spiel ziehen die zwei Spieler strikt abwechselnd. In diesem Abschnitt lösen wir uns von der Bedingung und sagen stattdessen: Es gibt eine endliche Reihenfolge, und die beiden Spieler A(lice) und B(ob) ziehen reihum gemäß dieser Reihenfolge. Sieger ist, wer die Haufengröße auf Null reduziert.

Beispiele:

a) Reihenfolge „A-B". Das entspricht dem klassischen Subtraktions-Spiel. Abwechselnd sind A und B am Zug.

b) Reihenfolge „A-A-B-B". Alice zieht zwei Mal, danach Bob zwei Mal, und dann geht es wieder von vorne los.

c) Reihenfolge „A-A-B-A-B-B".

Die bisherigen drei Beispiele sind alle fair in dem Sinn, dass Alice und Bob gleichhäufig am Zug sind. Es geht aber auch anders. Hier sind Beispiele, wo Alice häufiger am Zug ist als Bob.

Beispiele mit häufigerer Alice:

d) Reihenfolge „A-A-B". Alice zieht zwei Mal, dann Bob ein Mal, dann wieder Alice zweimal, usw.

e) Reihenfolge „A-B-A". Für die Rückwärtsanalyse (siehe weiter unten) ist dieses Spiel das gleiche wie das zur Reihenfolge A-A-B.

f) Reihenfolge „A-A-A-B". Alice zieht drei Mal, dann Bob ein Mal, dann wieder Alice drei Mal und so fort.

g) Reihenfolge „A-A-B-A-A-B-A-A-B-B-B". Diese Folge ist spannender als die vorherigen. Insgesamt ist in jeder Runde Alice sechs Mal am Zug und Bob nur fünf Mal. Es gibt aber eine Stelle in der Runde, wo Bob dreimal nacheinander zieht. Dagegen darf Alice, wenn sie am Zug ist, immer nur zwei Mal ziehen. Am Ende des Abschnitts wird klar sein, ob Alice oder Bob besser dran ist.

Ist die Menge der erlaubten Züge bekannt, kann man wie in Abschnitt 6.1 Rückwärts-Analyse machen und damit für jede Spielsituation bestimmen, wer bei beiderseits bestem Spiel einen Gewinn erzwingen kann. Im Unterschied zu der einfachen Analyse aus 6.1 gibt es hier aber nicht nur eine Zeile mit G- und V-Werten, sondern eine Zeile für jede Position im Zugzyklus.

Weil die Rollen von Alice und Bob nicht mehr unbedingt symmetrisch sind, verwenden wir in den Tabellen auch nicht die Symbole „G" und „V" für Gewinn und Verlust, sondern „A" und „B". Steht an einer Position in der Tabelle ein „A", so kann Alice bei bestem Spiel aus dieser Startposition heraus den Sieg erzwingen. Analog bedeutet ein „B", dass Bob aus dieser Stellung heraus den Sieg erzwingen kann.

Im Rest des Abschnitts betrachten wir nur die einfachste nichttriviale Zugmenge: Wer am Zug ist, darf 1 oder 2 abziehen. Für die meisten der oben genannten Beispiele sind in den folgenden Diagrammen die Tabellen der Rückwärtsanalysen enthalten. Für jedes solche Spiel werden die Einträge periodisch. Der Beweis dazu funktioniert im Prinzip wie der aus Satz 6.1.3. Bei Zugmenge $\{1,2\}$ und A-B-Zyklus der Länge d sind Periode und Vorperiode zusammen höchstens 4^d lang. In den Diagrammen ist das erste Auftreten der Periode durch einen Kasten mit abgerundeten Ecken markiert.

Haufengröße	1	2	3	4	5	6	7	8	...
Alice	A	A	B	A	A	B	A	A	...
Bob	B	B	A	B	B	A	B	B	...

Abbildung 6.7: „A-B", Alice und Bob ziehen abwechselnd

Bei dem „A-B"-Spiel ergibt sich die aus Abschnitt 6.1.1 bekannte 3er-Periode. Im Unterschied zu den Abbildungen 6.1 und 6.2 hat hier jeder Spieler eine eigene Zeile, auch wenn es wegen der Symmetrie eigentlich nicht nötig wäre.

Haufengröße	1	2	3	4	5	6	7	8	9	10	11	12	...
Alice1	A	A	A	A	B	B	A	A	A	A	B	B	...
Alice2	A	A	B	B	B	A	A	A	B	B	B	A	...
Bob1	B	B	B	B	A	A	B	B	B	B	A	A	...
Bob2	B	B	A	A	A	B	B	B	A	A	A	B	...

Abbildung 6.8: Zur symmetrischen Zugreihenfolge „A-A-B-B"

Zur Unterscheidung, an welcher Stelle im Zugzyklus man ist, haben die Positionen der Spieler Nummern angehängt bekommen, also z.B. Alice1 und Alice2 statt einfach nur Alice und Alice. Betrachtet man in Abbildung 6.8 nur die Zeilen zu Alice2 und Bob2, so sind die Einträge die gleichen wie beim einfachen Subtraktions-Spiel mit Zugmenge $\{2,3,4\}$.

Haufengröße	1	2	3	4	5	6	7	8	9	10	11	12	13	14	15	16	17	18	19	20	21	...
Alice1	A	A	A	A	A	A	A	B	B	A	A	A	A	A	A	A	B	B	A	A	A	...
Alice2	A	A	B	A	A	B	B	B	A	A	A	A	A	A	B	B	B	A	A	A	A	...
Bob1	B	B	A	B	B	B	B	A	A	A	A	A	B	B	B	B	A	A	A	A	A	...
Alice3	A	A	B	B	B	A	A	A	A	A	A	B	B	B	A	A	A	A	A	A	B	...
Bob2	B	B	B	B	A	A	A	A	A	B	B	B	B	A	A	A	A	A	B	B	B	...
Bob3	B	B	A	A	A	A	A	A	B	B	B	A	A	A	A	A	A	B	B	B	A	...
Alice 1	A	A	A	A	A	A	A	B	B	A	A	A	A	A	A	A	A	B	B	A	A	...

Abbildung 6.9: Zur Zugreihenfolge „A-A-B-A-B-B"

Die Werte in der Tabelle ergeben sich durch Rückwärtsanalyse nach folgenden Regeln. Für Haufengrößen $t = 1$ und $t = 2$ gewinnt direkt der Spieler, der am Zug ist. Für $t > 2$ gilt:

- Alice1(t) = A, falls Alice2$(t - 2)$ = A oder Alice2$(t - 1)$ = A.
  Alice1(t) = B, falls Alice2$(t - 2)$ = Alice2$(t - 1)$ = B.

- Alice2(t) = A, falls Bob1$(t - 2)$ = A oder Bob1$(t - 1)$ = A.
  Alice2(t) = B, falls Bob1$(t - 2)$ = Bob1$(t - 1)$ = B.

- Bob1(t) = B, falls Alice3$(t - 2)$ = B oder Alice3$(t - 1)$ = B.
  Bob1(t) = A, falls Alice3$(t - 2)$ = Alice3$(t - 1)$ = A.

- Alice3(t) = A, falls Bob2$(t - 2)$ = A oder Bob2$(t - 1)$ = A.
  Alice3(t) = B, falls Bob2$(t - 2)$ = Bob2$(t - 1)$ = B.

- Bob2(t) = B, falls Bob3$(t - 2)$ = B oder Bob3$(t - 1)$ = B.
  Bob2(t) = A, falls Bob3$(t - 2)$ = Bob3$(t - 1)$ = A.

- Bob3(t) = B, falls Alice1$(t - 2)$ = B oder Alice1$(t - 1)$ = B.
  Bob3(t) = A, falls Alice1$(t - 2)$ = Alice1$(t - 1)$ = A.

Kennt man also die Werte für $t - 2$ und $t - 1$, kann man daraus die Werte für Haufengröße t ermitteln.

Wer diese Auflistung abstoßend findet, sollte einfach zu einem Spiel mit ähnlicher A-B-Struktur die Rückwärts-Analyse durchführen. Dann hat er mindestens genausoviel gelernt wie ein „normaler Leser".

Bei „A-A-B-A-B-B" ergibt sich eine interessante Struktur in der Tabelle der A- und B-Gewinne. Zu erkennen ist eine Vorperiode der Länge 3 (die ersten drei Spalten). Erst dann setzt die Periode mit Länge 9 ein. In den $9 \cdot 6 = 54$ Stellungen der Periode gibt es 35 Gewinne für Alice, aber nur 19 für B. Obwohl die Zugreihenfolge fast symmetrisch ist, hat der eine Spieler (hier Alice) also einen deutlichen Vorteil für den Fall, dass die Startposition des Spiels zufällig gewählt wird. Für dieses Phänomen gibt es bisher keine schlüssige Erklärung.

Haufengröße	1	2	3	4	5	...	Haufengröße	1	2	3	4	5	...
Alice1	A	A	A	A	A	...	Alice1	A	A	B	A	A	...
Alice2	A	A	B	A	A	...	Bob	B	B	A	A	A	...
Bob	B	B	A	A	A	...	Alice2	A	A	A	A	A	...

Abbildung 6.10: Zu den Zugreihenfolgen „A-A-B" und „A-B-A"

In Abbildung 6.10 ist zwei Mal das gleiche Spiel in verschiedener Darstellung analysiert. Die Zugreihenfolge ist A-A-B (Analyse in der linken Hälfte) bzw. A-B-A (Analyse rechts). In beiden Fällen gibt es bei Haufengröße 4 oder mehr nur noch Siege für Alice: Wegen der „reinen" A-Spalten bei Haufengrößen 4 und 5 ist es sogar egal, wie Alice spielt, wenn mehr als 5 Körner im Haufen sind. Natürlich ergibt sich bei der dritten möglichen Anordnung (B-A-A) wieder die gleiche Struktur.

Haufengröße	1	2	3	4	5	...
Alice1	A	A	A	A	A	...
Alice2	A	A	A	A	A	...
Alice3	A	A	B	A	A	...
Bob2	B	B	A	A	A	...

Abbildung 6.11: Zu der Zugreihenfolge „A-A-A-B"

Bei „A-A-A-B" ziehen die Spieler in einem Vierer-Zyklus, wobei Bob nur jedes vierte Mal dran ist. Wie schon beim Spiel A-A-B vorher kann Alice einen Sieg erzwingen, wenn der Haufen zu Beginn nicht ganz klein ist. Sind noch mindestens vier Körner da, hat Alice den Sieg sicher, egal welcher Spieler den ersten Zug macht.

6.3.2 Die Macht der häufigeren Alice

Rechnet man „viele" Beispiele durch, wo Alice häufiger am Zug ist als Bob, merkt man irgendwann, dass Alice bei großen Haufen sicher gewinnen kann, egal wer im Zyklus den ersten Zug macht. Diese Beobachtung läßt sich allgemein beweisen. Wir machen die Beweisidee zuerst an dem Beispiel g) vom Anfang des Abschnitts klar.

```
Alice1   AAAAAAAAAAAAAAAAABBAAAAAAAAAAAAAAAAABAAAAAAAAAAAAAAAAA
Alice2   AABAAAAAAAAAABBBAAAAAAAAAAAAAAAABBAAAAAAAAAAAAAAAAABA
Bob1     BBAAAAAAAABBBBAAAAAAAAAAAAAABBBAAAAAAAAAAAAAAAABBAA
Alice3   AAAAAAAAABBBAAAAAAAAAAAAAAABBAAAAAAAAAAAAAAAAABAAAA
Alice4   AABAAAABBBBAAAAAAAAAAAAAABBBAAAAAAAAAAAAAAABBAAAAA
Bob2     BBAAABBBBBAAAAAAAAAAAAABBBBAAAAAAAAAAAAAABBBAAAAAA
Alice5   AAAABBBBAAAAAAAAAAAAAABBBAAAAAAAAAAAAAAABBAAAAAAAA
Alice6   AABBBBBAAAAAAAAAAAAABBBBAAAAAAAAAAAAAABBBAAAAAAAAA
Bob3     BBBBBBAAAAAAAAAAAAABBBBBAAAAAAAAAAAAABBBBAAAAAAAAA
Bob4     BBBBAAAAAAAAAAAAABBBBAAAAAAAAAAAAABBBAAAAAAAAAAA
Bob5     BBAAAAAAAAAAAAABBBAAAAAAAAAAAAAAAAABBAAAAAAAAAAAA
Alice 1  AAAAAAAAAAAAAAAAABBAAAAAAAAAAAAAAAAABAAAAAAAAAAAAAAAAA
```

Abbildung 6.12: Zur Zugreihenfolge „A-A-B-A-A-B-A-A-B-B-B"

Bei Abbildung 6.12 mag sich der Leser über die Wiederholung der Zeile „Alice1" am unteren Ende der Tabelle wundern. Sie ist identisch zur oberen Alice1-Zeile und hilft beim manuellen Ermitteln der Werte für die Bob5-Zeile, ohne dass man jedes Mal mit den Augen zur Zeile 1 hochspringen muss. Den gleichen Darstellungstrick hatten wir auch schon in Abbildung 6.9 angewandt.

Exemplarisch ist hier nur für die Bob2-Zeile angegeben, wie sich die Einträge für $t > 2$ rekursiv aus den $(t-2)$–und $(t-1)$–Werten der Alice5-Zeile ergeben.

- $Bob2(t) = B$, falls $Alice5(t-2) = B$ oder $Alice5(t-1) = B$.
  $Bob2(t) = A$, falls $Alice5(t-2) = Alice5(t-1) = A$.

```
Alice1   AAAAAAAAAAAAAABBAAAAAAAAAAAAAAAAABAAAAAAAAAAAAAAAA
Alice2   AABAAAAAAAAAABBBAAAAAAAAAAAAAAAABBAAAAAAAAAAAAAAABA
Bob1     BBAAAAAAAABBBBAAAAAAAAAAAAAAABBBAAAAAAAAAAAAAAAABBAA
Alice3   AAAAAAAAABBBAAAAAAAAAAAAAAAABBAAAAAAAAAAAAAAAAABAAAA
Alice4   AABAAAABBBBAAAAAAAAAAAAAAABBBAAAAAAAAAAAAAAAABBAAAAA
Bob2     BBAAABBBBBAAAAAAAAAAAAABBBBAAAAAAAAAAAAABBBAAAAAA
Alice5   AAAABBBBAAAAAAAAAAAAABBBAAAAAAAAAAAAABBAAAAAAAA
Alice6   AABBBBBAAAAAAAAAAAABBBBAAAAAAAAAAAABBBAAAAAAAAA
Bob3     BBBBBBAAAAAAAAAAABBBBBAAAAAAAAAAABBBBAAAAAAAAAAA
Bob4     BBBBAAAAAAAAAAAAABBBBAAAAAAAAAAAABBBAAAAAAAAAAAA
Bob5     BBAAAAAAAAAAAAABBBAAAAAAAAAAAAABBAAAAAAAAAAAAAAA
```

Abbildung 6.13: Hervorgehobene B-Siege bei „A-A-B-A-A-B-A-A-B-B-B"

Abbildung 6.13 enthält die gleichen Informationen wie Abbildung 6.12. Jedoch sind die Siegstellungen für Bob in dieser Abbildung hervorgehoben. Die B's tauchen als Blöcke auf. Beim Übergang zu einer „Alice-Zeile" wird solch ein Block um ein B kürzer, beim Übergang zu einer „Bob-Zeile" wird der Block um ein B länger. In jedem Zyklus gibt es sechs Alice-Zeilen, aber nur fünf Bob-Zeilen. Also wird in jedem Zyklus ein bestehender B-Block insgesamt um ein B kürzer. Ganz hinten im Bild sieht man, wie bei Alice2 nur noch ein einzelnes B übrig geblieben ist. Dieses verschwindet bei Alice1 ganz. Umgangssprachlich: **Bob ist an der Stelle ausgestorben.** Dieses allgemeine Phänomen wird weiter unten bewiesen.

```
Alice1   ·········AAAAA··········AAAAAA··········AAAAAAA···
Alice2   ········AAAA··········AAAAA··········AAAAAA·····
Bob1     ·······AAA··········AAAA··········AAAAA······
Alice3   ····AAAA··········AAAAA··········AAAAAA·······
Alice4   ···AAA··········AAAA··········AAAAA·······
Bob2     ··AA··········AAA··········AAAA···········
Alice5   ·AAA···········AAAA··········AAAAA··········AA
Alice6   AA·············AAA··········AAAA···········AAA
Bob3     ··············AA··········AAA··········AAAA
Bob4     ···········AAA··········AAAA··········AAAAA·
Bob5     ·········AAAA··········AAAAA··········AAAAAA··
```

Abbildung 6.14: Alice6-Siege zur Zugreihenfolge
„A-A-B-A-A-B-A-A-B-B-B"

Bei den A's ist es umgekehrt. Ein A-Block wird immer um ein A länger, wenn Alice am Zug ist, und um ein A kürzer bei Bob. In einem Zyklus verlängert sich der A-Block insgesamt um ein A, weil Alice ein Mal häufiger am Zug ist als Bob.

Abbildung 6.14 zeigt nicht alle Siegstellungen für Alice, sondern nur die, bei denen Alice6 den letzten (gewinnenden) Zug macht. Ausgangspunkt (mit direkten Gewinnzügen) sind die beiden A ganz links in der Zeile von Alice6. Daraus ergeben sich die drei A bei Alice5, die zwei A bei Bob2, usw. Der A-Block wird jedes Mal um ein Feld breiter, wenn Alice am Zug ist, und um ein Feld schmaler bei Bob am Zug. In jedem Zugzyklus (Alice6, Alice5, Bob2, ... Bob4, Bob3) gibt es sechs Zuwächse und fünf „Schrumpfungen", also zusammen ein Plus von 1 für Alice.

Satz 6.3.1. *Sei ein $\{1,2\}$-Subtraktions-Spiel gegeben, in dem die beiden Spieler Alice und Bob ihre Züge in einer zyklischen Reihenfolge ausführen. Wenn Alice innerhalb des Zykluses m-mal am Zug ist und Bob nur n-mal, mit $n < m$, dann gilt:*

Sind am Anfang $9 \cdot m^2$ oder mehr Körner im Haufen, dann kann Alice den Sieg erzwingen, egal wo im Zyklus das Spiel begonnen wird.

Beweis. Der Beweis zerfällt in zwei Teile. Eingeschoben zwischen die Teile ist das Zykel-Lemma, was im zweiten Teil gebraucht wird.

Teil 1: Das Aussterben von Bob auf lange Sicht

An dem Beispiel mit den Abbildungen 6.12 bis 6.14 wird klar, dass Alice in der Tabelle der Rückwärtsanalyse nur in irgendeiner Zeile einen hinreichend langen A-Block braucht. Dieser setzt sich dann fort: Der Block wird jedes Mal um ein A länger, wenn Alice am Zug ist, und um ein A kürzer, wenn Bob am Zug ist. „Hinreichend lang" bedeutet, dass der Block zwischenzeitlich nicht auf Länge Null schrumpft.

Bei Alice am Zug geht das (linke) Startfeld des Blockes um eine Einheit nach rechts, bei Bob am Zug sind es zwei Einheiten. In jeder Runde wandert der A-Block mit seinem linken Rand also um $m + 2n$ Felder nach rechts und wird dabei um $m - n$ Felder länger. Wegen $m > n$ ist $m - n \geq 1$. Nimmt man den schlechtestmöglichen Fall $m = n+1$ an, verlängert sich der Block in jedem Zyklus um eine Einheit. Dann dauert es höchstens $(m+2n)$ Zyklen, also $(m+2n) \cdot (m+n)$ Einzelzüge, bis der Block mit seinem „Nachfolger-Block" überlappt. Ab der Stelle treten dann keine B-Einträge mehr in der Tabelle auf. $\square$

Spannend sind die Situationen mit wenigen Körnern im Haufen. Das folgende **Zykel-Lemma**, was auch in ganz anderen Bereichen der reinen und angewandten Mathematik eine Rolle spielt und für das es viele verschiedene Beweise gibt, sichert die Existenz eines A-Startblocks, der zwischendurch nie mehr verschwindet.

Beim ersten Lesen kann der Beweis des Zykel-Lemmas einfach übersprungen werden.

Lemma 6.3.1 (Zykel-Lemma, 1859 [Cay]). *Es sei $m > n > 0$, und in der Menge $\{-1, +1\}^{m+n}$ ein Vektor $(x_1, ..., x_{m+n})$ gegeben, der m positive Einträge „+1" und n negative Einträge „−1" enthält. Dann gibt es eine Position k, so dass alle folgenden $m + n$ Summen positiv sind:*

$$x_k$$

$$x_k + x_{k+1}$$

$$x_k + x_{k+1} + x_{k+2}$$

$$\cdots$$

$$x_k + x_{k+1} + x_{k+2} + ... + x_{k+m+n-1}.$$

Dabei ist die Addition im Index modulo $(m + n)$ gemeint: Nach x_{m+n} folgt als nächstes x_1, dann x_2 usw.

Vor dem Beweis des Lemmas betrachten wir ein Beispiel.

Sei $m = 6, n = 5$, und $x = (-1, -1, -1, +1, +1, -1, +1, +1, -1, +1, +1)$. x_4 ist eine passende Startposition. $x_4 = 1, x_4 + x_5 = 2, x_4 + x_5 + x_6 = 1, ...$

Beweis. Trivial ist der Fall, dass die Folge nur Werte +1 enthält.

Für die Situation, dass auch „−1"-Werte da sind, benutzt der Beweis Induktion in der Anzahl dieser Minus-Werte.

Induktionsanfang: Falls es nur eine −1 gibt, sei diese o.B.d.A an der letzten Position, also $x_{m+1} = -1$. Dann ist $k = 1$ eine geeignete Startposition.

Induktionsschritt: Sei die Aussage für Folgen mit n negativen Werten bewiesen, und liege jetzt eine Folge mit $n + 1$ negativen Werten vor. Weil es in der Folge mindestens $n + 2$ positive Einträge gibt, gibt es eine Position s, so dass $x_s = +1$ und $x_{s+1} = -1$. (Im Fall von $s = m + n + 1$ wird natürlich wegen modulo-Rechnung das Paar $x_{m+n+1} = +1$, $x_1 = -1$ betrachtet.) Man streicht aus der Folge die Werte x_s und x_{s+1} und findet nach Induktionsannahme in der verbleibenden Folge eine Startposition k mit den gewünschten positiven Summen. Wiedereinfügung von x_s und x_{s+1} an ihren alten Stellen erhält diese Struktur: die Summen vor Position x_s bleiben unverändert positiv, x_s erhöht sogar die vorherige Summe um 1, x_{s+1} reduziert wieder um 1, so dass man beim gleichen positiven Wert wie zuvor ist. Für alle Folgesummen sind die Werte wie zuvor. $\square$

Beweis. **Teil 2: Das Überleben von Alice bei kleinen Haufen**

Den $m + n$ Spielpositionen im Zyklus ordnen wir einen Vektor $y = (y_1, \ldots, y_{m+n})$ in $\{-1, +1\}^{m+n}$ zu: Jede Alice-Position wird zu einer $+1$, jede Position mit Bob am Zug zu einer -1. Weil die **Rückwärts-Analyse** von hinten nach vorne vorgeht, müssen wir das Zykel-Lemma jetzt auf den umgedrehten y-Vektor anwenden, also auf $(y_{m+n}, y_{m+n-1}, \ldots, y_2, y_1)$. Sei k nach Lemma 6.3.1 eine Position, so dass alle folgenden Summen positiv sind: $y_k, y_k + y_{k-1}, y_k + y_{k-1} + y_{k-2}$, usw. Es ist also in Position k Spieler Alice am Zug, ebenso in Position $k - 1$. Für Haufengröße 1 oder 2 mit Position k am Zug kann `Alice` direkt gewinnen. Dieser A-Block der Länge 2 wird durch Alice in Position $k - 1$ zu einem A-Block der Länge 3, nämlich für die Haufengrößen $2, 3, 4$. (Nebenbei bemerkt ist auch Haufengröße 1 mit Position $k - 1$ am Zug ein A-Sieg (Alice gewinnt direkt), aber das brauchen wir für den Beweis nicht.)

Jedes Mal, wenn im Zyklus Alice am Zug ist, verlängert sich dieser A-Block um eine Einheit, und bei Bob am Zug wird er um eine Einheit kürzer. Allgemein ergibt sich: Sei $y_k + y_{k-1} + \ldots + y_{k-d} = r > 0$, dann hat der zugehörige A-Block die Länge $r + 1 > 0$. Dies sieht man formal mit Induktion in d ein, wobei die beiden Fälle $y_k = 1$ und $y_k + y_{k-1} = 2$ als Induktions-Anfänge dienen. Der Block behält also immer Länge ≥ 2, „überlebt" deshalb den ersten Zyklus. Danach hat er Länge $2 + (m - n)$, und der Teil 1 des Beweises führt zur Aussage des Satzes. $\square$

Aus dem Beweis ergibt sich, dass Alice nicht nur den Sieg erzwingen kann, sondern bei hinreichend großem Starthaufen so spielen kann, dass am Ende der Siegzug durch Position k passiert. Im Spiel „A-A-B-A-A-B-A-A*-B-B-B" kann Alice erzwingen, dass Alice6 (durch ein Sternchen markiert) den Siegzug ausführt.

Korollar 6.3.1. *Es seien die Spieler Alice und Bob im Zyklus gleichhäufig am Zug. Dann gibt es zu jeder Haufengröße s Stellungen mit mindestens s Körnern, die für Alice gewonnen sind und auch Stellungen mit mindestens s Körnern, die für Bob gewonnen sind.*

Beweis-Skizze: Man verwendet eine Variante des Zykel-Lemmas. Gilt statt $m > n$ für den x-String aus $\{-1, +1\}^{m+n}$ „nur" $m = n$, so gibt es eine Position $k \in \{1, 2, \ldots, m + n\}$, so dass alle $m + n$ Summen aus Lemma 6.3.1 nichtnegativ sind. Deshalb gibt es zu der Spieleranordnung eine Position k mit Alice am Zug, so dass der Anfangs-A-Block der Länge 2 (für Haufengrößen 1 und 2) bei der Rückwärts-Analyse nie verschwindet, sondern einen vollen Zyklus überlebt. Danach überlebt er auch den nächsten Zyklus, usw. Das gleiche Argument funktioniert für eine passende Position mit Bob am Zug. So wird auch ein B-Block auf Dauer überleben.

Interessante offene Fragen sind:

(P3) Welches ist bei n Mal Bob und $n+1$ Mal Alice die Anordnung der Spieler, bei der in der Tabelle die B's am frühesten aussterben?

Gute Kandidaten sind Anordnungen des Typs AAB-AB-AB-...-AB.

(P4) Welches ist bei n Mal Bob und $n+1$ Mal Alice die Anordnung, bei der in der Tabelle die B's am längsten „durchhalten"?

Gute Kandidaten sind ABB-ABB-...-ABB-A...A. Dabei sollen am Ende so viele A's stehen, dass Alice insgesamt einmal mehr am Zug ist als Bob.

(P5) Korollar 6.3.1 sagt nur, dass bei gleichhäufigem Ziehen beide Spieler, Alice und Bob, für beliebig große Starthaufen Siegstellungen haben. Die Anordnung ABB-ABB-...-ABB-A...A liefert bei langen Zyklen für Spieler B asymptotisch eine Sieghäufigkeit von $\frac{3}{4}$. Ist das der größtmögliche Wert?

Die meisten Ergebnisse dieses Abschnittes 6.3 bleiben richtig, wenn statt der einfachen Zugmenge $\{1, 2\}$ andere endliche Zugmengen vorliegen [Alt]. Bei der letzten Frage (zu den extremalen Sieganteilen bei gleichhäufig ziehenden A und B) hängt das Ergebnis aber stark von der konkreten Zugmenge ab.

Übungsaufgabe 6.12. In Analogie zu Abbildung 6.12 berechne man das Tableau zur Zugfolge A-B-A-A-B-B-B-A-A-A-A-B-B-B mit Hilfe der Rückwärts-Analyse.

7 Drei moderne Spiele: Über Zahlen – Würfel – Schildkröten

Vorbemerkung: Dieses Kapitel hat nichts mit den Subtraktions-Spielen aus Kapitel 6 zu tun. Es kann völlig unabhängig gelesen werden.

Bei den meisten Brettspielen ist es gut, wenn man mehr Figuren hat als der Gegner. Hier werden drei Spiele für zwei oder vier Personen vorgestellt, wo das anders ist. Die Spiele haben ganz einfache Regeln und können leicht selbst gebaut werden.

„Letzter Mann voran" ist ein Spiel ganz ohne Zufallselemente. Bei **„Karls Rennen"** gibt es einen Würfel, und bei **„EinStein würfelt nicht"** hat jede Figur eine eigene Nummer. Im Bewersdorff-Dreieck [Bew2] zur Klassifizierung der Spiele gehört der Letzte Mann in die Ecke der kombinatorischen Spiele, während Karls Rennen und EinStein auf der Kante zwischen Glücksspiel und kombinatorischem Spiel zu finden sind.

Das Bewersdorff-Dreieck ist eine kanonische Visualierung der verschiedenen Spieleigenschaften von Zwei-Personen-Spielen aus mathematischer Sicht. Dabei sind die Ecken im Dreieck durch die Klassen „Kombinatorische Spiele", „Strategische Spiele" und „Glücksspiele" gegeben. Zu den strategischen Spielen gehören insbesondere solche, wo die Spieler entweder nur teilweise Information haben oder gleichzeitig agieren.

Außerhalb der Mathematik gibt es andere Klassifizierungen für Spiele, z.B. das von Reinhold Wittig 1983 eingeführte Perlhuhn-Dreieck. Darin wird nach den Kategorien Denkspiel, Glücksspiel und Geschicklichkeits-Spiel unterschieden. Eine auch von Wittig vorgeschlagene Erweiterung hat als vierte Kategorie „Kreativität".

Kombinatorische Spiele

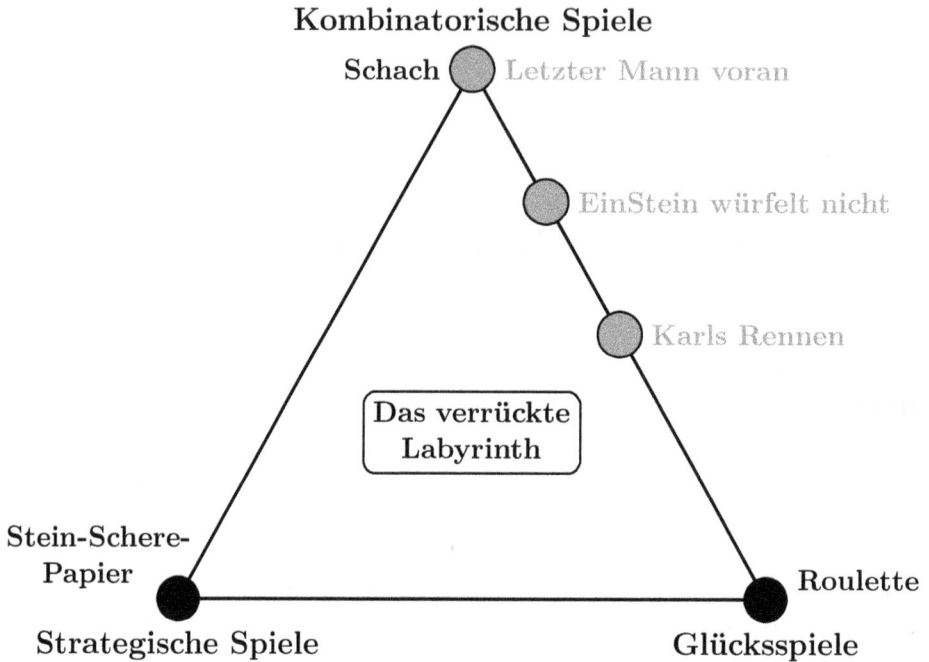

Abbildung 7.1: Die drei Spiele im Bewersdorff-Dreieck

In jedem der drei folgenden Abschnitte wird eines der Spiele vorgestellt, mit Regeln und einer kommentierten Musterpartie. Im abschließenden Abschnitt 7.4 werden die drei Spiele kurz im Vergleich diskutiert. Übungsaufgaben gibt es nicht. Wir empfehlen dem Leser aber, jedes der Spiele ein paar Mal selbst zu spielen. Wer mindestens eines der Spiele gut spielt, dürfte sich auch bei den beiden anderen relativ leicht tun. Historisch entstanden sind die Spiele übrigens in der Reihenfolge:

EinStein würfelt nicht im Jahr 2004, **Karls Rennen** 2006, **Letzter Mann voran** 2007; alle drei erfunden von Ingo Althöfer. Wir stellen sie hier in anderer Reihung vor, weil die Regeln so leichter verständlich sind.

7.1 Letzter Mann voran

Regeln von „Letzter Mann voran"

Das Spielbrett ist quadratisch und besteht in der Basisversion aus 5 × 5 Feldern. Um gewisse Sachen einfacher erklären zu können, führen wir Koordinaten ein: in den Diagrammen tragen die Zeilen von unten nach oben die Nummern 1 bis 5, die Spalten von links nach rechts die Buchstaben a bis e. Zeile 5 ist also oben, Zeile 1 unten; Spalte a ist ganz links und Spalte e am rechten Rand.

	a	b	c	d	e	
5			S	S		5
4				S	S	4
3	W				S	3
2	W	W				2
1		W	W			1
	a	b	c	d	e	

Abbildung 7.2: Koordinaten und eine Startstellung zu
„Letzter Mann voran"

Spielvoraussetzungen Die beiden Spieler ziehen abwechselnd. Sie heißen „Weiß" und „Schwarz". Wer von beiden anfängt, wird ausgelost oder vereinbart. Das Spiel kann einfach selbst „gebaut" werden: auf ein DinA4-Blatt malt man das Spielbrett; als Figuren eignen sich Holzscheiben aus dem Mühle-Spiel oder Münzen oder Knöpfe. Das Spielbrett kann auch im Internet heruntergeladen und ausgedruckt werden[1].

Jeder der beiden Spieler hat fünf Figuren in seiner Farbe. Zu Beginn stehen die weißen Figuren auf den Feldern b1, a2, c1, b2, a3. Die schwarzen Figuren stehen auf der gegenüberliegenden Seite des Brettes, auf den Feldern d5, e4, c5, d4, e3. Das Zielfeld von Weiß ist e5 (also die Ecke im gegnerischen Lager), das Zielfeld

---

[1] Webadresse: http://www.althofer.de/spielbretter/letzter-mann-voran.png

von Schwarz ist analog das Feld a1 links unten. Sieger ist, wer zuerst **eine** seiner Figuren auf sein Zielfeld gebracht hat. Das Spiel kann auch auf andere Weise enden: Ein Spieler hat gewonnen, wenn sein Gegner keine Figur mehr auf dem Brett hat.

(R1) Ein Zug von Weiß besteht darin, eine seiner Figuren ein Feld weit zu ziehen, entweder nach oben oder nach rechts oder diagonal nach oben rechts.
Beispiel: Eine weiße Figur auf b3 darf nach b4 oder nach c3 oder nach c4 ziehen.
Auch Schwarz am Zug darf eine seiner Figuren ein Feld weit ziehen, und zwar entweder nach unten oder nach links oder diagonal nach links unten.
Beispiel: Eine schwarze Figur auf b2 darf nach a2 oder nach b1 oder nach a1 ziehen.
Am Rand sind jeweils nur die Züge erlaubt, bei denen die Figur noch im Spielbrett bleibt.
Beispiel: Eine weiße Figur auf e3 darf nur nach e4 ziehen.

(R2) Zieht eine Figur auf ein Feld, auf dem schon irgendeine andere Figur steht, so wird diese andere Figur geschlagen und vom Spielbrett genommen. Dabei spielt es keine Rolle, ob die geschlagene Figur dem Gegner oder dem Spieler selbst gehört.
Beispiel: In seinem allerersten Zug darf Weiß mit der Figur von b1 nach c1 ziehen und die dort stehende eigene Figur schlagen.

(R3) Jetzt kommt die Regel, die das Spiel eigenartig und interessant macht. Wer am Zug ist, darf nicht irgendeine seiner Figuren, sondern muss eine der am weitesten hinten stehenden Figuren ziehen. Dabei bezieht sich „hinten" auf die Richtung zum Zielfeld. Alle Felder auf einer Diagonalen sind gleich weit vom Ziel entfernt. Zu Beginn sind die beiden hintersten Figuren von Weiß die auf den Feldern a2 und b1.
Beispiel: Weiß zieht im ersten Zug a2-b3 und in seinem nächsten Zug b1-c2, dann sind danach die drei weißen Figuren auf der Diagonalen a3-b2-c1 seine hintersten.
Diese Regel ist auch für den Namen des Spiels verantwortlich.

Angenommen, ein Spieler schlägt niemals eine eigene Figur und wird auch nie vom Gegner geschlagen, dann kommt seine Kolonne mit den fünf Figuren insgesamt nur langsam voran – wie eine **Schildkröte**.

Dagegen ist ein Spieler mit nur noch einer oder zwei Figuren auf dem Brett deutlich schneller. Er muss allerdings immer aufpassen, dass er nicht seine Figuren und damit das Spiel verliert.

Wir zeigen jetzt eine wirklich gespielte Partie zwischen einem Neuling (Weiß) und einem erfahrenen Spieler (Schwarz). Der Leser sollte diese Partie Schritt für Schritt nachvollziehen, dann wird er die Basis-Philosophie vom „letzten Mann" verstehen. Die Züge mit ungerader Nummer sind die von Weiß, die mit gerader Nummer die von Schwarz. In der Notation gibt ein Zug an, von welchem Feld auf welches andere Feld die aktive Figur gezogen wurde. Bei Schlagzügen steht ein „x" zwischen den beiden Feldern, bei Ziehzügen (ohne Schlagen) ein Bindestrich.

In jedem Diagramm sind zwei Stellungen angezeigt. Links die nach dem Zug von Weiß, rechts daneben die nach dem Antwortzug von Schwarz. In einer Stellung zeigt ein „Kometenschweif", welche Figur gezogen hat.

Wenn der Leser die Regeln verstanden hat, sollte ihm klar sein, dass der anfangende Spieler im ersten Zug nur die Auswahl zwischen zwei Möglichkeiten hat: Ziehzug oder Schlagzug. Bewegt werden muss ja eine der beiden hinteren Figuren. Die beiden Ziehzüge a2-b3 und b1-c2 ergeben Stellungen, die symmetrisch zueinander sind. Ebenso macht es keinen Unterschied, ob bei einem Schlagzug die a2-Figur auf a3 oder die b1-Figur auf b2 schlägt. Schließlich gibt das Schlagen der b2-Figur die gleiche Stellung wie das Schlagen auf a3 bzw. auf c1.

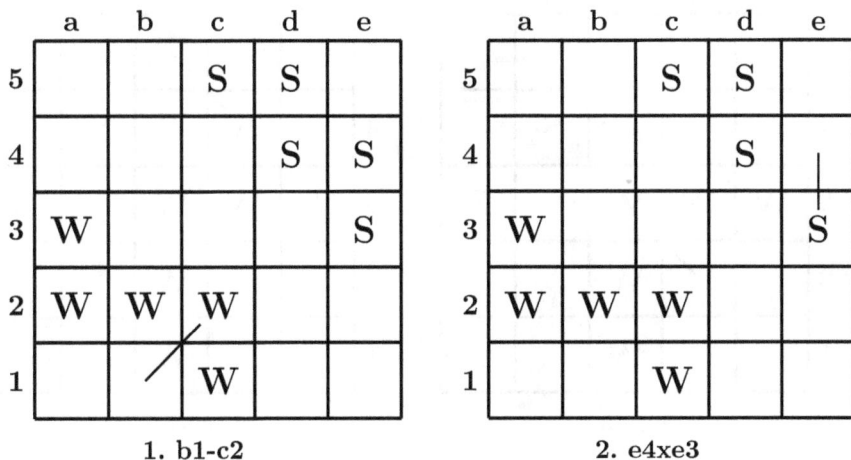

	a	b	c	d	e
5			S	S	
4				S	S
3	W				S
2	W	W	W		
1			W		

1. b1-c2

	a	b	c	d	e
5			S	S	
4				S	
3	W				S
2	W	W	W		
1			W		

2. e4xe3

Abbildung 7.3

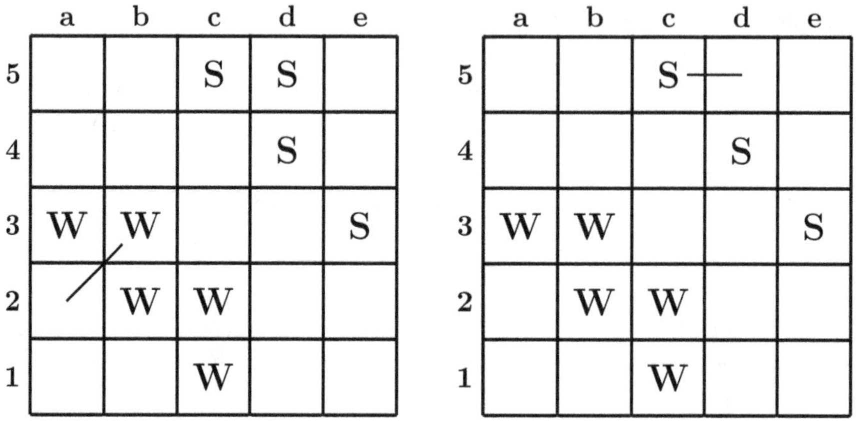

	a	b	c	d	e
5			S	S	
4				S	
3	W	W			S
2		W	W		
1			W		

3. a2-b3

	a	b	c	d	e
5			S		
4				S	
3	W	W			S
2		W	W		
1			W		

4. d5xc5

Abbildung 7.4

Weiß hat bisher zwei Ziehzüge gemacht. Schwarz hingegen hat sich zwei Mal selbst geschlagen.

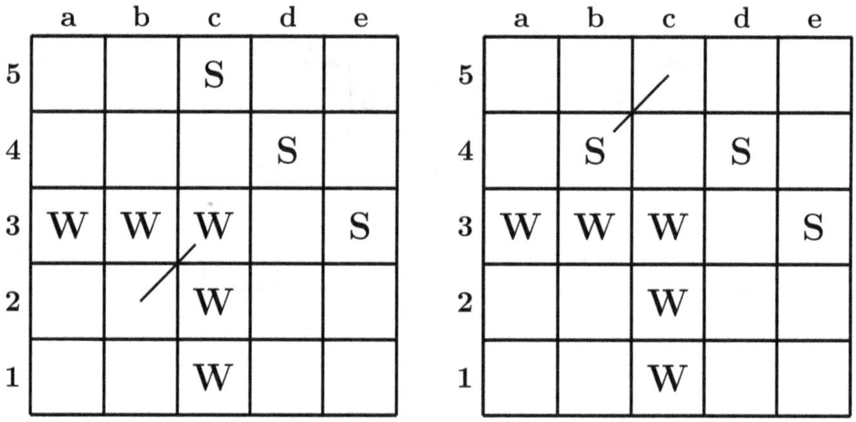

	a	b	c	d	e
5			S		
4				S	
3	W	W	W		S
2			W		
1			W		

5. b2-c3

	a	b	c	d	e
5					
4	S		S		
3	W	W	W		S
2			W		
1			W		

6. c5-b4

Abbildung 7.5

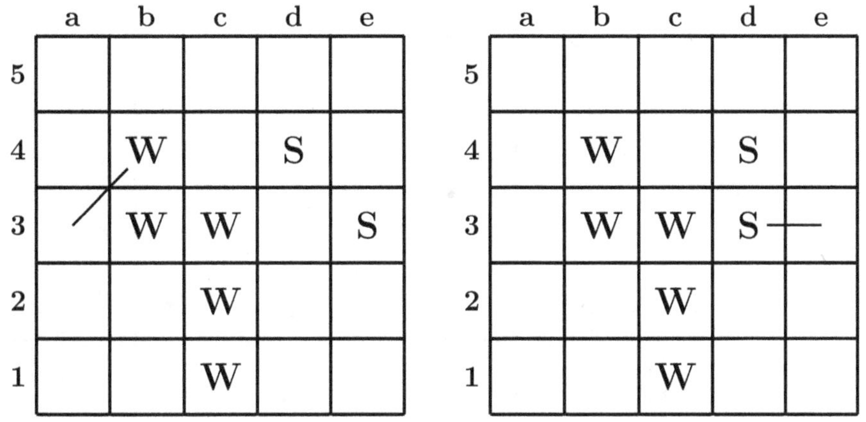

	a	b	c	d	e
5					
4		W		S	
3		W	W		S
2			W		
1			W		

7. a3xb4

	a	b	c	d	e
5					
4		W		S	
3		W	W	S—	
2			W		
1			W		

8. e3-d3

Abbildung 7.6

In Zug 7 hat Weiß erstmals geschlagen, allerdings keine eigene Figur. Dadurch bleiben nur noch zwei schwarze Figuren. Die sind ganz schnell und werden die weiße Verteidigung überrennen.

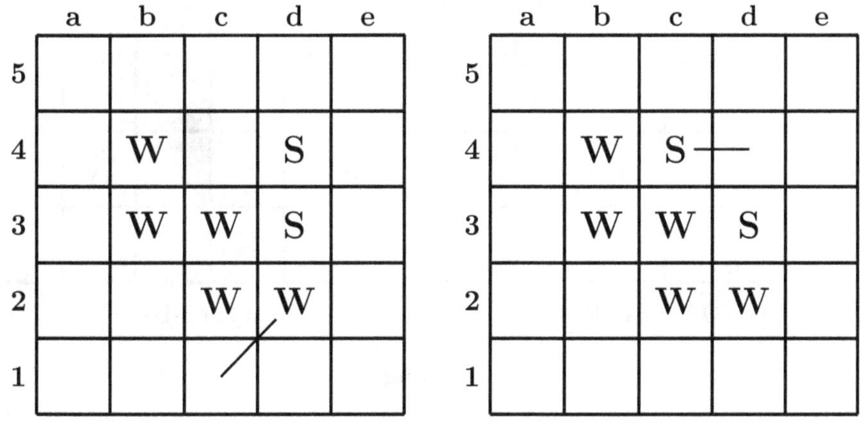

	a	b	c	d	e
5					
4		W		S	
3		W	W	S	
2			W	W	
1					

9. c1-d2

	a	b	c	d	e
5					
4		W	S—		
3		W	W	S	
2			W	W	
1					

10. d4-c4

Abbildung 7.7

Im Zug 10 vermeidet Schwarz es nach wie vor, einen Gegner zu schlagen. Sich selbst schlägt er auch nicht, weil Weiß dann im Folgezug die letzte schwarze Figur schlagen und so direkt gewinnen könnte.

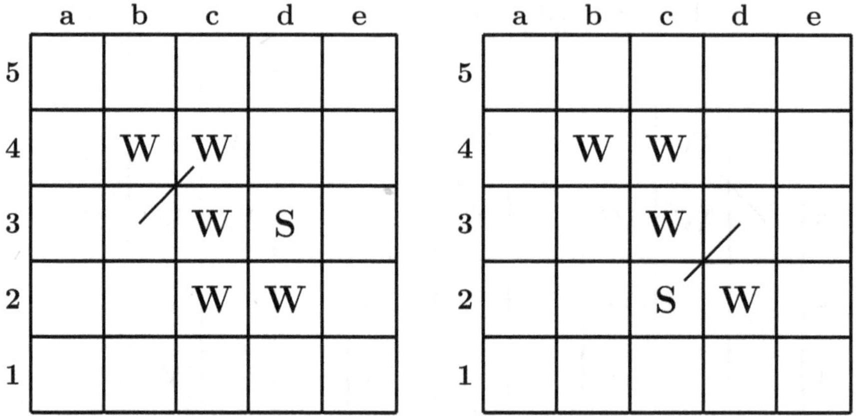

	a	b	c	d	e
5					
4		W	W		
3			W	S	
2			W	W	
1					

11. b3xc4

	a	b	c	d	e
5					
4			W	W	
3			W		
2			S	W	
1					

12. d3xc2

Abbildung 7.8

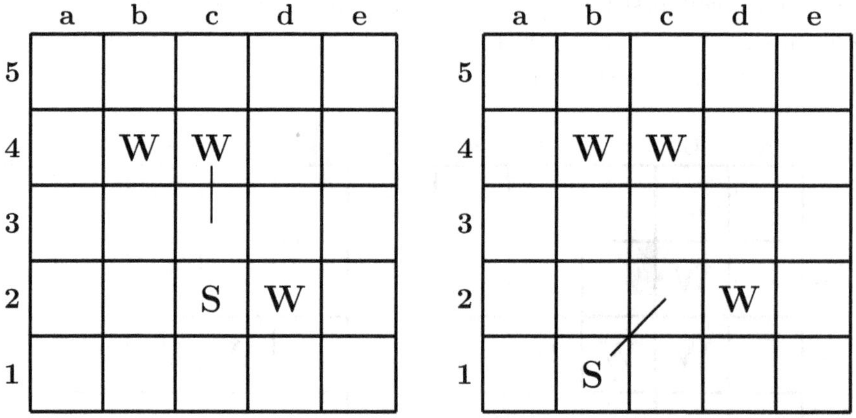

	a	b	c	d	e
5					
4		W	W		
3					
2			S	W	
1					

13. c3xc4

	a	b	c	d	e
5					
4		W	W		
3					
2				W	
1		S			

14. c2-b1

Abbildung 7.9

In Zug 13 hat es bei Weiß endlich gefunkt, aber sein erstes Selbstschlagen kommt viel zu spät.

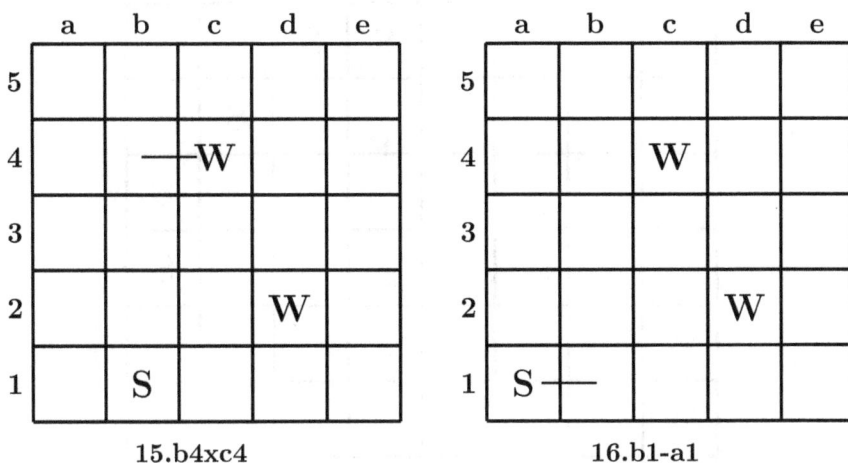

15.b4xc4   16.b1-a1

Abbildung 7.10

Schwarz erreicht mit der einen verbleibenden Figur sein Zielfeld und ist Sieger. Weiß würde jetzt immer noch vier Züge bis zu seinem Ziel brauchen. Historische Anmerkung: In der Revanche-Partie agierte der Weiße schon viel zielstrebiger, auch wenn er wieder verlor, dieses Mal aber nur knapp.

Nachdem man sich in dieser kleinsten Version (5 × 5-Brett, je fünf Figuren) mit den Regeln und einigen Tricks vertraut gemacht hat, kann man auf größere Brettvarianten wechseln: Bei denen bleiben die Regeln gleich, nur das Spielbrett und eventuell die Figurenzahl ist größer.

Ausprobiert wurde das Spiel schon auf Brettern der Größe 6 × 5, 6 × 6, 7 × 7 und 8 × 8. Bei fünf Figuren pro Spieler stehen die von Weiß zu Beginn auf den Feldern a2, b1, a3, b2, c1 und die von Schwarz spiegelsymmetrisch gegenüber in der Ecke rechts oben.

Bei **sieben Figuren** werden wieder die genannten Felder besetzt und zusätzlich für Weiß die Felder a4 und d1. Schwarz steht wieder gespiegelt gegenüber.

				S	S	S	
						S	S
							S
							S
W							
W							
W	W						
	W	W	W				

Abbildung 7.11: „Letzter Mann voran" auf 8 × 8-Brett mit je 7 Figuren

	R	R	S	S	
R	R			S	S
R					S
W					B
W	W			B	B
	W	W	B	B	

Abbildung 7.12: Startstellung für die Vierer-Version von „Letzter Mann voran"

Bemerkung: Letzter Mann voran kann auch mit vier Personen gespielt werden. Die Abbildung 7.12 zeigt die Startstellung auf dem Brett mit 6 × 6 Feldern.

Weiß (W) und Schwarz (S) bilden das eine Team, Rot (R) und Blau (B) das andere. Die Zugreihenfolge ist zyklisch im Uhrzeigersinn, also W-R-S-B. Die Zugregeln sind für jeden Spieler die gleichen wie in der Zweierversion. Gewonnen hat ein Team, wenn einer seiner Spieler das für ihn gültige Zielfeld mit einer Figur erreicht hat. Hat ein Spieler keine Figur mehr auf dem Brett, so setzt er aus, wenn er am Zug wäre.

7.2 EinStein würfelt nicht

Das Spiel „EinStein würfelt nicht" wurde im Sommer 2004 erfunden [Alt2]. Anlass war das bevorstehende Albert Einstein-Jahr 2005 (hundert Jahre spezielle Relativitätstheorie und 50. Todesjahr von Einstein). In Göttingen hatte Dr. Reinhold Wittig angekündigt, eine Wanderausstellung „Gott würfelt nicht" im Bereich der Gesellschafts-Spiele zu organisieren. Für diese Ausstellung war ein Begleitspiel gesucht.

Der Name **„EinStein würfelt nicht"** hat zwei Bedeutungen. Zum einen spiegelt er eine Regelbesonderheit wider: ein Spieler muss auf natürliche Weise nicht mehr würfeln, wenn er nur noch einen Stein auf dem Brett hat. Und dann ist da der bekannte Einstein-Spruch **„Gott würfelt nicht"**. Der Autor sah und sieht es anders: Kein Mensch weiß, ob Gott würfelt. Deshalb die Wendung „Einstein würfelt nicht" als Kurzform der Aussage „Albert Einstein mag das Würfeln in der Quantenphysik nicht". Im folgenden kürzen wir manchmal „EinStein würfelt nicht" ab als „Ewn".

Spielvoraussetzungen

Das Spielbrett hat 5×5 Felder. Jeder der beiden Spieler hat in seiner Farbe sechs Steine mit Nummern 1 bis 6 darauf. Es gibt einen normalen 6-flächigen Würfel. Zu Beginn liegen die Steine von Spieler Weiß auf den sechs Feldern links oben, und die des Gegners Schwarz auf denen rechts unten. Welche Nummer auf welchem Feld beginnt, wird ausgelost. Die Startverteilung der Nummern ist typischerweise nicht symmetrisch.

Spielregeln

(R1) Spieler Weiß darf seine Steine nach rechts, nach unten und diagonal nach rechts unten ziehen, und zwar immer ein Feld weit. Gegner Schwarz zieht umgekehrt, auch immer ein Feld weit, nach links, nach oben oder diagonal nach links oben. Steht auf dem Zielfeld eines Zuges eine andere Figur – egal ob vom Gegner oder eine eigene – so wird diese geschlagen und aus dem Spiel genommen.

(R2) Die Spieler ziehen abwechselnd. Aussetzen ist nicht erlaubt. Bevor ein Spieler zieht, würfelt er. Hat er noch seinen Stein mit der gewürfelten Zahl auf dem Brett, so zieht dieser. Spannend wird es, wenn eine Zahl gewürfelt ist, zu der man keinen Stein mehr hat. Dann muss man wahlweise mit der nächstgrößeren oder der nächstkleineren Nummer ziehen, die man noch hat. Ein Beispiel: Der Spieler hat noch die Steine mit den Nummern 1, 4, 6 und würfelt eine 3. Dann muss er mit der 1 oder der 4 ziehen. Es spielt also keine Rolle, dass die 4 näher an der gewürfelten 3 ist als die 1.

(R3) Sieger ist, wer das Eckfeld beim Gegner mit irgendeinem eigenen Stein erreicht. Verloren hat, wer keinen Stein mehr auf dem Brett hat.

Eine Musterpartie zwischen Theo van der Storm (verstorben 2009; zu seinen Lebzeiten war der Holländer einer der besten menschlichen EinStein-Spieler) und dem Erfinder ist hier wiedergegeben. Die Brettkoordinaten sind die gleichen wie beim „Letzten Mann voran" in Abschnitt 7.1.

Ein Zug ist wie folgt beschrieben: w–a4-b3 steht für Würfelergebnis w und dafür, dass dann die Figur von Feld a4 nach Feld b3 gezogen wurde. Ist der Zug ein Schlagzug, so schreibt man „x" statt „-". Im Beispiel wäre das w–a4xb3.

In der Musterpartie werden die Würfelergebnisse der Spieler in ihren Zügen durch einen weißen, bzw. einen schwarzen Würfel neben dem Spielbrett repräsentiert.

Spielt man EinStein auf einem echten Brett mit „schön" schweren Steinen, können die Spieler übrigens den Würfel direkt zwischen die Figuren werfen. Das spart Platz und sieht außerdem auch gut aus.

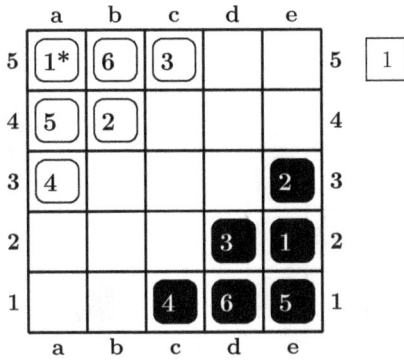

Abbildung 7.13: Die ausgeloste Anfangsstellung der Partie zwischen Theo van der Storm (Schwarz) und Ingo Althöfer (Weiß). Weiß beginnt.

Weiß beginnt mit dem markierten Stein „1", weil er eine 1 gewürfelt hat.

Diese Startstellung ist wunderbar geeignet, um eine häufig gestellte Frage zu beantworten. Wenn ein Spieler nur Züge zur Auswahl hat, bei denen er eigene Steine schlägt, dann muss er natürlich einen davon ausführen. Weiß muss also mit seiner 1-Figur entweder seine 2 oder seine 5 oder seine 6 schlagen.

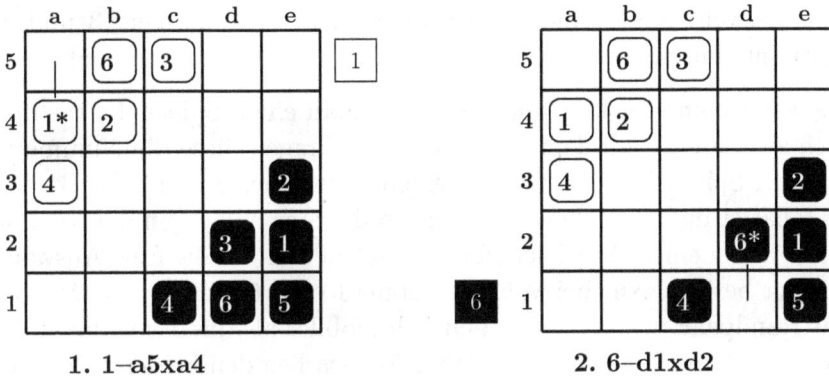

1. 1–a5xa4   2. 6–d1xd2

Abbildung 7.14

Schwarz hätte nicht unbedingt einen eigenen Stein schlagen müssen. Er macht es aber freiwillig, indem er seine 3 herauskegelt. Durch die jetzt fehlende 3 werden seine 2 und seine 4 mobiler.

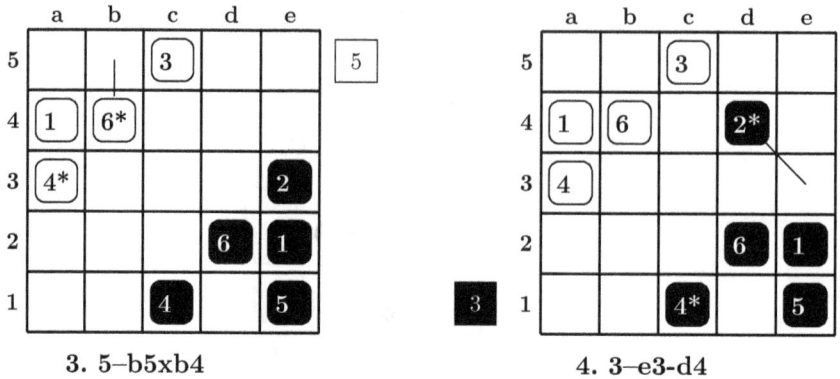

3. 5–b5xb4   4. 3–e3–d4

Abbildung 7.15

Gleich in beiden Zügen kommt die Ewn-Sonderregel zum Einsatz: Weiß hat keinen 5-Stein mehr, darf also in Zug 3 entweder seine 4 oder seine 6 ziehen. Er nimmt die 6 und schlägt einen weiteren eigenen Stein. Schwarz hat keine 3 mehr und darf deshalb mit der gewürfelten 3 in Zug 4 entweder seine 4 oder seine 2 bewegen. Er entscheidet sich für den 2-Stein. Er kann auf der bei Weiß nicht so gut geschützten oberen Flanke vorrücken. Außerdem ist die 2 insgesamt bei Ewn eine (etwas) bessere Figur als die 4, weil sie als halbe Randnummer typischerweise besser mobil wird als eine Zentralnummer (3 und 4 sind die Zentralnummern).

Das kann man sich klar machen, wenn man einen Spieler betrachtet, der nur noch zwei Steine auf dem Spielbrett hat. Tragen diese die Nummern 3 und 4, muss der Spieler bei einem Würfelergebnis zwischen 1 und 3 die „3" ziehen. Bei 4 bis 6 hat er die „4" zu bewegen. Tragen die Steine dagegen die Nummern 1 und 6, hat er bei einem Würfelergebnis zwischen 2 und 5 die freie Auswahl, welchen Stein er bewegt. Nur bei Würfelergebnis 1 oder 6 gibt es eine „Stein-Bindung". Das Randpaar {1, 6} ist also deutlich mobiler als das Zentralpaar {3, 4}. Das Paar mit 2 und 5 liegt in der Mobilität zwischen den beiden Extremen.

5. 4–a3-b3

6. 3–d4xc5

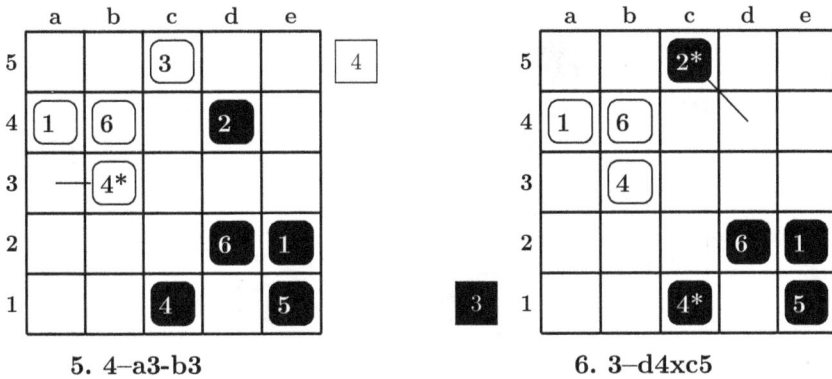

Abbildung 7.16

Beide Züge in Abbildung 7.16 sind normal. Für Schwarz ist der Plan mit dem Flankenangriff seiner 2 voll aufgegangen. Durch die gewürfelte 3 konnte die 2 den einzig verbliebenen Gegner, die weiße 3, schlagen. Jetzt steht dieser Stein nur noch zwei Felder vom Ziel entfernt. Können schlechte Würfe den Schwarzen noch aufhalten?

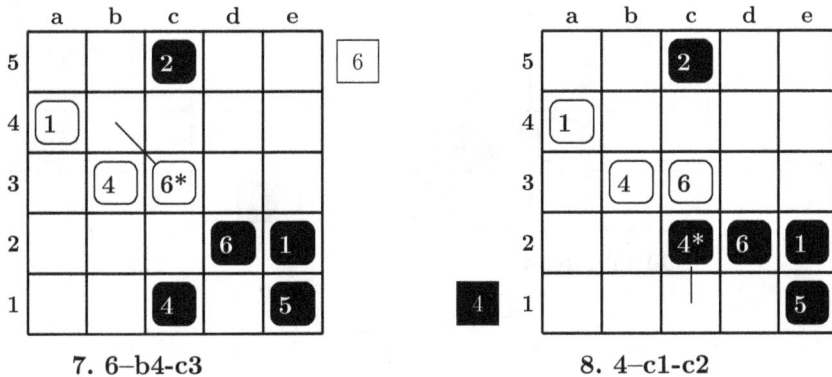

7. 6–b4-c3

8. 4–c1-c2

Abbildung 7.17

Mit Zug 8 stellt Schwarz seine 4 dem Gegner so in den Weg, dass dieser sie wahrscheinlich wird schlagen müssen. Dadurch würde dann die durchgebrochene schwarze 2 noch schneller, weil sie dann bei jeder der drei gewürfelten Zahlen 2, 3, 4 gezogen werden darf.

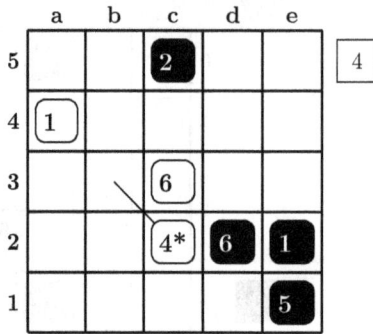
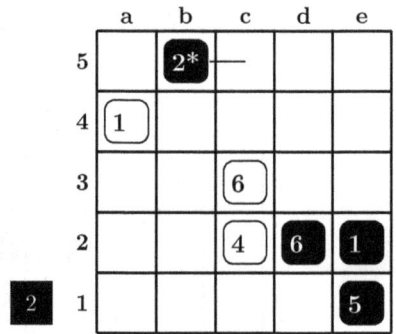

9. 4–b3xc2   **10. 2–c5-b5**

Abbildung 7.18

Besser kann es für Schwarz beim Würfeln nicht laufen. Ihm fehlt jetzt nur noch eine gewürfelte 2, 3 oder 4 zum Sieg.

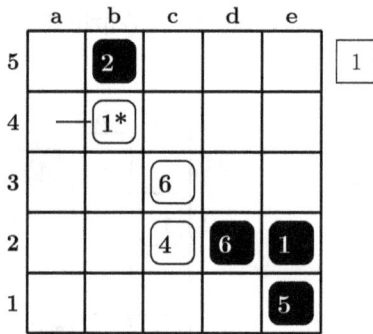
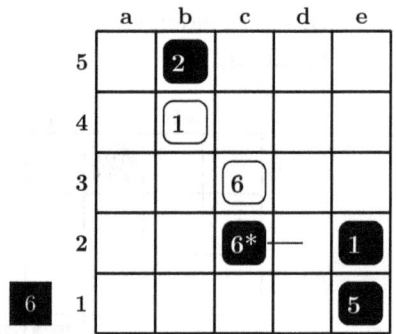

11. 1–a4-b4   **12. 6–d2xc2**

Abbildung 7.19

Eine kleine Verschnaufpause für Weiß. Sollte er jetzt doch noch eine Chance mit seiner mobilen 6 haben? Diese darf ja nach dem Schlagen der weißen 4 bei jeder der gewürfelten Zahlen 2 bis 6 ziehen.

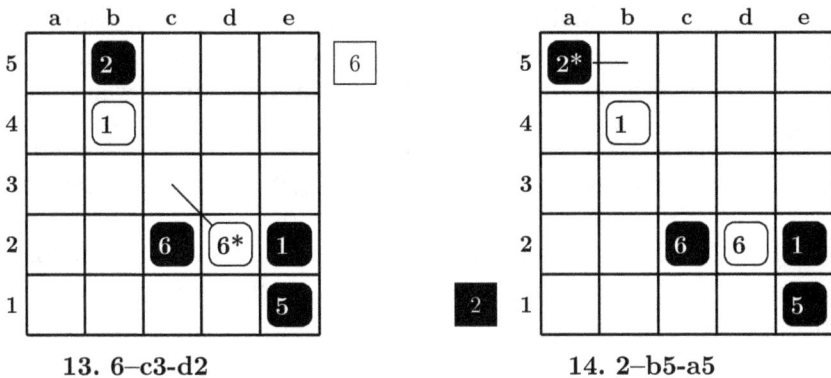

13. 6–c3-d2   14. 2–b5-a5

Abbildung 7.20

Nein! Schwarz gewinnt direkt. Die einzige reelle Chance für Weiß wäre gewesen, wenn Schwarz in Zug 14 eine 6 gewürfelt hätte. Dann hätte Schwarz weder ins Ziel ziehen noch die weiße 6 schlagen können; Weiß hätte danach eine $\frac{5}{6}$-Chance auf einen direkten Sieg gehabt.

Es gibt eine ganze Reihe von Computer-Programmen, die das Spiel „EinStein würfelt nicht" gut spielen. Den Anfang machte im Januar 2005 der Jenaer Informatik-Student Andreas Schäfer mit seinem Programm „Rock'n Roll Baby" [Schä]. Es war im Rahmen einer Semesterarbeit entstanden. Der Student sollte am Ende den Schein bekommen, wenn der Rechner in einem Wettkampf über 20 Partien gegen den Postdoktoranden und starken Ewn-Spieler Stefan Schwarz mindestens 50 Prozent der Punkte holt.

Nach 13 Partien stand es 13-0 (!) für das „Baby", und am Ende war das Ergebnis ein klarer 17-3-Sieg der Maschine. Andreas Schäfer bekam den Schein. Analysen zeigten, dass sein Programm auch bei weniger Würfelglück mit ungefähr 12-8 gewonnen hätte. Später lernten etliche menschliche Spieler viele Feinheiten einer guten Strategie, auch gab es andere Computer-Programme, die noch deutlich besser waren als das „Rock'n Roll Baby". Eine Genugtuung für Stefan Schwarz war, als er im Herbst 2005 einen Ewn-Wettkampf gegen Andreas Schäfer (also Mensch gegen Mensch, nicht gegen sein Programm) mit 10-0 gewinnen konnte.

Im Jahr 2007 spielte die damals beste menschliche Ewn-Spielerin einen Mammut-Wettkampf gegen ein starkes Computer-Programm. Der Anreiz für Luise Reinhardt war, dass sie für jeden Einzelsieg 10 Cent bekam und bei Niederlagen nichts bezahlen musste. Mit der Maus in der Hand saß die Mathe-Studentin am Notebook und schaffte in den angesetzten 60 Minuten insgesamt 445 Partien.

Dabei siegte sie 272 Mal und verlor 173 Mal. Umgerechnet waren das etwa 8,1 Sekunden pro Partie, wobei der Rechner noch den größeren Zeitanteil brauchte. Die durchschnittliche Zugzahl pro Partie im Wettkampf war etwa 16 (8 vom Computer, 8 von der Studentin).

Die meisten Menschen werden Ewn nicht ganz so schnell spielen, aber eine typische Partie zwischen Personen, die mit den Regeln vertraut sind, dauert etwa 1 bis 2 Minuten. Es ist normal, dass man kleinere Serien spielt, z.B. ein „Best of Five“. Da hat dann gewonnen, wer als erster drei Siege auf seinem Konto hat.

Im Internet kann „EinStein würfelt nicht“ auch gespielt werden, auf dem freien internationalen Spieleserver LittleGolem.net. Dort wird ein ganz einfaches Englisch gesprochen, weil die Akteure aus vielen verschiedenen Ländern kommen.

	a	b	c	d	e	f	
6	W2	W1	W6	B6	B3	B4	6
5	W4	W3			B1	B2	5
4	W5					B5	4
3	R3					S2	3
2	R2	R4			S5	S3	2
1	R1	R5	R6	S4	S1	S6	1
	a	b	c	d	e	f	

Abbildung 7.21: Startstellung für die Vierer-Version von Ewn

Auf dem etwas größeren 6×6-Brett kann Ewn auch mit vier Spielern in zwei Teams gespielt werden. In einer Online-Szene hatte sich dafür der Name „Ewn quattro“ eingebürgert. Im Diagramm gehören Weiß (W) und Schwarz (S) zusammen; Rot (R) und Blau (B) bilden das gegnerische Team. Gewürfelt und gezogen wird reihum im Uhrzeigersinn. Die Regeln entsprechen denen vom „klassischen“ Ewn: Das Team mit Weiß und Schwarz ist Gewinner, wenn entweder eine weiße Figur auf das Feld f1 oder eine schwarze Figur auf das Feld a6 gelangt ist. Analog ist das Rot-Blau-Team Sieger, wenn entweder eine rote Figur nach f6 oder eine blaue

Figur nach a1 gelangt ist. Figuren dürfen auf freie Felder ziehen, eigene Figuren schlagen, Figuren des Partners schlagen, und Figuren der Gegner sowieso.

Im Unterschied zu der 4-Spielerversion vom Letzten Mann hat hier ein Team sofort verloren, wenn einer der beiden Spieler alle sechs Steine vom Brett hat. Es gibt eine Besonderheit: Wenn ein Spieler mit seinem Zug das Zielfeld erreicht und dabei gleichzeitig den letzten Stein seines Partners schlägt, sind ja beide Bedingungen erfüllt: die zum Sieg und die für den Verlust des Teams. Die Situation zählt aber als Sieg für die Mannschaft. Nach dem Spieler Munjong Kolss, der 2005 auf diese Möglichkeit des Partieendes hinwies, heißt solch ein Sieg „Munjong-Sieg".

Die Startstellung im Diagramm ist natürlich nur eine von vielen Möglichkeiten. Die Anfangsstellung der Steine wird ausgelost, d.h. zufällig ermittelt.

7.3 Karls Rennen

Wenn man ein EinStein-Spiel baut, ist die komplizierteste Sache das Versehen der Spielsteine mit Nummern. Als ich eines Tages ein „**alternierendes Parkett**" von Karl Scherer sah, kam mir eine Idee.

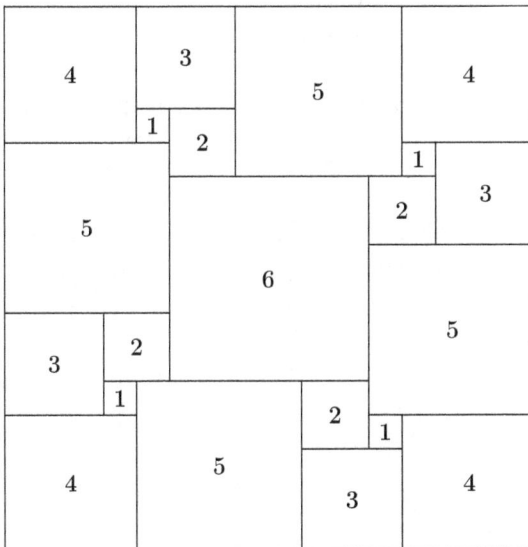

Abbildung 7.22: Die Zahlen in den kleinen Quadraten sind ihre Seitenlängen.

Definition 7.3.1. *Eine Parkettierung eines großen Quadrates durch mindestens* *zwei kleinere Quadrate heißt alternierend, wenn sie keine zwei Quadrate der gleichen Größe mit angrenzenden Seitenstücken enthält.*

In seinem Buch „New Mosaics" [Sch] gibt Dr. Karl Scherer ein wunderschönes Beispiel dafür an: Das große Quadrat hat Seitenlänge 16. Ausgefüllt ist es durch 21 kleine Quadrate: Je vier Stück mit den Seitenlängen 1, 2, 3, 4, 5, und in der Mitte ein 6 × 6-Quadrat. Zur Probe summieren wir auf:

$$4 \cdot (1^2 + 2^2 + 3^2 + 4^2 + 5^2) + 6^2 = 4 \cdot 55 + 36 = 256 = 16^2.$$

Als kleine Seitenlängen kommen genau die Zahlen vor, die der klassische Würfel als Augenzahlen hat. Da war mir klar: „EinStein würfelt nicht" kann man auf diesem Parkett spielen. Die einzelnen Spielfelder sind die kleinen Quadrate. Die Spielsteine, sechs pro Spieler, haben keine Nummern mehr.

(R1) Wer am Zug ist, würfelt und muss dann einen Stein von einem Feld ziehen, das die passende Seitenlänge hat.

(R2) Weiß startet in der linken oberen Ecke und will mit einem seiner Steine das Feld unten rechts erreichen. Schwarz startet umgekehrt rechts unten und will mit einem Stein nach links oben kommen. Sieger ist, wer sein Ziel zuerst erreicht. Ein Zug verschiebt einen Stein von einem Feld auf ein benachbartes Feld. Weiß muss bei jedem seiner Züge eine Trennlinie von links nach rechts oder eine von oben nach unten überschreiten. Analog muss Schwarz immer eine Linie nach links oder nach oben überschreiten. Steht auf dem Feld, auf das gezogen wird, irgendeine Figur – entweder eine eigene oder eine fremde – so wird diese geschlagen und vom Spielbrett genommen.

(R3) Wenn ein Spieler eine Zahl N würfelt und keinen Stein auf einem Feld mit dieser Seitenlänge hat, muss er in Analogie zu Ewn einen Stein eines Feldes mit möglichst „ähnlicher" Größe ziehen: Entweder von einem m-Feld, wobei m die größte Größe kleiner als N ist, die mit einem eigenen Stein besetzt ist; oder von einem M-Feld, wobei M die kleinste Größe größer als N ist, die mit einem eigenen Stein besetzt ist.

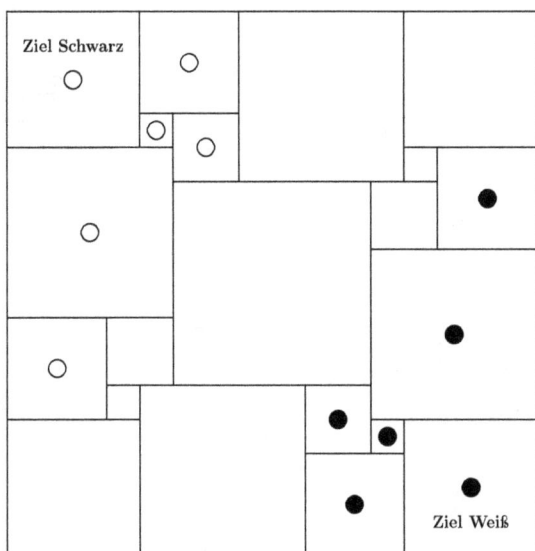

Abbildung 7.23: So sind die Felder zu Beginn mit sechs weißen und sechs schwarzen Steinen besetzt.

Kleines Beispiel: Der Spieler am Zug habe nur noch Figuren auf Feldern mit
Seitenlänge 1, 2, 6 und würfelt eine 3. Dann muss er entweder eine Figur von
einem 2-Feld oder eine von einem 6-Feld ziehen.

Musterpartie

In jedem Diagramm ist die gewürfelte Nummer eingetragen und auch schon der
dazu ausgeführte Zug. Ein „Pfeil" zeigt, woher die Figur kam.

Wie bereits in Abschnitt 7.2 werden die Würfelergebnisse in den Zügen der
Spieler durch schwarze, bzw. weiße Würfel neben dem Spielbrett dargestellt. Im
Fall, dass ein Spieler nur noch eine Spielfigur besitzt, entfällt das Würfeln. Diese
Situation wird durch einen Würfel mit einem „-" repräsentiert.

Die Partie ist 18 Züge lang und damit etwas länger als die Ewn-Musterpartie in
Abschnitt 7.2. Das ist kein Zufall: Obwohl das Spielbrett nur 21 Felder hat statt
der 25 bei Ewn, dauern Partien im Durchschnitt etwas länger.

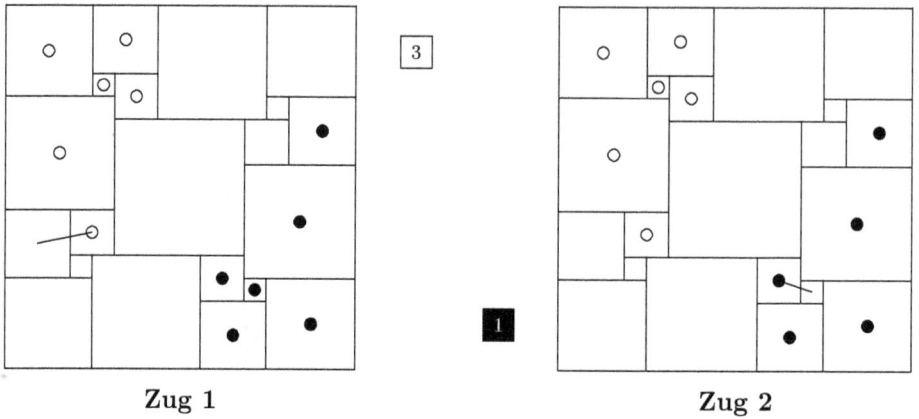

Abbildung 7.24

Weiß beginnt mit einem einfachen Ziehzug, also ohne Schlagen. Danach würfelt Schwarz eine 1 und kann mit seiner 1-Figur nur eine eigene Figur schlagen. Wegen der Gleichwertigkeit aller Steine ist es egal, ob er das auf dem 2-Feld oder dem 5-Feld macht.

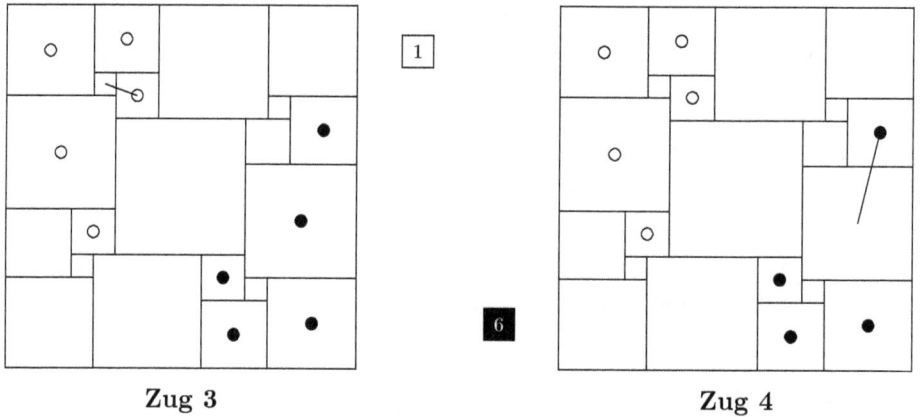

Abbildung 7.25

Weiß hat in Zug 3 mit seiner gewürfelten 1 die gleiche Situation wie vorher der schwarze Gegner. In Zug 4 kann die gewürfelte 6 nur durch einen Zug des Steins vom 5-Feld realisiert werden, da Schwarz keine Figur auf dem einen 6-Feld hat. Warum Schwarz mit seiner Figur am Rand entlang schleicht, weiß wahrscheinlich nur er selbst.

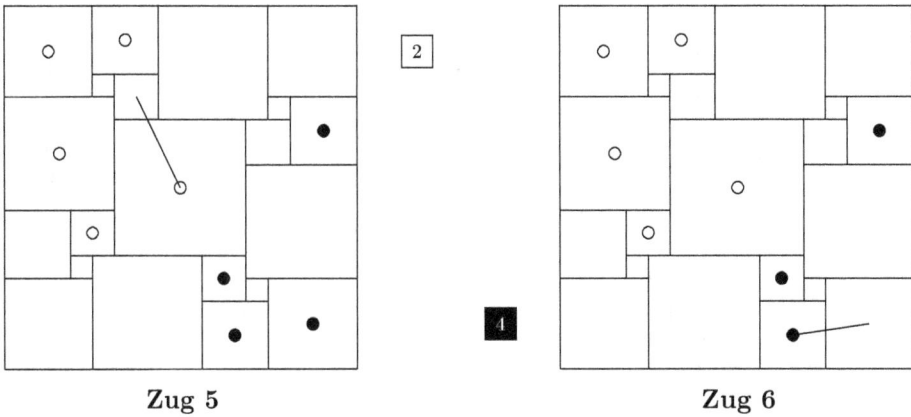

Zug 5   **Zug 6**

Abbildung 7.26

Weiß besetzt mit Zug 5 das Zentrum. Schwarz ist forsch und schlägt einen eigenen Stein, um insgesamt noch schneller voran zu kommen. Statt seinen „3er" zu schlagen, hätte er auch auf das freie 1-Feld oder das freie 5-Feld ziehen können.

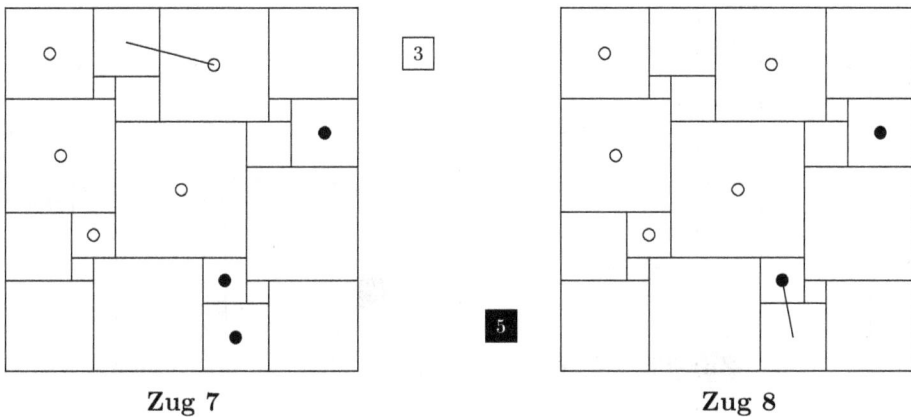

Zug 7   **Zug 8**

Abbildung 7.27

Durch sein deutlich reduziertes Material hat Schwarz vor Zug 8 nur noch Felder der Größen 2 und 3 besetzt. Die gewürfelte 5 bedeutet, dass eine 3er-Figur zu setzen ist. Schwarz geht volles Risiko und schlägt auf das 2er-Feld. Jetzt stehen nur noch zwei schwarze Steine einer weißen Übermacht – mit fünf Figuren - gegenüber.

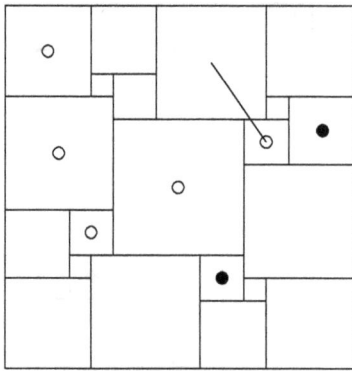
Zug 9

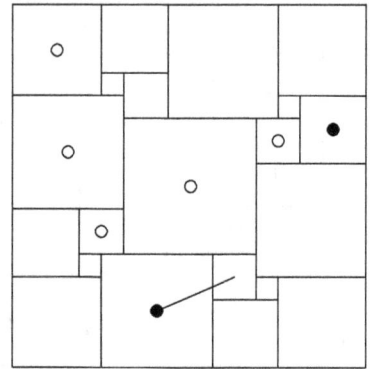
Zug 10

Abbildung 7.28

Weiß verzichtet weiterhin möglichst auf Selbstschlagen. Schwarz schleicht in Zug 10 am Rand entlang – wahrscheinlich aus Angst, irgendwie auf null Steine reduziert zu werden und dadurch zu verlieren.

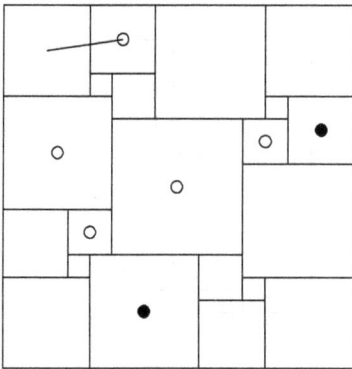
Zug 11

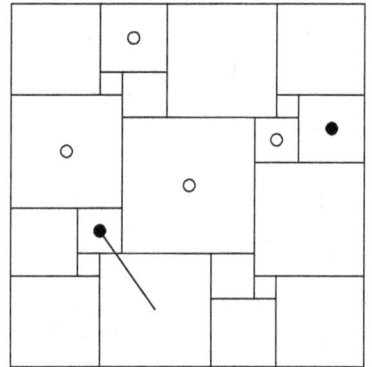
Zug 12

Abbildung 7.29

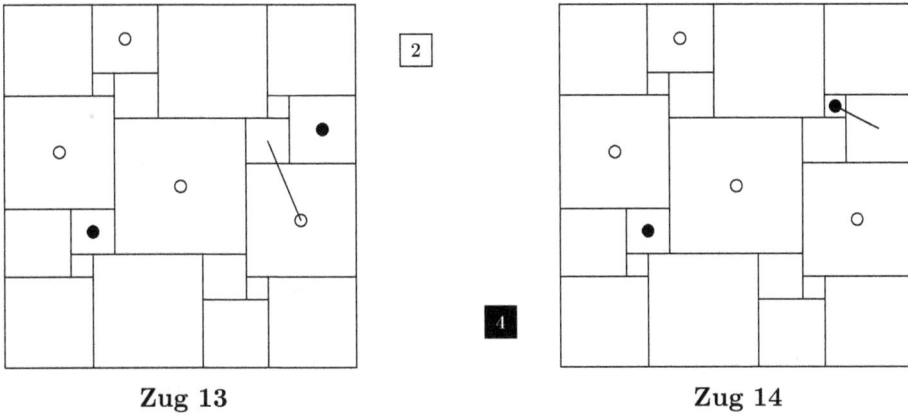

Zug 13   **Zug 14**

Abbildung 7.30

Durch Zug 14 – auf ein 1er-Feld rechts oben – macht Schwarz seinen anderen
Stein in der linken Bretthälfte sehr mobil. Der darf jetzt bei allen Augenzahlen
von 2 bis 6 ziehen.

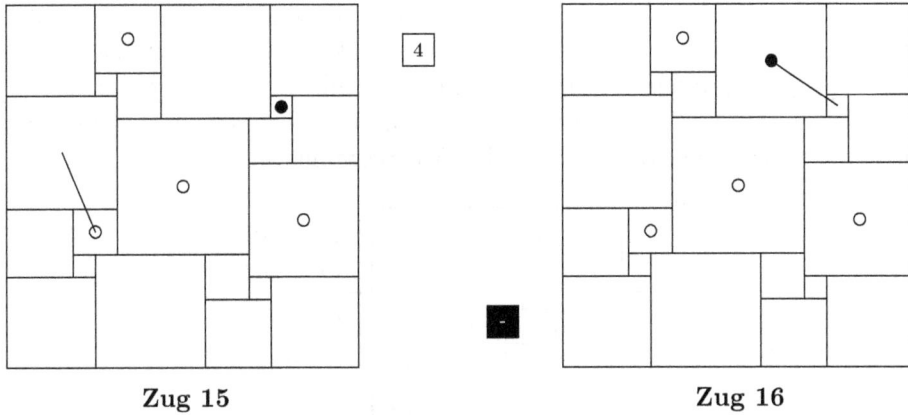

Zug 15   **Zug 16**

Abbildung 7.31

In seinem Zug 15 hat Weiß den direkten Sieg übersehen. Aber auch so steht er sehr
gut. Schwarz hat jetzt nur noch einen Stein und muss nicht mehr würfeln.

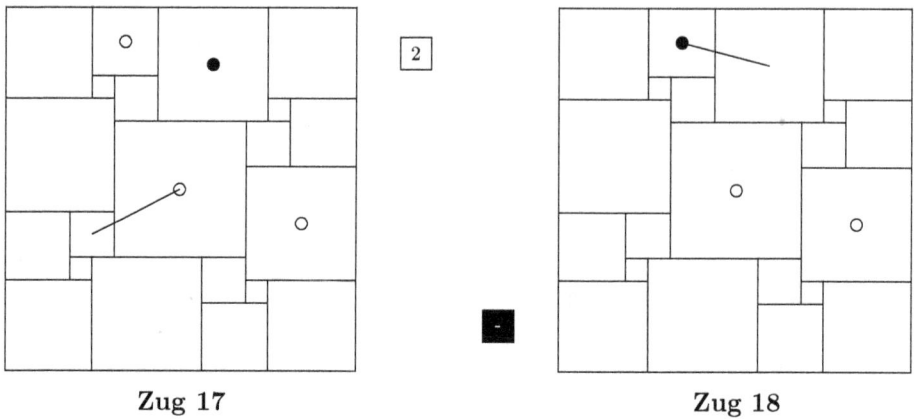

Zug 17   Zug 18

Abbildung 7.32

Nach diesem Zugpaar stehen beide Seiten direkt vor ihren Zielen. Es ist jetzt aber Weiß am Zug. Jedes Würfelergebnis zwischen 1 und 5 führt für ihn zum direkten Sieg, weil sein anderer Stein auf dem 6er-Feld steht.

Karl Scherer hat ohne Computerhilfe sehr viele alternierende Parkettierungen des Quadrats durch kleinere Quadrate gefunden. Dokumentiert sind sie auf seinen Webseiten [Sch2] und [Sch3]. Interessanterweise gibt es neben der oben benutzten 16×16-Lösung wahrscheinlich genau eine weitere, bei der als Seitenlängen der kleinen Quadrate nur die Zahlen 1 bis 6 vorkommen.

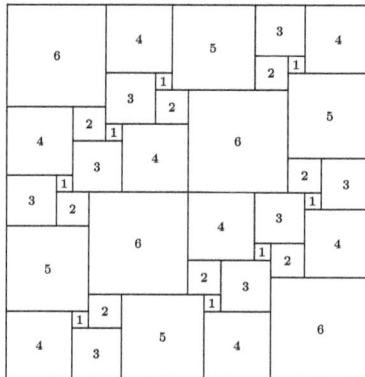

Abbildung 7.33: Karl Scherers alternierendes quadratisches Parkett mit Seitenlänge 22

Das Parkett hat 40 kleine Quadrate. Die Seitenlängen 1 bis 4 kommen je acht Mal vor, die Längen 5 und 6 je vier Mal. Wieder machen wir die Rechenprobe:

$$8 \cdot (1^2 + 2^2 + 3^2 + 4^2) + 4 \cdot (5^2 + 6^2) = 8 \cdot 30 + 4 \cdot 61 = 484 = 22^2.$$

Dieses Parkett hat weniger Symmetrien als das auf 16×16. Wenn man es als Grundlage für eine Variante von Karls Rennen wählt, macht es einen Unterschied, ob die Spieler links oben und rechts unten beginnen, oder links unten und rechts oben. Spieletüftler können sogar asymmetrische Varianten ausprobieren, wo der eine Spieler links unten und der andere rechts unten beginnt.

Mathematiker mögen sich an der Vermutung versuchen, dass es neben der 16×16- und der 22×22-Lösung keine weiteren alternierenden Parkette mit kleinen ganzzahligen Seitenlängen zwischen 1 und 6 gibt. Saskia Mungard hat im Herbst 2013 durch Fallunterscheidungen bewiesen, dass es zumindest keine solchen Parkette mit großer Seitenlänge 15 oder kleiner gibt.

Es gibt übrigens einen kleinen Querbezug zu Abschnitt 5.4. Lagrange hatte 1770 bewiesen (Satz 5.4.3), dass sich jede natürliche Zahl als Summe von höchstens vier Quadratzahlen schreiben läßt. Die Zerlegung eines Quadrates in kleinere Quadrate kann man als 2-dimensionale Modifizierung des Quadratsummen-Problems ansehen, wobei es (natürlich) zu der „alternierend"-Bedingung für Parkettierungen kein Gegenstück bei den Quadratsummen gibt.

7.4 Die drei Spiele im Vergleich

EinStein würfelt nicht ist viel bekannter als die beiden anderen Spiele. Das kommt zum einen von dem einprägsamen Namen, aber auch von der kurzen Partiedauer und dem Aufforderungs-Charakter („Noch mal!"). Die in der kommerziellen Version dazugehörigen schweren Spielsteinen aus Glas liegen sehr gut in der Hand. Manchmal wird Ewn auch, so wie Backgammon, mit Verdoppelungs-Würfel gespielt: Wer am Zug ist, darf eine Verdoppelung des Einsatzes vorschlagen. Nimmt der Gegner an, wird tatsächlich um doppelte Punkte gespielt. Lehnt er stattdessen ab, hat er einfach verloren. In einer Partie kann es mehrfach Verdoppelungen geben, allerdings dann immer nur in abwechselnder Reihenfolge: Weiß verdoppelt (und Schwarz nimmt an), Schwarz verdoppelt (Weiß nimmt an) usw.

Karls Rennen hat bisher erst eine kleine Fangruppe, was vielleicht auch an bei all seiner Ästhetik der gewöhnungsbedürftigen Form des Brettes geschuldet ist. „Letzter Mann voran" hat vor allem in der Version für vier Spieler auf dem 6×6-Brett Anklang gefunden.

Immunität gegen Durchrechnen

Kleine Spiele können darunter leiden, dass sie von jemandem mit Computerhilfe vollständig durchgerechnet werden, so wie etwa die Subtraktionsspiele in Kapitel 6. Allein das Wissen um die „Gelöstheit" eines Spiels nimmt vielen Spielern die Freude an einem Spiel.

Bei der Erfindung von „EinStein würfelt nicht" im Jahr 2004 hat der Autor bewußt darauf geachtet, dieses Problem bei aller Einfachheit der Regeln und Übersichtlichkeit des Spielbrettes zu vermeiden. Nicht alle wollten das wahrhaben. Der Amazon.com-Angestellte Wesley Turner (Mitentwickler des Vorschlags-Systems: „Wenn Sie dieses Buch kaufen, könnten auch die folgenden Titel für Sie interessant sein") nutzte die 2011 von seiner Firma neu geschaffenen Möglichkeiten des Cloud-Computings, um Ewn von den Endstellungen her möglichst weit durchzurechnen. Amazons Wolke kam in zigtausend Rechenstunden aber nur bis zu den 7-Steinern: Für jede Stellung mit höchstens sieben Steinen auf dem Brett bestimmte Turners Programm den optimalen Zug und die Siegwahrsscheinlichkeiten für die beiden Spieler. Mit der so geschaffenen Datenbank wollte er die Ewn-Konkurrenz bei der Computer-Olympiade 2011 dominieren – es reichte aber nur für die Silbermedaille. Von einer vollständigen Durchrechnung des Spiels war er mit den 7-Steinern immer noch weit entfernt. . .

Bei den beiden anderen Spielen wurde nicht auf die praktische Unberechenbarkeit geachtet. „Letzter Mann" ist auf Brettern der Größe 5×5, 6×5 und 6×6 mit je fünf Steinen pro Spieler durchgerechnet: der Startspieler hat jeweils eine Siegstrategie.

„Karls Rennen" auf dem 16×16-Brett hat weniger als 2 Milliarden Spielstellungen. Deshalb dürfte es nur eine Frage der Zeit sein, bis irgendein neugieriger Programmierer es vollständig analysiert und damit für jede Stellung den oder die besten Züge ermittelt. Als Trost bliebe dann der große Spielbruder auf dem 40-Quadrate-Brett aus Abbildung 7.33. Dafür scheint eine vollständige Rückwärts-Analyse nicht so einfach machbar zu sein.

Anhang

Relationen

Definition 1. *Es sei M eine Menge. Eine binäre Relation R in M ist eine Teilmenge von $M \times M$, d.h. $R \subseteq M \times M$. Für $m, m' \in M$ mit $(m, m') \in R$ schreiben wir auch mRm' und wir schreiben $(m, m') \notin R$, wenn m nicht in Relation zu m' steht..*

Definition 2. *Eine Relation R heißt*

(a) **reflexiv** *auf M, wenn jedes $m \in M$ zu sich selbst in Relation R steht, d.h. auf alle Paare $(m, m) \in R$ mit $m \in M$ zutrifft.*

(b) **irreflexiv** *auf M, wenn kein $m \in M$ exisitiert für dass $(m, m) \in R$ bzw. mRm gilt, d.h. dass für alle Paare $(m, m) \notin R$ mit $m \in M$ zutrifft.*

(c) **symmetrisch**, *wenn aus mRm' stets $m'Rm$ mit $m, m' \in M$ folgt.*

(d) **asymmetrisch**, *wenn wenigstens ein Paar $(m, m') \in R$ mit $m, m' \in M$ existiert, für das $(m', m) \notin R$ gilt.*

(e) **antisymmetrisch**, *wenn aus mRm' und $m'Rm$ stets $m = m'$ folgt.*

(f) **transitiv**, *wenn aus mRm' und $m'Rm''$ stets mRm'' folgt.*

(g) **konnex** *auf M, wenn für beliebige $m, m' \in M$ stets wenigstens einer der Fälle mRm' oder $m'Rm$ oder $m = m'$ eintritt.*

(h) **linear** *auf M, wenn für beliebige $m, m' \in M$ stets wenigstens einer der Fälle mRm' oder $m'Rm$ zutrifft.*

Definition 3. *Eine Relation R heißt **Äquivalenzrelation** auf M, wenn R reflexiv, symmetrisch und transitiv ist.*

Definition 4. *Eine Relation R heißt **reflexive Halbordnungsrelation auf** M, wenn R reflexiv, transitiv und antisymmetrisch ist.*

Definition 5. *Eine Relation R heißt **irreflexive Halbordnungsrelation auf** M, wenn R irreflexiv und transitiv ist.*

Definition 6. *Eine Relation R heißt **reflexive Ordnungsrelation auf** M, wenn R linear und eine reflexive Halbordnungsrelation auf M ist.*

Definition 7. *Eine Relation R heißt **irreflexive Ordnungsrelation auf** M, wenn R konnex und eine irreflexive Halbordnungsrelation auf M ist.*

Definition 8. *Es sei M eine Menge. Dann heißt die Menge aller Teilmengen von M, die Menge $\mathcal{P}(M)$ oder 2^M, die **Potenzmenge** von M. D.h.*

$$\mathcal{P}(M) = \{A : A \subseteq M\}.$$

Zur Potenzmenge zählt man auch die leere Menge $\emptyset$ sowie die Menge M selbst.

Definition 9. *Ein Mengensystem $\mathcal{Z} = \mathcal{Z}(M)$ von Teilmengen einer Menge M heißt eine **Zerlegung** oder **Klasseneinteilung** von M genau dann, wenn*

(a) keine der Menge aus $\mathcal{Z}$ die leere Menge ist,

(b) der Durchschnitt von je zwei verschiedenen Mengen die leere Menge ist (Disjunktheit) und

(c) die Vereinigung aller Mengen von $\mathcal{Z}$ die Menge M ergibt.

Definition 10. *Es sei R eine Äquivalenzrelation auf M. Dann heißt für ein $a \in M$*

$$a/R := \{x : x \in M, aRx\}$$

***Äquivalenzklasse** von a nach R.*

Definition 11. *Das System aller Äquivalenzklassen heißt die **Faktormenge** oder **Quotientenmenge** von M nach R. D.h.*

$$M/R := \{a/R : x \in M, aRx\}$$

Satz 1. *Es sei R eine Äquivalenzrelation auf einer Menge M, dann ist die Faktormenge M/R eine Zerlegung $\mathcal{Z} = \mathcal{Z}(M)$.*

Algebraische Strukturen

Definition 12. *Eine nichtleere Menge M mit einer binären Opperation $\circ$ heißt **Gruppe** $G := (M, \circ)$ genau dann, wenn folgende Axiome erfüllt sind:*

(A1) Für alle $a, b \in M$ gilt auch $a \circ b \in M$, d.h. $\circ$ ist eine Operation in M.

(A2) Für alle $a, b \in M$ gilt $(a \circ b) \circ c = a \circ (b \circ c)$, d.h. es gilt das Assoziativgesetz.

(A3) In M existiert ein neutrales Element 0, so dass für alle $a \in M$ $a \circ 0 = 0 \circ a = a$ gilt.

(A4) Jedes Element $a \in M$ besitzt ein inverses Element $a^{-1} \in M$, so dass $a \circ a^{-1} = a^{-1} \circ a = 0$ gilt.

Bemerkung 1. *Wird das System aus Definition 12 noch durch das Axiom erweitert:*
(A5) für alle $a, b \in M$ gilt $a \circ b = b \circ a$, d.h. es gilt das Kommutativgesetz.
*Dann spricht man von einer **kommutativen Gruppe** oder auch von einer **abelschen Gruppe**.*

Bemerkung 2. *Man kann die beiden Gruppenaxiome (A3) und (A4) noch etwas abschwächen, indem nur die Existens eines rechts (bzw. links)- neutralen sowie eines rechts (bzw. links)- inversen Elements gefordert werden.*

Bemerkung 3. *Eine Teilmenge M' einer Gruppe $G = (M, \circ)$ mit $M' \subseteq M$, $M' \neq \emptyset$, und der Eigenschaft für alle $x, y \in M' \Rightarrow x \circ y^{-1} \in M'$, nennt man **Untergruppe** $H = (M', \circ)$. Man schreibt dann $H \leq G$.*

Bemerkung 4. *Strukturen in denen nur die Axiome (A1) und (A2) erfüllt sind, heißen **Halbgruppen**.*

Bemerkung 5. *Eine Gruppe heißt **zyklische Gruppe**, wenn sie von einem einzigen Element erzeugt wird.*

Definition 13. *Eine nichtleere Menge M mit zwei binären Operationen $\circ$ und $*$ heißt **Ring** $R := (M, \circ, *)$, wenn folgende Axiomensysteme erfüllt sind:*

(B1) $(M, \circ)$ ist eine abelsche Gruppe mit dem neutralen Element 0.

(B2) $(M, *)$ ist eine Halbgruppe.

(B3) Für alle $a, b, c \in M$ gelten die Distributivgesetze:
$a * (b \circ c) = (a * b) \circ (a * c)$ *und*
$(a \circ b) * c = (a * c) \circ (b * c)$.

Definition 14. *Eine Menge M mit mindestens zwei Elementen, in der zwei binäre Operationen $(\circ, *)$ erklärt sind, heißt **Körper** $K := (M, \circ, *)$ genau dann, wenn folgende Axiomensysteme erfüllt sind:*

(C1) $(M, \circ)$ ist eine abelsche Gruppe mit dem neutralen Element 0.

(C2) $(M \setminus \{0\}, *)$ ist eine abelsche Gruppe mit dem neutralen Element 1.

(C3) Für alle $a, b, c \in M$ gilt das Distributivgesetz:
$a * (b \circ c) = a * b \circ a * c$.

Definition 15. *Es sei $K = (M, \circ, *)$ ein Körper. Gilt $\underbrace{1 \circ \ldots \circ 1}_{m-mal} \neq 0$ für alle*
$m \in \mathbb{N}_+$, *so sagen wir, dass K die **Charakteristik** 0 hat. Gibt es ein $m \in \mathbb{N}_+$*

mit

$$\underbrace{1 \circ \ldots \circ 1}_{m-mal} = 0,$$

so nennen wir die kleinste Zahl mit dieser Eigenschaft die **Charakteristik von**
K *und bezeichnen sie mit* $k = \mathrm{Char}\,K$.

Definition 16. *Es sei* $K = (M, \circ, *)$ *ein Körper. Ein Körper K heißt* **algebra-**
isch abgeschlossen *genau dann, wenn jede Gleichung der Form*

$$a_0 z^n + a_1 z^{n-1} + \ldots + a_{n-1} z + a_n = 0$$

mit $a_0, \ldots, a_n \in M$ *mindestens eine Lösung* $z_0 \in M$ *besitzt.*

Definition 17. *Es sei K ein Körper. Eine Menge M heißt ein* **K-Vektorraum**
$V := (M, \circ, K)$, *wenn folgende Axiomensysteme erfüllt sind:*

(D1) V ist bezüglich einer Operation $\circ$ (Addition genannt) eine abelsche Gruppe.
Das neutrale Element bezeichnen wir mit 0.

(D2) Für jedes $k \in K$ und jedes $v \in M$ ist eine skalare (äußere) Operation $*$
definiert mit $* : K \times M \to M, (k, v) \to k * v$. Dabei sollen gelten:

(a) Ist 1 das Einselement von K, so ist $1 * v = v$ für alle $v \in M$.

(b) $(k_1 \circ k_2) * v = k_1 * v \circ k_2 * v$ und $(k_1 * k_2) * v = k_1 * (k_2 * v)$ für alle
$k_1, k_2 \in K$ und alle $v \in M$.

(c) $k * (v_1 \circ v_2) = k * v_1 \circ k * v_2$ für alle $k \in K$ und alle $v_1, v_2 \in M$.

Elemente der Analysis

Definition 18. *Es seien $\varepsilon \in \mathbb{R}, \varepsilon > 0$ und $a \in \mathbb{R}$. Dann heißt das offene Intervall*

$$I = (a - \varepsilon, a + \varepsilon) = \{x \in \mathbb{R} : a - \varepsilon < x < a + \varepsilon\} = \{x \in \mathbb{R} : |x - a| < \varepsilon\}$$

ε-Umgebung von a.

Definition 19. *Eine Abbildung (oder Funktion) a mit $a : \mathbb{N}_+ \to \mathbb{R}$,*
$j \to a_j$, heißt **Folge** *reeller Zahlen, sie wird mit $(a_j)_{j=0}^{\infty}$ oder auch*
$(a_1, a_2, \ldots)$ bezeichnet. Wir schreiben oft nur kurz $(a_j)_j$. Die Bilder (oder Funkti-
onswerte) a_j der Folge nennen wir Glieder der Folge. Wir bezeichnen in diesem
Buch die Folgen meistens mit $(a_j)_j, (b_j)_j$ sowie $(x_j)_j$ und verwenden an Stelle
von $\mathbb{N}_+$ auch manchmal $\mathbb{N}$.

Definition 20. *Eine reelle Zahlenfolge $(a_j)_{j=1}^{\infty}$ heißt*

a) **monoton** *(bzw.* **streng monoton***) **wachsend***, wenn $a_n \leq a_{n+1}$ *(bzw.* $a_n <$ a_{n+1}*)*,

b) **monoton** *(bzw.* **streng monoton***) **fallend***, wenn $a_n \geq a_{n+1}$ *(bzw.* $a_n >$ a_{n+1}*)*

für alle $n \in \mathbb{N}_+$ *gilt.*

Definition 21. *Es sei* $(k_l)_{l \in \mathbb{N}_+}$ *eine streng monoton wachsende Folge natürlicher Zahlen und es sei* $(a_k)_{k \in \mathbb{N}_+}$ *eine Folge reeller Zahlen. Dann heißt* $(a_{k_l})_{l \in \mathbb{N}_+}$ *Teilfolge von* $(a_k)_{k \in \mathbb{N}_+}$.

Definition 22. *Zwei reelle Zahlenfolgen* $(a_j)_{j=1}^{\infty}$ *und* $(b_j)_{j=1}^{\infty}$ *bilden eine* **Intervallschachtelung***, wenn folgende Eigenschaften gelten:*

a) *Die Folge* $(a_j)_{j=1}^{\infty}$ *ist monoton wachsend.*

b) *Die Folge* $(b_j)_{j=1}^{\infty}$ *ist monoton fallend.*

c) *Für alle* $j \in \mathbb{N}_+$ *ist* $a_j \leq b_j$.

d) *Die Folge* $(c_j)_{j=1}^{\infty}$ *mit* $c_j := b_j - a_j$ *ist eine Nullfolge.*

Wir bezeichnen eine Intervallschachtelung mit $(a_j|b_j)_{j=1}^{\infty}$.

Definition 23. *Es sei* $(a_n)_{n=1}^{\infty}$ *eine Folge reeller Zahlen. Desweiteren definieren wir die sogenannte* **Partialsumme** s_m *für jedes* $m \in \mathbb{N}_+$ *durch*

$$s_m = \sum_{n=1}^{m} a_n.$$

Dann heißt die Folge der Partialsummen $(s_m)_{m=1}^{\infty}$ *unendliche Reihe mit den Gliedern* a_n *(*$n = 1, 2, \ldots$*). Wenn die Folge* $(s_m)_{m=1}^{\infty}$ *gegen den Grenzwert* $s \in \mathbb{R}$ *konvergiert, dann nennt man* s *den Grenzwert der unendlichen Reihe* $\sum_{n=1}^{\infty} a_n$, *d.h. es gilt*

$$s = \lim_{m \to \infty} \sum_{n=1}^{\infty} a_n.$$

Definition 24. *Eine reelle Zahlenfolge* $(a_j)_{j=1}^{\infty}$ *heißt arithmetische Folge oder auch arithmetische Progression von der Ordnung* r, $r \in \mathbb{N}_+$, *wenn die* r*-te Differenzfolge* $(b_j^r)_{j=1}^{\infty}$ *mit*

$$b_j^r := a_{j+1}^{r-1} - a_j^{r-1}$$

eine konstante Folge ist. Speziell für $r = 1$ *erhält man die bekannte arithmetische Folge 1. Ordnung, deren Differenz konstant ist.*

RSA-Algorithmus

Ein sehr wichtiges Verfahren zur Ver- und Entschlüsselung von Informationen wurde 1977 von Ron **R**ivest, Adi **S**hamir und Leonhard **A**dleman entwickelt. Die RSA-Kodierung beruht darauf, dass die Primfaktorzerlegung von $n = p \cdot q$ für große $p, q \in \mathbb{P}$ exponentiell viel Zeit in Anspruch nimmt. Der RSA-Algorithmus ver- und entschlüsselt wie folgt:

1. Teil: Verschlüsselung – Codierung von Texten

(1) Man bestimme zwei „große" Primzahlen p und q und berechne danach $n = p \cdot q$.

(2) Man berechne $\varphi(n)$. Da $\varphi(p) = p - 1$ und $\varphi(q) = q - 1$ gelten, folgt somit für den Funktionswert $\varphi(n) = (p - 1)(q - 1)$.

(3) Man wähle eine zufällige Zahl $e \in \mathbb{N}_+$ mit $1 < e < \varphi(n)$ und $(e, \varphi(n)) = 1$.

(4) Man bestimme jetzt eine Lösung d von der linearen Kongruenz

$$ed \equiv 1 \ (\varphi(n)).$$

(5) Man erzeuge aus dem „Klartext" (Originalnachricht) M mit Hilfe der linearen Kongruenz

$$M^e \equiv C \ (n)$$

den „verschlüsselten Text" (Bildnachricht) C.

2. Teil: Entschlüsselung – Decodierung von Texten

(1) Man ermittle den Entschlüsselungsexponenten d aus der linearen Kongruenz

$$ed \equiv 1 \ (\varphi(n)) \text{ d.h. aus}$$
$$ed \equiv 1 \ ((p - 1)(q - 1)).$$

(2) Man erzeuge den „Klartext" M aus dem „verschlüsselten Text" C mit Hilfe der linearen Kongruenz

$$C^d \equiv M \ (n).$$

Bemerkung 6. *Der öffentliche Schlüssel ist das Paar (n, e). Nicht öffentlich (geheim) ist das Paar $(d, \varphi(n))$, d.h. der Entschlüsselungsexponent d sowie der Funktionswert $\varphi(n)$.*

Beispiel. $p = 13$, $q = 19$.

1.Teil:

(1) $n = 247$.

(2) $\varphi(n) = 12 \cdot 18 = 216$.

(3) Wir wählen z.B. $e = 7$, weil $(7, 216) = 1$ gilt.

(4) Wir bestimmen die Lösung von der linearen Kongruenz $7d \equiv 1\ (216)$ und erhalten $d \equiv 31\ (216)$.

(5) Wir wählen z.B. $M = 89$ und erhalten wegen $89^7 \equiv 67\ (247)$ für $C = 67$.

2.Teil:

(1) Aus der linearen Kongruenz $7d \equiv 1\ (216)$ bekommen wir den Entschlüsselungsexponenten $d = 31$.

(2) Damit haben wir die lineare Kongruenz $67^{31} \equiv 89\ (247)$ und folglich für $M = 89$.

Lösungshinweise und Lösungen

Kapitel 1

Lösung zu 1.1. Den mindestens eine Million Einwohner stehen rund 876.000 mögliche Geburtsdaten gegenüber.

Lösung zu 1.2. Man zeigt alle Eigenschaften, indem man z. B. sämtliche Vorzeichenfälle untersucht.

Lösung zu 1.3. Man zeigt $|d| > \sqrt{|a|} \Leftrightarrow |t| \leq \sqrt{|a|}$ direkt durch äquivalente Umformungen.

Lösung zu 1.4. Man setzt O. E. d. A. $a > b$ und bestimmt $q = \max\{\tilde{q} \in \mathbb{N}_+ : \tilde{q} \cdot b \leq a\}$ bzw. $q = \min\{\tilde{q} \in \mathbb{N}_+ : \tilde{q} \cdot b \geq a\}$ je nachdem, welches der beiden den betraglich kleineren Rest r hat.

Lösung zu 1.5. Geschicktes Ausklammern erspart das Ausmultiplizieren.

Lösung zu 1.6. Induktionsanfang mit $n = 1$, Induktionsvoraussetzung mit $n = l$. Es folgt für $n = l + 1$:

$$\sum_{k=0}^{l+1} (k \cdot k!) = \sum_{k=0}^{l} k \cdot k! + (l+1) \cdot (l+1)!$$
$$= (l+1)! - 1 + (l+1) \cdot (l+1)!$$
$$= (l+1)! \cdot (1 + l + 1) - 1$$
$$= (l+2)! - 1$$
$$= ((l+1)+1)! - 1$$

Kapitel 2

Lösung zu 2.1. Man erhält nach 2, 3, 7, 31, 211, 2.311, 59 und 509 weiter

$$2 \cdot 3 \cdot 7 + 1 = 43,$$
$$2 \cdot 3 \cdot 7 \cdot 31 + 1 = 1.303,$$
$$2 \cdot 3 \cdot 7 \cdot 31 \cdot 211 + 1 = 274.723 \text{ und}$$
$$2 \cdot 3 \cdot 7 \cdot 31 \cdot 211 \cdot 2.311 + 1 = 634.882.543$$

Lösung zu 2.2. Für $k = 1$ hat man den Induktionsanfang. In der Ungleichung $p_k \leq p_1 \cdot p_2 \ldots p_{k-1} + 1$ setzt man dann für jedes p_i ($1 \leq i \leq k - 1$) die Formel gemäß Induktionsvoraussetzung ein und erhält die Behauptung unter Verwendung der Partialsummenformel der geometrischen Reihe.

Lösung zu 2.3. Es gilt beispielsweise:

- $\text{kgV}[a, b] = \text{kgV}[b, a]$

- $\text{kgV}[|a|, |b|] = \text{kgV}[a, b]$

- $\text{kgV}[a, a] = |a|$

- $\text{kgV}[a, \text{kgV}[b, c]] = \text{kgV}[\text{kgV}[a, b], c]$

Die ersten drei Aussagen folgen direkt aus der Definition. Für die vierte benutzt man den Fundamentalsatz der elementaren Zahlentheorie und verwendet folgende Eigenschaft: Für die Zerlegung $|a| = p_1^{e_1} \cdot p_2^{e_2} \cdots p_n^{e_n}$ und $|b| = p_1^{f_1} \cdot p_2^{f_2} \cdots p_n^{f_n}$ in Primfaktoren ist $\text{kgV}[a, b] = p_1^{\max\{e_1, f_1\}} \cdot p_2^{\max\{e_2, f_2\}} \cdots p_n^{\max\{e_n, f_n\}}$. Die Eigenschaft folgt unter Verwendung der Beziehung $\max\{z_1, \max\{z_2, z_3\}\} = \max\{z_1, z_2, z_3\} = \max\{\max\{z_1, z_2\}, z_3\}$ für beliebige ganze Zahlen z_1, z_2, z_3.

Lösung zu 2.4. $a \equiv 7$ (8) genau dann, wenn $8|(a - 7)$. Das heißt, es ist $a = 7 + 8z$ für $z \in \mathbb{Z}$ und für a' kann man alle anderen ganzen Zahlen einsetzen, die nicht so dargestellt werden können.

Lösung zu 2.5. Wegen $\sum_{t|n} \varphi(t) = n$ für $n \in \mathbb{N}_+$ ist $p^k = (\varphi(1) + \varphi(p) + \cdots + \varphi(p^k))$. Folglich ist $\varphi(p^k) = p^k - p^{k-1}$

Lösung zu 2.6. Die Surjektivität folgt unmittelbar aus der Definition, denn zu jedem a mit $1 \leq a \leq m$ und $\text{ggT}(a, m) = 1$ gehört eine Klasse $\bar{a}$.

Lösung zu 2.7.

$$\mathbb{P}_4 = \{\overline{1}, \overline{3}\}$$
$$\mathbb{P}_6 = \{\overline{1}, \overline{5}\}$$
$$\mathbb{P}_{10} = \{\overline{1}, \overline{3}, \overline{7}, \overline{9}\}$$
$$\mathbb{P}_{12} = \{\overline{1}, \overline{5}, \overline{7}, \overline{11}\}$$
$$\mathbb{P}_{15} = \{\overline{1}, \overline{2}, \overline{4}, \overline{7}, \overline{8}, \overline{11}, \overline{13}, \overline{14}\}$$

Lösung zu 2.8. Nach dem Satz von Fermat-Euler ist $3^6 \equiv 1$ (7), also ist auch $3^{2004} = 3^{334 \cdot 6} \equiv 1$ (7). Daraus folgt $3^{2006} = 3^2 \cdot 3^{2004} \equiv 3^2 \equiv 2$ (7).
Analog erhält man mit $3^{12} \equiv 1$ (13) und wegen $2004 \equiv 167 \cdot 12$ haben wir die Kongruenz $3^{2006} = 3^2 \cdot 3^{167 \cdot 12} \equiv 3^2 \equiv 9$ (13).

Lösung zu 2.9. Durch Zusammensetzen der beiden Kongruenzen ergibt sich die lineare Kongruenz $61a \equiv 47$ (97) mit der Lösung $a \equiv -4 \equiv 93$ (97). Deshalb ergibt sich als Divisionsrest $a = 93$.

Lösung zu 2.10. Da der größte gemeinsame Teiler von 15 und 10 die Zahl 5 ist, gibt es ganze Zahlen x' und z' mit $15x' + 10z' = 5$, z. B. $x' = 1$ und $z' = -1$. Weiter ist ggT$(12, 5) = 1$, d. h. es gibt ganze Zahlen y', k' mit $12y' + 5k' = 1$, z. B. $y' = -2$ und $k' = 5$.
Also erfüllen $y = 59y'$ und $k = 59k'$ die Gleichung $59 = 12y + 5k = 12y + (15x' + 10z')k = 15kx' + 12y + 10kz'$. Mit $x = kx'$ und $z = kz'$ ist die diophantische Gleichung also erfüllt und andere Lösungen erhält man durch Variation von x', z', y' und k'.

Lösung zu 2.11. Es ist für die erste Gleichung $x = -16 - 255k$ und $y = 6 + 83k$, $k \in \mathbb{Z}$. Die zweite Gleichung ist nicht lösbar, da ggT$(1743, 137952) = 3$, aber $3 \nmid 415612$.

Lösung zu 2.12. Zu lösen ist also die diophantische Gleichung $7x + 3y = 16$. Man bestimmt die Lösung $x = 1 + 3k$ und $y = 3 - 7k$ für $k \in \mathbb{Z}$ mit einem der dargestellten Verfahren.

Lösung zu 2.13. Die vollständige Lösung lautet $x = -1 - 6k + 14l$, $y = 2 + 5k$ und $z = -2 - 5k - 5l$ $(k, l \in \mathbb{Z})$, wenn man die Punkte $(-1, 2, -2), (-7, 7, -7)$ und $(12, 2, -7)$ verwendet.

Lösung zu 2.14. Zur ersten Gleichung: Die vollständige Lösung lautet $x = 2 + 3l$, $y = 22 - 2l - 6k$ und $z = 3 + 5k$ $(k, l \in \mathbb{Z})$.
Die vollständige Lösung der zweiten Gleichung lautet $x = -13 - 5l - 13k$, $y = 1 + 3l$ und $z = 10 + 11k$ $(k, l \in \mathbb{Z})$.

Lösung zu 2.15. Die vollständige Lösung der diophantischen Gleichung ohne Nebenbedingung lautet $x = 0 + 3l$, $y = -1 - 2l - 2k$ und $z = 3 + 5k$ $(k, l \in \mathbb{Z})$. Der Nebenbedingung genügen davon nur noch die Tripel $(0, -1, 3)$, $(3, -3, 3)$, $(-3, 1, 3)$, $(3, -1, -2)$, $(0, 1, -2)$, $(0, 3, -7)$.

Lösung zu 2.16. Die allgemeine Lösung lautet $x = 6 + 18k$, $y = 3 + 13k$ $(k \in \mathbb{Z})$. Für $k = 556$ ist zwar erstmals $x \geq 10000$, nicht jedoch y. Nimmt man jedoch $k = 769$, so ist $y = 10000$ und $x = 13848$. Also hat man das Lösungspaar $(x, y) = (13848, 10000)$.

Lösung zu 2.17. Ein n Eck ist mit Zirkel und Lineal konstruierbar, wenn n die Gestalt $n = 2^t \cdot F_0 \cdots F_r$ hat, wobei F_i die i-te Fermat-Primzahl bezeichnet und $0 \leq r \leq 4$ sowie $t \in \mathbb{N}$ gelten. Es ist
$$F_0 = 3, \qquad F_1 = 5, \qquad F_2 = 17, \qquad F_3 = 257, \qquad F_4 = 65537.$$

n	Faktorisierung	konstr.
3	$2^0 \cdot 3$	ja
4	2^2	ja
5	$2^0 \cdot 5$	ja
6	$2^1 \cdot 3$	ja
7	$2^0 \cdot 7$	nein
8	2^3	ja
9	$2^0 \cdot 3^2$	nein
10	$2^1 \cdot 5$	ja
11	$2^0 \cdot 11$	nein

n	Faktorisierung	konstr.
12	$2^2 \cdot 3$	ja
13	$2^0 \cdot 13$	nein
14	$2^1 \cdot 7$	nein
15	$2^0 \cdot 3 \cdot 5$	ja
16	2^4	ja
17	$2^0 \cdot 17$	ja
18	$2^1 \cdot 3^2$	nein
19	$2^0 \cdot 19$	nein
20	$2^2 \cdot 5$	ja

Lösung zu 2.18. Wegen $6 \equiv 6\ (10)$ und $6 \cdot 6 \equiv 6\ (10)$ folgt die erste Behauptung per Induktion. Die zweite Behauptung zeigt man analog.

Kapitel 3

Lösung zu 3.1. Man erhält sofort $\frac{a'}{a} = D \cdot \frac{b'}{a} - c$ sowie $\frac{b'}{b} = \frac{a}{b} - c$. Wegen $D = \left(\frac{a}{b}\right)^2$ ergibt sich $\frac{a'}{a} \cdot \frac{b'}{b} = 1$, also $\left(\frac{a'}{b'}\right)^2 = \left(\frac{a}{b}\right)^2 = D$. Außerdem ist $frac{a}{b} - c < 1$, denn aus $c + 1 < \frac{a}{b}$ folgt $(c + 1)^2 < D$ (Widerspruch). Folglich ist $\frac{b'}{b} < 1$ und damit $b' < b$.

Lösung zu 3.2. Ein möglicher Ansatz: $\sqrt{n}$ für $n \in \mathbb{N}_+$ konstruiert man z.B. unter Benutzung des Höhensatzes: Man konstruiere eine Strecke AB der Länge $n + 1$ mit Punkt H, der die Strecke im Verhältnis $1 : n$ teilt (höchstens $n + 1$ Schritte, siehe Bemerkung). Der eine Schnittpunkt des Lotes auf die Strecke AB im Punkt

H mit dem Thaleskreis über der Strecke sei C (zwei weitere Schritte). Dann hat nach dem Höhensatz (ABC ist nach dem Satz des Thales ein rechtwinkliges Dreieck) HC die Länge $\sqrt{n}$.

Bemerkung: Hat n die Faktorisierung $n = pq$, so kann man als Länge der Strecke AB auch $p + q$ wählen und H teilt AB im Verhältnis $p : q$.

Lösung zu 3.3.(siehe [For])
1. Schritt: Ein einfacher Beweis durch vollständige Induktion zeigt, dass $c_n > 0$ für alle $n \geq 0$ gilt und damit die Division $\frac{D}{c_n}$ immer zulässig ist.
2. Schritt: Es gilt $c_n^2 \geq D$ für alle $n \geq 1$, denn nach einfacher Rechnung folgt $c_n^2 - D \geq 0$.
3. Schritt: Es gilt $c_{n+1} \leq c_n$ für alle $n \geq 1$.
4. Schritt: Man kann zeigen, dass $(c_n)_{n=1}^{\infty}$ konvergiert. Für den Grenzwert c dieser Folge gilt $c \geq 0$. Der Grenzwert ergibt sich durch die Gleichung $2c_{n+1}c_n = c_n^2 + D$. Damit haben wir $c^2 = D$.
5. Schritt: Die Eindeutigkeit ergibt sich in einfacher Weise, indem wir eine 2. Gleichung $y^2 = D$ angeben. Dann folgt aber sofort $c = y$.

Lösung zu 3.4. Es ergeben sich die 3 Lösungen, wovon x_1 reellwertig und x_2, x_3 komplexwertig sind:
$$x_1 = \sqrt[3]{3}, \quad x_2 = \zeta x_1, \quad x_3 = \overline{\zeta} x_1$$
mit $\zeta = -\frac{1}{2} + \frac{1}{2}i\sqrt{3} = e^{2\pi \frac{i}{3}}$ und $\overline{\zeta} = -\frac{1}{2} - \frac{1}{2}i\sqrt{3} = e^{-2\pi \frac{i}{3}}$. Für die irrationale Zahl x_1 erhält man folgende Dezimalbruchdarstellung $x_1 = \sqrt[3]{3} = 1,442\ldots$.

Lösung zu 3.5.
1. Die Addition und Multiplikation von solchen Zahlen folgt unmittelbar aus der Definition. Die Menge $\{a + b\sqrt{5} : a, b \in \mathbb{Z}\}$ ist offensichtlich additiv und multiplikativ abgeschlossen.
2. Es seien nun $a_0 = 0, a_1 = 1$ und $a_{n+1} = a_n + a_{n-1}$ mit $n \in \mathbb{N}$ d.h. die rekursive Folge der Fibonacci-Zahlen gegeben. Wir zeigen: $x^n = a_n x + a_{n-1}$ für $n \in \mathbb{N}_+$ mit $x := \frac{1+\sqrt{5}}{2}$. Es ist $g(x) := x^2 - x - 1$ Minimalpolynom von x (über $\mathbb{Q}$). Also ist $x^2 = x + 1$.
Wir beweisen nun durch Induktion über n.
Der Induktionsbegin für $n = 1$ ist unmittelbar klar.
Die Induktionsvorraussetzung sei mit $n = l$ gegeben. Dann kann man die Induktionsbehauptung für $n = l + 1$ wie folgt beweisen:
$x^{l+1} = x \cdot x^l = x(a_l x + a_{l-1}) = a_l x^2 + a_{l-1} x = a_l(x+1) + a_{l-1} x = (a_l + a_{n-1})x + a_l = a_{l+1} x + a_l$

Lösung zu 3.6. Es ergeben sich die Brüche: $1, \frac{3}{2}, \frac{5}{3}, \frac{7}{4}$ und 2.

Lösung zu 3.7. Das Polynom $y = f(X) = X^2 - D$ hat zwei verschiedene Nullstellen in $\pm\sqrt{D}$ und besitzt die Ableitung $f'(X) = 2X$. Es ergeben sich daher $h < 2\sqrt{D}$,

$$|f'(t)| < 2(\sqrt{D} + n) = M \text{ und } C = \frac{1}{M}.$$

Nach kurzer Rechnung folgt für $h = \frac{\sqrt{D+2}-\sqrt{D}}{2}$ und somit erhalten wir für $C = min\{C', h\}$, wegen $C' = h$ das Ergebnis $C' = \frac{\sqrt{D+2}-\sqrt{D}}{2}$.

Lösung zu 3.8. Man verwendet die Polardarstellungen
$z_1 = |z_1|\,(cos\varphi_1 + i sin\varphi_1) = |z_1|\,e^{i\varphi_1}$
$z_2 = |z_2|\,(cos\varphi_2 + i sin\varphi_2) = |z_2|\,e^{i\varphi_2}$
Nach Multiplikation von z_1 mit z_2 und unter Benutzung der Additionstheoreme für $cos(\varphi_1 + \varphi_2)$ bzw. $sin(\varphi_1 + \varphi_2)$ erhält man die Eigenschaft.

Lösung zu 3.9. a) Man benutzt die Polardarstellung von z und berechnet z^3. Anschließend folgert man aus $z^3 = 1$ die Lösungen
$z_1 = 1, z_2 = \left(\cos\frac{2\pi}{3} + i\sin\frac{2\pi}{3}\right) = e^{\frac{2\pi i}{3}}, z_3 = \left(\cos\frac{4\pi}{3} + i\sin\frac{4\pi}{3}\right) = e^{\frac{4\pi i}{3}}$
b) In analoger Weise wie unter a) ergeben sich die Lösungen
$z_1 = \left(\cos\frac{\pi}{4} + i\sin\frac{\pi}{4}\right) = e^{\frac{\pi}{4}i},$
$z_2 = \left(\cos\frac{3\pi}{4} + i\sin\frac{3\pi}{4}\right) = e^{\frac{3\pi}{4}i},$
$z_3 = \left(\cos\frac{5\pi}{4} + i\sin\frac{5\pi}{4}\right) = e^{\frac{5\pi}{4}i},$
$z_4 = \left(\cos\frac{7\pi}{4} + i\sin\frac{7\pi}{4}\right) = e^{\frac{7\pi}{4}i}.$

Lösung zu 3.10. Wir setzen
$w = u + iv = |w|\,(\cos\psi + i\sin\psi) = |w|\,e^{i\psi},$
$z = x + iy = |z|\,y(\cos\varphi + i\sin\varphi) = |z|\,e^{i\varphi},$
$w' = z \cdot w = |w'|\,(\cos\psi' + \sin\psi').$
Dann ist $|w'| = |w|\,|z|$ und $\psi' = \varphi + \psi$.
Es ergibt sich somit eine Drehstreckung.

Lösung zu 3.11. $8z^6 - 12z^4 + 80z^3 + 6z^2 - 120z + 199 = 0$

Lösung zu 3.12. $z^4 - 14z^2 + 9 = 0$

Lösung zu 3.13. Wir setzen $w := 2z$ und erhalten unter Verwendung von Additionstheoremen $w^3 - 3w + 1 = 0$.

Lösung zu 3.14. Wir erhalten unter Verwendung von Additionstheoremen $16z^4 - 16z^2 + 1 = 0$.

Lösung zu 3.15. $\alpha = \frac{1}{2}(\sqrt{5} - 1) = [0, \overline{1}], \beta = \frac{1}{2}(\sqrt{7} - 1) = [0, \overline{1, 4, 1, 1}]$

Lösung zu 3.16. $\sqrt{13} = [3, \overline{1,1,1,1,6}]$,
$\sqrt{14} = [3, \overline{1,2,1,6}]$,
$\sqrt{20} = [4, \overline{2,8}]$,
$\sqrt{30} = [5, \overline{1,2,1,10}]$,
$\sqrt{34} = [5, \overline{1,4,1,10}]$,
$\sqrt{37} = [6, \overline{12}]$.

Lösung zu 3.17. $\beta = \frac{774}{631} = [1,4,2,2,2,1,3,2]$

Lösung zu 3.18.

a) Die Kettenbruchdarstellung lautet $\alpha = [1; 2, 3, 5, 8, 3]$. Hiermit haben wir die Näherungsbrüche: $\frac{p_0}{q_0} = 1$, $\frac{p_1}{q_1} = \frac{3}{2}$, $\frac{p_2}{q_2} = \frac{10}{7}$, $\frac{p_3}{q_3} = \frac{53}{37}$ und $\frac{p_4}{q_4} = \frac{434}{303}$. Deshalb sind mögliche rationale Zahlen $\frac{r}{s} = \frac{53}{37}$ und $\frac{p}{q} = \frac{434}{303}$.

b) Die Kettenbruchdarstellung lautet $\alpha = [5; \overline{4}]$. Hiermit haben wir die Näherungsbrüche: $\frac{p_0}{q_0} = 5$, $\frac{p_1}{q_1} = \frac{21}{4}$, $\frac{p_2}{q_2} = \frac{89}{17}$, $\frac{p_3}{q_3} = \frac{377}{72}$ und $\frac{p_4}{q_4} = \frac{1597}{305}$. Deshalb sind mögliche rationale Zahlen $\frac{r}{s} = \frac{377}{72}$ und $\frac{p}{q} = \frac{1597}{305}$.

c) Die Kettenbruchdarstellung lautet $\alpha = [8; \overline{6, 12}]$. Hiermit haben wir die Näherungsbrüche: $\frac{p_0}{q_0} = 8$, $\frac{p_1}{q_1} = \frac{49}{6}$, $\frac{p_2}{q_2} = \frac{596}{73}$ und $\frac{p_3}{q_3} = \frac{3625}{444}$. Deshalb sind mögliche rationale Zahlen $\frac{r}{s} = \frac{3625}{444}$ und $\frac{p}{q} = \frac{596}{73}$.

Lösung zu 3.19. Es ergeben sich folgende Lösungen
a) $\alpha = [m-1, \overline{1, 2(m-1)}]$,
b) $\beta = [m, \overline{2, 2m}]$,
c) $\gamma = [m, \overline{1, 2m}]$.

Lösung zu 3.20. Es ergeben sich folgende Lösungen
a) $\alpha = [m, \overline{2m}]$,
b) $\beta = [m, \overline{m, 2m}]$,
c) $\gamma = [m-1, \overline{1, m-2, 1, 2(m-1)}]$.

Lösung zu 3.21. Reflexivität: $x \sim x$ ist trivial.
Symmetrie: Wenn $x \sim y$ gilt, dann gilt auch $y \sim x$, weil $y = \frac{-dx+b}{cx-a}$ und $(-d)(-a) - bc = ad - bc = \pm 1$.
Transitivität: Wenn $x \sim y$, d.h. $y = \frac{ax+b}{cx+d}$ mit $ad - bc = \pm 1$ und $y \sim z$, d.h. $z = \frac{a'y+b'}{c'y+d'}$ mit $a'd' - b'c' = \pm 1$ gelten. Dann haben wir $z = \frac{a''x+b''}{c''x+d''}$ und $a''d'' - b''c'' = (ad - bc)(a'd' - b'c') = \pm 1$ für $a'' = aa' + b'c$, $b'' = a'b + b'd$, $c'' = ac' + cd'$ und $d'' = c'b + dd'$.

Lösung zu 3.22.
a) $\alpha = 1 + \cfrac{1}{1 + \cfrac{1}{\sqrt{10}}} = [1, 1, \overline{3, 6}]$

b) $\beta = 0 + \frac{1}{1+\frac{1}{\sqrt{30}-1}} = [0,1,4,\overline{2,10}]$

c) $\gamma = 1 + \frac{1}{\sqrt{47}} = [6,\overline{1,5,10}]$

Lösung zu 3.23. Die Näherungsbrüche sind:

α) $\frac{p_0}{q_0} = \frac{5}{1}$, $\frac{p_1}{q_1} = \frac{31}{6}$, $\frac{p_2}{q_2} = \frac{315}{61}$ und $\frac{p_3}{q_3} = \frac{4441}{860}$,

β) $\frac{p_0}{q_0} = \frac{0}{1}$, $\frac{p_1}{q_1} = \frac{1}{4}$, $\frac{p_2}{q_2} = \frac{3}{13}$ und $\frac{p_3}{q_3} = \frac{4}{17}$,

γ) $\frac{p_0}{q_0} = \frac{3}{1}$, $\frac{p_1}{q_1} = \frac{7}{2}$, $\frac{p_2}{q_2} = \frac{10}{3}$ und $\frac{p_3}{q_3} = \frac{17}{5}$.

Kapitel 4

Lösung zu 4.1.

a) $n = 2^{22} = 4194304$ b) $n = 2^3 \cdot 3^2 \cdot 5 = 360$ c)$n = 2^4 \cdot 3^4 = 1296$

Lösung zu 4.2. $n = 4$

Lösung zu 4.3. Die Ungleichung folgt sofort unter Verwendung der Primfaktorenzerlegung von m und n.

Lösung zu 4.4. $f \notin \mathcal{M}$, $f \notin \mathcal{CM}$

Lösung zu 4.5. Es gelten $\omega(2) = \omega(3) = \omega(4) = 1$ sowie $\omega(6) = \omega(12) = 2$. Folglich ist $f(12) = f(3) \cdot f(4) = 4$ und $f(12) \neq f(2) \cdot f(6) = 2$.

Lösung zu 4.6. Nach einfacher Rechnung ergibt sich $3^{\Omega(m \cdot n)} = 3^{\Omega(n)} \cdot 3^{\Omega(m)}$ für $m, n \in \mathbb{N}_+$.

Lösung zu 4.7. $f \in \mathcal{CA}$

Lösung zu 4.8. Auf Grund der Definition von $\omega(n)$ und $\Omega(n)$ erhält man die beiden Beziehungen.

Lösung zu 4.9. Der Induktionsanfang für $e = 1$ ist trivial. Unter Verwendung der Induktionsvorraussetzung $\sigma(p^n) = \frac{p^{n+1}-1}{p-1}$ für $e = n$ erhält man durch Addition von p^{n+1} für $e = n+1$ sofort die Induktionsbehauptung $\sigma(p^{n+1}) = \frac{p^{n+2}-1}{p-1}$.

Lösung zu 4.10. Nach analogen Rechnungen zum oben genannten Beispiel folgen die Ergebnisse

$$h(n) = n^3 \sum_{d \mid n} \frac{d(d)}{d^3} \text{ und } h(15) = 3683.$$

Lösung zu 4.11. a) Es ergibt sich sofort $n * n = n \cdot d(n)$
b) Man benutzt die Eigenschaft $d^*(n) = w^{\omega(n)}$. Dann erhält man für $h(n) = 2^{\omega(n)} * d(n)$ nach einfacher Rechnung $h(1) = 1, h(p^{e+1}) = (e+1)^2$ und somit wegen $h \in M$ das Ergebnis $h(n) = \prod_{i=1}^{r}(e_i + 1)^2$, wobie $n = \prod_{i=1}^{r} p_i^{e_i}$ ist.

Lösung zu 4.12. Die beiden Eigenschaften ergeben sich unter Verwendung der Methode der vollständigen Induktion.

Lösung zu 4.13. Es ergeben sich die folgenden Ergebnisse:
a) $f(x) = 3 \cdot x^3 - x + O(1) = 3x^3 + O(x) = O(x^3)$ und $g(x) = O(1)$
b) $f(1) = 9 + sin1 = O(1)$ und $g(1) = e^{-1} + sin1 + cos1 = O(1)$
c) $f(0) = 7 = O(1)$ und $g(0) = O(1)$

Lösung zu 4.14. Alle drei Abschätzungen ergeben sich unter Verwendung der Regel von l'Hospital für $x \to \infty$ (hierbei bezeichnet $\log x = \ln x$, d.h. den natürlichen Logarithmus).

Lösung zu 4.15. Es ergeben sich die folgenden Ergebnisse:
a) $S = \frac{x^{\alpha+1}}{\alpha+1} + O(x^{\alpha})$
b) $T = \frac{\ln^2 x}{4} + O\left(\frac{\ln x}{x}\right) + O(1) = \frac{\ln^2 x}{4} + O(1)$
c) $U = x \ln x - x + O(\ln x)$

Lösung zu 4.16. a) Es ergibt sich für $\psi = \psi(x)$ sofort die Periodenlänge 1. Die Berechnung der Periodenlänge von $\psi_1 = \psi_1(x)$ erfolgt dadurch, indem man das Integral in zwei Teilintegrale mit den Integrationsgrenzen 0 und $[x]$ sowie $[x]$ und x zerlegt. Dann erhält man $\psi_1(x) = \frac{(x-[x])^2}{2} - \frac{1}{2}(x - [x])$ und deshalb besitzt $\psi_1 = \psi_1(x)$ ebenfalls die Periodenlänge 1.
b) Es ergeben sich folgende Funktionswerte von $\psi(x)$ und $\psi_1(x)$ für das Intervall $0 \leq x \leq 1$:

x	0	$\frac{1}{8}$	$\frac{1}{4}$	$\frac{1}{3}$	$\frac{1}{2}$	$\frac{2}{3}$	$\frac{3}{4}$	$\frac{7}{8}$	1
$\psi(x)$	$-\frac{1}{2}$	$-\frac{3}{8}$	$-\frac{1}{4}$	$-\frac{1}{6}$	0	$\frac{1}{6}$	$\frac{1}{4}$	$\frac{3}{8}$	$-\frac{1}{2}$
$\psi_1(x)$	0	$-\frac{7}{128}$	$-\frac{3}{32}$	$-\frac{1}{9}$	$-\frac{1}{8}$	$-\frac{1}{9}$	$-\frac{3}{32}$	$-\frac{7}{128}$	0

c) Graphen von $\psi(x)$ und $\psi_1(x)$:

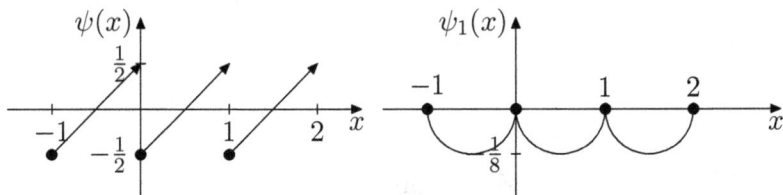

Lösung zu 4.17. Unter Verwendung der 1.Fassung ergeben sich die gleichen Ergebnisse wie in Aufgabe 4.13.

Unter Verwendung der 2.Fassung mit $k = 1$ erhalten wir die Ergebnisse:

a) $S = \frac{x^{\alpha+1}}{\alpha+1} - \psi(x)x^\alpha + O(x^{\alpha-1})$

b) $T = \frac{\ln^2 x}{4} - \psi(x)\frac{\ln x}{x} + O(\frac{\ln x}{x^2})$

c) $U = x\ln x - x + 1 + \frac{1}{2}\ln x + \int_1^x \frac{\psi_1(t)}{t^2}\,dt + O(\frac{1}{x})$

Bemerkung 1. *Wenn man das Integral* $I = \int_1^x \frac{\psi_1(t)}{t^2}\,dt$ *noch durch* $I = \frac{1}{2}\log(2\pi) - 1$ *abschätzt, kann man durch entlogarithmieren von* U *und mit* $m = x$ *die stirlingsche Formel*

$$m! \sim \sqrt{2\pi m}\left(\frac{m}{e}\right)^m \left(1 + O(\frac{1}{m})\right)$$

erhalten, siehe Krätzel [Krä1] und die Literatur.

Lösung zu 4.18. Auf Grund der Definition von $\mu = \mu(n)$ ist die Beziehung trivialerweise erfüllt.

Lösung zu 4.19. a) Es bezeichne $x = x(n)$ die inverse Funktion zu $d = d(n)$. Dann haben wir

$$(d * x)(n) = \varepsilon(n) = 1 * \mu(n).$$

Also ist $1 * x(n) = \mu(n)$ und damit $x(n) = (\mu * \mu)(n)$.

b) Es bezeichne $y = y(n)$ die inverse Funktion zu $\sigma = \sigma(n)$. Dann haben wir

$$(\sigma * y)(n) = \varepsilon(n) = 1 * n * y(n).$$

Also ist $1 * y(n) = \mu(n) \cdot n$ und damit $y(n) = \mu(n) * \mu(n) \cdot n$.

c) Es bezeichne $z = z(n)$ die inverse Funktion zu $\varphi = \varphi(n)$. Dann haben wir

$$(\varphi * z)(n) = \varepsilon(n).$$

Also ist $(1 * \varphi(n)) * z(n) = 1$ und damit $n * z(n) = 1$. Wegen $n^{-1} = \mu(n) \cdot n$ ergibt sich $z(n) = (\mu(n) \cdot n) * 1$.

Kapitel 5

Lösung zu 5.1. Es ergibt sich $\delta = 10$.

Lösung zu 5.2. Unter Verwendung von Satz 5.1.3 gibt es für $m = 5$ genau 2, für $m = 25$ genau 8, für $m = 37$ genau 12 und für $m = 50$ genau 8 primitive Wurzeln.

modulo 5 haben wir die primitiven Wurzeln 2 und 3.
modulo 25 haben wir die primitiven Wurzeln $2, 3, 8, 12, 13, 17, 22$ und 23.
modulo 37 haben wir die primitiven Wurzeln $2, 5, 13, 15, 17, 18, 19, 20, 22, 24, 32$
und 35.
modulo 50 haben wir die primitiven Wurzeln $3, 13, 17, 23, 27, 33, 37$ und 47.

Lösung zu 5.3. Es ergibt sich die folgende Wertetabelle:

$\frac{1}{m}$	$\frac{1}{11}$	$\frac{1}{12}$	$\frac{1}{13}$	$\frac{1}{14}$	$\frac{1}{15}$	$\frac{1}{16}$	$\frac{1}{17}$	$\frac{1}{18}$	$\frac{1}{19}$	$\frac{1}{20}$	$\frac{1}{21}$	$\frac{1}{22}$	$\frac{1}{23}$	$\frac{1}{24}$
r	0	2	0	1	1	4	0	1	0	2	0	1	0	3
s	2	1	6	6	1	0	16	1	18	0	6	2	22	1

Lösung zu 5.4. Der Satz 5.1.9 folgt unmittelbar auf Grund der Definition 5.1.2 und Satz 5.1.1.

Lösung zu 5.5. Man zeigt zunächst $\operatorname{ind}(-a) \equiv \operatorname{ind} a + \frac{\varphi(m)}{2}$ $(\varphi(m))$ und wegen der Definition des Exponenten folgt das Ergebnis.

Lösung zu 5.6. Wegen $\varphi(\varphi(11)) = 4$ gibt es genau 4 primitive Wurzeln, diese sind $2, 6, 7, 8$. Es ergibt sich die folgende Indextafel für den Modul $m = 11$ mit der primitiven Wurzel $g = 2$:

a	1	2	3	4	5	6	7	8	9	10
$\operatorname{ind}_3 a$	0	1	8	2	4	9	7	3	6	5

Die Lösung von $7^x \equiv 10$ (11) erhält man wie folgt:
$x \operatorname{ind} 7 \equiv \operatorname{ind} 10$ (10) und somit gilt $7x \equiv 5$ (10). Deshalb löst $x \equiv 5$ (10) die Exponentialkongruenz. Probe: Es gilt $7^5 \equiv 10$ (11).

Lösung zu 5.7. Unter Verwendung von Satz 5.3.6 gibt es für $m = 5$ genau 2, für $m = 25$ genau 10 und für $m = 37$ genau 18 quadratische Reste.
modulo 5 haben wir die quadratischen Reste 1 und 4.
modulo 25 haben wir die quadratischen Reste $1, 4, 6, 9, 11, 14, 16, 19, 21$ und 24.
modulo 37 haben wir die quadratischen Reste $1, 3, 4, 7, 9, 10, 11, 12, 16,$
$21, 25, 26, 27, 28, 30, 33, 34$ und 36.

Lösung zu 5.8. Es ergibt sich $\left(\dfrac{119}{131}\right) = \left(\dfrac{-12}{131}\right) = -1$

Lösung zu 5.9. Es ergeben sich die folgenden Ergebnisse: $\left(\dfrac{10}{13}\right) = +1,$

$$\left(\frac{26}{59}\right) = +1, \left(\frac{-209}{719}\right) = -1 \text{ und } \left(\frac{3267}{5563}\right) = -1.$$

Lösung zu 5.10. Wir verwenden dass quadratische Reziprozitätsgesetz und erhalten, dass die Zahl 7 quadratischer Rest ist, für Primzahlen der Gestalt $p \equiv \pm 1$ (28), $p \equiv \pm 3$ (28) und $p \equiv \pm 9$ (28).

Lösung zu 5.11. O. E. d. A. seien $0 < x < y < \sqrt{p}$ mit $(x, y) = 1$ und $0 < u < v < \sqrt{p}$ mit $(u, v) = 1$ gegeben. Anschließend zeigt man, dass $xv - yu \equiv 0$ (p) und $xv + yu \not\equiv 0$ (p) gelten. Die Gültigkeit der Kongruenz $xv - yu \equiv 0$ (p) ist dann zu der Aussage „$x = u$ und $y = v$" äquivalent.

Lösung zu 5.12. Die Aussage folgt sofort unter Verwendung der Eigenschaft, dass Quadratzahlen modulo 4 nur die Reste 0 und 1 haben können.

Lösung zu 5.13. Unter Verwendung von Satz 5.5.8 gibt es für $a = 5$ genau 4, für $a = 25$ genau 20 und für $a = 37$ genau 12 kubische Reste.
modulo 5 haben wir die kubischen Reste $1, 2, 3$ und 4.
modulo 25 haben wir die kubischen Reste $1, 2, 3, 4, 6, 7, 8, 9, 11, 12, 13, 14, 16,$ $17, 18, 19, 21, 22, 23$ und 24.
modulo 37 haben wir die kubischen Reste $1, 6, 8, 10, 11, 14, 23, 26, 27, 29, 31$ und 36.

Lösung zu 5.14. Unter Verwendung von Satz 5.5.8 gibt es für $a = 5$ genau einen biquadratischen Rest, für $a = 25$ genau 5 und für $a = 37$ genau 9 biquadratische Reste.
modulo 5 haben wir den biquadratischen Rest 1.
modulo 25 haben wir die biquadratischen Reste $1, 6, 11, 16$ und 21.
modulo 37 haben wir die biquadratischen Reste $1, 7, 9, 10, 12, 16, 26, 33$ und 34.

Kapitel 6

Lösung zu 6.1. Verluststellungen sind genau die, bei denen die Haufengröße ohne Rest durch 4 teilbar ist. Die G-V-Folge hat die Periode GGGV. Eine Vorperiode gibt es nicht.

Lösung zu 6.2. Verluststellungen sind genau die, bei denen die Haufengröße ohne Rest durch $k + 1$ teilbar ist. Die G-V-Folge beginnt mit $G^k V$. Eine Vorperiode gibt es nicht.

Lösung zu 6.3. Die G-V-Folge ist periodisch mit Periode GGGVV. Eine Vorperiode gibt es nicht.

Lösung zu 6.4. Die G-V-Folge ist periodisch mit der Struktur $G^{s+1}V^{s-1}$. Eine Vorperiode gibt es nicht.

Lösung zu 6.5. Die G-V-Folge ist periodisch mit Periode $G^{s+k}V^s$. Eine Vorperiode gibt es nicht.

Lösung zu 6.6. Man rechnet rückwärts von 100 herunter. Als Verluststellungen ergeben sich $100, 89, 78, 67, 56, 45, 34, 23, 12, 1$. Also sollte der erste Spieler bei Startwert Null nur eine 1 addieren. Andere Gewinnzüge hat er nicht.

Lösung zu 6.7. Es gibt keine Vorperiode, weil die Zugmenge symmetrisch ist. Die Periode hat Länge 151 und folgende Struktur:

GGGGG	GGGGG	GGGGG	GGGGG	GGVVV	VVGGG
GGVGG	GGGVG	GGGGG	GGGGG	VVVVG	GGGGV
GGGGG	VVGGG	GGGGG	GGGVV	VGGGG	GVGGG
GGVVV	GGGGG	GGGGG	GVVGG	GGGVG	GGGGV
VVVGG	GGGGG	GGGGV	GGGGG	VGGGG	GVVVV
V					

Lösung zu 6.8. Das $(1, 8, 22, 23)$-Spiel ist das erste Spiel aus der Familie im 5. Beispiel in Abschnitt 6.1.3 . Die Vorperiode ist 373, die Periode 118 lang. Um dies direkt an der G-V-Folge zu sehen, reicht es also, die ersten $373 + 118 + 23 = 514$ Elemente auszurechnen.

Lösung zu 6.9. Die Binärdarstellungen der Haufengrößen sind

$$zu\ 75 : 1001011$$
$$zu\ 76 : 1001100$$
$$zu\ 77 : 1001101$$

Die Bouton-Summe ist 1001010. Zu jedem der drei Haufen gibt es genau einen Siegzug. Die Siegzüge sind $75 \to 1; 76 \to 4; 77 \to 70$.

Lösung zu 6.10. 25 und 44 haben als Binärdarstellungen

$$25 - 011001$$
$$44 - 101100$$

Um auf Bouton-Summe 0 zu kommen, muss die dritte Zahl im Binärsystem also die Darstellung 110101 haben, und das ist $n_3 = 53$.

Lösung zu 6.11. Vielleicht gibt es auch andere Lösungen. Funktionieren tut auf jeden Fall folgendes. Man schreibt die Haufengrößen n_i als Zahlen im **Binärsystem**. Dann bildet man komponentenweise die Summen **modulo 3**, aber ohne Überträge. Verluststellungen sind genau solche mit Gesamtergebnis 0. Durch ein wenig Probieren erkennt man, dass sich im Fall von drei Haufen eine ganz einfache Siegstrategie ergibt: Von den beiden größten Haufen nimmt man so viele Körner weg, dass danach alle drei Haufen gleichgroß sind. Sind alle Haufen gleichgroß, ist man leider in einer Verluststellung. – Klar dürfte nach dieser Erklärung sein, wie man das nochmals variierte Spiel optimal spielen kann, bei dem in jedem Zug von bis zu drei Haufen Körner entfernt werden dürfen.

Lösung zu 6.12. In der folgenden Grafik sind die Siegstellungen für Bob durch „B" markiert. Alice-Siege sind zur besseren Unterscheidung nur durch schlichte Punkte angezeigt. Die Abbildung reicht nicht bis zum Aussterben von Bob. Aber an dem dünner werdenden B-Block sieht man, worauf es hinaus läuft.

```
         5    10   15    20   25   30   35   40   45   50   55   60   65   70   75   80
A    · ·B· · ·BB· · · · · · ·BBBBB· · · ·B· · · · · · · · ·BBBB· · · · · · · · · · · · · · · ·BBB· · · · · · · · · · ·BB· ·   ...
B    BB· · ·BBB· · · · · ·BBBBBB· · ·BB· · · · · · ·BBBBB· · · · · · · · · · · ·BBBB· · · · · · · · · · · · ·BBB· · ·   ...
A    · · · ·BB· · · ·BBBBB· · · · ·B· · · · · · · ·BBBB· · · · · · · · · · ·BBB· · · · · · · · · · · · · · ·BB· ·   ...
A    · ·BBB· · · · ·BBBBBB· · ·BB· · · · · · ·BBBBB· · · · · · · · · · ·BBBB· · · · · · · · · · · ·BBB· · · ·   ...
B    BBBB· · · · ·BBBBBBB· · ·BBB· · · · · · ·BBBBBB· · · · · · · · · · ·BBBBB· · · · · · · · · · ·BBBB· · · ·   ...
B    BB· · · · · ·BBBBBB· · · ·BB· · · · · · ·BBBBB· · · · · · · · · · ·BBBB· · · · · · · · · · · ·BBB· · ·   ...
A    · · · · · · · ·BBBBB· · · ·B· · · · · · · ·BBBB· · · · · · · · · ·BBB· · · · · · · · · · · · ·BB· ·   ...
A    · · · · · ·BBBBB· · ·BB· · · · · · ·BBBBB· · · ·B· · · · · · ·BBBB· · · · · · · · · · ·BBB· · ·   ...
A    · ·BBBBBBB· · ·BBB· · · · · ·BBBBBB· · ·BB· · · · · · ·BBBBB· · · · · · · · · · ·BBBB· · · ·   ...
A    · ·BBBBBBBB· ·BBBB· · · · ·BBBBBBB· · ·BBB· · · · · · ·BBBBBB· · · · · · · · · ·BBBBB· · · ·   ...
B    BBBBBBBB· BBBBB· · · ·BBBBBBBB· ·BBBB· · · · · ·BBBBBBB· · · · · · · · ·BBBBB· · · · · · · · · · ·B· ·   ...
B    BBBBBBB· · BBBB· · · · ·BBBBBBB· · ·BBB· · · · · ·BBBBBB· · · · · · · · ·BBBBB· · · · · · · · · ·BB·   ...
B    BB· BB· · ·BBB· · · · · ·BBBBB· · · ·BB· · · · · · ·BBBBB· · · · · · · · · ·BBBB· · · · · · · · · · ·BBB·   ...

A    · ·B· · ·BB· · · · · · ·BBBBB· · · ·B· · · · · · ·BBBB· · · · · · · · · ·BBB· · · · · · · · · · ·BB· ·   ...
```

Siegstellungen für Bob

Literaturverzeichnis

[AZ]   Aigner, M., und Ziegler, G.M.: Proofs from the Book, Springer, 4. Auflage, 2010.

[AB]   Althöfer, I. und Bültermann, J.: Superlinear period lengths in some subtraction games, Theoretical Computer Science 148 (1995), 111–119.

[Ahr]   Ahrens, W.: Mathematische Unterhaltungen und Spiele, Teubner, 1901.

[Alt]   Althöfer, I.: Games with arbitrary periodic moving orders, International Journal of Game Theory 17 (1988), 165–175.

[Alt2] Althöfer, I.: Zu den Anfängen von „EinStein würfelt nicht!", August 2011. http://www.althofer.de/ewn-ursprung.html (05.02.2014)

[Apo]   Apostol, T. M.: Introduction to Analytic Number Theory, Springer, New York-Heidelberg-Berlin, 1976.

[Bac]   Bachmann, P.: Niedere Zahlentheorie I, Teubner, Leipzig, 1902.

[Bel]   Bellman, R. E.: Dynamic Programming, Princeton University Press, 1957.

[BCG]   Berlekamp, E.R., Conway, J.H. und Guy, R.K.: Winning Ways for Your Mathematical Play, 2. Auflage, AK Peters/CRC Press, Wellesley, 2001.

[Bew]   Bewersdorff, J.: Algebra für Einsteiger, 2.Auflage, Vieweg, 2004.

[Bew2] Bewersdorff, J.: Glück, Logik und Bluff – Mathematik im Spiel – Methoden, Ergebnisse und Grenzen, 6. Auflage, Vieweg+Teubner, 2012.

[Bou]   Bouton, C.L.: Nim, a game with a complete mathematical theory. Annals of Mathematics, 2nd Ser., Vol.3 (1901–1902), 35–39.

[Bun]   Bundschuh, P.: Einführung in die Zahlentheorie, Springer, Berlin-Heidelberg-New York, 1996.

[Cay]   Cayley, A.: On analytical forms called trees. Philosophical Magazine 28 (1859), 374–378; auch in Collected Mathematical Papers 4 (1859), 112–115.

[Cha]   Chandrasekharan, K.: Einführung in die analytische Zahlentheorie, Springer-Verlag, Lecture Notes, Berlin-Göttingen-Heidelberg, 1966.

[Coh]   Cohen, E.: On the average number of direct factor of a finite abelian group, Acta Arith., 6 (1960).

[Dir]   Dirichlet, P.G.L.: Über die Bestimmung der Mittleren Werte der Zahlentheorie, Abh. Königl. Preuss. Akad. Wiss., 1849.

[Ebb]   Ebbinghaus, H.-D.: Zahlen, 3.Auflage, Springer, New York-Heidelberg-Berlin, 1992.

[Erd]   Erdmann, J.: The Characterization of Chance and Skill in Games, Dissertation, FSU Jena, Fakultät für Mathematik und Informatik, 2010. http://www.althofer.de/erdmann-doctoral-thesis.pdf (05.02.2014)

[Erd2]   Erdmann, J., Chanciness: Towards a Characterization of Chance in Games. International Computer Games Association Journal, Band 32 (2009), 187–205.

[Euk]   Euklid, Die Elemente: Bücher I–XIII, Euclides-Reprint, 3. Auflage, Franz Deutsch, Thun[u.a.].

[Fla]   Flammenkamp, A.: Lange Perioden in Subtraktionsspielen, Dissertation, Jacobs-Verlag, Lage, 1997. http://www.imn.htwk-leipzig.de/~waldmann/talk/subtrakt.html (05.02.2014)

[For]   Forster, O.: Analysis 1, Springer, New York-Heidelberg-Berlin, 1990.

[Gau]   Gauss, C.F.: Disquisitiones Arithmeticae, Übersetzung von MASER, „Carl Friedrich Gauß Untersuchung über höhere Arithmetik" Berlin 1889.

[Har]   Hardy, G. H. and Wright, E. M.: An Introduction to the Therory of Numbers, 6.Auflage, At the Clarendon Press Oxford 2008.

[Has]   Hasse, H.: Vorlesungen über Zahlenthoerie, 2. Auflage, Springer, Berlin-Göttingen-Heidelberg, 1964.

[Her] Hermann, M.: Numerische Mathematik, 2.Auflage, Oldenbourg, 2006.

[Heu] Heuser, H.: Lehrbuch der Analysis, Teil 1, 15. Auflage, Teubner, Leipzig, 2003.

[Hol] Hollunder, J.: SmS-Analysen. Diplomarbeit, FSU Jena, Fakultät für Mathematik und Informatik, 2003.

[Hur] Hurwitz, A.: Mathematische Werke, 2 Bd., Birkhäuser, Basel, 1963.

[Hux] Huxley, M. N.: Area, lattice points and exponential sums, LMS Monographs 13, Oxford 1996.

[Ire] Ireland, K. and Rosen, M., A classical introduction to modern number theory, Springer, Berlin-Göttingen-Heidelberg, 1990.

[Ivi1] Ivic, A.: The Riemann Zeta-Function, Dover, New York, 2003.

[Ivi2] Ivic, A., Krätzel, A., Kühleitner, M., Nowak, W. G., Lattice points in large regions and related arithmetic functions, Proceedings of the ELAZ conference, Mainz (2004).

[Khi] Khintchine, A.: Kettenbrüche, Teubner, Leipzig, 1956.

[Kno] Knopfmacher, J.: Introduction to Abstract Analytic Number Theory, Amsterdam-Oxford-New York 1975.

[Krä1] Krätzel, E.: Zahlentheorie, Deutscher Verlag der Wissenschaften, Berlin, 1981.

[Krä2] Krätzel, E.: Lattice points, Kluwer, Dordrecht-Boston-London, 1988.

[Las] Lasker, E.: Brettspiele der Völker, Scherl, Berlin, 1931.

[Lem] Lemmermeyer, F.: Reciprocity Laws: from Euler to Eisenstein, Springer, Berlin-Göttingen-Heidelberg, 2000.

[Leu] Leutbecher, A.: Zahlentheorie, Springer, Berlin-Heidelberg-New York, 1996.

[Meh] Mehlmann, A.: Strategische Spiele für Einsteiger: Eine verspielt-formale Einführung in Methoden, Modelle und Anwendungen der Spieltheorie. Vieweg+Teubner, 2007.

[Méz] Méziriac, C.G.B. de: Problèmes plaisants et délectables, qui se font par les nombres, 1612.

[Niv1]   Niven, I. und Zuckerman, H. S.: Einführung in die Zahlentheorie 1, BI-Wissenschaftsverlag, Mannheim, 1976.

[Niv2]   Niven, I. und Zuckerman, H. S.: Einführung in die Zahlentheorie 2, BI-Wissenschaftsverlag, Mannheim, 1987.

[Nör]   Nörlund, N.E.: Vorlesungen über Differenzenrechnung, Chelsea, NY, 1954.

[Pat]   Patterson, S. J.: An Introduction to the Theory of the Riemann Zeta-Function, Cambridge University Press, Crambrige, 1988.

[Per1]   Perron, O.: Die Lehre von den Kettenbrüchen I. Elementare Kettenbrüche, B. G.Teubner Verlagsgesellschaft, Stuttgart 1954.

[Per2]   Perron, O.: Irrationalzahlen, de Gruyter, Berlin 1910.

[Pra]   Prachar, K.: Primzahlverteilung, Springer, Berlin-Göttingen-Heidelberg, 1957.

[Rad]   Rademacher, H. und Toeplitz, H.: Von Zahlen und Figuren, Heidelberger Taschenbücher Band 50, Springer-Verlag, Berlin-Heidelberg-New York 1968, S. 3.

[Rud]   Rudin, W.: Analysis, 4. Auflage, Oldenbourg, München Wien, 2009.

[Schä]   Schäfer A. Rock'n'Roll – A Cross-Platform Engine for the Board Game „EinStein würfelt nicht", Report, FSU Jena, Fakultät für Mathematik und Informatik, Dezember 2005. `http://www.minet.uni-jena.de/preprints/althoefer_06/rockNroll.pdf` (05. 02. 2014)

[Scha]   Scharlau, W. und Opolka H.: Von Fermat bis Minkowski, Springer, Berline etc. 1985.

[Sche]   Scheid, H. und Frommer A.: Zahlentheorie, 4. Auflage, Elsevier, Spektrum Akademie Verlag, München, 2007.

[Sch]   Scherer, K.: New Mosaics – New Problems on Tilings and their Beautiful Solutions. Selbstverlag, Auckland (NZ), 1997.

[Sch2]   Scherer, K.: Squaring the square. Materialsammlung 2001, Update 2011. `http://karlscherer.com/prosqtsq.html` (05. 02. 2014)

[Sch3]   Scherer, K. Nowhere-Neat Squaring the Square. `http://demonstrations.wolfram.com/NowhereNeatSquaringTheSquare` (05. 02. 2014)

[Schm]   Schmidt W.: Diophantine Approximation, LNM 785, Springer, Berlin etc. 1980.

[Schn]   Schneider, T.: Einführung in die transzendenten Zahlen, Springer, Berlin etc. 1957.

[Scho]   Scholz, A. und Schoenberg, B.: Einführung in die Zahlentheorie, de Gruyter, Berlin-New York 1973, S. 19.

[Str]   Ströhlein, T.: Untersuchungen über kombinatorische Spiele, Dissertation, TU München, 1970.

[Schw]   Schwarz, W.: Einführung in Methoden und Ergebnisse der Primzahltheorie, Bibliographisches Institut, Mannheim-Wien-Zürich 1969.

[Tit]   Titchmarsh, E. C.: The theory of Riemann zeta-functions, Oxford 1951.

[Wal]   Walter, W.: Analysis 1, 6. korr.u.erw. Auflage, Springer, Berlin etc. 2001.

[Win]   Winogradow, I.M.: Elemente der Zahlentheorie, Deutscher Verlag der Wissenschaften, Berlin, 1955.

[Wue]   Wüstholz G., Algebra, Teubner, 2004.

Symbolverzeichnis

Index

www.ingramcontent.com/pod-product-compliance
Lightning Source LLC
Chambersburg PA
CBHW080239230326
41458CB00096B/2675